SEO

Marco Nirschl, Stefan Kaltenecker, Alexander Eberhardt

SEO

Das Praxis-Handbuch für Suchmaschinenoptimierung

Inkl. Affiliate-Marketing und Website-Erstellung mit WordPress

mitp

Bibliografische Information der Deutschen Nationalbibliothek
Die Deutsche Nationalbibliothek verzeichnet diese Publikation in der Deutschen Nationalbibliografie; detaillierte bibliografische Daten sind im Internet über <http://dnb.d-nb.de> abrufbar.

Bei der Herstellung des Werkes haben wir uns zukunftsbewusst für umweltverträgliche und wiederverwertbare Materialien entschieden.
Der Inhalt ist auf elementar chlorfreiem Papier gedruckt.

ISBN 978-3-7475-0511-3
1. Auflage 2023

www.mitp.de
E-Mail: mitp-verlag@sigloch.de
Telefon: +49 7953 / 7189 - 079
Telefax: +49 7953 / 7189 - 082

Lektorat: Sabine Schulz, Nicole Winkel
Sprachkorrektorat: Petra Heubach-Erdmann
Coverbild: © agny_illustration / stock.adobe.com
Satz: III-satz, Kiel, www.drei-satz.de
Druck: Medienhaus Plump GmbH, Rheinbreitbach

Inhaltsverzeichnis

Einleitung: Zielsetzung und Aufbau des Buches ... 11

Über die Autoren ... 19

Teil I Suchmaschinenoptimierung in der Praxis – Schritt für Schritt 21

1 Grundlagen der Suchmaschinenoptimierung ... 23
1.1 Einordnung in das Suchmaschinenmarketing ... 25
1.2 Die Funktionsweise einer Suchmaschine ... 29
1.3 Wichtige Google-Updates ... 32
1.4 Google-Richtlinien ... 33
1.5 Checkliste ... 35

2 Keyword- und Potenzialanalyse ... 37
2.1 Identifikation relevanter Suchbegriffe ... 37
2.2 Klassifizierung von Keywords ... 38
2.2.1 Keyword-Klassifizierung nach der Suchintention ... 38
2.2.2 Keyword-Klassifizierung nach der Termlänge ... 41
2.2.3 Keyword-Klassifizierung nach ihrem Auftreten entlang der Customer Journey ... 43
2.3 Prozess der Keyword-Recherche ... 45
2.3.1 Recherche ... 46
2.3.2 Bewertung und Auswahl ... 64
2.3.3 Keyword-Strategie und -Mapping ... 72
2.4 Potenzialbewertung und Zieldefinition ... 74
2.5 Checkliste ... 77

3 Content-Optimierung (Onpage-Optimierung) ... 79
3.1 Themendefinition ... 80
3.2 SERP-Analyse ... 81
3.2.1 Identifikation der Suchintention ... 81
3.2.2 Content-Analyse der Wettbewerber ... 89
3.2.3 Eigene Themenrecherche ... 93

3.3 Semantische Analyse 95
3.3.1 WDF*IDF-Analyse 96
3.3.2 Entitäten-Analyse 101
3.3.3 KI-basierte SEO-Tools 105
3.3.4 Resultierende semantische SEO-Strategien 107
3.4 Content-Strategie 108
3.5 Contenterstellung 114
3.5.1 Inhaltliche Gliederung 114
3.5.2 Texterstellung 114
3.5.3 Keyword-Verwendung 114
3.5.4 Snippet-Optimierung (Title-Tag und Meta Description) 116
3.5.5 Überschriften 121
3.5.6 Bildauszeichnung 123
3.6 Checkliste 124

4 Technisches SEO 127
4.1 Crawling und Indexierbarkeit 127
4.2 Ranking-Faktor Ladezeit 135
4.3 Analyse der Ladezeit 136
4.3.1 Prozesse beim Aufruf einer Webseite 136
4.3.2 Metriken zur Messung der Ladegeschwindigkeit 137
4.3.3 Vorgehen zur Analyse der Ladezeit 138
4.3.4 Time to First Byte 142
4.4 Schritte zur Optimierung der Ladegeschwindigkeit 146
4.4.1 Anzahl der Requests 147
4.4.2 Anzahl der Webfonts reduzieren 148
4.4.3 PageSpeed-Experimente in Elementor 151
4.4.4 Bildgrößen reduzieren 152
4.4.5 Content Delivery Network 157
4.4.6 Dateikomprimierung auf dem Server aktivieren 157
4.4.7 Minifizieren und Kombinieren von HTML-, CSS- und JavaScript-Dateien 160
4.4.8 Browser- und Server-Caching 163
4.4.9 Lazy Loading 167
4.4.10 Kritischer Rendering-Pfad 170
4.4.11 Preconnect – Zu Dritt-Domains vorverbinden 175
4.4.12 Preload – Wichtige Dateien im Voraus laden 176
4.4.13 Optimierung der Datenbank 177

4.4.14 Messdaten ... 178
4.4.15 Funktionen einzelner PageSpeed-Plugins ... 178
4.5 Checkliste ... 179

5 Linkstrukturen ... 181
5.1 Interne Verlinkung ... 182
5.2 Externe Verlinkung ... 186
5.3 Linkbuilding in der Praxis ... 190
5.3.1 Linkwürdigen Content erstellen ... 190
5.3.2 Wettbewerber-Backlink-Screening ... 190
5.3.3 Themenrelevante Foren ... 192
5.3.4 Themenrelevante Blogs ... 193
5.3.5 Webverzeichnisse und Blogverzeichnisse ... 193
5.3.6 Linkgeber in eigenem Netzwerk kontaktieren ... 193
5.3.7 Social-Media-Umfragen ... 194
5.4 Checkliste ... 194

6 Conversion-Optimierung ... 195
6.1 Grundlagen der Conversion-Optimierung ... 195
6.2 Optimierung von Landingpage und Prozess ... 197
6.3 Gezielte Optimierungen an der Seite ... 200
6.3.1 Optimierung der Produktdarstellung ... 202
6.3.2 Optimierung der Usability ... 204
6.4 Erfolgsmessung bei der Conversion-Optimierung ... 205
6.5 Checkliste ... 206

7 Erfolgskontrolle ... 207
7.1 Analyse mit der Search Console ... 207
7.2 Monitoring mit Google Analytics 4 ... 212
7.3 Amazon PartnerNet-Berichte ... 219
7.4 Checkliste ... 222

Teil II Mit Affiliate-Marketing Websites monetarisieren – Schritt für Schritt 223

8 Affiliate-Marketing: Wie kann man Themen monetarisieren? ... 225
8.1 Definition und Erklärung ... 225
8.2 Funktionsprinzip ... 226
8.3 Provisionsmodelle ... 228

8.4 Amazon Partnerprogramm ... 228
8.4.1 Anmeldung zum Amazon Partnerprogramm ... 229
8.4.2 Amazon Partnerprogramm Interface ... 230
8.4.3 Nutzung des Amazon SiteStripe ... 232
8.5 Awin-Partnerprogramm ... 233
8.6 Checkliste ... 235

9 Nischenthemen wählen und analysieren ... 237
9.1 Monetarisierung von Themen ... 237
9.1.1 Systematik und Vorgehensweise ... 237
9.1.2 Beispiel ... 238
9.2 Suche nach Nischenthemen ... 239
9.2.1 Anregungen für ein Produkt finden ... 239
9.2.2 Persönliches Interesse am Produkt ... 241
9.3 Checkliste ... 241

Teil III Website aufbauen und Nutzung analysieren – Schritt für Schritt 243

10 Aufbau der Website mit einem Content-Management-System ... 245
10.1 Funktionsweise und Nutzen eines Content-Management-Systems ... 245
10.2 Grundgerüst der Webseiten: HTML, CSS, PHP ... 246
10.2.1 HTML ... 247
10.2.2 CSS ... 248
10.2.3 PHP ... 248
10.3 Anforderungen für die Erstellung ... 248
10.3.1 Der richtige Webhosting-Tarif ... 249
10.3.2 Einrichtung eines Webhostings ... 250
10.3.3 Wahl der Domain ... 252
10.4 Checkliste ... 253

11 Nutzung von WordPress zum Aufbau der Website ... 255
11.1 Installation ... 255
11.1.1 Manuelle Installation ... 255
11.1.2 One-Click-Installation des Hosters ... 256
11.2 WordPress-Aufbau (Backend) ... 256
11.2.1 Dashboard ... 258
11.2.2 Beiträge ... 258
11.2.3 Seiten ... 258

11.2.4 Medien ... 258
11.2.5 Kommentare ... 258
11.2.6 Designs ... 259
11.2.7 Plugins ... 262
11.2.8 Benutzer ... 263
11.2.9 Einstellungen ... 263
11.3 Hilfreiche allgemeine Plugins ... 264
11.4 Seitenerstellung mit dem Gutenberg-Editor (Standard-Pagebuilder) ... 265
11.5 Seitenerstellung mit dem Elementor-Pagebuilder ... 266
11.6 SSL-Zertifikat ... 274
11.7 Checkliste ... 276

12 Rechtliche Grundlagen zum Betrieb von Websites ... 277
12.1 Impressumspflicht ... 277
12.2 Datenschutzpflichten ... 280
12.3 Urheberrecht ... 282
12.4 Datenschutzkonforme Nutzung von Google Analytics ... 284
12.5 Cookie-Richtlinie ... 287
12.6 Rechtliche Aspekte zum Affiliate-Marketing ... 289
12.7 Checkliste ... 292

13 Web-Controlling: Google Analytics und Search Console Monitoring einrichten ... 293
13.1 Google Analytics aktivieren ... 294
13.2 Google Analytics Property erstellen ... 296
13.3 Tracking-Code über Google Tag Manager einbinden ... 300
13.3.1 Cookiebot im Tag Manager implementieren ... 302
13.3.2 Google Analytics implementieren ... 303
13.4 Google Tag Manager auf Website einbinden ... 306
13.5 Eigenen Traffic ausschließen ... 308
13.6 Opt-Out-Möglichkeit schaffen ... 310
13.7 Google Search Console ... 311
13.8 Checkliste ... 314

14 Zusammenfassung und Ausblick ... 315

A Literaturverzeichnis ... 317

Stichwortverzeichnis ... 319

Einleitung: Zielsetzung und Aufbau des Buches

Um Ihnen als Leserinnen und Leser einen Überblick zu verschaffen, was Sie in diesem Buch erwartet, werden zuerst die Zielsetzung und die Zielgruppen beschrieben, an die sich das Buch richtet.

Im Anschluss wird der Aufbau veranschaulicht und eine Besonderheit vorgestellt: Parallel zum Buch wurde eine entsprechende Website aufgebaut. An ihr werden die wichtigsten Themen und Vorgehensweisen aus dem Buch verdeutlicht.

Schließlich wird kurz vorgestellt, wie dieses Buch gelesen werden sollte. Entweder – wie gewohnt – von vorne bis hinten, in Auszügen oder in einer individuellen Reihenfolge.

Hinweis

Zur besseren Lesbarkeit verwenden wir in diesem Buch bei Personenbezeichnungen sowie personenbezogenen Pronomen die männliche Form. Mit diesen Begriffen möchten wir jedoch alle Geschlechter gleichermaßen ansprechen. Die Verwendung der männlichen Form ist keine Wertung.

Viel Spaß beim Lesen.

Zielsetzung und Zielgruppe des Buches

Dieses Buch hat verschiedene Zielgruppen. In erster Linie ist das Buch aber ein Buch zum Thema Suchmaschinenoptimierung und richtet sich an Praktiker. Adressaten finden sich in kleineren und mittleren Unternehmen, die selbst Know-how auf- oder ausbauen wollen. Im privaten Bereich spielt das Buch eine Rolle, wenn Sie als Leser Ihre bestehende Website für die Suchmaschine optimieren wollen oder aber eine Content- oder Affiliate-Website aufbauen und diese vermarkten möchten. Wenn Sie sich mit dem Thema »passiv Geld verdienen« auseinandersetzen möchten, finden Sie bisher nur oberflächliche bzw. theoretische, aber keine fundierte Literatur. Das vorliegende Buch schließt diese Lücke.

Wir verfolgen mit dem Buch das Konzept einer Schritt-für-Schritt-Anleitung mit Veranschaulichung aller Themen auf der eigens erstellten Website. Zusätzlich bietet Ihnen das Buch einen breiten Überblick der wesentlichen Themen der Suchmaschinenoptimierung, die aber in der Tiefe und mit konkreten Tool-Empfehlungen (inklusive Konfigurationen) dargestellt werden.

Sie brauchen als Leser keine Programmierkenntnisse, um sich an dem Buch zu orientieren und der Anleitung zur Optimierung oder zum Aufbau einer Website zu folgen.

Zum Buch bzw. als Projekt parallel zur Entstehung dieses Buches wurde eine Website entwickelt, anhand derer Ihnen als Leser alle Themen veranschaulicht werden und Sie den Erfolg nachvollziehen können.

Aufbau des Buches

Das Buch ist in drei große Bereiche aufgeteilt. Jeder Teil ist wiederum in mehrere Kapitel untergliedert. Am Ende jedes Kapitels haben wir die wichtigsten Themen in Form von Fragen bzw. einer Checkliste zusammengefasst. Auf diese Weise können Sie direkt eine To-do-Liste für Ihr Projekt erstellen. Die einzelnen Teile müssen Sie nicht zwingend in der Reihenfolge lesen, wie sie in dem Buch nacheinander aufgeführt sind. Es kann auch eine individuelle Reihenfolge für Sie als Leser sinnvoll sein. Mehr Informationen dazu geben wir im Abschnitt »Wie sollten Sie das Buch lesen?« in dieser Einleitung.

In **Teil I** geht es um das wesentliche Thema dieses Buches: die Suchmaschinenoptimierung und ihre Schritt-für-Schritt-Umsetzung in der Praxis.

Nach der **Einleitung** startet der erste Teil mit **Kapitel 1**, in dem wir die Grundlagen der Suchmaschinenoptimierung betrachten. Es geht zunächst um die Einordnung der Suchmaschinenoptimierung in das Thema Suchmaschinenmarketing im Allgemeinen sowie darum, wie Suchergebnisseiten aufgebaut sind und wie eine Suchmaschine grundsätzlich funktioniert. Diese Grundlagen brauchen Sie, um direkt mögliche Schwierigkeiten und Fallstricke zu erkennen, die mit der Suchmaschinenoptimierung einhergehen. Da wir in diesem Buch Google als die wichtigste Suchmaschine ins Visier nehmen, folgen Informationen über die wichtigsten Updates des Google-Algorithmus und die wichtigsten Richtlinien, die Sie bei einer Optimierung für Google beachten müssen.

In **Kapitel 2** beschäftigen wir uns mit der Keyword- und Potenzialanalyse. Diese Analyse sollte immer die Grundlage aller SEO-Maßnahmen bilden. Unterschieden wird hierbei in die Keyword-Strategie sowie die Potenzialbewertung und Zieldefinition. Im Rahmen der Keyword-Strategie geht es um die Identifikation relevanter Suchbegriffe für Ihre Website. Dafür beschreiben wir zunächst die Grundlagen und gehen auf Möglichkeiten der Klassifizierung von Keywords ein.

Hier stehen Suchintention der User, Termlänge der Keywords und das Auftreten der Keywords in der Customer Journey, also des Entscheidungsprozesses der User, im Fokus. Im Anschluss beschreiben wir Schritt für Schritt den Prozess der Keyword-Recherche und zeigen entsprechende Tools auf, die Sie dafür nutzen können. Im Prozess geht es um Keyword-Recherche, Bewertung und Auswahl von Keywords sowie die Umsetzung einer Website auf Basis der ermittelten Keywords. Gleichzeitig erhalten Sie eine Anleitung, wie das Erfolgspotenzial Ihrer Website anhand der Keywords bewertet werden kann. Alles wird am konkreten Beispiel veranschaulicht, sodass Sie Ihr eigenes Projekt anhand einer Art Leitfaden unmittelbar umsetzen können.

In **Kapitel 3** beginnen wir mit der konkreten Optimierung für die Suchmaschine Google anhand von Onpage-Faktoren, also Themen, die direkt auf Ihrer Seite umgesetzt werden können. Der Fokus liegt hierbei natürlich in erster Linie auf dem Nutzer und darauf, dass er gemäß seiner Suchintention einen passenden Content erhält. Hierfür gibt es einige Stellschrauben und Vorgehensweisen, die auf Ihrer Seite angewandt werden können. Nach einer Analyse der Suchergebnisseite von Google, bei der wir unter anderem auf die Suchintention der Nutzer und den Wettbewerb schauen, entwickeln wir anhand verschiedener Vorgehensweisen der semantischen Analyse eine entsprechende semantische SEO-Strategie. Im Anschluss wird die konkrete Content-Strategie festgelegt und genaue Vorgaben für die Content-Erstellung, also die Umsetzung, gegeben. Der Fokus liegt dabei unter anderem auf Themen wie Texterstellung, Keyword-Verwendung und Snippet-Optimierung. Alles wird am konkreten Beispiel erläutert.

Neben der Content-Optimierung im vorherigen Kapitel beschäftigen wir uns in **Kapitel 4** mit der technischen Suchmaschinenoptimierung, die ebenfalls zu den Onpage-Faktoren zählt. Hierbei legen wir das Augenmerk zunächst auf die Crawl- und Indexierbarkeit der Website als wesentlichen Hygienefaktor der Suchmaschinenoptimierung. Im Anschluss wird als einer der wichtigsten Faktoren in Bezug auf Technik die Ladezeit analysiert. Auf Basis der Analyse erfolgt eine Optimierung der Ladezeit anhand verschiedener Faktoren, wie z.B. den Prozessen beim Aufbau Ihrer Website, der Bilder- und Dateikomprimierung oder dem Browser- und Server-Caching.

Nach der Betrachtung der Onpage-Faktoren geht es in **Kapitel 5** um den Linkaufbau, also den wesentlichen Faktor der Offpage-Optimierung. Den Einstieg bildet allerdings das Thema der internen Verlinkung und damit noch Teil der Onpage-Optimierung, da dafür Optimierungen auf der eigenen Seite notwendig sind. Wir beschäftigen uns hier mit der Frage, wie die Seiten Ihrer Website in idealer Weise untereinander verlinken können. Das Thema »Externe Verlinkung« findet jenseits der eigenen Website statt und fällt damit in den Offpage-Bereich. Den Fokus legen wir hierbei auf eingehende Links von anderen Websites, was bei diesen sogenannten Backlinks zu beachten ist und wie sie bewertet werden können. Ferner wird beschrieben, welche konkreten Möglichkeiten Sie in der Praxis haben, um Backlinks zu generieren.

Nachdem Sie die verschiedenen beschriebenen Maßnahmen zur Suchmaschinenoptimierung erfolgreich durchgeführt haben, wird in **Kapitel 6** die Frage gestellt, wie die User, die deshalb auf Ihre Website kommen, sich dort verhalten (sollten). Nach Betrachtung der Grundlagen der Conversion-Optimierung zeigen wir Ihnen Maßnahmen, die genutzt werden können, um das Ziel Ihrer Website, also eine Conversion, zu erreichen. Hier legen wir das Hauptaugenmerk auf die Landingpage, die aus Sicht der Suchmaschinenoptimierung große Bedeutung hat. Sie lernen konkrete Maßnahmen zur Conversion-Optimierung kennen und definieren gleichzeitig Metriken zur Erfolgsmessung.

Kapitel 7 dient der Erfolgskontrolle der Suchmaschinenoptimierung. Für diese Erfolgsbewertung gibt es einige Anhaltspunkte in Analysetools, die die Auswirkungen und den Fortschritt gut widerspiegeln können. So lernen Sie drei Möglichkeiten genauer kennen, die hierbei genutzt werden. Für die Analyse mit der Google Search Console, das Monitoring mit Google Analytics und dem Amazon PartnerNet beschreiben wir Vorgehensweisen und stellen wichtige Berichte im Detail vor.

In **Teil II** des Buches wird eine zusätzliche Komponente aufgegriffen und auf die Frage geschaut, wie Sie Ihre Website monetarisieren können.

Als Ausgangspunkt beleuchten wir hierfür in **Kapitel 8** das Thema Affiliate-Marketing. Hierbei geht es zunächst um die theoretischen Grundlagen von Affiliate-Marketing und Sie lernen, wie die praktische Anbindung im Partnerprogramm von Amazon (und Awin) funktioniert. Für das bessere Verständnis werden eine allgemeine Definition des Affiliate-Marketings gegeben und die verschiedenen Provisionsmodelle beschrieben. Wir erläutern, welche Arten von Affiliate-Websites für die Praxis relevant sind und wie diese im Grunde funktionieren. Des Weiteren findet Sie hier einen praktischen Leitfaden, wie die Anmeldung zum Amazon PartnerNet funktioniert, um somit Produkte, die auf dieser Plattform angeboten werden, auf Ihrer Website (als Affiliate) bewerben zu können.

In **Kapitel 9** machen wir noch einmal einen Schritt zurück und stellen die strategische Frage, welche Themen für Affiliate-Websites Sinn haben könnten. Der Erfolg beim Affiliate-Marketing steht und fällt mit einer geeigneten Produktkategorie, die profitabel und zugleich konkurrenzfähig genug sein muss, um die Rentabilität zu garantieren. Um ein entsprechendes Nischenthema bzw. Nischenprodukt zu identifizieren und auszuwählen, lernen Sie zunächst eine konkrete Vorgehensweise kennen. Haben Sie sich im Vorhinein noch nicht auf ein bestimmtes Produkt festgelegt, zeigen wir Ihnen verschiedene Möglichkeiten, um lukrative Affiliate-Produkte bzw. -Themen zu finden, die zum Gegenstand Ihrer Website gemacht werden können.

In **Teil III** betrachten wir den konkreten Aufbau und den Betrieb einer Website und damit verbundene Themen wie rechtliche Aspekte und das Web Analytics.

In **Kapitel 10** beschreiben wir den Aufbau einer Website anhand eines Content-Management-Systems. Nach der Darstellung der Funktionsweise eines Content-Management-Systems stellen wir – um ein grundlegendes Verständnis dafür aufzubauen – zunächst das Grundgerüst von Webseiten (HTML, CSS, PHP) vor. Wenn Sie noch keine HTML-Grundkenntnisse haben, empfehlen wir Ihnen, diese kurze Einführung vorab zu lesen, um andere Kapitel einfacher nachvollziehen zu können. Im Anschluss legen wir dar, wie Sie in der Praxis einen guten Webhosting-Tarif auswählen, das Webhosting einrichten und sich für eine Domain entscheiden können.

Auf der Basis der Erkenntnisse des vorherigen Kapitels spezialisieren wir uns in **Kapitel 11** auf das am weitesten verbreitete Content-Management-System WordPress und beschreiben, wie Sie mit diesem System Ihre Website aufbauen können. Dafür werden Installations-Möglichkeiten dargestellt und der Aufbau und verschiedene Bestandteile (u. a. Seiten, Beiträge, Designs, Dashboard) sowie hilfreiche Plugins vorgestellt. Zusätzlich beschreiben wir detailliert, wie Sie Seiten mit verschiedenen Pagebuilder-Tools erstellen können.

Kapitel 12 beschäftigt sich mit rechtlichen Grundlagen, die Sie für den Betrieb von Websites benötigen. Dazu gehören beispielsweise Impressumspflicht, Datenschutzpflichten, die Beachtung des Urheberrechts, die richtige Kennzeichnung von Affiliate-Links und die datenschutzkonforme Nutzung von Google Analytics. Auch gehen wir auf die Cookie-Richtlinie ein, um alle rechtlichen Informationspflichten zu beachten. Wir definieren jeweils konkrete Vorgaben und stellen Tools vor, die Sie für die Generierung von entsprechenden Seiten oder Texten auf der Website einsetzen können.

Abschließend greifen wir in **Kapitel 13** das Thema Web-Controlling wieder auf und erklären, wie Sie das Google Analytics Monitoring und den Google Tag Manager für Ihre Website einrichten können. In diesem Zusammenhang zeigen wir, wie Google Analytics aktiviert wird, wie der Google-Tracking-Code auf verschiedene Arten in Ihre Website eingebunden werden kann und wie Sie das Tracking mit der Google Search Console verknüpfen.

Den Abschluss des Buches bildet eine **Zusammenfassung mit Ausblick**. Wir greifen die wesentlichen Themen noch einmal kurz auf und diskutieren, wie sie in ein mögliches »Projekt« zur Suchmaschinenoptimierung oder zum Aufbau und zur Monetarisiung einer Affiliate-Website als laufende Aufgaben einzuordnen sind.

In Abbildung 1 wird der Aufbau noch einmal als Übersicht dargestellt.

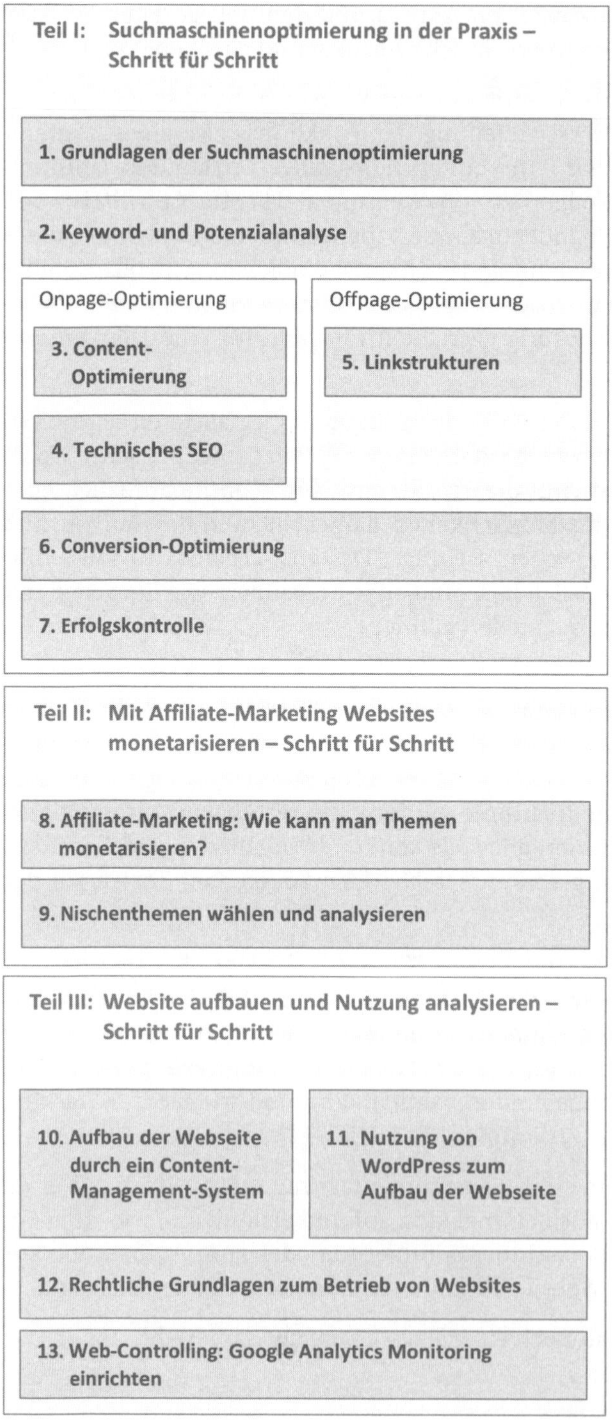

Abb. 1: Aufbau des Buches

Das Praxisbeispiel, auf dem das Buch basiert

Wie bei der Darstellung des Aufbaus des Buches zu erkennen ist, orientieren sich nahezu alle Themen an der Praxis und sollen dadurch für den Leser einen Mehrwert bieten. Alle wichtigen Themen werden aber nicht nur beschrieben, sondern auch an einem konkreten Website-Projekt aus der Praxis umgesetzt. Die Website, die dafür parallel zum Buch entwickelt wurde, ist unter der Domain `https://gitarrenberater.de` erreichbar. Abbildung 2 zeigt einen Screenshot der Startseite.

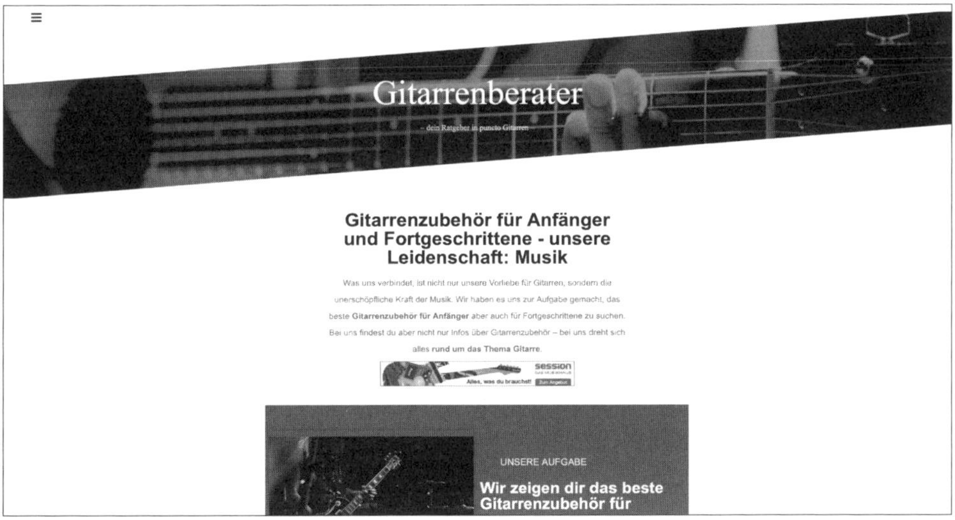

Abb. 2: Website `https://gitarrenberater.de`

Im Buch werden Verweise auf die Website gemacht, Zahlen der Website genutzt und alle Maßnahmen direkt auf der Website umgesetzt, sodass sich der Leser ein Bild davon machen kann.

Wie sollten Sie das Buch lesen?

Wie bereits beschrieben, richtet sich das Buch an unterschiedliche Zielgruppen. Je nachdem, was das Ziel des Lesers ist, sollten die einzelnen Teile des Buches in unterschiedlicher Reihenfolge gelesen werden. Folgende Anforderungen – formuliert als Aussagen potenzieller Leser – werden in dem Buch abgedeckt:

- Zielgruppe **SEO-Praktiker**: »Ich möchte mich intensiv und praxisorientiert mit Suchmaschinenoptimierung auseinandersetzen. Eine (eigene) Website habe ich schon / muss ich noch aufbauen.«

- Zielgruppe **Online Geld verdienen**: »Ich möchte online ohne großen Aufwand und dauerhaft Geld verdienen. Dafür habe ich schon / brauche ich noch eine eigene Website.«
- Zielgruppe **Website aufbauen und vermarkten**: »Ich möchte eine Website aufbauen. Die Website soll eine hohe Sichtbarkeit haben. Ich möchte vielleicht auch Geld damit verdienen.«

Abbildung 3 zeigt, in welcher Reihenfolge die einzelnen Teile je nach Anforderungen des Lesers gelesen bzw. durchgearbeitet werden können.

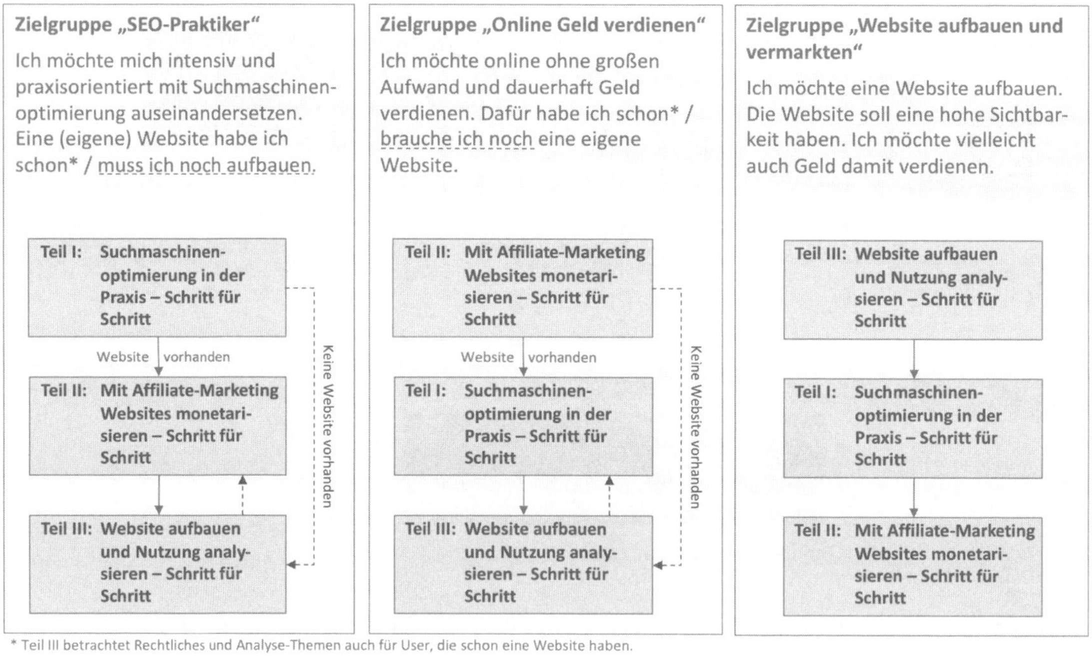

Abb. 3: Individuelle Lese-Reihenfolge je nach Zielgruppe

Über die Autoren

Prof. Dr. Marco Nirschl ist Professor für E-Commerce Management an der Technischen Hochschule Amberg-Weiden. Dort leitet er den Bachelor-Studiengang Digital Business sowie die MBA-Studiengänge Digital Business Management und Digital Marketing.

Marco Nirschl beschäftigt sich unter anderem mit Strategien und Prozessen im Digital Business und Online-Marketing. Er ist Autor, Speaker und Veranstalter von Tagungen im E-Commerce- und Online Marketing-Umfeld.

Zuvor war er beim Sparkassenverband Bayern für Strategieentwicklung und -umsetzung innerhalb der Sparkassen-Finanzgruppe zuständig und verantwortete das Competence Center Retail bei dem Beratungsunternehmen ibi research.

Marco Nirschl studierte Wirtschaftsinformatik an der Universität Regensburg und promovierte dort an der wirtschaftswissenschaftlichen Fakultät.

Stefan Kaltenecker ist Berater und Unternehmenstrainer für Online-Marketing. Er verfügt über eine umfassende Praxiserfahrung in den Themen Suchmaschinenoptimierung, Suchmaschinenwerbung und Webanalyse.

Der Diplom-Betriebswirt (FH) ist seit 2002 Experte im Bereich E-Commerce und Online-Marketing. Nach seinem Marketing-Studium war er international als Unternehmensberater sowie im E-Commerce der Otto Group tätig. Bereits sein erstes Unternehmen im Online-Reisevertrieb generierte einen Millionenumsatz. Er verantwortete die Suchmaschinenoptimierung bei A.T.U. und leitete das Online-Marketing bei Netto Marken-Discount.

Als Gründer und Coach der Erfolg E-Commerce GmbH unterstützt er Onlinehändler erfolgreich dabei, planbare und profitable Ergebnisse im Online-Marketing zu erzielen.

Er lehrt Online-Marketing an mehreren Hochschulen, trainiert Unternehmen und gibt Fachseminare für mehr Erfolg im digitalen Unternehmertum.

Alexander Eberhardt ist Online Marketing Manager in der Witt-Gruppe (einer Tochter des Otto Konzerns) in Weiden und derzeit im Bereich Suchmaschinenmarketing für alle organischen Aktivitäten zuständig. Zuvor steuerte er außerdem investive Suchkampagnen mit weltweitem Fokus.

Alexander Eberhardt studierte Handels- und Dienstleistungsmanagement mit Schwerpunkt E-Commerce Management an der Ostbayerischen Technischen Hochschule Amberg-Weiden. Er spezialisierte sich auf Affiliate- und Suchmaschinenmarketing und betreibt erfolgreiche Affiliate-Websites.

Teil I

Suchmaschinenoptimierung in der Praxis – Schritt für Schritt

In diesem Teil:

- **Kapitel 1**
  Grundlagen der Suchmaschinenoptimierung 23
- **Kapitel 2**
  Keyword- und Potenzialanalyse 37
- **Kapitel 3**
  Content-Optimierung (Onpage-Optimierung) 79
- **Kapitel 4**
  Technisches SEO 127
- **Kapitel 5**
  Linkstrukturen 181
- **Kapitel 6**
  Conversion-Optimierung 195
- **Kapitel 7**
  Erfolgskontrolle 207

Kapitel 1

Grundlagen der Suchmaschinenoptimierung

Suchmaschinenoptimierung hat sich in den letzten Jahren stark verändert. Zwar wird damit immer noch das Ziel verfolgt, mit einem Link zu einer Website auf den Ergebnisseiten der Suchmaschinen ganz oben zu stehen, aber die Vorgehensweisen und viele Methoden, wie dieses Ziel erreicht werden kann, sind im Laufe der Zeit andere geworden.

Zusätzlich kann beobachtet werden, dass sich Nutzer anders als noch vor wenigen Jahren verhalten. Nicht für alles, was im Web gesucht wird, wird Google genutzt. So spielt als »Produkt-Suchmaschine« mittlerweile Amazon eine große Rolle und auch Soziale Medien wie Facebook, Instagram oder TikTok werden im Bereich des Online-Marketings immer wichtiger, da viele User sich dort aufhalten und Informationen dieser Plattformen konsumieren. Nichtsdestotrotz ist eine Suchmaschine der wichtigste Anlaufpunkt im Web, wenn es darum geht, Informationen zu finden.

Wenn von Suchmaschinenoptimierung (engl. Search Engine Optimization, kurz SEO) die Rede ist, wird in Deutschland häufig von *Google-Optimierung* gesprochen. Google hält mit 90 bis 95% in Deutschland den größten Marktanteil und wird demnach von den meisten Usern im Web verwendet. Grundsätzlich gilt aber, dass eine Optimierung mit dem Ziel, bei Google möglichst weit oben in den Ergebnissen gelistet zu werden, auch für ein positives Ergebnis bei anderen Suchmaschinen sorgt. Nummer zwei im Suchmaschinenmarkt ist der Konkurrent Bing, der aber lediglich einen Marktanteil von ca. 5% erzielt. Zur drittgrößten Suchmaschine entwickelt sich Ecosia, die ebenfalls den Suchindex von Bing einsetzt. International spielen noch Yandex (Russland) und Baidu (China) eine bedeutende Rolle. Der Fokus einer Suchmaschinenoptimierung für den deutschen Markt liegt aber ganz klar auf Google.

Das Suchmaschinenmarketing (engl. Search Engine Marketing, kurz SEM), zu dem die Suchmaschinenoptimierung gehört, kann dem sogenannten *Pull-Marketing* zugeordnet werden. Hier übernimmt der User bzw. Interessent eine aktive Rolle und begibt sich aus eigener Motivation bzw. eigenem Interesse auf die Suche nach Informationen. Die Suchmaschine präsentiert die passenden Informationen genau dann, wenn der User sie haben möchte. Ist ein User beispielsweise daran interessiert, eine Hose zu kaufen, und gibt »Hose kaufen« in die Suchmaschine ein, bekommt er Ergebnisse, die er genau zu diesem Zeitpunkt haben möchte. Im Gegensatz dazu verbreitet beim *Push-Marketing* der Werbetreibende seine Botschaft in Form von Marketingaktivitäten, ohne dass der User in diesem Moment explizit daran interessiert ist – der Konsument wird auf ein Produkt »gestoßen«. Dies kann beispielsweise in Form von Display-Marketing (z.B. Banner auf einer Webseite) oder ähnlichen Anzeigen geschehen. Aus Sicht des Users scheint das Pull-Marketing und damit eben das Marketing über Suchmaschinen unaufdringlicher zu sein und kann in der Regel die Wahrnehmungsschwelle des Users besser durchdringen.

In den Anfängen der Suchmaschinenoptimierung reichte es noch aus, einfache technische Veränderungen an der eigenen Seite vorzunehmen oder das Keyword, für das die Seite ranken sollte, so oft wie möglich auf einer Webseite zu wiederholen, um bei der Suchmaschine in den oberen Suchergebnissen aufzutauchen. Mit der Zeit sind die Suchalgorithmen jedoch komplexer geworden, was bedeutet, dass mehrere bzw. andere Faktoren in das Suchranking einfließen. Der Marktführer Google spricht von über 200 Einflussfaktoren, die der Algorithmus berücksichtigt und die somit die Platzierung in den Suchergebnissen beeinflussen.

Für den Anwender ist die Funktionsweise einer Suchmaschine denkbar einfach: Ein Benutzer geht auf die Website einer Suchmaschine, die in den meisten Fällen schon als Startseite im Internetbrowser hinterlegt ist, und gibt einen Suchbegriff ein. Anhand dieses Suchbegriffs, auch *Keyword* genannt, präsentiert die Suchmaschine verschiedene Suchergebnisse. Diese Suchergebnisse werden auf einer Suchergebnisseite angezeigt. Die Ergebnisseite wird als *Search Engine Result Page (SERP)* bezeichnet.

Bei der Beeinflussung des Suchrankings durch Suchmaschinenoptimierung kann zwischen den Teilbereichen *Onpage-* und *Offpage-Optimierung* unterschieden werden. Onpage-Optimierung umfasst alle SEO-Maßnahmen, die auf der eigenen Website durchgeführt werden. Dazu gehört einerseits die richtige Platzierung des Keywords, für das eine Seite optimiert wird, andererseits spielen aber vor allem auch die Bereiche Technik, Inhalt (Content) und Struktur der Seite (siehe Kapitel 3 und Kapitel 4) eine wesentliche Rolle.

In Abgrenzung dazu handelt es sich bei der Offpage-Optimierung um SEO-Maßnahmen jenseits der eigenen Website. Sie dienen dem Aufbau von Vertrauen beim User. Hierzu können verschiedene Maßnahmen gehören. Verlinkungen von anderen Websites auf die eigene, sogenannte *Backlinks*, erhöhen die Autorität einer Seite, also ihre Vertrauenswürdigkeit bzw. Reputation aus Sicht der Suchmaschine. Mentions[1] und Social-Media-Aktivitäten zahlen auf die Marke ein und erhöhen den Direct Traffic. Bewertungen stärken die Reputation (siehe Kapitel 5). Die Einteilung der Maßnahmen wird in Abbildung 1.1 dargestellt.

---

1 Unter Mentions bzw. Erwähnungen wird verstanden, dass auf einer anderen Website kein Backlink gesetzt wird, sondern nur über die entsprechende Seite »gesprochen«, sie also erwähnt wird.

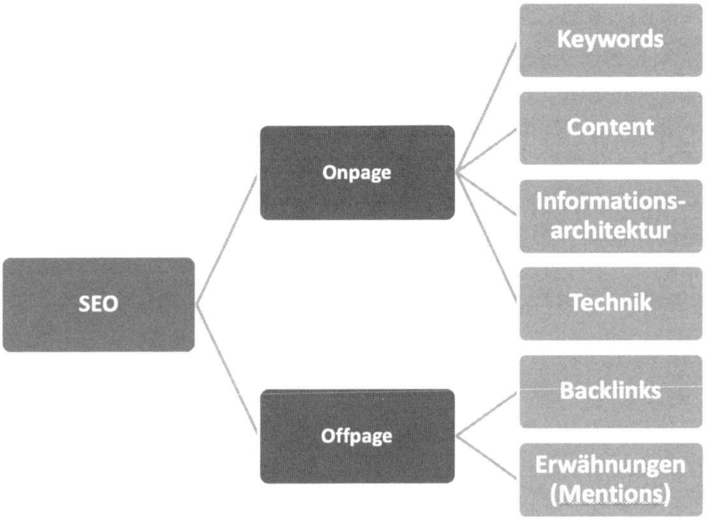

Abb. 1.1: Aufgabenbereiche der Suchmaschinenoptimierung

1.1 Einordnung in das Suchmaschinenmarketing

Der Großteil der Suchmaschinen bzw. deren Ergebnisseiten sind nach demselben Prinzip aufgebaut. Grundsätzlich gibt es zwei Bereiche: Die unbezahlten *Suchtreffer* (auch organische Suchtreffer genannt) und die bezahlten Suchtreffer. Beide Bereiche sind Teile des Suchmaschinenmarketings (siehe Abbildung 1.2) und haben aus Sicht von Werbetreibenden das Ziel, die Sichtbarkeit der eigenen Seite in der Suchmaschine zu verbessern und letztendlich Besucher für die eigene Website zu gewinnen.

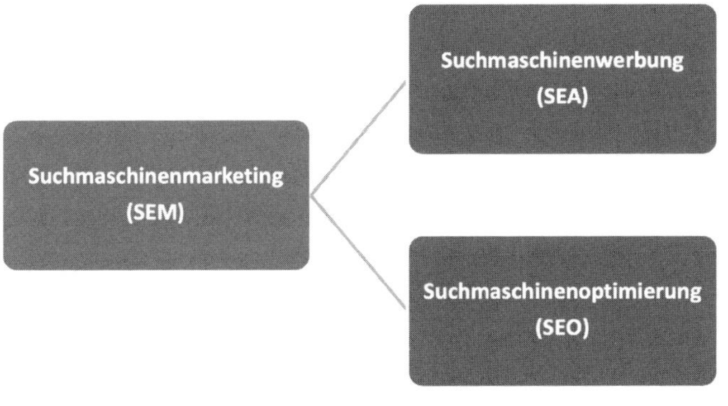

Abb. 1.2: Bereiche des Suchmaschinenmarketings

Suchmaschinenoptimierung beinhaltet sämtliche Strategien und Maßnahmen, um zu relevanten Suchbegriffen mit relevanten Inhaltsseiten auf den vordersten Plätzen von Suchmaschinen vertreten zu sein und *Conversions* (z.B. Bestellungen) zu generieren. Während mit der Suchmaschinenoptimierung auf diese Weise beabsichtigt wird, eine gute Position in der unbezahlten Suche zu erreichen, zielt Suchmaschinenwerbung (engl. *Search Engine Advertising*, kurz SEA) darauf ab, Werbeanzeigen zu ausgesuchten Keywords zu schalten. Die SEA-Anzeigen werden auf der Suchergebnisseite vor und nach den organischen Suchtreffern ausgespielt. Da ein Nutzer von Suchmaschinen oftmals nicht unterscheiden kann, was bezahlte oder unbezahlte Suchergebnisse sind, klickt dieser häufig auf die Suchanzeige, ohne zu wissen, dass im Hintergrund ein bezahlter Transfer stattfindet. Für die reine Darstellung in den bezahlten Suchergebnissen ist keine Gebühr für Werbetreibende fällig. Erst wenn ein Benutzer auf die Anzeige klickt, rechnet Google mit dem Anzeigenersteller ab. SEA-Anzeigen bieten wegen ihrer hervorgehobenen Platzierung eine große Sichtbarkeit in den Suchergebnissen.

Info-Box: Weitere Bereiche der Suchergebnisseite

Neben den SEA-Anzeigen und den organischen Ergebnissen werden auf der Suchergebnisseite (SERP) bei Produktsuchen zusätzlich Produktanzeigen oberhalb der Textanzeigen oder am rechten Rand eingeblendet (Google-Shopping-Anzeigen). Zwischen den organischen Treffern werden je nach Suchintention (z.B. will der Suchende etwas kaufen, Informationen finden oder zu einer bestimmten Website navigieren?) noch weitere Ergebnisse aus der vertikalen Suche eingestreut (Universal-Search-Ergebnisse). Eine *vertikale Suche* ist eine Suchanfrage, die sich nur auf ein spezielles Themengebiet oder Segment bezieht, also z.B. die Google-Bildersuche, die nur Bilder liefert. Bei einer *Universal Search* werden Ergebnisse aus verschiedenen Datenbanken, auf die Google zugreift (also z.B. News, Videos, Bilder), auf einer SERP bereitgestellt. Um die Suchanfrage zu beantworten, kann die Suchmaschine verschiedene Daten gemischt ausliefern. Der Suchende erhält als Ergebnis dann entsprechend eine Mischung aus Bildern, Shoppingtipps und allgemeinen Informationen.

Zusätzlich stellt Google bei entsprechenden Suchanfragen den sogenannten *Knowledge Graph* dar. In einem eigenen Kasten auf der Suchergebnisseite werden aufbereitete, strukturierte Daten mit Details zur Suchanfrage präsentiert. Es kann sich dabei z.B. um Daten zu Unternehmen, Orten oder Personen handeln.

In Abbildung 1.3 wird der schematische Aufbau der Google-Suchergebnisseite dargestellt.

Auf »Position 0« der Suchergebnisseite werden zum Teil sogenannte Featured Snippets ausgespielt. Diese liefern dem Nutzer eine direkte Antwort auf die Suchanfrage, sodass ein Klick auf eine Website nicht mehr erforderlich ist. Das ist z.B. oftmals dann der Fall, wenn nach Definitionen gefragt wird oder »Was ist ...?«-Fragen beantwortet werden sollen. Google weist diesen Ergebnissen die oberste Position auf der SERP zu und liefert nur noch neun echte organische Treffer aus.

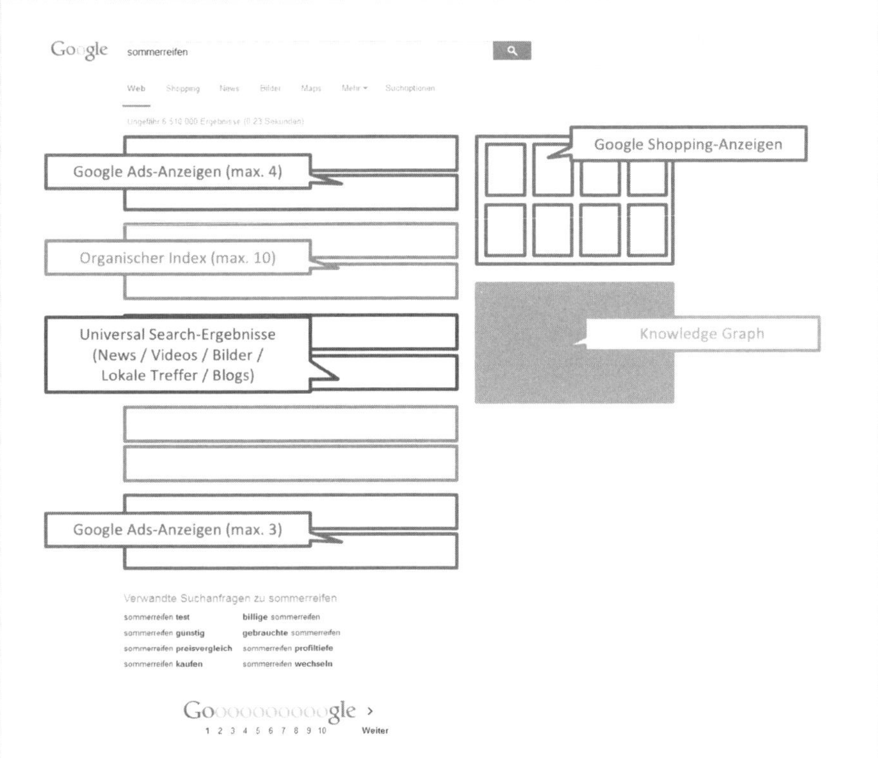

Abb. 1.3: Schematischer Aufbau der Google-Suchergebnisseite (SERP)

Bei organischen Suchtreffern ist es aufgrund der Darstellung auf der SERP und des typischen Verhaltens der Suchenden sehr wichtig, eine gute Positionierung zu erreichen. Ideal ist es, im vorderen Bereich der ersten Suchergebnisseite gelistet zu werden. Auf der ersten Suchergebnisseite von Google erfolgen in der Regel über 95% aller Klicks. Das bedeutet, dass eine Website, die auf der zweiten Seite von Google gelistet ist, fast keine Besucher abbekommt. Eine Untersuchung von Beus (2020) zeigt, dass 28,5% aller Besucher bereits auf das erste organische Suchergebnis klicken und die Klickraten (engl. *Click Through Rate*, kurz CTR) der nachfolgenden Suchergebnisse deutlich geringer ausfallen. Auf der zweiten Position liegt die Klickrate nur noch bei 15,7%, auf der dritten Position bei 11,0%. Der zehnte Treffer wird durchschnittlich noch von 2,5% der Suchenden angeklickt (siehe Abbildung 1.4).

Diese Zahlen beziehen sich auf die mobile Version der Google-Suche. Viele Studien[2] zum Klickverhalten basieren auf Analysen von Desktop-Nutzern. Nahezu weltweit haben die Suchen mit dem Smartphone allerdings mittlerweile Desktop-Suchen überholt. Die mobilen SERPs sprechen somit eher den typischen Nutzungskontext an und sollten als Grundlage entsprechender Auswertungen genutzt werden.

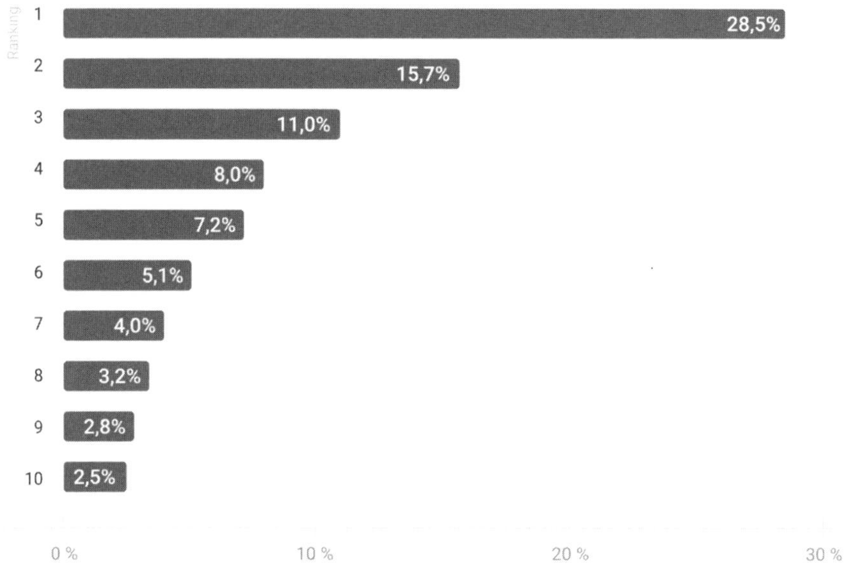

Abb. 1.4: Click Through Rate (CTR) von organischen Treffern auf der ersten Google-Ergebnisseite in der mobilen Ansicht (Beus, 2020)

Globale CTRs, die alle Typen von Suchen umfassen, sind allerdings nicht immer besonders aussagekräftig. Je nach Suchintention und dem damit verbundenen Layout der SERP variiert der Studie von Beus (2020) zufolge die CTR für die erste Position zwischen 13,7% und 46,9%. Dabei kommt es z.B. darauf an, ob Sitelinks (zusätzliche Links unterhalb der eigentlichen SEA-Anzeige), Featured Snippets, ein Knowledge Graph, Google-Shopping-Anzeigen oder Google Ads (SEA-Anzeigen) ausgespielt werden. Für die Suchmaschinenoptimierung bedeutet dies, dass die Suchintention eines Keywords das Layout der SERP bestimmt. Das Layout ist wiederum dafür verantwortlich, wie viele organische Klicks erzielt werden können. Bisher ist man davon ausgegangen, dass insbesondere das Suchvolumen des Keywords für die Klick-Anzahl entscheidend ist. Mittlerweile ist dies nicht mehr allein der ausschlaggebende Faktor.

2 Weitere Studienergebnisse liefern beispielsweise Advanced Web Ranking (2021), Dean (2019) und Petrescu (2014).

1.2 Die Funktionsweise einer Suchmaschine

Eine Suchmaschine ist eine umfangreiche Software, mit der das Internet systematisch nach Informationen durchsucht werden kann. Die wichtigste Eigenschaft einer Suchmaschine ist die automatisierte Sammlung und Auswertung von Daten. Im Angesicht des rasanten Wachstums des World Wide Webs ist es unmöglich, manuell alle Daten von Webseiten zu analysieren, zu bewerten und danach die relevantesten Informationen aufzuzeigen.

Im Alltagsgebrauch bezeichnet der Begriff »Suchmaschine« meist nur die Website eines Suchanbieters. Im Gebrauch der Nutzer ist es beliebt, diese Website bereits als Startseite des Browsers zu hinterlegen. Deshalb starten die meisten Internetsessions mit einer Suchanfrage in einer Suchmaschine. Die Startseite einer Suchmaschine beinhaltet eine Eingabemaske, in der ein Besucher seine Suchanfrage eingeben kann. Hat der Benutzer seine Anfrage erfolgreich gestellt, werden im Bruchteil einer Sekunde dazu passende Suchergebnisse geliefert. Der erste (organische) Link passt hierbei nach Meinung der Suchmaschine am besten, um die Suchanfrage des Benutzers zu beantworten.

Das Herzstück einer Suchmaschine ist nicht das Sammeln von Daten, sondern vielmehr die einzelnen Algorithmen, die die Datenmenge analysieren und unterschiedlich gewichten. Die dafür nötige Effizienz kann mit einem Beispiel veranschaulicht werden: Die Suchanfrage zum Begriff »Gitarre spielen« erzeugt bei Google ca. 14,6 Millionen Suchergebnisse (Stand 02/2022). Es müssen viele Daten innerhalb kürzester Zeit verarbeitet werden, um das Ergebnis bereitzustellen. Unter der Prämisse, dass die Anwender von Suchmaschinen bereits auf der ersten Suchergebnisseite ein relevantes Suchergebnis erwarten, ist es enorm wichtig, dass die Suchmaschine mit ihrem Algorithmus die Relevanz der Ergebnisse verbessert.

Die Suchmaschine wird in mehrere Kernkomponenten unterteilt. Wesentliche Bestandteile sind der *Crawler*, der *Datenspeicher* (Dokumentenindex und Repository), der *Parser* und der *Suchmaschinenindex* (siehe Abbildung 1.5). Die Aufgabe von Suchmaschinen ist es, die Informationen zwischen dem World Wide Web und dem Endverbraucher zu vermitteln.

Das World Wide Web ist ein Bestandteil des Internets und beinhaltet Dokumente, die vor allem im HTML-Format vorliegen. Diese Dokumente sind allgemein unter dem Namen »Webseite« bekannt. Sie werden mit einer einzigartigen Adresse, der sogenannten *Domain*, verknüpft und können dadurch leicht zugänglich gemacht werden. Die Suchmaschine greift grundsätzlich auf Informationen aus dem World Wide Web zurück.

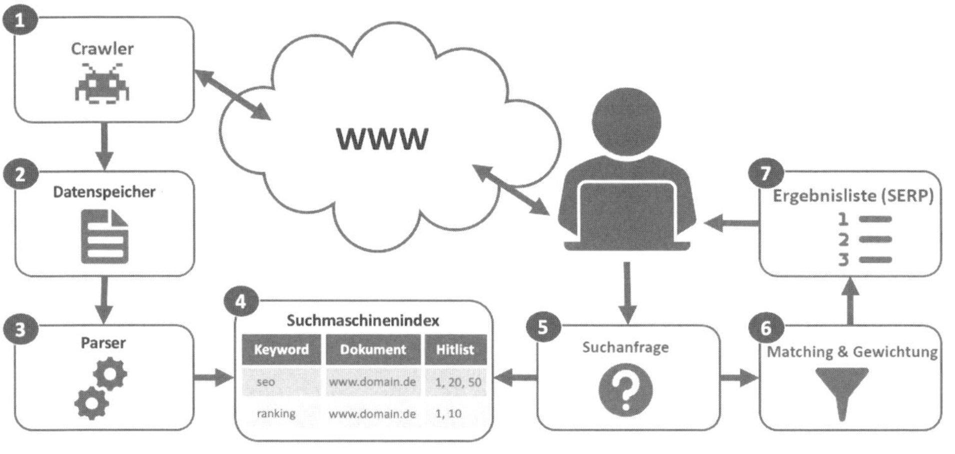

Abb. 1.5: Aufbau einer Suchmaschine (Vereinfachtes Crawling- und Information-Retrieval-System)

Der Crawler, auch Spider oder Bot genannt, ist ein automatisiertes System, das neue Inhalte im World Wide Web erschließen soll. Dies geschieht, indem der Crawler bereits bekannte Dokumente untersucht und deren Verlinkungen verfolgt. Auf diese Weise sollen möglichst alle Dokumente im World Wide Web auffindbar gemacht werden. Zudem untersucht er die Inhalte auf deren Popularität und ihr Aktualisierungsintervall, indem er die Dokumente öfter analysiert und auf neue Inhalte bzw. Veränderungen hin prüft.

Der Datenspeicher kann grob in Dokumentenindex und Repository unterschieden werden. Der Dokumentenindex enthält Informationen zu allen in der Datenbank gespeicherten Dokumenten. Dazu gehört unter anderem das Erstellungsdatum und letzter Crawler-Besuch, die Änderungshäufigkeit, die Länge des Dokuments, der Dokumententyp oder der Seitentitel.

Letztendlich wird ein Dokument dann im Repository gespeichert. Dieser Datenspeicher enthält vor allem Kopien von HTML-Dokumenten (Webseiten) aus dem Web. Zusätzlich erfolgt hier beispielsweise auch die Prüfung hinsichtlich doppelter Inhalte, dem *Duplicate Content*.

In einem nächsten Schritt werden die *Keywords* extrahiert, die das Thema eines Dokuments beschreiben. Dazu erfolgt durch den sogenannten Parser unter anderem eine Datennormalisierung (Entfernen von Programmiercode), die Zerlegung des Textes in einzelne Wortgruppen (Tokenizing), die Sprachidentifikation (wichtig z.B. für Polyseme, also Wörter mit unterschiedlichen Bedeutungen), die Reduktion von Wörtern auf den Stamm (Stemming), die Mehrwortgruppenidentifikation (Zerlegung von Mehrwortgruppen in ihre Komponenten) und Stoppworterkennung (Entfernung von Wörtern ohne inhaltliche Bedeutung).

Als Ergebnis der Aufbereitung der Daten und der Analyse der Dokumente liefert der Parser eine Liste von Schlüsselwörtern, die die Ressourcen beschreiben. Da dieser aufwendige Prozess nicht bei jeder Suchanfrage durchgeführt werden kann, muss eine Datenstruktur entworfen werden, um auf die Ergebnisse zurückgreifen zu können. Daher besteht der Suchmaschinenindex aus einer Liste mit Keywords und Verweisen zu den Dokumenten, in denen das Schlüsselwort vorkommt. Eine sogenannte *Hitlist* beschreibt den Rang eines Keywords innerhalb eines Dokuments. Dies umfasst unter anderem die Häufigkeit eines Wortes, die Position (z.B. 1 = Term in Titelzeile), die Formatierung und die Schriftgröße.

Wird nun eine Suchanfrage durch einen User gestellt, erfolgt ein Matching, also der Abgleich der Suchanfrage mit den Einträgen im Index. Dazu werden verschiedene Schritte durchlaufen:

- Tokenizing
- Erkennung von Bedeutung und Beziehung zwischen Begriffen bei Mehrwort-Suchanfragen
- Stemming
- Verwendung eines Entitäten-Thesaurus (ermöglicht die Einbeziehung von Synonymen, Abkürzungen sowie Ober- und Unterbegriffen)
- Identifikation der Suchintention: Dazu muss der Kontext der Suchanfrage ermittelt werden (u. a. Suchhistorie, Gerät, Standort, Entitäten, Termbeziehungen, thematischer Kontext).
- Einsatz künstlicher Intelligenz (Hummingbird, RankBrain, BERT, Abschnitt 1.3) zur besseren Interpretation von natürlichsprachigen Anfragen (semantisches Verständnis)

Google berechnet mittels Gewichtungsmodellen einen Relevanzwert, der den Grad der Übereinstimmung zwischen Suchintention, Suchanfrage und dem Inhalt einer Seite angibt. Die Relevanz steigt, wenn das Dokument verwandte Terme zur Suchanfrage beinhaltet (Entitäten, siehe dazu auch Abschnitt 3.3.2) oder wenn die Seite Links von themenverwandten Seiten erhält. Die Relevanz und Autorität von Backlinks bilden neben den Inhalten einen weiteren wichtigen Faktor. Das Matching beinhaltet auch eine Klassifikation von Suchanfragen und Dokumenten nach Topics und deren Grad der Übereinstimmung. Inhalte sollten demnach eindeutig einem Thema zugeordnet sein. Basierend auf diesen Anhaltspunkten werden die relevanten Dokumente aus dem Index herangezogen. Es erfolgt das Ranking der Ergebnisse anhand verschiedener Ranking-Faktoren. Die Dokumente werden nach absteigender Relevanz sortiert und entsprechend auf der Suchergebnisseite präsentiert.

Mit dem Wissen über die Kernkomponenten einer Suchmaschine lässt sich erklären, warum Suchmaschinen bei der Eingabe gleicher Suchbegriffe teilweise sehr unterschiedliche Ergebnisse anzeigen. Dies beginnt zum Teil schon bei der Datenerfassung, da jede Suchmaschine die Dokumente in einer unterschiedlichen Tiefe analysiert. Es kommt hinzu, dass die Relevanz durch die unterschiedlichen Informationen und Ranking-Faktoren oft anders bewertet wird, wodurch das Suchergebnis beeinflusst wird.

Spricht man von Suchmaschinenoptimierung, ist es das Ziel, seine eigene oder eine bestimmte Webseite so zu optimieren, dass eine Suchmaschine wie Google die eigene Seite bei möglichst vielen oder ganz bestimmten Suchanfragen auf einer guten Platzierung positioniert. Um das zu erreichen, ist es wichtig zu wissen, wann eine Suchmaschine bzw. Google eine Seite für relevant genug hält, um diese im besten Fall an erster Stelle der Suchergebnisseite zu listen. Die Ranking-Faktoren, die Google im Suchalgorithmus verwendet, sind jedoch prinzipiell nicht offengelegt, Google spricht aber von ca. 200 Faktoren. Grundsätzlich sind jedoch die größten und wichtigsten Einflüsse für die Suchmaschinenoptimierung allgemein bekannt. Die Faktoren müssen durch den Website-Betreiber so optimiert werden, dass die Lesbarkeit und Relevanz der eigenen Webseite in Hinsicht auf die Komponenten einer Suchmaschine verbessert werden.

1.3 Wichtige Google-Updates

Durch den enormen Marktanteil von Google im deutschsprachigen Raum ist es essenziell, die Optimierung genau nach den Richtlinien von Google zu gestalten. Google selbst optimiert seinen Suchalgorithmus stetig weiter und versucht, durch Updates das Suchergebnis zu verbessern. Von Zeit zu Zeit veröffentlicht Google größere Updates, die *Core Updates*. Diese Updates haben große Auswirkungen auf die Sichtbarkeit und führen meistens zu einer deutlichen Verschiebung in den Suchergebnissen. Es ist wichtig, diese Google-Updates nachzuverfolgen und dementsprechende Optimierungen vorzunehmen. Eine Auswahl wichtiger Google-Updates wird im Folgenden dargestellt:

- **Panda Update (2011):** Google hat lange Zeit die Berechnung der inhaltlichen Relevanz anhand der vorkommenden Keywords vorgenommen. Aus diesem Grund haben viele Websitebetreiber die Suchphrasen einfach so oft es geht, egal ob qualitativ hochwertig, auf den Seiten verstreut. Mit dem Panda Update belohnt Google diejenigen, die dem Nutzer einen echten Mehrwert bieten und qualitativ hochwertigen Content liefern. Deshalb ist es maßgebend, nicht nur die Keywords auf den Seiten einzubauen, sondern auch auf hochwertige Inhalte zu achten.
- **Penguin Update (2012):** Verlinkungen von externen Seiten sind ein wichtiger Bestandteil der Suchmaschinenoptimierung. Je mehr Verlinkungen auf die eigene Seite eingehen, desto relevanter schätzt Google den eigenen Inhalt ein. Mit dem Penguin Update setzt Google aber wieder auf Qualität statt Quantität.

Dieses Update bewertet die eingehenden Links nach Qualität und Themenrelevanz.

- **Hummingbird Update (2013):** Das Hummingbird Update war notwendig, um Suchanfragen komplett zu analysieren und semantisch in den richtigen Kontext zu setzen. Mit diesem Update versucht Google, die natürliche Sprache besser zu verstehen und bei längeren Suchphrasen ein genaueres Ergebnis zu liefern.
- **RankBrain Update (2015):** Das RankBrain Update erweiterte den Google-Algorithmus um künstliche Intelligenz bzw. maschinelles Lernen. Dieses Update baut auf dem Hummingbird Update auf und soll die Suche, vor allem in der Verknüpfung von Suchanfragen, verbessern.
- **BERT Update (2019):** Das BERT (Bidirectional Encoder Representations from Transformers) Update zielt darauf ab, den Kontext jedes Wortes und dadurch die eigentliche Suchintention besser zu verstehen. Bisher ignorierte der Suchalgorithmus von Google z.B. Präpositionen wie »für« oder »nach«. Bert soll nun deren Bedeutung im Kontext der Suchanfrage verstehen und die Ergebnisse entsprechend anpassen.
- **MUM Update (2021):** Mit MUM (Multitask Unified Model) sollen komplexe Suchanfragen noch besser als bisher beantwortet werden. Der Algorithmus soll Informationen auch in Text und Bild verstehen und zukünftig auf weitere Modalitäten wie Video und Audio erweitert werden können. MUM hat zudem das Potenzial, Wissen über Sprachen hinweg zu übertragen. Es kann aus Quellen lernen, die nicht in der Sprache verfasst sind, in der die Suche durchgeführt wurde.

Insgesamt kann festgehalten werden, dass Google mit seinen Updates konsequent einen Weg verfolgt, der Webseiten belohnt, die für User gemacht sind und nicht rein für die Suchmaschine. Google versucht immer mehr, Webseiten so zu verstehen, wie es Menschen tun.

1.4 Google-Richtlinien

Google hat prinzipiell nichts gegen Suchmaschinenoptimierung einzuwenden, da die Optimierung unter Einbeziehung der Qualitätsupdates zur Folge hat, dass die Website für die User verbessert wird. Ganz anders sieht Google das Thema, wenn es um *Suchmaschinenmanipulation* geht. Eine Manipulation findet dann statt, wenn die Optimierung mit unerlaubten Mitteln durchgeführt wird. Ein Beispiel dafür ist, wenn ein Websitebetreiber Backlinks auf die eigene Seite einkauft.

Google selbst hat Qualitätsrichtlinien aufgestellt und zeigt dort die Grundprinzipien der Suchmaschinenoptimierung sowie konkrete Empfehlungen. Als Grundgedanke gibt Google den Optimierern mit, dass sie die Seite in erster Linie für den

Nutzer erstellen sollen und nicht für eine Suchmaschine. Außerdem soll der Nutzer nicht getäuscht werden und es sollen keine unerlaubten Tricks angewendet werden, um das Suchmaschinen-Ranking zu verbessern. Google legt den Betreibern auch ans Herz, ihre Seite einzigartig und wertvoll für die Benutzer zu machen. Konkret empfiehlt die Suchmaschine in den Richtlinien für Webmaster (`https://support.google.com/webmasters/answer/35769?hl=de`), unter anderem folgende Maßnahmen bzw. Methoden zu vermeiden:

- Automatisch generierte Inhalte (z.B. Text, der für den Leser keinen Sinn ergibt, aber Keywords für Suchanzeigen enthalten kann)
- Teilnahme an Linktauschprogrammen (ge- oder verkaufte Links, die PageRank weitergeben, z.B. Austausch von Geld gegen Links oder gegen Beiträge, die Links enthalten)
- Erstellen von Seiten ohne oder mit nur wenigen eigenen Inhalten
- Cloaking (Verfahren, bei dem für menschliche Nutzer andere Inhalte oder URLs als für Suchmaschinen zur Verfügung gestellt werden)
- Irreführende Weiterleitungen (z.B. Suchmaschinen wird eine Version der Inhalte angezeigt, die Nutzer werden jedoch zu einer Seite weitergeleitet, die sich erheblich von dieser Version unterscheidet)
- Verborgener Text bzw. verborgene Links (z.B. weißer Text auf weißem Hintergrund)
- Brückenseiten (Websites oder Seiten, die mit dem Ziel erstellt werden, bei bestimmten ähnlichen Suchanfragen in den Suchergebnissen zu erscheinen)
- Kopierte Inhalte (z.B. Websites, die Inhalte von anderen Websites kopieren und veröffentlichen, ohne eigene Inhalte oder Mehrwert hinzuzufügen)
- Teilnahme an Affiliate-Programmen ohne ausreichenden Mehrwert (z.B. Seiten mit Produktlinks, bei denen die Produktbeschreibungen und Erfahrungsberichte direkt vom ursprünglichen Händler kopiert wurden, ohne dass jedoch eigene Inhalte oder eigener Mehrwert hinzugefügt werden)
- Laden von Seiten mit irrelevanten Keywords (Webseite wird mit Keywords oder Zahlen überladen, z.B. Textblöcke mit Städten und Ländern, für die eine Webseite im Ranking erscheinen möchte)
- Erstellen von Seiten mit schädlichen Funktionen, durch die beispielsweise Phishingversuche unternommen oder Viren, Trojaner oder andere Badware installiert werden

Bei Nichteinhaltung der Richtlinien verhängt Google Abstrafungen, die das Ranking beeinflussen oder im schlimmsten Fall die Deindexierung zur Folge haben. Diese Abstrafungen können entweder durch den Algorithmus automatisch erfolgen oder durch einen Google-Mitarbeiter manuell herbeigeführt werden. Durch diese Sanktionen wird immer die Reichweite von Seiten beeinträchtigt. Es können einzelne Seiten, aber auch ganze Verzeichnisse abgestraft werden.

1.5 Checkliste

Nach Betrachtung der ersten Grundlagen der Suchmaschinenoptimierung gibt es einige Fragen, die Sie für sich und Ihre Website beantworten sollten. Falls Sie noch keine Website betreiben, nutzen Sie die Fragen einfach als Checkliste für den Zeitpunkt, wenn die Website online geht. Damit, wie Sie dorthin kommen, beschäftigen wir uns aber intensiv und im Detail im Laufe des Buches.

Checkliste/Fragen

- Mit welchen Online-Marketing-Kanälen erreiche ich meine Zielgruppe?
- Auch wenn es sich in diesem Buch etwas seltsam anhört: Ist die Suchmaschine der richtige Kanal oder hält sich meine Zielgruppe woanders auf?
- Verstoße ich auf meiner Website (falls bereits vorhanden) gegen Google-Webmaster-Richtlinien und laufe so Gefahr, von Google abgestraft zu werden?

Kapitel 2

Keyword- und Potenzialanalyse

2.1 Identifikation relevanter Suchbegriffe

Die Grundlage jeglicher SEO-Maßnahmen bildet die *Keyword-Recherche*. Um möglichst viel Traffic für die eigene Website zu generieren, muss sichergestellt werden, dass diese zu möglichst vielen Suchbegriffen in den Suchmaschinen gefunden wird. Das oberste Ziel besteht also darin, sich ein umfassendes Bild über das Suchverhalten der Zielgruppe zu verschaffen. Aus den ermittelten Keywords lassen sich anschließend die Struktur und Inhalte der Website ableiten.

Den Ausgangspunkt zur Identifikation der Schlüsselwörter bilden das Thema der eigenen Website und die Zielgruppe, die angesprochen werden soll.

Im Rahmen der strategischen Vorüberlegungen zu der im Buch behandelten Website wurde das Thema Gitarrenzubehör ausgewählt (siehe Kapitel 9). Das Ziel der Website soll es sein, Gitarrenspieler oder andere affine Zielgruppen wie Personen, die Geschenke für Gitarristen suchen und sich zur Vorbereitung einer Kaufentscheidung über diverses Gitarrenzubehör informieren möchten, zu erreichen.

Auf Amazon werden zu der Produktnische Gitarrenzubehör 26 Subkategorien aufgelistet (siehe Abbildung 2.1).

Im Rahmen der Keyword-Strategie soll für das Thema Gitarrenzubehör herausgefunden werden, wie und in welchem Kontext potenzielle Interessenten nach diesen Produktkategorien suchen und welches Such- und Traffic-Volumen damit verbunden ist. Mit anderen Worten: Es muss ein Suchprofil für die definierte Zielgruppe erstellt werden, um daraus eine geeignete Keyword- und Content-Strategie für die Nischen-Website abzuleiten, die im Rahmen des Buches erstellt und optimiert wird.

Die Anzahl der Subkategorien, die später für die Nischen-Website ausgewählt werden, wird insbesondere durch das Suchvolumen determiniert. Durch die Abdeckung verwandter Subkategorien kann das Traffic-Potenzial der Website insgesamt gesteigert und die Nische inhaltlich umfassender abgedeckt werden.

Alle Schritte, die in diesem Kapitel beschrieben werden, lassen sich gleichermaßen auch auf jedes andere Thema, für das eine Website gestaltet wird, und für andere Zielsetzungen übertragen.

Abb. 2.1: Gliederung der (Sub-)Kategorie »Gitarrenzubehör« auf Amazon

2.2 Klassifizierung von Keywords

Die Klassifizierung von Keywords kann hinsichtlich der Suchintention des Users, der Termlänge der Keywords sowie ihrem Vorkommen in der Customer Journey[1] erfolgen.

2.2.1 Keyword-Klassifizierung nach der Suchintention

Die Suchanfrage, die ein Nutzer auf der Such-Webseite[2] eingibt, spiegelt oftmals die Suchmotivation wider. Je länger die Suchphrase ist, desto besser lässt sich aus

1 Die Customer Journey beschreibt die »Reise« eines (potenziellen) Kunden vom ersten Kontakt mit einem Unternehmen bis zum Kauf eines Produkts oder einer anderen definierten Handlung, wie z.B. einer Registrierung auf einer Website. Eigentlich geht die Customer Journey auch nach dem Kauf, z.B. im Rahmen der Nutzung von Services, weiter. Allerdings liegt in den folgenden Überlegungen dort nicht der Fokus.

2 Es gibt einen Unterschied zwischen den Begriffen »Website« und »Webseite«. Website meint den gesamten Webauftritt, während Webseite eine einzelne Seite bezeichnet (im Englischen »web page«).

ihr erkennen, mit welcher Suchabsicht ein Benutzer die Suche einleitet. Um die Intention des Nutzers zu klassifizieren, werden Suchanfragen in drei verschiedene Anfragentypen geclustert: navigationsorientierte Suchanfragen, informationsorientierte Suchanfragen und transaktionsorientierte Suchanfragen. Alle Typen von *Suchanfragen* verfolgen ihren eigenen Sinn und Zweck und können somit im direkten Vergleich nicht besser oder schlechter bewertet werden (siehe Abbildung 2.2).

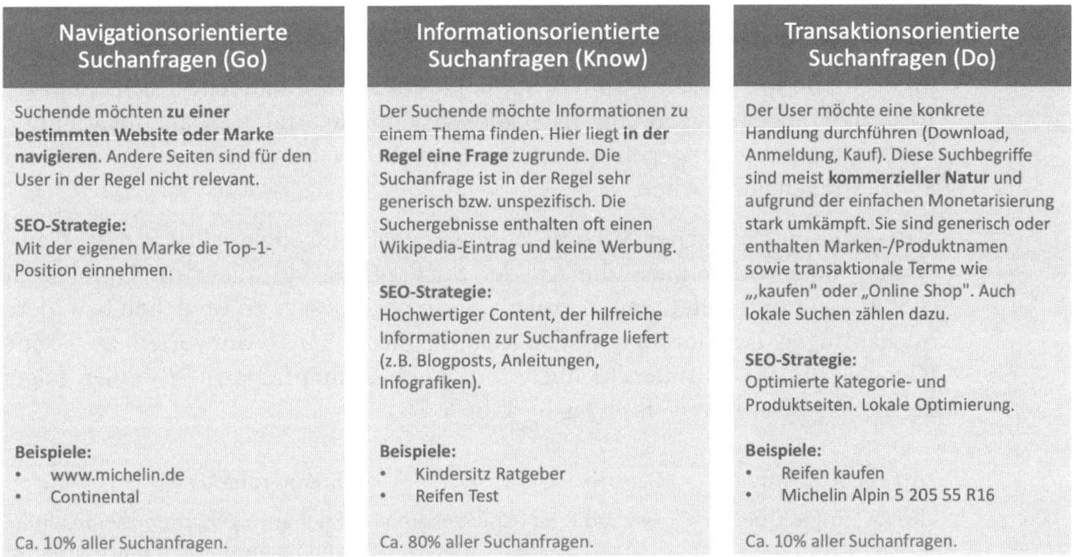

Abb. 2.2: Keyword-Klassifizierung nach der Suchintention

Bei *navigationsorientierten bzw. navigationalen Suchanfragen* möchten Suchende zu einer bestimmten Website oder Marke navigieren. Sie geben also beispielsweise einen Markennamen oder eine Domain in den Suchschlitz der Suchmaschine ein. Andere Seiten als das gesuchte Ziel sind für den User in der Regel nicht relevant. Wir erinnern uns: Aus SEO-Sicht ist es hierbei sehr wichtig, mit der eigenen Marke die erste Position auf der Suchergebnisseite einzunehmen.

Von *informationsorientierten bzw. informationalen Suchanfragen* wird gesprochen, wenn Suchende Informationen finden möchten bzw. eine Antwort auf eine Frage suchen. Die Suchanfrage ist in der Regel sehr generisch bzw. unspezifisch und Suchergebnisse enthalten oft einen Wikipedia-Eintrag sowie in der Regel keine Werbung. Informationsorientierte Suchanfragen können auch kommerzielle Themen wie z.B. »Kindersitz Ratgeber« oder »Reifen Test« betreffen. Wichtig ist es hier aus SEO-Sicht vor allem, hochwertigen Content mit hilfreichen Informationen zur Suchanfrage zu liefern (z.B. Blogposts, Anleitungen, Infografiken).

Transaktionsorientierte bzw. transaktionale Suchanfragen zielen auf eine Transaktion ab (z.B. Kauf eines Produkts, Anmeldung für einen Newsletter, Download einer Broschüre). Es besteht eine Handlungs- oder Kaufabsicht. Viele dieser Suchbegriffe sind auch kommerzieller Natur und aufgrund der einfachen Monetarisierung stark umkämpft. Sie sind generisch oder enthalten Marken-/Produktnamen sowie transaktionale Terme wie »kaufen« oder »Online Shop«. Typische Beispiele sind hier Keywords wie »Reifen kaufen« oder »Michelin Alpin 5 205 55 R16«. Auch lokale Suchen zählen dazu. Sehr pauschal ausgedrückt bietet es sich als Vorgehen hinsichtlich der Suchmaschinenoptimierung vor allem an, optimierte Kategorie- und Produktseiten zu nutzen und auf lokale Optimierung zu setzen.

Einer Studie von Jansen, Booth & Spink (2008) zufolge handelt es sich bei jeweils 10% aller Suchanfragen um navigationsorientierte und transaktionsorientierte Suchanfragen, wohingegen informationsorientierte Suchanfragen ca. 80% aller Suchanfragen ausmachen.

Neben diesen klassischen Suchintentionen erweitert Google selbst in den »Google Quality Rater Guidelines« die Art der Suchanfrage vor allem im Hinblick auf mobile User und zielt damit darauf ab, diese noch besser zu verstehen bzw. deren Suchanfragen einzuordnen und damit möglichst gut beantworten zu können (Google, 2021). Die unterschiedlichen mobilen Suchanfragetypen werden folgendermaßen zusammengefasst (siehe Tabelle 2.1):

Art der Suchanfrage	Beispiel	Erläuterung
Know Simple Queries	»wie groß ist barack obama« »was ist das symbol für das element nickel«	Suchanfragen, die auf eine einfache Frage abzielen und vollständig in wenigen Sätzen beantwortet werden können
Know Queries	»barack obama« »wofür wird nickel gebraucht«	Suchanfragen, die komplexer sind und nicht vollständig in wenigen Sätzen beantwortet werden können
Do Queries	»candy crush download« »bmi berechnen«	Suchanfragen, die eine bestimmte Aktion zum Ziel haben (z.B. Download, Kauf, Interaktion mit einer Website oder App)
Device Action Queries	»schicke eine nachricht an anna« »trage einen termin für 9 Uhr ein«	Eine Sonderform der »Do Queries«: Suchanfragen, die auf eine Aktion des Smartphones abzielen. Beginnen meist mit einem Verb.
Website Queries	»youtube« »canon digitalkamera«	Ziel der Suchanfrage ist das Auffinden einer bestimmten Website oder Seite.

Tabelle 2.1: Mobile Suchanfragen laut Google (in Anlehnung an Google (2021))

Art der Suchanfrage	Beispiel	Erläuterung
Visit-in-Person Queries	»chinesisches restaurant« »tankstelle in der nähe«	Suchanfragen, die dazu dienen, eine Adresse zu finden (z.B. Restaurant, Tankstelle)

Tabelle 2.1: Mobile Suchanfragen laut Google (in Anlehnung an Google (2021)) (Forts.)

Je nach Art der Suchanfrage reagiert der Google-Algorithmus unterschiedlich. Das heißt, dass Google je nach Suchintention unterschiedliche Typen von Suchergebnissen ausliefert. Das können unter anderem Karteneinträge (Google Maps), der Knowledge Graph rechts neben den Suchergebnissen, Featured Snippets mit Definitionen oder konkreten Antworten (z.B. bei »wie hoch ist der Eiffelturm«) oder Shopping-Ergebnisse (Google Shopping) sein.

Typischerweise spielt hier auch der *Standort* der Suche eine wichtige Rolle. Ist die Geo-Lokalisierung aktiviert, passt Google die Suchergebnisse an den Standort des Nutzers an. So sehen die Suchergebnisse zum Suchbegriff »Pizza Lieferdienst« in Berlin beispielsweise anders aus als in München. Bei lokalen Suchergebnissen werden darüber hinaus oftmals Ergebnisse von Google Maps eingebunden. Zusätzlich zur Geo-Lokalisierung nutzt Google auch Hinweise in der Suchanfrage, um passende Suchergebnisse zum Standort des Users zu liefern.

Um den User besser zu verstehen und seine Anfrage richtig zu interpretieren, können auch seine bisherigen Suchen (vorausgesetzt, der User ist mit seinem Konto angemeldet), die Browser-Historie allgemein (über Cookies) und das Endgerät, mit dem die Suche durchgeführt wird, als Hinweise herangezogen werden.

Mit dem Algorithmus *Query Deserves Freshness* (QDF) identifiziert Google, welchen Suchanfragen der User besonders aktuelle Themen zugrunde liegen. Wenn User offensichtlich nach aktuellen Inhalten suchen, positioniert Google diese weiter oben auf der Suchergebnisseite.

Einen Sonderfall stellt der Algorithmus *Query Deserves Diversity* dar. Damit wird der Fall beschrieben, dass Google bei unklarer Suchintention eine große Anzahl unterschiedlicher Ergebnisse zeigt. So können beispielsweise beim Keyword »Jaguar« ein Tier oder eine Automarke gemeint sein.

2.2.2 Keyword-Klassifizierung nach der Termlänge

Grundsätzlich kann bei Keywords zwischen *Short-Tail-* und *Long-Tail-Suchbegriffen* unterschieden werden. Beide richten sich nach der Länge der eingegebenen Suchphrasen. Zu den Short Tail Keywords (Ein-Wort-Suchanfragen) zählen einzelne Begriffe wie z.B. »Jeans«, die sehr generisch sind und ein hohes Suchvolumen aufweisen. Short Tail Keywords verraten daher auch wenig über die Suchintention des Nutzers (z.B. Kaufabsichten, Testberichte, Produktvergleiche). Dementsprechend ist der Wettbewerb für solche Schlüsselwörter auch größer.

Dem gegenüber stehen die Long Tail Keywords, wie z.B. »Jeans blau slimfit 30 32 kaufen«, die ein vergleichbar geringeres Suchvolumen haben, aber auch einen schwächeren Wettbewerb. Diese Suchphrasen bestehen aus mehreren Wörtern und spezialisieren die Suchanfrage. Long Tail Keywords sind deutlich spezifischer und machen ca. 70% aller Suchanfragen aus. Die Suchintention des Benutzers ist dabei klarer, was auch die Conversion-Wahrscheinlichkeit ansteigen lässt. Bei dem Beispiel »Jeans blau slimfit 30 32 kaufen« erwartet der Nutzer bereits ein Angebot für eine passende Jeans, die der gewünschten Farbe und Größe entspricht. Der Benutzer hat hier bereits eine klare Vorstellung, welches Produkt er erwerben möchte, und will sich nicht primär weitere Informationen einholen. Für eine gute Suchmaschinenoptimierung ist es wichtig, sowohl Short Tail als auch Long Tail Keywords zu verwenden. Zum Teil spricht man neben den genannten Termlängen zusätzlich noch von *Mid Tail Keywords*, die dann zwei bis drei Suchbegriffe umfassen.

Strategisch betrachtet ist es in der Regel sinnvoll, den Fokus auf Mid und Long Tail zu legen, da Short Tail Keywords sehr wettbewerbsintensiv sind und schlechter konvertieren. Auf Mid Tail Keywords optimierte Seiten ranken oft auch für lange Keyword-Phrasen mit 5 bis 12 Wörtern. In Abbildung 2.3 werden die drei unterschiedlichen Varianten in Bezug auf Wettbewerbsintensität und Suchvolumen noch mal gegenübergestellt.

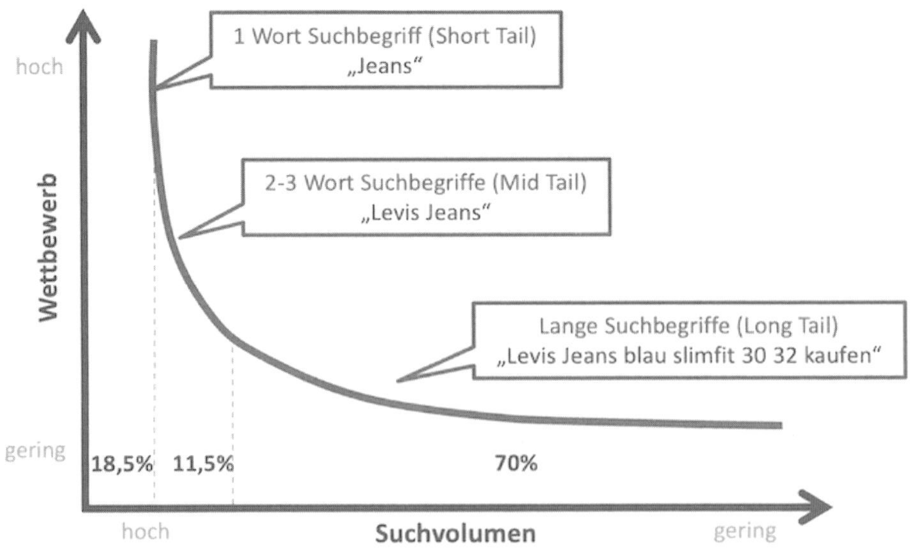

Abb. 2.3: Vergleich von Short-Tail-, Mid-Tail- und Long-Tail-Suchbegriffen

Die Website keyworddiscovery.com bietet einen monatlich aktualisierten Überblick zur Anzahl der eingegebenen Begriffe pro Suchanfrage. Demnach bestehen in Deutschland im Januar 2020 knapp 19% der Suchanfragen aus einem Begriff, etwa 49% aus zwei Begriffen, gut 21% aus drei Begriffen und knapp 7% aus vier Begriffen (siehe Tabelle 2.2).

Anzahl Begriffe	1	2	3	4	5	6	7	8	9	10+
US	19.46%	40.00%	22.74%	9.30%	4.27%	1.99%	0.96%	0.51%	0.30%	0.46%
UK	19.48%	42.76%	22.69%	8.13%	3.57%	1.63%	0.78%	0.41%	0.23%	0.32%
AU	16.94%	49.12%	21.48%	6.72%	2.96%	1.40%	0.67%	0.32%	0.17%	0.22%
CA	19.10%	45.62%	21.84%	7.20%	3.18%	1.46%	0.73%	0.39%	0.21%	0.27%
DE	18.71%	49.04%	21.04%	6.53%	2.55%	1.08%	0.49%	0.25%	0.14%	0.18%
ES	20.85%	43.28%	22.06%	7.96%	3.28%	1.36%	0.60%	0.28%	0.15%	0.18%
FR	17.84%	45.74%	22.10%	8.21%	3.40%	1.43%	0.64%	0.30%	0.15%	0.18%
NL	22.27%	44.98%	20.41%	7.09%	2.93%	1.22%	0.54%	0.26%	0.14%	0.16%
NO	28.48%	42.62%	18.17%	6.18%	2.46%	1.05%	0.48%	0.24%	0.13%	0.19%
SE	27.12%	44.02%	18.07%	6.16%	2.49%	1.07%	0.49%	0.25%	0.13%	0.19%
PL	18.09%	44.92%	21.93%	8.39%	3.56%	1.54%	0.73%	0.37%	0.20%	0.28%
PT	43.82%	27.38%	14.97%	7.07%	2.92%	1.44%	0.91%	0.56%	0.30%	0.65%
IT	18.27%	42.73%	22.94%	8.96%	3.85%	1.68%	0.76%	0.37%	0.19%	0.24%

Tabelle 2.2: Keyword-Länge nach Land (Quelle: https://www.keyworddiscovery.com/keyword-stats.html?date=2020-01-01)

2.2.3 Keyword-Klassifizierung nach ihrem Auftreten entlang der Customer Journey

Bei der Nutzung von Suchmaschinen ist davon auszugehen, dass Konsumenten nicht direkt nach der ersten Suche ein Produkt oder eine Leistung auch erwerben, sondern mehrere Suchen durchführen, bevor sie dann letztendlich einen Kauf tätigen. Aus diesem Grund ist es sinnvoll, die Customer Journey eines typischen Users auch anhand von möglichen Keywords zu durchleuchten und diese danach festzulegen.

Betrachtet man eine relativ einfache Variante der Customer Journey, so teilt sich diese in die Phasen *Awareness (Interesse)*, *Consideration (Kaufwunsch)*, *Intent (Kaufabsicht)* und *Decision (Kauf)*. Das Suchvolumen ist in der Regel bei der Awareness-Phase am höchsten und nimmt bis zur Decision-Phase kontinuierlich ab. Im Gegenzug nimmt sowohl das Kaufinteresse als auch die Conversion-Rate von der Awareness- hin zur Decision-Phase immer weiter zu.

Befindet sich ein User in der *Awareness-Phase*, ist hier noch kein konkreter Bedarf vorhanden. Das Interesse ist zwar bereits geweckt, aber die Vorstellung vom Angebot ist noch relativ unspezifisch. Daher wird überwiegend mit Short Tail Keywords nach allgemeinen Produktkategorien gesucht. Dabei werden Broad-Non-Brand-Keywords, also Keywords, die keinen Markennamen beinhalten, benutzt. Marken spielen also hier meist noch keine Rolle.

In der *Consideration-Phase* erwägt der Interessent den Kauf des Produkts. Die Suchanfragen gehen über die reine Information hinaus und werden konkreter. So erfolgt in der Regel eine Konkretisierung im Hinblick auf Produkt, Marke, Preisvorstellung oder Bedürfnis, meistens mit 2-3-Wort-Suchbegriffen (Mid Tail). Dabei werden Kategorie-Keywords im Brand- und Non-Brand-Bereich, also mit oder ohne konkrete Markenamen benutzt. Meist ist die Suchintention in dieser Phase navigational.

Tritt der User in die *Intent-Phase* ein, wird die Kaufabsicht konkret. Auch die Suchanfragen sind bereits sehr konkret hinsichtlich Marke, Modell und Preis. Auch Benefits und Bewertungen werden mit einbezogen und in der Regel findet auch schon eine Vorauswahl der Einkaufsstätte statt. Bei verwendeten Keywords handelt es sich meistens um 3-4-Wort-Suchbegriffe im Long-Tail-Bereich, die Subkategorien oder vergleichende Keywords (Brand & Non-Brand) beinhalten.

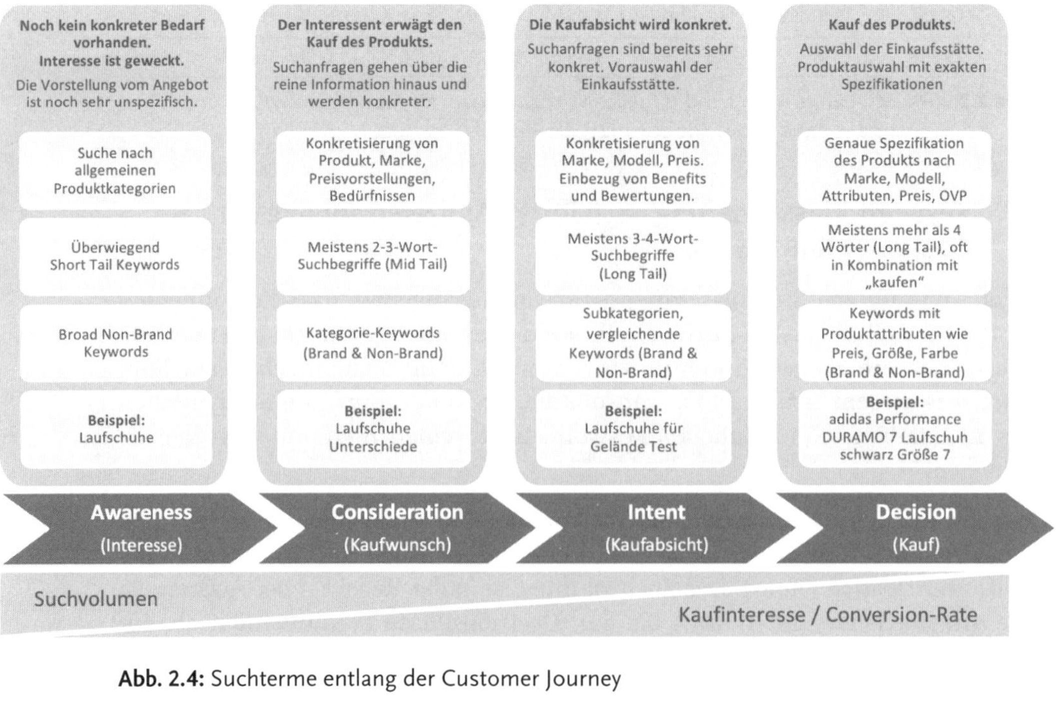

Abb. 2.4: Suchterme entlang der Customer Journey

In der *Decision-Phase* wird das Produkt gekauft. Dafür erfolgt die Auswahl der Einkaufsstätte und das Produkt wird exakt, z.B. nach Marke, Modell, Attributen, Preis oder OVP spezifiziert. Meistens werden als Keyword mehr als vier Wörter (Long Tail), oft in Kombination mit »kaufen« genutzt. Die Keywords beinhalten Produktattribute wie Preis, Größe und Farbe und können sowohl den Brand- als auch Non-Brand-Bereich abdecken.

In Abbildung 2.4 werden die einzelnen Schritte als Übersicht zusammengefasst und anhand von Beispielen verdeutlicht.

2.3 Prozess der Keyword-Recherche

Die Basis von SEO-Aktivitäten ist die Auswahl der richtigen Keywords. Daher kann der *Keyword-Recherche* gar nicht genug Aufmerksamkeit geschenkt werden. Der dafür nötige Prozess kann in drei wesentliche Phasen unterteilt werden:

- Recherche,
- Bewertung und Auswahl sowie
- Strategie und Mapping (siehe Abbildung 2.5).

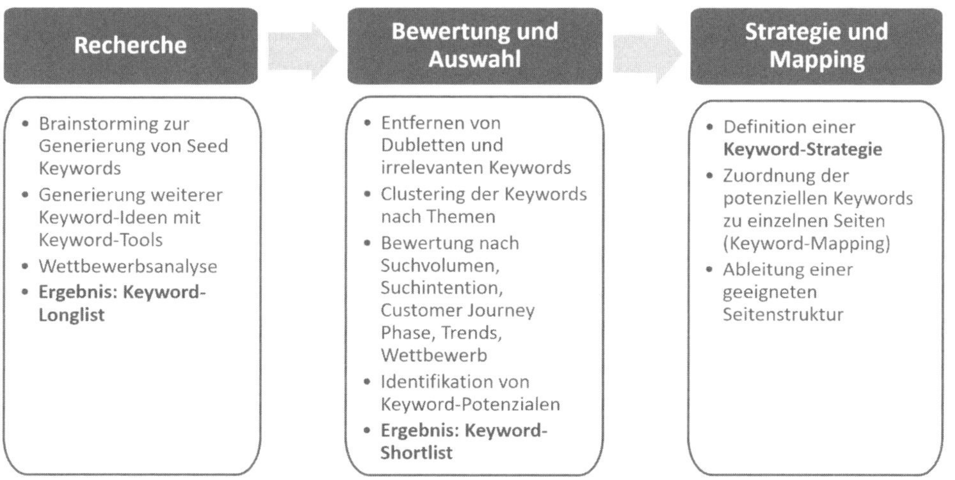

Abb. 2.5: Prozess der Keyword-Analyse

Zu Beginn der Keyword-Analyse werden relevante Ausgangs-Keywords (Seed Keywords) ermittelt. Diese werden dann anschließend in diverse Keyword-Tools eingegeben, um weitere Keyword-Ideen zu generieren. Das Ergebnis ist eine zunächst unbewertete Keyword-Longlist. Im nächsten Schritt werden irrelevante Keywords aussortiert. Die relevanten Keywords werden anschließend geclustert und anhand verschiedener Kriterien bewertet. Aus diesen Daten wird dann eine Keyword-Strategie abgeleitet und die Seitenstruktur festgelegt. Eine Keyword-Map beschreibt daher die Zuordnung einer Website zu einem Thema (ausgedrückt durch ein Haupt- bzw. Fokus-Keyword).

Am Beispiel der Subkategorie »Gitarrensaiten« wird im Folgenden aufgezeigt, wie die einzelnen Schritte im Rahmen einer Keyword-Strategie in der Praxis durchgeführt werden. Die gleiche Vorgehensweise kann dann im Anschluss auch auf die anderen Unterthemen übertragen werden.

2.3.1 Recherche

Am Anfang eines Website-Projektes steht in der Regel ein Brainstorming. Das Ziel dabei ist es, Seed Keywords zu generieren, die als Ausgangspunkt der Keyword-Recherche dienen. Seed Keywords sind allgemein gehaltene Grundsatz-Keywords, die nicht weiter spezifiziert werden. Es sollen also Suchbegriffe gefunden werden, nach denen ein möglichst großer Teil der Zielgruppe sucht. Typischerweise versetzt man sich dafür in die Situation des Kunden und überlegt, mit welchen Suchbegriffen er nach der Leistung suchen würde. Es ist also nicht nur wichtig, die Frage zu beantworten, wie der Websitebetreiber sein Produkt oder seine Dienstleistung nennt, sondern vor allem, wie es die Kunden nennen und vor welchen Problemen die potenziellen Kunden im Kontext des Produkts oder der Leistung stehen. Der Grund dafür ist, dass User nicht immer nach einer konkreten Produktbezeichnung suchen, sondern oft nach einem Problem bzw. Bedürfnis. Man muss also herausfinden, welches Problem das Produkt löst bzw. wonach die Personen gesucht haben, die dieses Produkt bereits gekauft haben. Anhaltspunkte dazu lassen sich oft auch in Produktrezensionen und Kundenanfragen bei Amazon finden. In Abbildung 2.6 wird dies an einem Beispiel erläutert.

Abb. 2.6: Keywords mithilfe der Markenpositionierung finden

Grundsätzlich kann es auch sinnvoll sein, sich zu einem Ausgangs-Keyword beispielsweise Synonyme, Arten, Marken, Modelle, Eigenschaften oder Größen und

Typen zu überlegen. Durch die Identifikation entsprechender Keyword-Attribute können wichtige Suchmuster für ein Produkt und den Markt gefunden werden (siehe Tabelle 2.3).

Keyword-Qualifikatoren (Attribute)	Beispiel
Vergleich/Qualität	KEYWORD vergleich
Adjektive (Preis, Produkt)	günstige KEYWORD
Anwendung	KEYWORD Aufbau
Produkttyp	KEYWORD *Unterkategorie*
Produktattribute (Farbe, Größe, Material, Modell)	KEYWORD rot xxl
Sonstige Produktmerkmale	KEYWORD umweltgerechte Entsorgung
Händler-/Herstellermarke	*Marke* KEYWORD
Region	KEYWORD München
Transaktion	KEYWORD kaufen

Tabelle 2.3: Identifikation von Keyword-Attributen

Auf diese Art werden kurze und beliebte Begriffe mit Relevanz für den Markt bzw. das eigene Produkt gesammelt. Dafür kann man beispielsweise die eigene Website oder auch Websites von Wettbewerbern analysieren. Bei Wettbewerbern kann z.B. mit dem Shortcut `Strg`+`F` das Haupt-Keyword auf der Landingpage gesucht und dadurch überprüft werden, in welchen Varianten und Kombinationen es benutzt wird. Letztendlich entsteht so eine erste Liste mit Keywords, die mit den nachfolgenden Methoden weiter ausgebaut werden kann.

Beim Ausbau der Liste können Keyword-Tools eingesetzt werden. Am Markt verfügbare frei zugängliche oder kostenpflichtige Tools haben unterschiedliche Schwerpunkte. Folgende Auflistung zeigt hilfreiche Tools und deren Fokus:

Kategorie	Tools	URL	Preis
Keyword-Ideen generieren	Durch die Eingabe eines Keywords werden themenrelevante Suchbegriffe ermittelt. Die Keyword-Ideen enthalten nicht zwingend das Ausgangs-Keyword.		
	Google Ads-Keyword-Planer	`https://ads.google.com/intl/de_DE/home/`	Kostenlos
	KWFinder	`https://kwfinder.com`	Kostenpflichtig
	Keyword-tools.org	`https://www.keyword-tools.org`	Kostenlos

Tabelle 2.4: Keyword-Tools

Kategorie	Tools	URL	Preis
Google Suggest Keyword-Tools	Die Datenbasis bilden Suchvorschläge einzelner Suchmaschinen, die bereits beim Eintippen in eine Suchmaschine angezeigt werden. Diese Tools dienen dazu, Long-Tail-Suchterme und häufig kombinierte Attribute (Suchcluster) zu identifizieren.		
	Keyword-Tool	`https://keywordtool.io`	Freemium
	Ubersuggest	`https://neilpatel.com/de/ubersuggest/`	Freemium
	HyperSuggest	`www.hypersuggest.com`	Kostenpflichtig
	SEORCH	`https://seorch.eu/html/google-suggest-checker.html`	Kostenlos
SEO Suites	All-in-One-Lösungen zur Keyword-Recherche. Beinhalten zusätzlich die Analyse von Wettbewerber-Keywords.		
	Sistrix	`www.sistrix.de`	Kostenpflichtig
	SEMrush	`https://de.semrush.com`	Kostenpflichtig
	Ahrefs	`https://ahrefs.com`	Kostenpflichtig
	Searchmetrics	`https://www.searchmetrics.com`	Kostenpflichtig
	XOVI	`https://www.xovi.de`	Kostenpflichtig
Synonyme und Assoziationen finden	Datenbanken zur Suche nach Wörtern mit gleicher oder ähnlicher Bedeutung (Synonyme, Thesaurus, Assoziationen).		
	Semager	`https://www.semager.de/keywords/`	Kostenlos
	MetaGer	`https://metager.de/asso`	Kostenlos
	OpenThesaurus	`www.openthesaurus.de`	Kostenlos
	Wortschatz-Portal der Universität Leipzig	`https://wortschatz.uni-leipzig.de`	Kostenlos
Analyse von Saisonalitäten und Trendthemen	Diese Tools geben Aufschluss über Saisonalitäten und Trendverläufe beim Suchvolumen einzelner Keywords.		
	Google-Trends	`www.google.de/trends`	Kostenlos
W-Fragen Tools	Diese Tools ermitteln Suchbegriffe, die ein Fragewort enthalten, bzw. werten die »ähnlichen Fragen« aus, die Google als Bestandteil eines Suchergebnisses mit anzeigt.		

Tabelle 2.4: Keyword-Tools (Forts.)

Kategorie	Tools	URL	Preis
	AnswerThePublic	`https://answerthepublic.com`	Kostenlos
	AlsoAsked	`https://alsoasked.com`	
Amazon-Keyword-Tools	Ermitteln Keywords für Produktsuchen (transaktional). Ausgewertet werden die bei Amazon in die interne Suchfunktion eingegebenen Terme.		
	Sellics Sonar	`https://sellics.com/de/sonar-amazon-keywords-recherche/`	Kostenlos
Suchvolumen ermitteln	Ermitteln des Suchvolumens für eine Liste von Keywords.		
	SearchVolume.io	`https://searchvolume.io`	Kostenlos

Tabelle 2.4: Keyword-Tools (Forts.)

Einige der oben genannten Tools werden anschaulich in unserem Praxisbeispiel erläutert.

Brainstorming zum Thema Gitarrensaiten

Aus den 26 Subkategorien zum Thema Gitarrenzubehör, die auf Amazon zu finden sind, haben wir exemplarisch das Thema »Gitarrensaiten« herausgegriffen und zeigen auf, wie eine Keyword-Analyse in der Praxis durchgeführt wird.

Im Rahmen eines Brainstormings wird zunächst nach Synonymen, nahen Varianten, unterschiedlichen Schreibweisen und weiteren Keyword-Ideen zum Beispielthema Gitarrensaiten gesucht. Als Kreativitätstechnik kommt hier das Mindmapping zum Einsatz (siehe Abbildung 2.7). Für den Begriff »Gitarrensaiten« lassen sich verwandte Begriffe und alternative Schreibweisen wie »Saiten für Gitarren« und »Gitarren-Saiten« herleiten. Falschschreibweisen bei Suchanfragen werden von Suchmaschinen inzwischen automatisch erkannt und korrigiert, sodass diese im Rahmen der Keyword-Recherche nicht weiter berücksichtigt werden müssen. Bei weiteren Überlegungen stößt man ggfs. auch auf unterschiedliche Marken bzw. Hersteller von Gitarrensaiten und Saiten für diverse Gitarrentypen.

Als Faustformel wird empfohlen, mindestens drei Seed Keywords im Rahmen des Brainstormings herzuleiten. Je mehr Seed Keywords erschlossen werden, desto mehr Ideen können im Anschluss über die Keyword-Tools generiert werden und desto schärfer wird das Bild über das Suchverhalten der Nutzer.

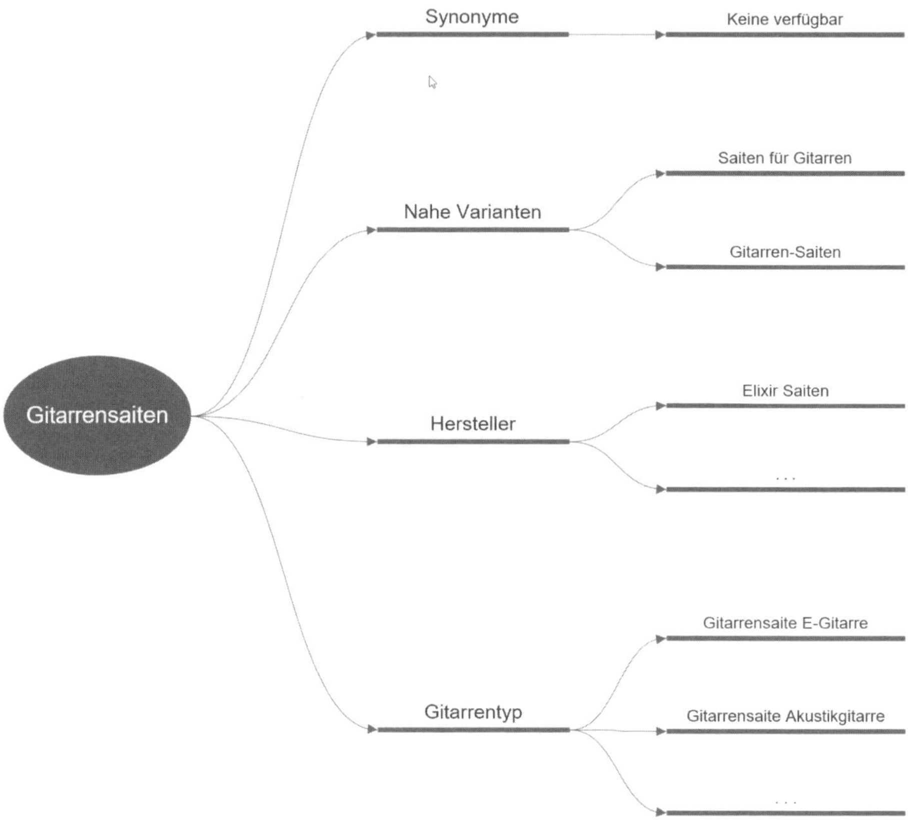

Abb. 2.7: Darstellung der Brainstorming-Keywords in einer Mindmap

Nutzung von Keyword-Tools für das Thema Gitarrensaiten

Die Ausgangswörter werden anschließend in diverse Keyword-Tools eingegeben, um weitere Keyword-Ideen zu generieren und die Suchabsichten der Suchenden tiefergehend zu analysieren.

Das Standard-Tool zur Keyword-Recherche stellt der Google-Ads-Keyword-Planer dar. Nach Eingabe der Ausgangs-Keywords erhält man eine Vielzahl an Keyword-Vorschlägen. Es wird empfohlen, mehrere Seed Keywords gleichzeitig für eine Abfrage einzugeben, da sich dadurch die Anzahl der Suchtreffer erhöht und gleichzeitig Dubletten herausgefiltert werden (siehe Abbildung 2.8).

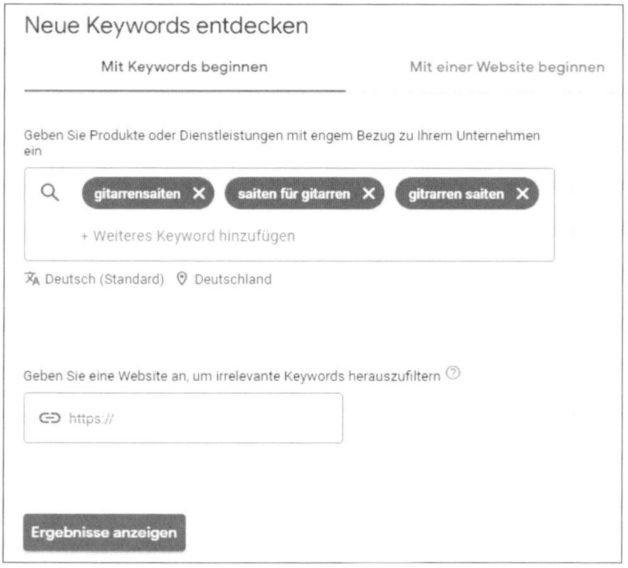

Abb. 2.8: Eingabemaske des Google-Ads-Keyword-Planers

In Abbildung 2.9 werden Keyword-Ideen zum Ausgangs-Keyword »Gitarrensaiten« mit ersten Cluster-Vorschlägen im Google-Keyword-Planer dargestellt.

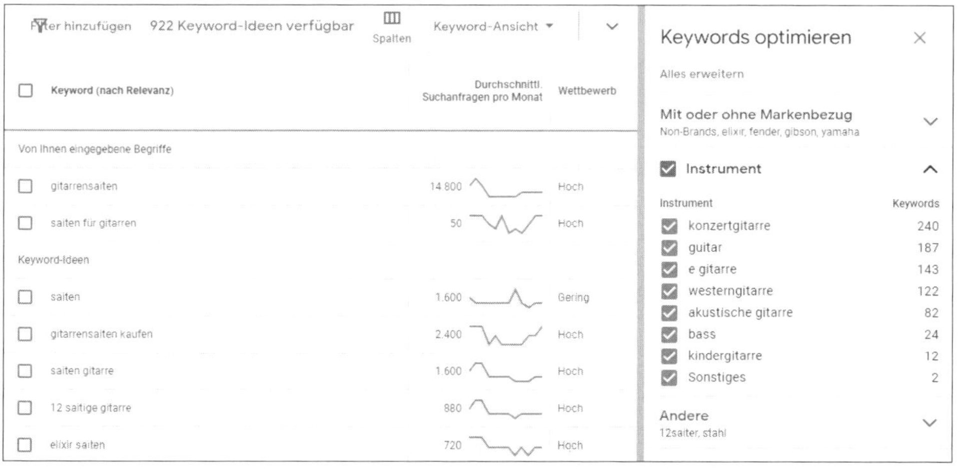

Abb. 2.9: Keyword-Ideen zum Ausgangs-Keyword »Gitarrensaiten« mit ersten Cluster-Vorschlägen im Google-Keyword-Planer

Über den Link »Keyword-Ideen herunterladen« werden die Daten zunächst vollständig exportiert, um die Ideen aus unterschiedlichen Tools in einer Excel-Tabelle zusammenzuführen. Auch die Bewertung und Filterung der Daten wird später in Excel vorgenommen.

Der Keyword-Planer bietet inzwischen auch Anregungen für das Clustering der Keywords. Wie in Abbildung 2.9 zu sehen ist (rechte Spalte mit dem Titel »Keywords optimieren«), wird eine Gruppierung nach Marken (z.B. Elixir), Instrumenten (z.B. Konzertgitarre) und Saitenanzahl (z.B. 12 Saiter) vorgeschlagen. Diese Cluster werden seit Kurzem auch beim Export mit übergeben. Über das vertikale Menü (siehe Abbildung 2.10) kann von der Keyword-Ansicht in eine Gruppenansicht gewechselt werden.

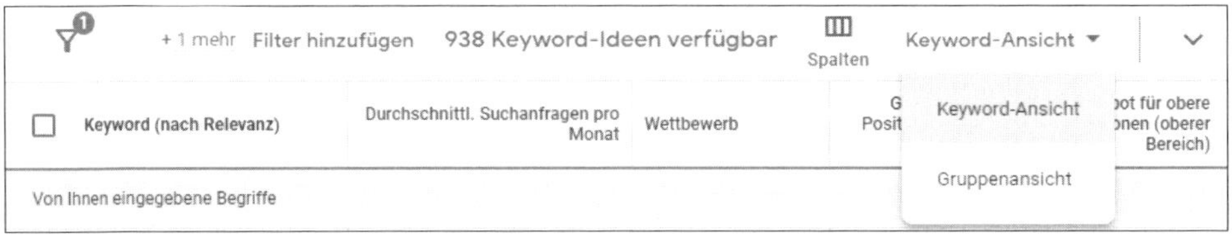

Abb. 2.10: Wechsel von der Keyword-Ansicht in die Gruppenansicht

Dadurch wird die komplette Liste nach Themen gruppiert (siehe Abbildung 2.11). Diese Darstellung lässt sich leider nicht direkt exportieren, ist aber später für das Clustering in der Excel-Tabelle sehr hilfreich.

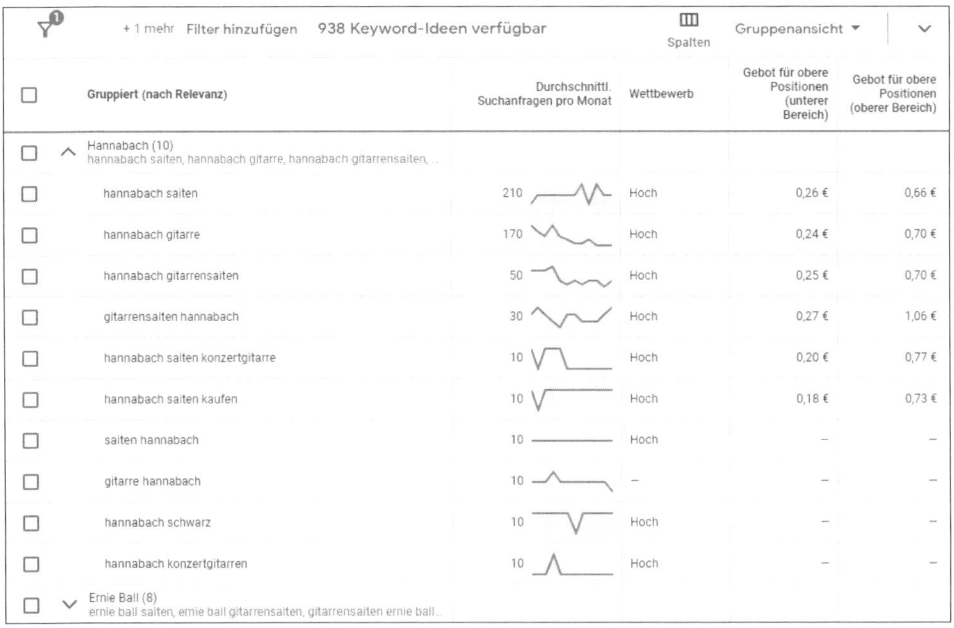

+ 1 mehr Filter hinzufügen 938 Keyword-Ideen verfügbar Spalten Gruppenansicht

Gruppiert (nach Relevanz)	Durchschnittl. Suchanfragen pro Monat	Wettbewerb	Gebot für obere Positionen (unterer Bereich)	Gebot für obere Positionen (oberer Bereich)
Hannabach (10) hannabach saiten, hannabach gitarre, hannabach gitarrensaiten, ...				
hannabach saiten	210	Hoch	0,26 €	0,66 €
hannabach gitarre	170	Hoch	0,24 €	0,70 €
hannabach gitarrensaiten	50	Hoch	0,25 €	0,70 €
gitarrensaiten hannabach	30	Hoch	0,27 €	1,06 €
hannabach saiten konzertgitarre	10	Hoch	0,20 €	0,77 €
hannabach saiten kaufen	10	Hoch	0,18 €	0,73 €
saiten hannabach	10	Hoch	–	–
gitarre hannabach	10	–	–	–
hannabach schwarz	10	Hoch	–	–
hannabach konzertgitarren	10	Hoch	–	–
Ernie Ball (8) ernie ball saiten, ernie ball gitarrensaiten, gitarrensaiten ernie ball...				

Abb. 2.11: Gruppierte Ideen zum Thema »Gitarrensaiten« im Google-Keyword-Planer

Mit einem Short-Tail-Suchbegriff können verschiedene Suchabsichten verbunden sein. Da Nutzer bei Ein-Wort-Suchbegriffen oft nicht die passenden Treffer erhalten, wird die Suchanfrage in einer weiteren Suche verfeinert. Die Analyse dieser Mehrwort- bzw. Long-Tail-Suchbegriffe zeichnet ein klares Bild davon, welche unterschiedlichen Suchabsichten die Nutzer zu diesem Thema verfolgen. Dadurch lassen sich auch typische Suchmuster und häufig verwendete Suchattribute zu dem übergeordneten Thema erkennen. Dies ermöglicht es, ein besseres Suchphrasen-Profil für die jeweilige Zielgruppe zu erstellen.

Für die Profilerstellung bzw. Darstellung der häufigsten Suchabsichten eignen sich besonders die Google-Suggest-Daten. Google zeigt bereits bei Eingabe einer Suchanfrage häufig gesuchte Suchbegriffe direkt unterhalb des Eingabefelds an (siehe Abbildung 2.12).

Abb. 2.12: Häufig gesuchte Suchanfragen bei Eingabe des Keywords »Gitarrensaiten« in die Google-Suche

Für die Auswertung dieser Suggest-Daten gibt es diverse Tools, wie z.B. das Keyword Tool (`keywordtool.io`) (siehe Abbildung 2.13). Nach Eingabe des Seed Keywords liefert der Tab »Keyword Suggestions« in erster Linie Keyword-Kombinationen, die das Ausgangs-Keyword am Anfang der Suchphrase enthalten. Der Tab »Prepositions« beinhaltet auch Kombinationen mit Wörtern, die dem Ausgangs-Keyword vorangestellt sind. Über den Tab »Questions« finden Sie Suchbegriffe, die Fragewörter beinhalten.

Durch Klick auf den Link »Copy / Export all« in der rechten unteren Ecke können alle Keywords exportiert werden. Die ursprüngliche Keyword-Liste in Excel wird nun um die Suggest-Keywords erweitert.

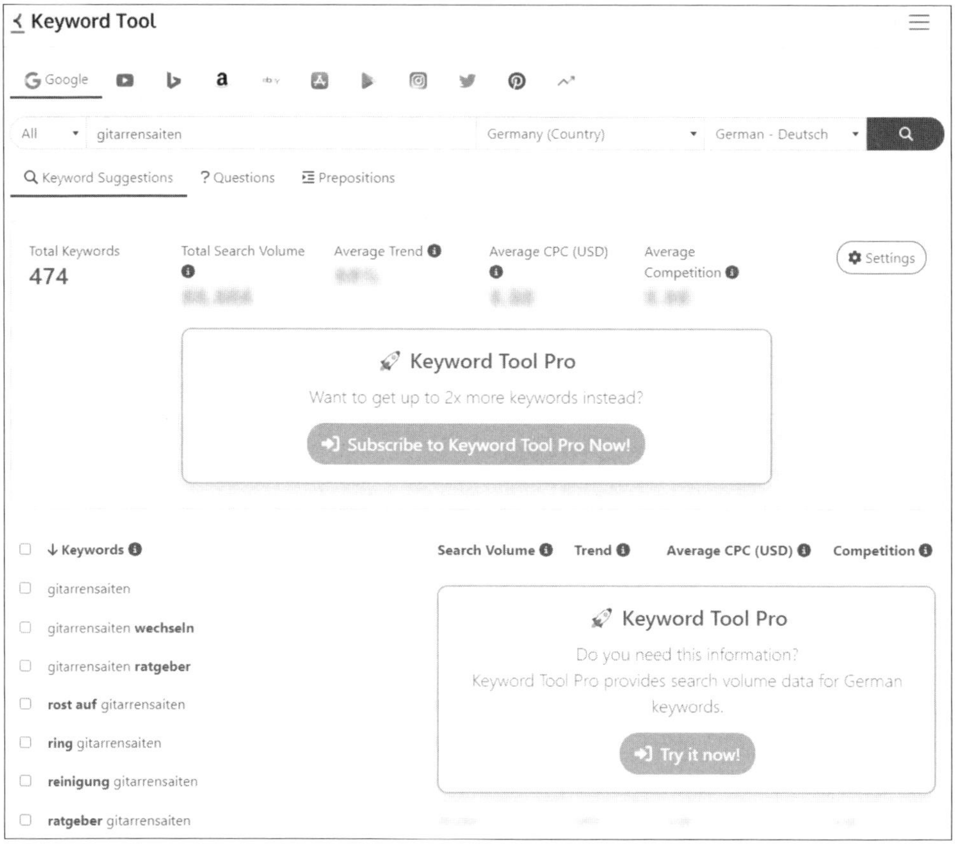

Abb. 2.13: Google Suggest Keywords mit dem Keyword Tool ermitteln

Auf den ersten Blick erkennt man in diesem Tool bereits wichtige Suchattribute, mit denen das Ausgangs-Keyword »Gitarrensaiten« häufig kombiniert wird, und die damit einhergehenden diversen Suchintentionen:

- Gitarrentyp (z.B. gitarrensaiten akustikgitarre)
- Herstellermarken (z.B. gitarrensaiten d'addario)
- Saitenstärke (z.B. gitarrensaiten 12er)
- Material (z.B. gitarrensaiten stahl)
- Test (z.B. test, testsieger, vergleich, empfehlung)
- ...

Damit liefert dieses Tool ebenfalls einen sehr schnellen Überblick über wichtige Themencluster.

Zur Ermittlung von Wettbewerber-Keywords eignet sich z.B. das kostenpflichtige Tool Ahrefs (`ahrefs.com`) (siehe Abbildung 2.14). Mittels einer Keyword-Abfrage über den Keyword-Explorer erhält man hier neben den Suggest-Keywords und Frage-Keywords zusätzlich die Keyword-Rankings der Top-10-Wettbewerber (»Ranken auch für«) sowie weitere Keyword-Ideen, über die der Wettbewerb schreibt. Auch diese Keywords können in die Keyword-Longlist aufgenommen werden.

Keyword-Ideen

Nach Termen		Fragen		Ranken auch für		Schreiben auch über	
gitarrensaiten	10K	wie heißen die gitarrensaiten	150	gitarrensaiten	10K	youtube video	89K
gitarrensaiten kaufen	2.0K	welche gitarrensaiten	80	gitarre kaufen	9.3K	gitarre	54K
gitarrensaiten aufziehen	1.6K	wie oft gitarrensaiten wechseln	60	guitar store	2.9K	ton	24K
gitarrensaiten namen	1.2K	welche gitarrensaiten kaufen	50	gitarrensaiten kaufen	2.0K	musikhaus thomann	17K
gitarrensaiten wechseln	600	wann gitarrensaiten wechseln	50	saite	2.0K	mehr	14K
Zeige alle 1.000 >		Zeige alle 72 >		Zeige alle 240 >		Zeige alle 74 >	

Abb. 2.14: Keyword-Ideen in Ahrefs

Als kostenlose Alternative zur Ermittlung von Wettbewerber-Keywords kann das Tool Ubersuggest (`https://neilpatel.com/de/ubersuggest/`) verwendet werden. Gibt man hier ein Seed Keyword ein, erhält man durch Klick auf den Button »Suchergebnisse« hinter dem jeweiligen Keyword die Top-rankenden Wettbewerber angezeigt (siehe Abbildung 2.15).

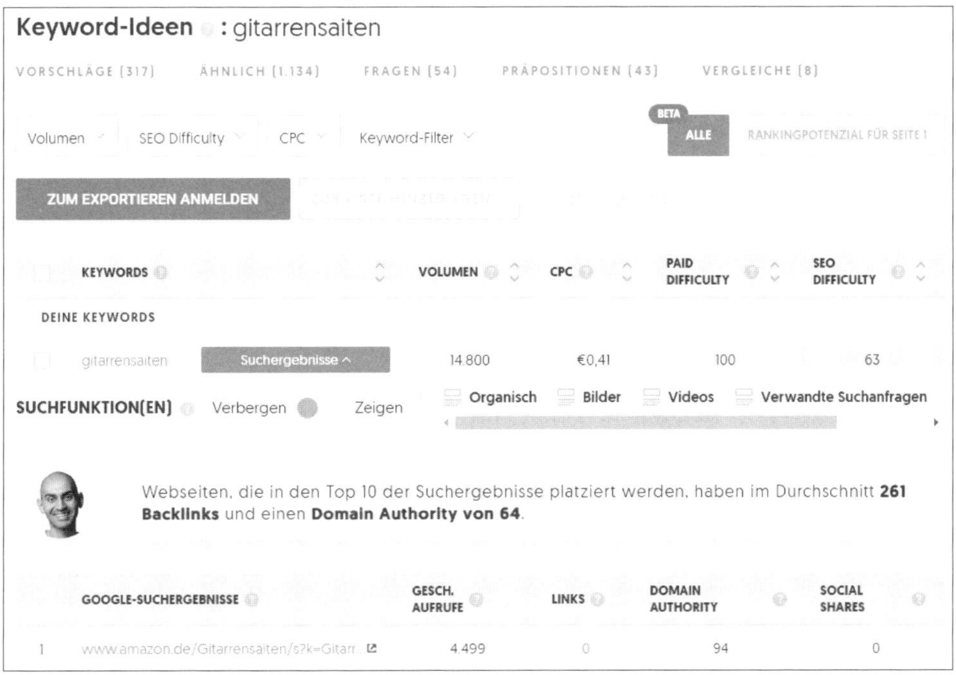

Abb. 2.15: Keyword-Ideen in Ubersuggest mit den Top-rankenden Websites

Hier findet man auch bereits eine erste Affiliate-Website, die das Thema Gitarrensaiten abdeckt. Über den Menüpunkt »Keywords nach Traffic« lassen sich die wichtigsten Keywords z.B. für die Wettbewerber-Domain `gitarrensaiten-experte.de` ermitteln, die diese Website in den Suchmaschinen beansprucht (siehe Abbildung 2.16). Diese werden über den Button »CSV-Datei exportieren« heruntergeladen und der Keyword-Longlist hinzugefügt.

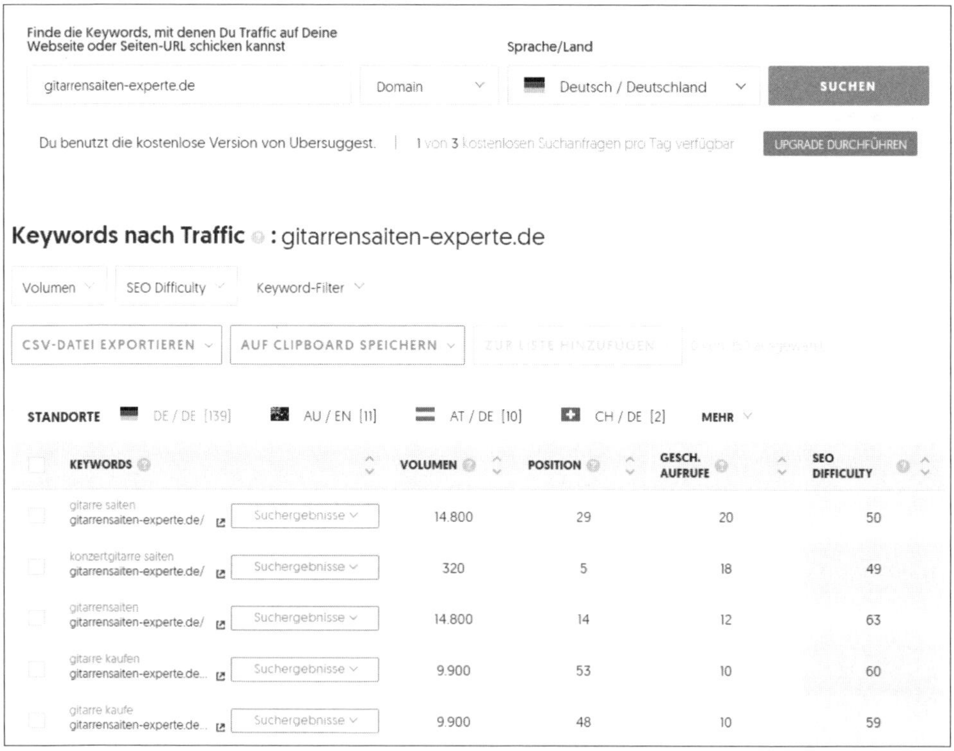

Abb. 2.16: Eingabe einer Domain zur Ermittlung von Wettbewerber-Keywords in Ubersuggest

Weitere Keyword-Ideen liefern die »Verwandten Suchanfragen«, die unterhalb der Suchtreffer bei Google auf der Suchergebnisseite eingeblendet werden (siehe Abbildung 2.17). Es handelt sich dabei um Folgesuchanfragen, die Nutzer zu dem eingegebenen Suchbegriff oft gestellt haben. Klickt man auf eine dieser Suchanfragen, erhält man erneut Folgesuchanfragen basierend auf dem ausgewählten Suchbegriff.

Da es für diese verwandten Suchanfragen kein spezielles Tool gibt, ist es sehr aufwendig, diese manuell zu erfassen. Insofern nutzt man diese Suchvorschläge eher zur Anreicherung der Seed Keywords und später bei der Strategiefindung, um das Suchverhalten besser zu verstehen.

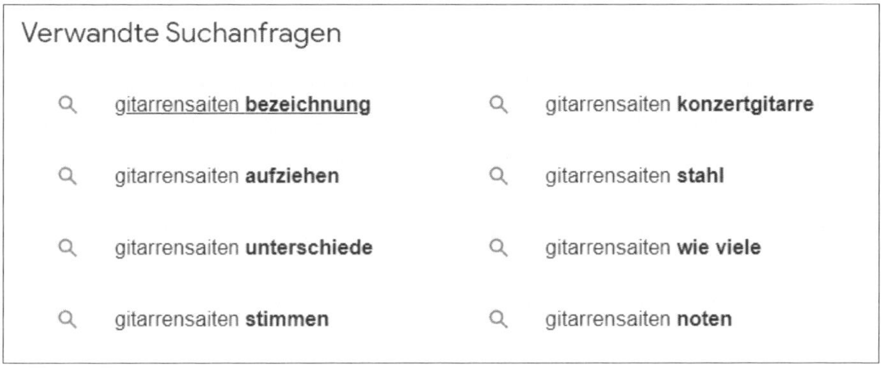

Abb. 2.17: Verwandte Suchanfragen zu dem Seed Keyword »Gitarrensaiten«

Viele Nutzer geben als Suchbegriff konkrete Fragestellungen bzw. Sätze in die Google-Suche ein. Diese Fragesätze offenbaren viel deutlicher die dahinterliegende Suchabsicht der Nutzer als die blanke Aneinanderreihung einzelner Wörter.

Google blendet deshalb je nach Suchbegriff in der Suchergebnisseite auch typische Nutzerfragen mit vorformulierten Antworten als Suchergebnis mit ein. Abbildung 2.18 zeigt wichtige Nutzerfragen zu dem Thema »Gitarrensaiten«.

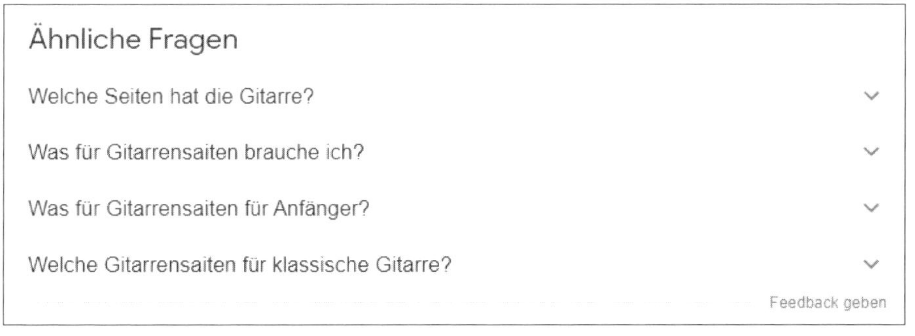

Abb. 2.18: Typische Nutzerfragen, die Google in den Suchergebnissen in der Box »Ähnliche Fragen« einbindet

Diese Nutzerfragen können auch mit dem Tool AlsoAsked (`alsoasked.com`) ermittelt werden (siehe Abbildung 2.19). In einer Mindmap werden neben den wichtigsten Nutzer-Fragen zum Thema auch Folgefragen dargestellt. Diese Fragen weisen zwar in der Regel kein relevantes Suchvolumen mehr auf, helfen aber dabei, ein besseres Verständnis für die Suchabsichten der Nutzer zu entwickeln. Außerdem können diese Fragen später bei der inhaltlichen Konzeption und der Texterstellung wichtige Impulse geben.

Abb. 2.19: Ermitteln von »Ähnlichen Fragen« mit AlsoAsked

Die zuvor aufgezeigten Nutzerfragen werden von Google aus dem Suchverhalten abgeleitet. Möchte man aber den Fokus verstärkt auf die vom Nutzer direkt eingegebenen Suchanfragen richten, so kann man, wie bereits zuvor erwähnt, die Keywords aus dem Tab »Questions« auf `keywordtool.io` heranziehen oder ein spezielles W-Frage-Tool wie z.B. auf `answerthepublic.com` verwenden (siehe Abbildung 2.20).

W-Frage-Tools filtern Keywords heraus, die Fragewörter wie z.B. »warum«, »welche« oder »wie« beinhalten. Dabei handelt es sich meist um informationsorientierte Suchanfragen. Auch diese Keywords liefern ein besseres Verständnis über die wichtigsten Fragen, die Nutzer zu dem Thema haben. Frage-Keywords sind insbesondere bei der Content-Erstellung sehr nützlich und müssen nicht zwingend in die Keyword-Longlist übernommen werden.

Am Ende der Keyword-Recherche enthält die Keyword-Longlist in Excel alle exportierten Suchbegriffe in einer Spalte untereinander angeordnet. Über den Menüpunkt »Daten« und dem Befehl »Duplikate entfernen« wird die Liste um doppelte Suchbegriffe bereinigt.

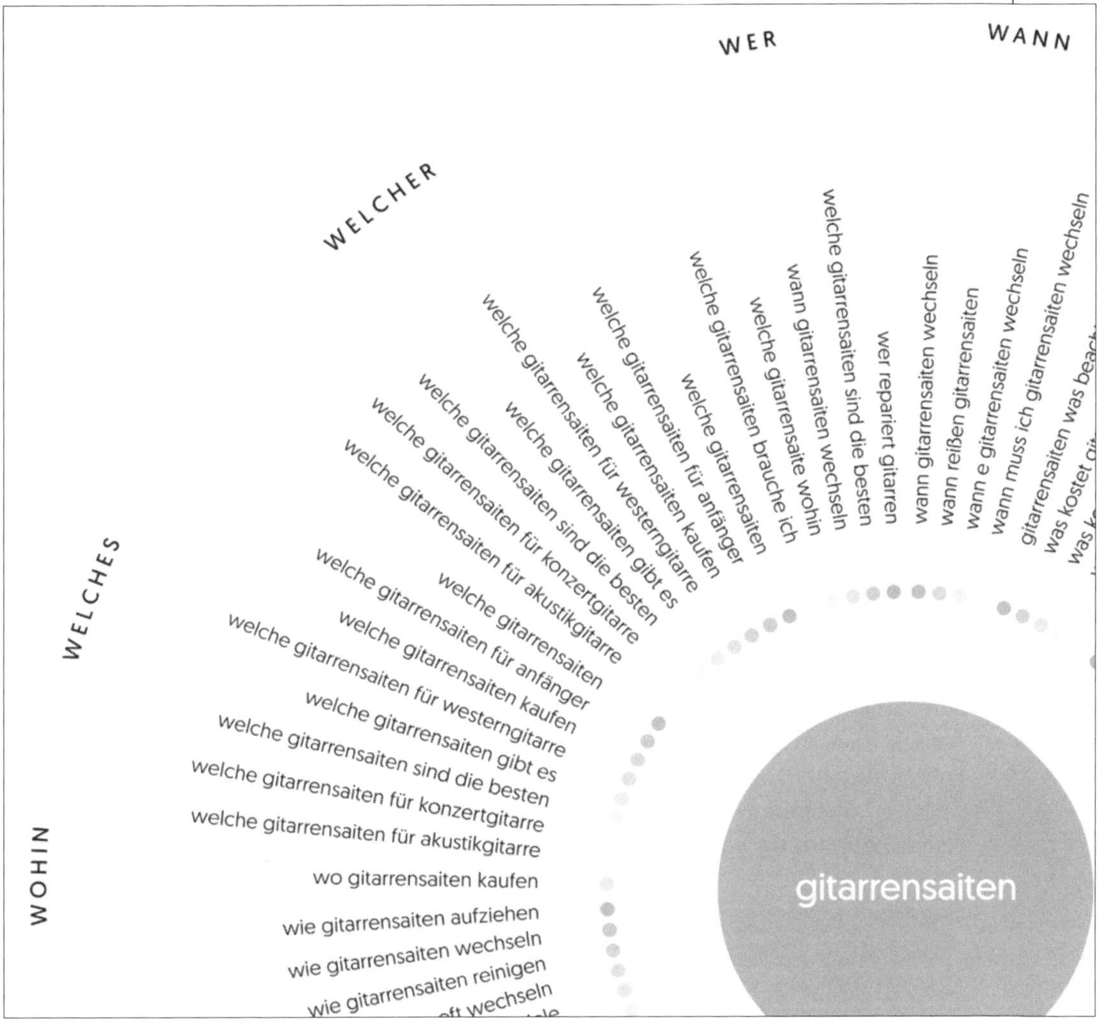

Abb. 2.20: Frage-Keywords auf `answerthepublic.com`

Fallen bei einer ersten groben Sichtung der verbleibenden Keywords bereits irrelevante Suchbegriffe auf, können diese vor dem nächsten Schritt entfernt werden.

Auf den ersten Blick sind in der Keyword-Liste noch viele Suchbegriffe enthalten, die keine Relevanz in Bezug auf das Thema Gitarrensaiten haben (z.B. Westerngitarre schwarz). Um diese mit möglichst geringem Aufwand herauszufiltern, nutzt man die Funktion »Sortieren und Filtern« und erstellt dann einen passenden Textfilter. Als Filterkriterium bietet es sich an, die Wortbestandteile »saite« und die falsche Schreibweise »seite« als Ausschlusskriterium zu definieren (siehe Abbildung 2.21), um alle Wörter zu finden, die diese Wortbestandteile nicht enthalten. Dieser Filter liefert für unsere Keyword-Longlist 221 irrelevante Treffer, die aus der Liste entfernt werden. Alle relevanten Treffer werden dann in die Shortlist übertragen.

Abb. 2.21: Auszuschließende Wortbestandteile zur Identifikation von irrelevanten Keywords

Weitere irrelevante Treffer, die nicht sofort identifiziert werden, können auch zu einem späteren Zeitpunkt noch eliminiert werden. Folgende beispielhafte irrelevante Suchbegriffe wurden noch gefunden: »gitarre mit 12 saiten«, »3 saiter gitarre«, »gitarre mit 4 saiten«, »gitarre 6 saiten« sowie Wortkombination mit den Begriffen »basteln«, »schmuck« und Städtenamen (z.B. »gitarrensaiten köln«), die ein regionales Kaufinteresse beinhalten.

Bevor die Keywords thematisch gruppiert werden, sollte noch das Suchvolumen der einzelnen Keywords ermittelt werden. Nutzt man bezahlte SEO-Tools wie z.B. *Sistrix* oder hat man ein Google-Ads-Konto mit Werbeausgaben, bekommt man diese Daten bereits beim Download der Keyword-Ideen mitgeliefert. Oder man erhält diese nachträglich durch den Upload der Keyword-Longlist in ein kostenpflichtiges Tool. Als kostenlose Alternative gibt es das Tool *SearchVolume.io*, das es erlaubt, mit einer Abfrage das Suchvolumen von bis zu 800 Keywords abzurufen (siehe Abbildung 2.22).

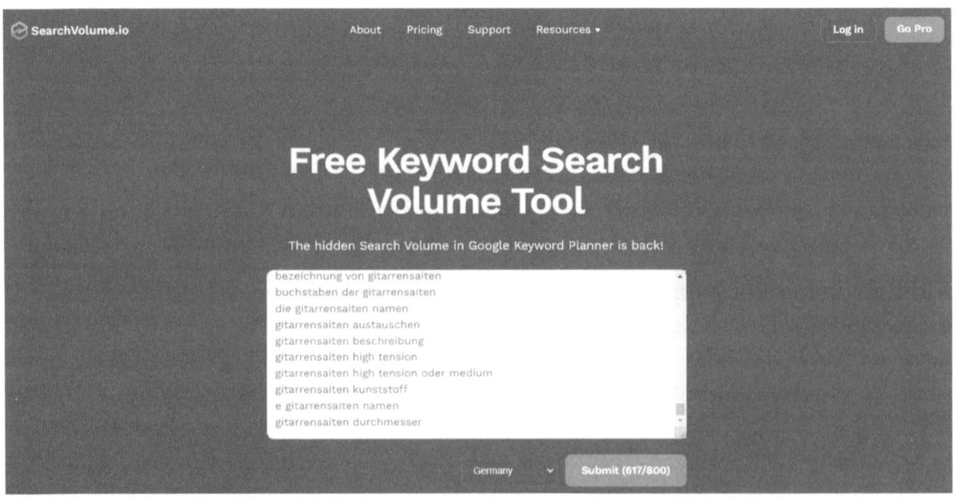

Abb. 2.22: Ermittlung des Suchvolumens mit `SearchVolume.io`

Die Ergebnisliste, die die Keywords inkl. Suchvolumen enthält, kann dann heruntergeladen werden (siehe Abbildung 2.23), um damit in Excel weiterzuarbeiten. Durch die Metrik »Suchvolumen« können gegebenenfalls bereits vor dem nächsten Schritt weitere Keywords ohne oder mit sehr geringen Suchanfragen ausgeschlossen werden.

Abb. 2.23: Download der Keywords inkl. Suchvolumen über `SearchVolume.io`

Download zum Buch

Die recherchierten Keywords und das Keyword-Clustering zum Thema Gitarrensaiten, das im Buch beschrieben wird, gibt es auch als Excel-Tabelle zum Download unter `https://gitarrenberater.de/keyword-strategie.xlsx`.

Keyword-Clustering

Anschließend müssen die Keywords thematisch bzw. nach Suchabsicht gruppiert werden. Die Keywords innerhalb eines Clusters definieren dabei die Erwartungshaltung eines Nutzers in Bezug auf den Content einer Seite. Das Ziel ist es, herauszufinden, nach welchen Themen grundsätzlich gesucht wird, um auf dieser Grundlage eine Strategie zu entwickeln, welche Themen später auf welchen Unterseiten abgebildet werden sollen. Seit dem Hummingbird Update entwickelt Google ein immer besseres semantisches Verständnis für den Inhalt einer Seite. Deshalb kann eine Seite für eine Vielzahl von Keywords ranken, die nur einem Thema zugeordnet sind. Insofern muss eine Seite inhaltlich nicht mehr auf ein einzelnes Keyword ausgerichtet werden, sondern auf ein Thema, das ein umfassendes Keyword-Cluster abdeckt.

Zur schnellen Identifikation wichtiger Themencluster kann ein Keyword-Clustering-Tool wie z.B. `https://app.contadu.com/tools/keywords-grouper` eingesetzt werden (siehe Abbildung 2.24).

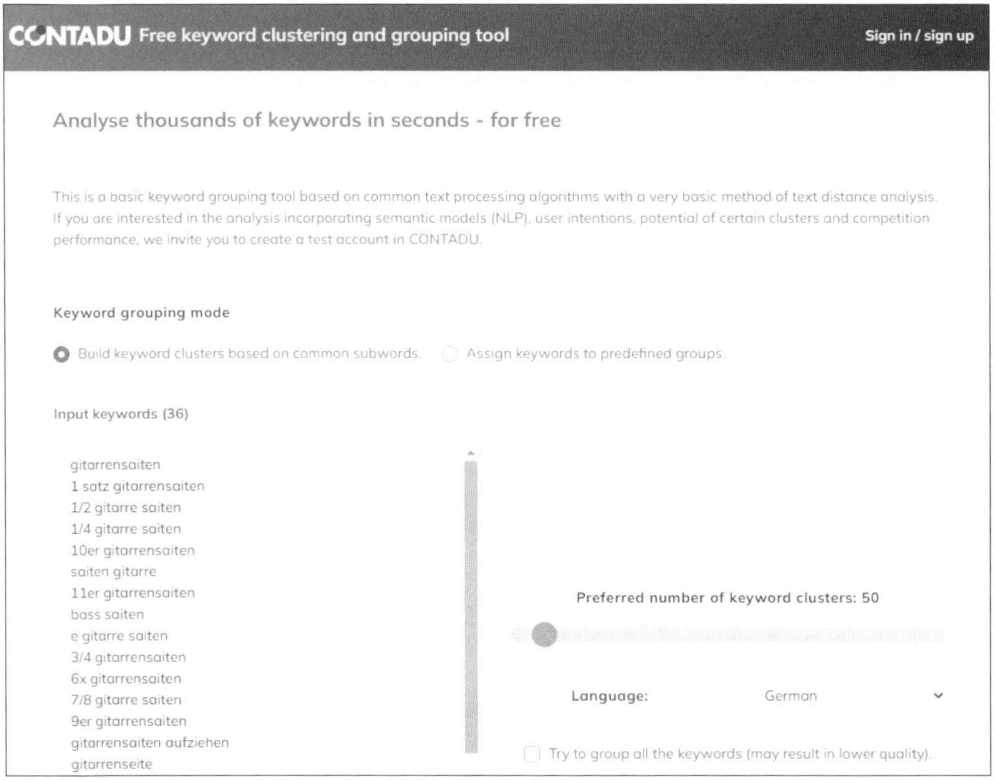

Abb. 2.24: Keyword-Clustering-Tool

In das Eingabefeld wird die vollständige Keyword-Longlist kopiert und die Gruppierung gestartet. Das Tool zerlegt die Keywords in einzelne Wortbestandteile und clustert diese anschließend nach häufig wiederkehrenden Termen. In Abbildung 2.25 sieht man auszugsweise, dass u.a. nach dem Thema »Test« und nach dem Material »Nylon« in Kombination mit Gitarrensaiten gesucht wird.

Hilfreich bei der Ermittlung wichtiger Themencluster innerhalb der Suchbegriffe kann auch eine *N-Gram-Analyse* sein. Dabei werden die einzelnen Suchbegriffe der Keyword-Liste in einzelne Wortbestandteile zerlegt und berechnet, wie häufig diese Terme vorkommen. Mit dem Online-Tool `http://guidetodatamining.com/ngramAnalyzer/index.php` können häufig auftretende *Ein-Wort-Terme (Unigrams)* oder *Zwei-Wort-Terme (Bigrams)* innerhalb der Suchphrasen identifiziert werden. Abbildung 2.26 zeigt die häufigsten Unigramme für die erstellte Longlist. Der Term »kaufen« kommt in insgesamt 101 Keywords vor. Für diesen und natürlich auch weitere Terme bietet es sich an, ein eigenes Cluster zu erstellen.

gitarrensaiten test [12]

belfort gitarrensaiten test
carbon gitarrensaiten test
elixir gitarrensaiten test
gitarrensaiten test
gitarrensaiten test 2013
gitarrensaiten test konzertgitarre
gitarrensaiten test westerngitarre
klassik gitarrensaiten test
konzert gitarrensaiten test
msa gitarrensaiten test
nylon gitarrensaiten test
savarez gitarrensaiten test

gitarrensaiten nylon [11]

amazon gitarrensaiten nylon
bunte gitarrensaiten nylon
gitarrensaiten nylon
gitarrensaiten nylon aufziehen
gitarrensaiten nylon ball end
gitarrensaiten nylon kaufen
gitarrensaiten nylon oder carbon
gitarrensaiten nylon oder stahl
gitarrensaiten nylon test
gitarrensaiten nylon und stahl
gitarrensaiten nylon westerngitarre

Abb. 2.25: Keyword-Cluster

Online NGram Analyzer
analyze your texts

Ngram Analyzer

Ngrams Ranked by Frequency

Total number of tokens: 4306 Types: 767

ngram	count	frequency
gitarrensaiten	1019	23.664653971203
saiten	295	6.8509057129587
gitarre	207	4.8072457036693
kaufen	101	2.3455643288435
für	98	2.2758941012541
gitarren	80	1.8578727357176
aufziehen	77	1.7882025081282
e	68	1.57919182536
welche	65	1.5095215977706
westerngitarre	64	1.4862981885741
wechseln	63	1.4630747793776
wie	49	1.137947050627
saite	49	1.137947050627
konzertgitarre	47	1.0915002322341
test	33	0.76637250348351
akustik	32	0.74314909428704
stahlsaiten	28	0.65025545750116
stimmen	25	0.58058522991175
nylon	23	0.53413841151881

Abb. 2.26: Ermittlung von Unigrams mit dem NGram Analyzer

Basierend auf den Themenclustern, die über das Keyword-Clustering-Tool und die N-Gram-Analyse ermittelt wurden, werden nun in der Excel-Keyword-Liste zu jedem Keyword ein übergeordnetes Topic (Main Topic) und je nach Tiefe des Themas weitere Subtopics vergeben. Auch hier arbeitet man wieder mit Filtern, um z.B. alle Suchbegriffe, die die Marke »Elixir« enthalten, dem Main Topic »Marke« und dem Subtopic »Elixir« zuzuordnen. Für die Cluster können zusätzlich auch die bereits vom Google-Keyword-Planer identifizierten Topics mit einbezogen werden.

Wie man anhand der Liste mit den geclusterten Keywords in Abbildung 2.27 erkennt, spiegeln sich in den einzelnen Topics die Suchattribute wider, die sich bereits über die Suggest-Keywords und dem Keyword-Planer herauskristallisiert haben.

Keyword	Main Topic	Subtopic
bass saiten	Gitarrentyp	Bassgitarre
e gitarre saiten	Gitarrentyp	E-Gitarre
elixir saiten	Marken	Elixir
westerngitarre saiten	Gitarrentyp	Westerngitarre
daddario saiten	Marken	D'Addario
konzertgitarre saiten	Gitarrentyp	Konzertgitarre
akustik gitarre saiten	Gitarrentyp	Akustikgitarre
stahlsaiten gitarre	Material	Stahl
hannabach saiten	Marken	Hannabach
darmsaiten	Material	Darm
nylon saiten	Material	Nylon
gitarrensaiten test	Test	
gitarrensaiten westerngitarre	Gitarrentyp	Westerngitarre
saiten e gitarre	Gitarrentyp	E-Gitarre
savarez saiten	Marken	Savarez
thomann gitarrensaiten	Marken	Thomann
nylonsaiten gitarre	Material	Nylon
gitarrensaiten konzertgitarre	Gitarrentyp	Konzertgitarre
saiten westerngitarre	Gitarrentyp	Westerngitarre

Abb. 2.27: Keyword-Clustering

2.3.2 Bewertung und Auswahl

Auf Basis der Keyword-Longlist aus der Recherche-Phase werden in einem nächsten Schritt die ermittelten Keywords bewertet. Auf diese Weise wird die Anzahl der Keywords mit hohem Potenzial weiter eingeschränkt und auf eine Shortlist reduziert. Dazu werden Auswahlfaktoren genutzt, die den SEO-Erfolg maßgeblich bestimmen.

Die Bewertung der Keywords wird anhand der Kriterien *Suchvolumen*, *Suchintention*, *Customer-Journey-Phase*, *Trends* und *Wettbewerb* durchgeführt (siehe Abbildung 2.28), die im Folgenden erläutert werden.

- **Suchvolumen**: Der Auswahlfaktor Suchvolumen bezieht sich darauf, dass der Fokus auf Keywords mit qualifiziertem und gleichzeitig signifikantem Traffic gelegt wird. Die Basis dafür ist die Häufigkeit, mit der nach einem Keyword gesucht wird. Die Daten zum Suchvolumen der Keywords können mit verschiedenen Tools ermittelt werden. Entscheidend ist hierbei nicht einzig die Höhe des Suchvolumens, sondern der Anteil an qualifiziertem Traffic, der durch den Relevanzfaktor ausgedrückt wird. Die wesentliche Frage lautet dabei: »Wie häufig wird nach dem jeweiligen Suchbegriff bzw. Keyword-Cluster auf Google oder anderen Suchmaschinen gesucht?«

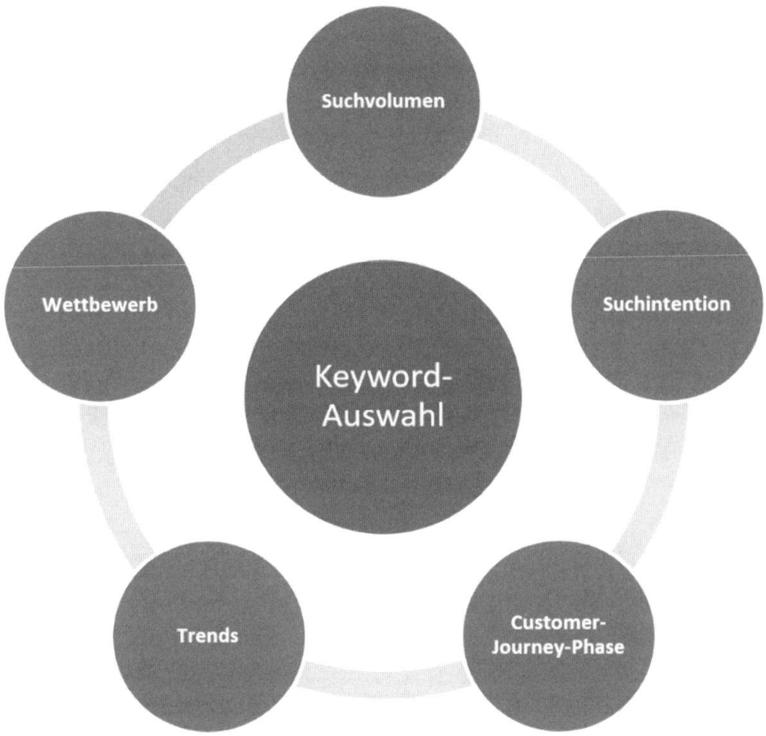

Abb. 2.28: Auswahlfaktoren im Rahmen der Keyword-Analyse

- **Suchintention:** Beim Faktor Suchintention werden die Keywords identifiziert, die am relevantesten für den Inhalt der Website sind und die Suchintention der Zielgruppe tatsächlich abdecken. Dazu sollte man sich Gedanken machen, wonach die Zielgruppe sucht und ob das Angebot bzw. der Content die Antworten auf die Suchintention des Kunden liefert. Die wesentliche Frage lautet dabei: »Welche Suchabsicht verbirgt sich hinter dem jeweiligen Suchbegriff (navigationsorientierte, informationsorientierte, transaktionsorientierte Suchintention)?«
- **Customer-Journey-Phase:** In Anlehnung an die Keyword-Klassifizierung nach ihrem Auftreten entlang der Customer Journey (siehe Abbildung 2.4) wird untersucht, welcher Phase der Customer Journey sich das entsprechende Keyword zuordnen lässt. Die wesentliche Frage lautet dabei: »In welcher Kaufentscheidungsphase befindet sich der Nutzer?«

- **Trends:** Bei großen saisonalen Schwankungen eines Themas (z.B. Rasenmäher) können keine gleichbleibenden und dauerhaften Einnahmen über das gesamte Jahr gesichert werden. Im Rahmen der Nischenstrategie müssen deshalb diese Schwankungen in die Überlegungen mit einbezogen werden. Gleiches gilt, wenn das Thema einen absteigenden oder ansteigenden Trendverlauf aufweist. Eine steigende Tendenz bedeutet wahrscheinlich mehr Suchvolumen in der Zukunft. Die wesentliche Frage lautet dabei: »Weist das Keyword ein gleichmäßiges Suchvolumen über das ganze Jahr auf, gibt es saisonale Schwankungen oder einen ab- bzw. ansteigenden Trendverlauf?«
- **Wettbewerb:** Der Faktor der Wettbewerbsintensität untersucht, wie stark die Konkurrenz zu den relevanten Suchbegriffen ist, und bezieht sich darauf, dass bevorzugt Keywords mit geringem organischem Wettbewerb gewählt werden sollen. Entscheidend ist die Stärke der »Top 10«-Wettbewerber in den Suchergebnissen. Das optimale Keyword weist ein möglichst hohes Suchvolumen und einen geringen Wettbewerb auf. Strategisch sinnvoll erscheint oft die Auswahl von Mid Tail Keywords (zwei bis drei Wörter), da diese noch über ein gewisses Mindestsuchvolumen verfügen, aber oft weniger stark umkämpft sind als der Short-Tail-Bereich. Die wesentliche Frage lautet dabei: »Wie stark ist der Wettbewerb zu dem ausgewählten Keyword?«

Um herauszufinden, wie viel Suchvolumen und damit Trafficpotenzial die einzelnen Themencluster ermöglichen, berechnet man in Excel mithilfe einer Pivot-Tabelle[3] die Summe des Suchvolumens aller Keywords, die einem Thema zugeordnet sind (siehe Abbildung 2.29). Da später ein Ranking für ein Keyword-Cluster und nicht für ein einzelnes Keyword erzielt werden soll, kann damit eine bessere Bewertungsgrundlage auf Topic-Ebene geschaffen werden.

Main Topic	Suchvolumen
Generisch	21.240
Ratgeber	13.640
Gitarrentyp	6.310
Marken	4.240
Material	3.570
Kaufen	3.440
Saitennamen	2.430
Test	960
Saitenstärke	460
Unterschiede	240
Farben	220
Pflege	120
Anfänger	70
Zubehör	30
Saitengrößen	20

Abb. 2.29: Verdichtung der Keyword-Ideen nach Topic-Clustern mithilfe einer Pivot-Tabelle in Excel

3 Mithilfe von Pivot-Tabellen können in Excel größere Datenmengen nach verschiedenen Kriterien zusammengefasst und ausgewertet werden, ohne dabei die Ausgangsdaten zu verändern.

Bevor eine Themenauswahl getroffen wird, soll noch die Suchintention zu den einzelnen Clustern ermittelt werden. Normalerweise wird die Bestimmung der Suchintention auf Keyword-Ebene vorgenommen. Da dies den Aufwand deutlich erhöhen würde, wird für jedes Main Topic ein Keyword mit hohem Suchvolumen herausgegriffen, das gleichzeitig auch die Suchabsicht der Mehrheit der Keywords in diesem Cluster repräsentiert.

Das Main Topic »Test« wird am besten durch das Keyword »Gitarrensaiten Test« repräsentiert. Um die Suchintention zu bestimmen, wird das Keyword in die Google-Suche eingegeben und die Suchergebnisseite analysiert. Wie in Abbildung 2.30 zu sehen ist, setzen sich die organischen Treffer überwiegend aus Testseiten zusammen. Die Suchintention ist demnach eindeutig als informationsorientiert klassifiziert. Würde es sich bei den ersten Treffern nur um Shops mit Produktangeboten handeln und würden verstärkt Anzeigen ausgespielt, wäre die Suchintention transaktionsorientiert. Ist Google der Ansicht, dass die Nutzer vielseitige Ergebnisse erwarten, werden gemischte Suchintentionen ausgespielt.

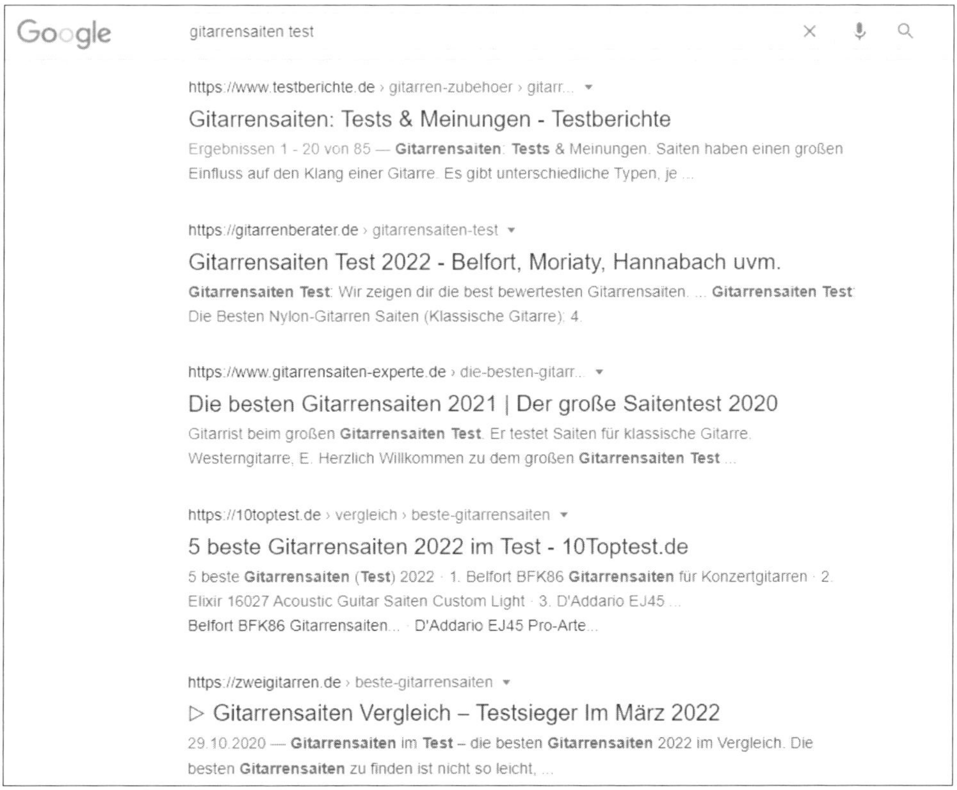

Abb. 2.30: SERP zu dem Suchbegriff »Gitarrensaiten Test«

Bei der Ermittlung der einzelnen Suchintentionen kristallisieren sich zwar bestimmte Schwerpunkte bei den einzelnen Topic-Clustern heraus (siehe Abbildung 2.31), jedoch ist zu erkennen, dass Google bei den transaktionsorientierten Themen teilweise auch Ratgeberseiten in den Top-10-Suchergebnissen inkludiert.

Main Topic	Suchvolumen	Repräsentatives Keyword	Suchintention
Generisch	21.240	gitarrensaiten	transaktionsorientiert
Ratgeber	13.640	gitarrensaiten wechseln	informationsorientiert
Gitarrentyp	6.310	e gitarre saiten	informationsorientiert
Marken	4.240	elixir saiten	transaktionsorientiert
Material	3.570	stahlsaiten gitarre	informationsorientiert
Kaufen	3.440	gitarrensaiten kaufen	transaktionsorientiert
Saitennamen	2.430	gitarrensaiten namen	informationsorientiert
Test	960	gitarrensaiten test	informationsorientiert
Saitenstärke	460	gitarrensaiten stärken	informationsorientiert
Unterschiede	240	gitarrensaiten unterschiede	informationsorientiert
Farben	220	bunte gitarrensaiten	transaktionsorientiert
Pflege	120	gitarrensaiten reinigen	informationsorientiert
Anfänger	70	gitarrensaiten für anfänger	informationsorientiert
Zubehör	30	gitarrensaiten zubehör	transaktionsorientiert
Saitengrößen	20	gitarrensaiten größen	informationsorientiert

Abb. 2.31: Suchintentionen der einzelnen Main Topics

Bevor nun ein oder mehrere Keyword-Cluster im Rahmen der Keyword-Strategie ausgewählt werden, betrachtet man die Keywords noch mithilfe der Customer Journey. Damit soll die Frage beantwortet werden, mit welchen Themen bzw. Keywords die Nutzer in den einzelnen Phasen von Awareness bis zur Decision angesprochen werden sollen oder ob Nutzer nur in bestimmten Phasen adressiert werden sollen. Insbesondere beim Affiliate-Marketing versucht man meistens, Nutzer anzusprechen, die bereits ein höheres Conversion-Potenzial, also ein höheres Kaufinteresse aufweisen. Diese Nutzer sind in den letzten beiden Kaufentscheidungsphasen zu finden. Abbildung 2.32 zeigt beispielhaft für das Thema Gitarrensaiten, welche Keywords in welcher Phase der Customer Journey sinnvoll erscheinen und wie hoch deren jeweiliges monatliches Suchvolumen ist.

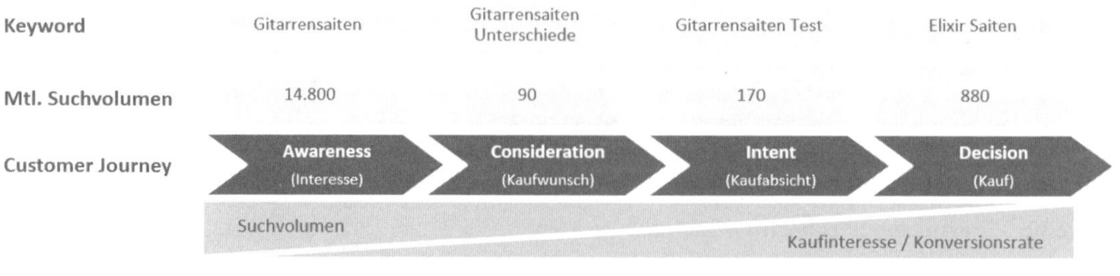

Abb. 2.32: Keywords entlang der Customer Journey

Für ein optimales Ranking erfordern die transaktionsorientierten Suchbegriffe, die in der Decision-Phase angesiedelt sind, meist einen produktbezogenen Content. In den Top-10-Suchergebnissen sind demzufolge überwiegend Shops wie z.B. Amazon anzutreffen. Der Wettbewerb, gemessen an den Offpage-Signalen, ist hier extrem stark ausgeprägt. Der Aufwand für eine SEO-Optimierung wäre sehr hoch, sodass diese Themen für eine Nischenstrategie meist ausscheiden.

Das Thema (Main Topic), das unter Berücksichtigung

- von Suchvolumen (mindestens ca. 1.000 Suchanfragen im Monat),
- Suchintention (informationsorientiert) und
- Customer Journey (Intent- oder Decision-Phase)

das höchste Erfolgspotenzial aufweist, ist »Gitarrensaiten Test«. Dieses beinhaltet auch Suchbegriffskombinationen, die Gitarrenmarken (z.B. »Elixir Saiten Test«) und Gitarrentypen (z.B. »E-Gitarre Saiten Test) enthalten. Ergänzend bietet sich auch noch das Thema Materialien an, wie z.B. »Nylon Gitarrensaiten Test«. Sieht man sich die rankenden Keywords des Wettbewerbs genauer an, erkennt man, dass Vergleichsseiten oft auch ein Ranking zu eher transaktionalen Keywords, wie z.B. »Elixir Saiten« (Keyword-Cluster »Marken«) oder »E-Gitarre Saiten« (Keyword-Cluster »Gitarrentyp«), erzielen und dadurch das Trafficpotenzial noch einmal erhöhen.

Transaktionale Brand-Keywords, wie z.B. »Belfort Gitarrensaiten«, sind beim Affiliate-Marketing als Bestandteil der Keyword-Strategie meist sehr lukrativ. Sie besitzen oft ein interessantes Suchvolumen und erreichen Suchende, die sich innerhalb der Customer Journey kurz vor dem Kaufabschluss befinden. Bei Amazon finden sich oft auch wenig bekannte Marken, die bei den Suchmaschinen gesucht werden, einen geringen Wettbewerb aufweisen und häufig keinen eigenen Online-Shop besitzen.

Mit *Google-Trends* lässt sich die Popularität einzelner Suchbegriffe im Zeitablauf analysieren. Dabei wird das Suchvolumen eines einzelnen Suchbegriffs in Relation zum Suchvolumen aller Suchbegriffe gesetzt. Das Tool gibt Aufschluss über Saisonalitäten und Trendverläufe beim Suchvolumen einzelner Keywords. Falls starke saisonale Unterschiede oder abwärts gerichtete Trendverläufe zu erkennen sind, sollte man das jeweils getestete Keyword noch mal überdenken. Bei dem Thema »Gitarrensaiten Test« sind keine starken saisonalen Unterschiede und kein auffälliger Trend zu erkennen (siehe Abbildung 2.33).

Der Wettbewerb wird in der Praxis meist anhand der Offpage-Stärke bewertet. Kennzahlen dazu sagen etwas über die Anzahl und Stärke von externen Verlinkungen auf die entsprechende Website aus. Diese Backlinks stellen bei den großen Suchmaschinen einen Ranking-Faktor dar. Google bezieht dabei z.B. den sogenannten »PageRank« als wichtigen Ranking-Faktor mit in den Ranking-Algorithmus ein.

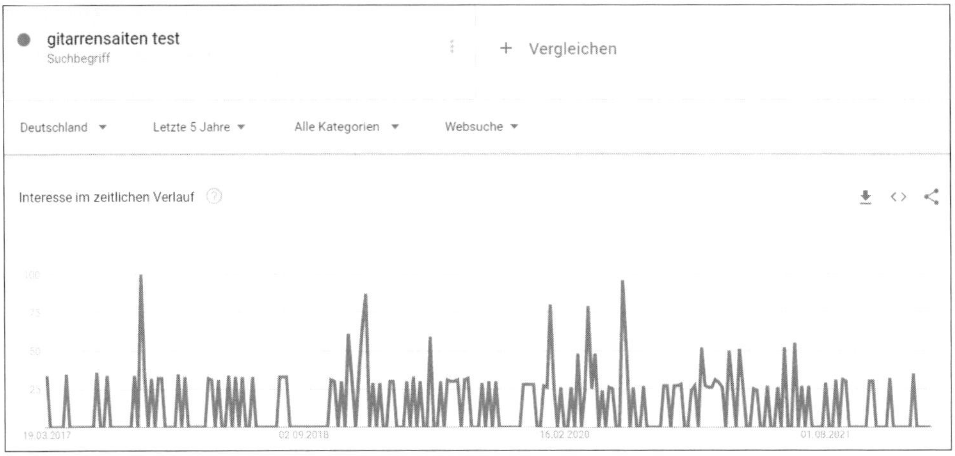

Abb. 2.33: Trendverlauf des Suchbegriffs »Gitarrensaiten Test« in Google-Trends

Das optimale Keyword weist ein möglichst hohes Suchvolumen und einen geringen Wettbewerb auf. Für eine Top-10-Platzierung muss mindestens der Wettbewerber mit dem niedrigsten Backlinkwert geschlagen werden.

SERP Übersicht für "gitarrensaiten test" 15 Nov. 2022 ▾ Compare with ▾

	Suchergebnis	AR	DR	UR	Backlinks	Domains
	▸ **2 Top ads**					
1	**Featured Snippet** Gitarrensaiten Test: Testsieger der Fachpresse ... - Testberichte https://www.testberichte.de/musikinstrumente/2660/gitarren-zubehoer/gitarren-saiten.html ▾	64K	72	13	0	0
2	▸ **Ähnliche Fragen**					
3	Die besten Gitarrensaiten 2021 | Der große Saitentest 2020 https://www.gitarrensaiten-experte.de/die-besten-gitarrensaiten-test ▾	151M	0	0	1	1
4	Gitarrensaiten Test 2022 - Belfort, Moriaty, Hannabach uvm. https://gitarrenberater.de/gitarrensaiten-test/ ▾	81M	0	0	35	2
5	Gitarrensaiten Vergleich 2022 https://www.vergleich.org/gitarrensaiten/ ▾	28K	76	14	2	2
6	Gitarrensaiten Test | gitarrensaiten-test.de https://gitarrensaiten-test.de/ ▾	103M	0	3	8	3
7	5 beste Gitarrensaiten 2022 im Test - bei 10Toptest.de https://10toptest.de/vergleich/beste-gitarrensaiten/ ▾	643K	51	9	0	0
8	Gitarrensaiten Test & Vergleich 2022 - BILD.de https://www.bild.de/vergleich/gitarrensaiten-test/ ▾	2.7K	88	15	0	0
9	▸ **Videos**					
10	▷ Gitarrensaiten Vergleich – Testsieger Im November 2022 https://zweigitarren.de/beste-gitarrensaiten/ ▾	8.7M	22	0	0	0

Abb. 2.34: Backlinkstärke des Wettbewerbs mit Ahrefs ermitteln

Das Backlink-Tool Ahrefs weist in der Metrik »Domains« die Anzahl der verlinkenden Websites auf die rankende URL aus. Außerdem wird auf einer Skala von 0 bis 100 die Backlinkstärke der URL mit der Kennzahl *URL-Rating (UR)* und der gesamten Website mit der Kennzahl *Domain Rating (DR)* ausgewiesen. In dem Tool ist zu erkennen, dass der schwächste Wettbewerber für das Keyword »Gitarrensaiten Test« einen UR-Wert von 0 und einen DR-Wert von 0 aufweist (siehe Abbildung 2.34). Demzufolge ist die Chance sehr hoch, diesen Wettbewerber aus den Top 10 auch ohne den Ranking-Faktor »Backlinks« zu verdrängen.

Als kostenlose Alternative bietet sich das Browser-Plugin SEOquake an, das direkt in den SERPs zu jedem Suchergebnis die Wettbewerbsmetrik Authority Score (abgekürzt AS) des SEO-Tools Semrush unterhalb des Seitentitels in einem grauen Balken anzeigt (siehe Abbildung 2.35).

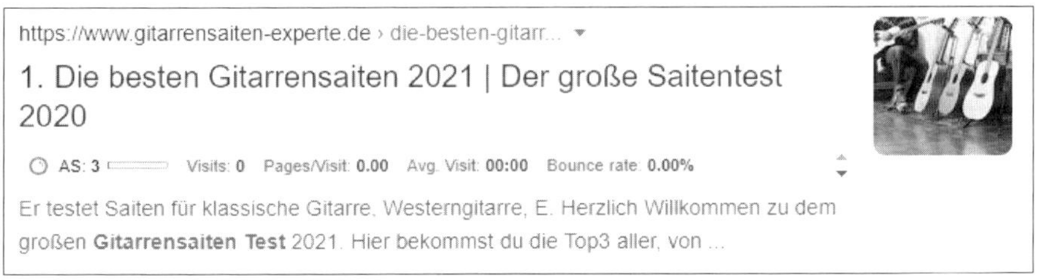

Abb. 2.35: SERP Overlay des Browser-Plugins SEOquake

Alternativ können auch die Wettbewerbskennzahlen aus dem Google-Ads-Keyword-Planer herangezogen werden. Die Wettbewerbsstärke für Google-Ads-Anzeigen lässt sich in den meisten Fällen auch auf die Suchmaschinenoptimierung übertragen. Für das Keyword »Gitarrensaiten Test« trifft dies aber nicht zu.

Keyword	Main Topic	Subtopic	Avg. monthly searches	Competition	Competition (indexed value)	Top of page bid (low range)	Top of page bid (high range)
gitarrensaiten test	Test		210	Hoch	95	0,07	0,14
bass saiten test	Test		70	Hoch	94	0,45	1,81
beste gitarrensaiten	Test		70	Hoch	100	0,07	0,14
e gitarren saiten test	Test		50	Hoch	91	0,1	0,14
gute gitarrensaiten	Test		40	Hoch	100	0,08	0,6
belfort gitarrensaiten test	Test		30	Hoch	98	0,1	0,22
beste e gitarren saiten	Test		30	Hoch	83	0,08	0,55
die besten gitarrensaiten	Test		30	Hoch	100	0,07	0,12
westerngitarre saiten test	Test		30	Hoch	99	0,08	0,12
beste saiten für westerngitarre	Test		20	Hoch	100		
elixir saiten test	Test		20	Hoch	88		
gute e gitarren saiten	Test		20	Hoch	98	0,08	0,39
gitarrensaiten westerngitarre test	Test		20	Hoch	89	0,09	0,18
saiten westerngitarre test	Test		20	Hoch	95	0,07	0,12
test gitarrensaiten	Test		20	Hoch	86	0,07	0,13
akustik gitarren saiten test	Test		10	Hoch	90	0,09	0,15

Abb. 2.36: Auszug aus der Keyword-Shortlist inkl. Wettbewerbszahlen aus dem Keyword-Planer

Obwohl viele Kunden hier eine Anzeige schalten (Competition: Hoch), ist die Stärke des Wettbewerbs in den organischen Suchergebnissen eher gering. Jedoch deutet der geringe Klickpreis (*Top of page bid (low range)* von 0,07 € für das Keyword »Gitarrensaiten Test«), den Werbetreibende für dieses Keyword bezahlen müssen, auf ein eher schwach umkämpftes Keyword hin (siehe Abbildung 2.36).

2.3.3 Keyword-Strategie und -Mapping

Bislang sind wir davon ausgegangen, dass jedes Keyword-Cluster auf einer eigenen Seite abgebildet wird. Jedoch ist dies für Keyword-Cluster, die z.B. Synonyme zu einem anderen Cluster beinhalten oder ein Unterthema zu einem übergeordneten Thema (Parent Topic) darstellen, nicht immer zwingend erforderlich. Um herauszufinden, ob man für ein einzelnes Keyword oder auch Themen-Cluster eine eigene Seite benötigt, berechnet man den *SERP Overlap Score*. Dabei prüft man für die einzelnen Keywords die Top-10-Suchergebnisse in Google auf Überschneidungen. Unterstützend dazu kann man das Tool `https://seo-revolution.com/seo-tools/serp-overlap-tool/` einsetzen (siehe Abbildung 2.37). Bei einem Score von über 50% ist die Suchintention sehr ähnlich, sodass die betrachteten Themen auf einer Seite abgehandelt werden können. Bei einem Wert zwischen 20% und 50% sollten der Content und die Suchintention noch einmal genauer geprüft werden und insbesondere ein Blick auf die Überschneidung der ersten drei Treffer gelegt werden. Bei einem Wert kleiner oder gleich 10% sollte für jedes Keyword (Thema) eine eigene Seite aufgebaut werden. In Abbildung 2.37 werden die Suchergebnisse für die Keywords »Gitarrensaiten Test« und »E-Gitarren Saiten Test« verglichen. Der SERP Overlap Score liegt hier bei 30%, sodass hier eine Zusammenführung der beiden Themen auf einer Seite sinnvoll erscheint.

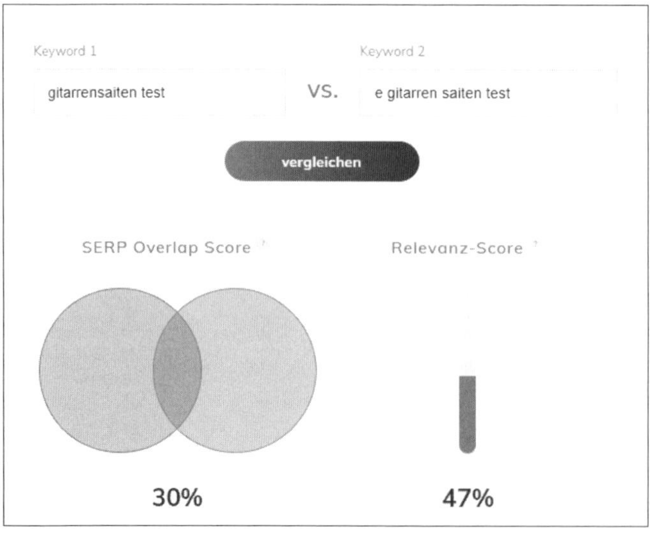

Abb. 2.37: SERP Overlap Score

Nachdem alle Keyword-Cluster zum Ausgangsthema in den vorhergehenden Schritten ermittelt und bewertet wurden, wird nun als letzter Schritt die *Keyword-Strategie* festgelegt. Zur Dokumentation der Strategie wird eine *Keyword-Map* erstellt, die jeder Seite ein Thema und die damit verknüpften Keywords zuordnet. Eine solche Keyword-Map finden Sie beispielhaft für die Seite »Gitarrensaiten Test« in Abbildung 2.38.

Die Tabelle enthält alle zu erstellenden URLs, das Thema der Seite (Keyword-Cluster) sowie die wichtigsten Keywords, zu denen die jeweilige Seite ein Ranking erzielen soll. Da ein Keyword-Cluster meist sehr viele Keywords enthält, wird hier ein Haupt- bzw. Fokus-Keyword für jede Seite definiert, das den Inhalt der Seite am treffendsten beschreibt. Dieses Keyword hat in der Regel die höchste Relevanz und das höchste Suchvolumen innerhalb des Clusters. Diese Auswahl ist erforderlich, da an bestimmten Stellen auf einer Seite, z.B. in der Überschrift eines Textes, meist nur ein Keyword verankert werden kann. Darüber hinaus werden absteigend nach Suchvolumen bis zu fünf weitere Neben-Keywords hinterlegt, die ebenfalls später im Text verwendet werden sollen. Aufgrund des semantischen Verständnisses von Google ist es nicht zwingend erforderlich, alle Keywords eines Clusters in die Map und später in den zu erstellenden Text mit aufzunehmen. Für viele dieser Keywords ergibt sich bei einer hohen thematischen Relevanz des Inhalts einer Seite automatisch ein Ranking.

Im Rahmen der *Keyword-Map* wird auch festgelegt, welche Unterthemen auf einer Seite gebündelt werden, indem die SERP-Überschneidungen mithilfe des Content-Overlap-Scores überprüft wurden. In unserem Beispiel werden auf der Seite zum Thema »Gitarrensaiten Test« auch Unterthemen, wie z.B. »Westerngitarren Saiten im Test« oder »Elixir Saiten Test«, mit eingebunden.

Thema	**URL**	**Keywords (Hauptkeyword = fett)**
Gitarrensaiten Test	https://gitarrenberater.de/gitarrensaiten-test/	**gitarrensaiten test**
		beste gitarrensaiten
		gute gitarrensaiten
		gitarrensaiten empfehlung
		gitarrensaiten testsieger
		gitarrensaiten vergleich
Westerngitarren Saiten	https://gitarrenberater.de/gitarrensaiten-test/	**westerngitarren saiten test**
		beste saiten westerngitarre
		beste saiten für westerngitarre
		westerngitarre saiten empfehlung
		gute gitarrensaiten westerngitarre
		gute westerngitarre saiten

Abb. 2.38: Auszug aus der Keyword-Map für die Seite »Gitarrensaiten Test«

Durch die Ergänzung weiterer Gitarrenzubehör-Themen, wie z.B. »Gitarrenverstärker Test«, kann die Keyword-Map fortlaufend erweitert und damit das Trafficpotenzial erhöht werden.

Die Keyword-Map dient als Arbeitsgrundlage für den zu erstellenden und definiert die einzelnen zu erstellenden Seiten innerhalb der Website. Die hier festgelegten Keywords werden später im Text zur Stärkung der Themenrelevanz eingebaut und sind Grundlage des Monitorings, um später den Erfolg der einzelnen SEO-Maßnahmen zu bewerten.

2.4 Potenzialbewertung und Zieldefinition

Abschließend wird noch eine Bewertung des Trafficpotenzials der geplanten Website vorgenommen, um die Marketingziele zu formulieren. Dazu wird das Suchvolumen aller strategisch ausgewählten Keyword-Cluster bzw. Keywords aufsummiert. Multipliziert man das Suchvolumen mit einer durchschnittlichen Klickrate, erhält man den potenziellen Traffic (Nutzer) für die Website. Die Summe des Suchvolumens aller strategischen Keywords, die nur dem Cluster »Gitarrensaiten Test« zugeordnet sind, liegt bei 3.040 Suchen pro Monat. Geht man z.B. davon aus, dass man mit allen Keywords ein durchschnittliches Ranking auf der ersten Suchergebnisseite erzielt – dies entspricht einer Klickrate von ca. 8,69%[4] (Quelle: `https://www.advancedwebranking.com/ctrstudy/`) –, ergibt sich daraus ein Website-Traffic von 264 Besuchen im Monat.

Alternativ kann das Suchvolumen bzw. Trafficpotenzial des Wettbewerbs auch über ein SEO-Tool wie z.B. Ahrefs ermittelt werden. In Abbildung 2.39 sind die Top 10 der rankenden Seiten zu dem Fokus-Keyword »Gitarrensaiten Test« zu sehen. In der Spalte »Traffic« wird der monatliche Traffic für die jeweilige Domain basierend auf den Top-100-Keyword-Rankings geschätzt. Für das Keyword »Gitarrensaiten Test« ist bei einem vergleichbaren Ranking mit bis zu 477 Website-Besuchen pro Monat zu rechnen.

Der in Abbildung 2.40 dargestellte Conversion Funnel zeigt die einzelnen Conversion-Stufen und definierte Marketingziele auf. Der Conversion Funnel ist ein Trichtermodell zur Veranschaulichung der einzelnen Stufen, die eine Zielperson durchläuft, z.B. vom Besuch der Website bis hin zum Kauf. Innerhalb jeder Stufe soll dabei ein bestimmtes Ziel (Conversion) erreicht werden. In der ersten Funnel-Stufe wird das ermittelte Suchvolumen von 3.040 monatlichen Suchanfragen eingetragen. Durch Multiplikation mit einer durchschnittlichen Klickrate von 8,69% ergibt sich der potenzielle Website-Traffic von 264 Besuchen pro Monat. Alternativ kann, wie zuvor beschrieben, auch direkt der geschätzte Wettbewerber-Traffic eines SEO-Tools herangezogen werden.

4 Zur Berechnung der durchschnittlichen Klickrate auf der ersten Suchergebnisseite werden die Klickraten auf die Suchergebnisse 1 bis 10 aufsummiert und dann durch die 10 Suchtreffer der ersten Suchergebnisseite geteilt.

	Suchergebnis	AR	DR	UR	Backlinks	Domains	Traffic	Keywords
	▸ 2 Top ads							
1	Featured Snippet							
	Gitarrensaiten Test: Testsieger der Fachpresse ... - Testberichte https://www.testberichte.de/musikinstrumente/2660/gitarren-zubehoer/gitarren-saiten.html ▾	64K	72	13	0	0	62	97
2	▸ Ähnliche Fragen							
3	Die besten Gitarrensaiten 2021 | Der große Saitentest 2020 https://www.gitarrensaiten-experte.de/die-besten-gitarrensaiten-test ▾	151M	0	0	1	1	27	70
4	Gitarrensaiten Test 2022 - Belfort, Moriaty, Hannabach uvm. https://gitarrenberater.de/gitarrensaiten-test/ ▾	81M	0	0	35	2	43	148
5	Gitarrensaiten Vergleich 2022 https://www.vergleich.org/gitarrensaiten/ ▾	28K	76	14	2	2	29	47
6	Gitarrensaiten Test | gitarrensaiten-test.de https://gitarrensaiten-test.de/ ▾	103M	0	3	8	3	5	41
7	5 beste Gitarrensaiten 2022 im Test - bei 10Toptest.de https://10toptest.de/vergleich/beste-gitarrensaiten/ ▾	643K	51	9	0	0	47	79
8	Gitarrensaiten Test & Vergleich 2022 - BILD.de https://www.bild.de/vergleich/gitarrensaiten-test/ ▾	2.7K	88	15	0	0	4	34
9	▸ Videos							
10	▷ Gitarrensaiten Vergleich – Testsieger Im November 2022 https://zweigitarren.de/beste-gitarrensaiten/ ▾	8.7M	22	0	0	0	12	80

Abb. 2.39: Wettbewerber zum Thema »Gitarrensaiten Test« in Ahrefs

Eine möglichst hohe Anzahl dieser Website-Besucher soll zu einem Klick auf einen Affiliate-Link animiert werden. Je höher die Klickrate auf die Werbelinks, desto größer ist das zu erzielende Umsatzpotenzial. Nur Nutzer, die zu dem Affiliate-Partner weiternavigieren, können in der letzten Funnel-Stufe auch eine Conversion abschließen. Gemäß Erfahrungswerten von vergleichbaren Affiliate-Seitenbetreibern klickt jeder 5. Besucher auf ein Werbemittel. 264 Besuche multipliziert mit einer Klickrate von 20% ergibt 52 Besuche, die auf der Website des Affiliate-Partners landen.

Bei einem Affiliate-Partner wie Amazon ist die Conversion-Rate bei qualifizierten Besuchern, die kurz vor dem Kaufabschluss stehen, relativ hoch. Auch hier wird auf Erfahrungswerte aus der Affiliate-Community zurückgegriffen und eine Conversion-Rate von 20% angesetzt, sodass sich daraus 10 Bestellungen ergeben.

Für das Thema »Gitarrensaiten Test« ergeben sich nach unserer Zielplanung Provisionserlöse von ca. 12 € im Monat (52 vermittelte Website-Besuche × Conversion-Rate von 20% × durchschnittlichem Warenkorbwert von 20 € × Provisionssatz von 6%).

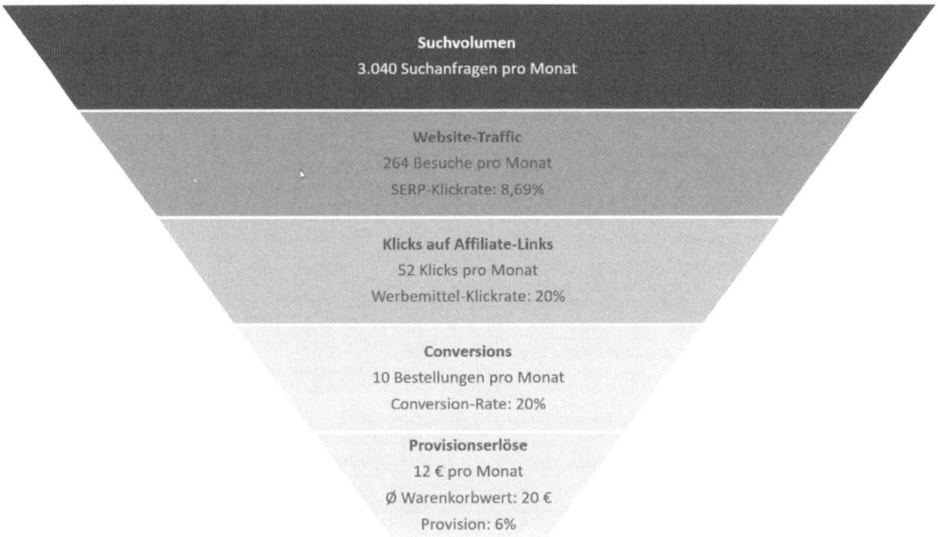

Abb. 2.40: Conversion Funnel mit Zielplanung

Das Erfolgspotenzial einer Affiliate-Website ist demnach von folgenden Faktoren abhängig:

- **Suchvolumen der themenrelevanten Keywords** (pro Thema mindestens 1.000 Suchanfragen pro Monat).
- **Klickrate auf die Werbelinks:** Je mehr die Werbemittel mit dem Content konzeptionell verbunden werden, desto höher ist die zu erwartende Klickrate.
- **Customer-Journey-Phase:** Strategische Keywords, die am Ende des Kaufentscheidungsprozesses angesiedelt sind, führen sowohl zu höheren Klickraten auf die Werbemittel als auch zu höheren Conversion-Raten.
- **Preisniveau der beworbenen Produkte:** Teure Produkte konvertieren eher schlechter, da der Kaufentscheidungsprozess länger dauert und der vermittelte Kunde bis zum Kaufabschluss technisch oft nicht mehr zugeordnet werden kann. Bei Amazon hat das Affiliate-Cookie eine Laufzeit von lediglich 24 Stunden. Der optimale Preisbereich liegt zwischen 30 € und 300 €. Bei diesen Preisen wird die Kaufentscheidung kurzfristiger gefällt und gleichzeitig ist der Warenkorbwert noch hoch genug, um attraktive Provisionserlöse zu erzielen. Bei Amazon werden oft weitere Produkte mitbestellt, sodass sich der durchschnittliche Warenkorbwert weiter erhöht.
- **Provisionshöhe:** Niedrige Provisionssätze bei eher niedrigen Warenkorbwerten erfordern eine hohe Anzahl an Verkäufen, um viele Einnahmen zu erzielen. Produkte mit hohen Provisionssätzen sind oft schwer zu verkaufen oder bringen einen starken Wettbewerb mit sich. Empfehlenswert ist demnach die goldene Mitte.

Durch die schrittweise Hinzunahme weiterer Themen kann das Traffic- und Umsatzpotenzial der Seite weiter maximiert werden.

Der Zielerreichungsgrad soll später durch Google Analytics und Statistiken aus dem Amazon-Partnerprogramm überprüft werden.

2.5 Checkliste

Nutzen Sie für die Keyword- und Potenzialanalyse die dargestellte Checkliste, um sich zu Ihrem Webprojekt Gedanken zu machen. Sie enthält die wesentlichen Punkte, ausgehend von einem ersten Brainstorming bis hin zur Keyword-Strategie bzw. dem konkreten Keyword-Mapping für die Planung der Website.

Checkliste

- Brainstorming zur Generierung von Seed Keywords
  - Welche Themen soll die Website beinhalten und welche Schlagwörter gehen damit einher? (allgemeine Themen, Produktkategorien, Marken, Produkte etc.)
  - Welche Suchbegriffe würden Sie bei Google eintippen, um Informationen zu diesen Themen zu finden?
  - Notieren Sie alle wichtigen Keywords für den nächsten Schritt.
- Generierung von weiteren Keyword-Ideen
  - Geben Sie Ihre Seed Keywords in diverse Keyword-Tools ein, um weitere Keyword-Ideen zu generieren.
  - Speichern Sie diese Keywords in einer Excel-Tabelle und entfernen Sie Dubletten.
  - Entfernen Sie alle irrelevanten Keywords aus der Liste.
- Keyword-Clustering
  - Gruppieren Sie die Keywords thematisch bzw. nach der gleichen Suchabsicht (jedes Thema mit den dazugehörigen Keywords soll später auf einer eigenen Webseite abgebildet werden).
- Keyword-Bewertung
  - Welche Keyword-Cluster bzw. Keywords besitzen ein attraktives Suchvolumen?
  - Welche Suchintention vermutet Google hinter den Keywords?
  - Welcher Customer-Journey-Phase sind die Keywords zuzuordnen?
  - Weisen die Keywords ein ansteigendes Suchinteresse oder einen saisonalen Verlauf auf?
  - Wie stark ist der Wettbewerb bezogen auf die Backlinkstärke?

- Keyword-Strategie und Mapping
  - Wählen Sie die Themen aus, die nach erfolgter Bewertung strategisch am erfolgversprechendsten sind.
  - Überprüfen Sie mithilfe der SERP Overlap Rate, welche Subthemen auf einer thematisch übergeordneten Seite gebündelt werden können.
  - Erstellen Sie eine Keyword-Map, in der jeder Seite (URL) ein Fokus-Keyword, mögliche Unterthemen sowie die dazugehörigen Haupt- und Neben-Keywords zugeordnet werden.

Kapitel 3

Content-Optimierung (Onpage-Optimierung)

Die Content-Optimierung ist der wichtigste Baustein im Rahmen der Onpage-Optimierung. Zum Content einer Seite zählen nicht nur Text, sondern auch Tabellen, Bilder, Infografiken und Videos.

Bei Eingabe einer Suchanfrage in eine Suchmaschine wird nach der Interpretation der Suchanfrage nach relevanten Dokumenten im Suchindex gesucht. Besitzt eine Website keinerlei Relevanz zur Suchanfrage, wird diese bei den Suchergebnissen nicht berücksichtigt. *Relevanzfaktoren* werden dabei bereits bei der Verarbeitung einer Seite im Index abgespeichert. Bekannte Faktoren sind dabei das Vorkommen der gesuchten Schlüsselwörter oder Synonyme im Dokument sowie die Ankertexte von verweisenden Webseiten (*Backlinks*). Die Suchalgorithmen entwickeln durch den Einsatz künstlicher Intelligenz inzwischen ein semantisches Verständnis für den Inhalt eines Textes. Das alleinige Vorkommen eines Schlüsselworts reicht demzufolge nicht mehr aus, um ein gutes Ranking zu erzielen. Vielmehr muss der Content einer Seite die Suchintention des Nutzers zufriedenstellend erfüllen.

Die Suchmaschine sieht hierbei klar den Benutzer im Vordergrund und will, dass die Suchmaschinenoptimierung nicht für die Suchmaschine erfolgt, sondern für den Nutzer. Im Endeffekt will Google damit sicherstellen, dass der Nutzer einen wirklichen Mehrwert und hochwertige Inhalte durch die Seite erhält. Aus diesem Grund ist es fundamental, die eigene Seite nicht zu »überoptimieren«, sondern es in einem ausgeglichenen Maße zu betreiben. Bei der Optimierung ist oft viel Geduld gefordert, denn der Prozess kann durchaus einige Monate dauern, bis eine gute Position erreicht wird. Zu der langen Wartezeit sollte außerdem jede verfügbare Optimierung vorgenommen und eine Beschränkung auf ein paar wenige Ranking-Faktoren vermieden werden. Mit einer Suchmaschinenoptimierung, die durch den Wunsch nach schnellen Ergebnissen nur halbherzig erfolgt, wird es schwer sein, gute Positionen in den Suchergebnissen zu erreichen.

Die essenzielle Frage, die im Rahmen der Content-Optimierung in den folgenden Abschnitten geklärt werden muss, beschäftigt sich mit der Bestimmung der Relevanz eines Webdokuments durch Suchmaschinen.

Um sich dem perfekten Content zu nähern, werden die einzelnen Prozessschritte, wie in Abbildung 3.1 dargestellt, durchlaufen.

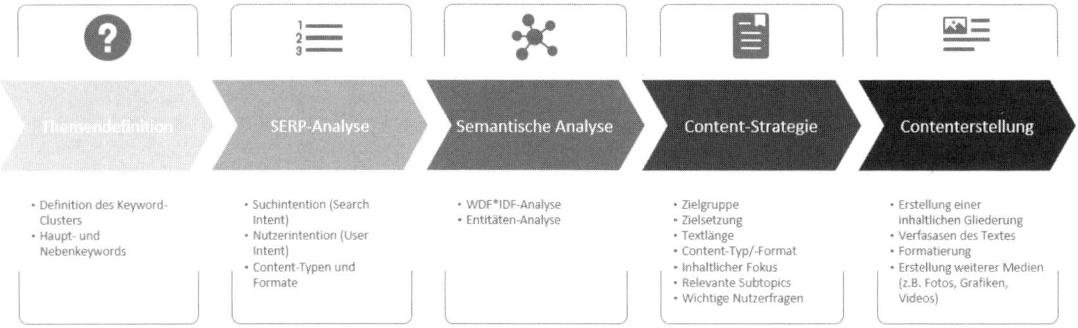

Abb. 3.1: Prozess der Content-Erstellung

Zu Beginn werden das Thema und das damit verbundene Keyword-Cluster festgelegt.

Ausgehend von dem Haupt-Keyword wird dann eine SERP-Analyse durchgeführt. Diese gibt Aufschluss über die Suchintention (*Search Intent*), die Nutzerintention (*User Intent*) und die von der Suchmaschine bevorzugten Content-Arten. Außerdem lassen sich aus den SERP-Snippets und den Inhalten der rankenden Seiten bereits erste Ideen für den zu erstellenden Content ableiten.

Mittels semantischer Analysen werden für das Ranking relevante Terme identifiziert, die bei der Texterstellung berücksichtigt werden müssen.

Bevor jedoch eine erste inhaltliche Gliederung erstellt wird, sollte im Rahmen der Content-Strategie festgelegt werden, für wen, mit welcher Zielsetzung und mit welcher inhaltlichen Ausgestaltung (Content-Typ, -Format und -Fokus) der Content erstellt werden soll.

Danach wird eine erste grobe inhaltliche Gliederung erstellt, die u.a. auch wichtige Nutzerfragen beinhaltet. Basierend auf diesem Grobgerüst wird dann der Text, aufbauend auf den gesammelten Informationen, verfasst, formatiert und um mediale Inhalte (z.B. Fotos, Grafiken, Videos) angereichert. Nach Veröffentlichung der Seite können noch Verlinkungen innerhalb des Contents und auch Querverweise von bereits bestehenden Seiten gesetzt werden.

3.1 Themendefinition

Die Vorgehensweise zur Ermittlung der Themen bzw. Keyword-Cluster wurde bereits ausführlich im letzten Kapitel dargestellt. In den folgenden Absätzen wird am Beispiel des Themas »Gitarrenseiten Test« verdeutlicht, wie ein suchmaschinenoptimierter Content erstellt wird. Für dieses Themencluster wurden das Haupt-Keyword »Gitarrensaiten Test« sowie die Neben-Keywords »beste Gitarrensaiten«, »gute Gitarrensaiten«, »Gitarrensaiten Empfehlung«, »Gitarrensaiten Testsieger« und »Gitarrensaiten Vergleich« festgelegt.

3.2 SERP-Analyse

3.2.1 Identifikation der Suchintention

Google ermittelt die Relevanz einer Webseite mittels Content-Analysen. Die Suchergebnisse werden nach absteigender Relevanz sortiert. Um ein Top-Ranking zu erzielen, muss die eigene Webseite das relevanteste Dokument für eine Suchanfrage darstellen. Dazu wird auch die Suchintention (*Search Intent*) in die Bewertung mit einbezogen. Das bedeutet, dass der Content der Webseite die erwartete Suchabsicht erfüllen muss.

Bei der Entwicklung der Keyword-Strategie wurden die Suchergebnisse bereits auf Topic-Ebene analysiert und die Suchintention ermittelt. Für die Optimierung einer einzelnen Seite auf ein bestimmtes Thema – repräsentiert durch das Fokus-Keyword – wird die Suchabsicht an dieser Stelle noch einmal tiefer gehend analysiert.

Um herauszufinden, welche Suchintention Google hinter einer bestimmten Suchanfrage vermutet, werden die Top-10-Suchergebnisse zunächst nach den folgenden Kriterien analysiert:

- Welche SERP-Features werden ausgespielt?
- Welche Content-Typen spielt Google in den SERPs aus?
- Welches Content-Format ist am häufigsten vorzufinden?
- Welcher inhaltliche Fokus ist zu erkennen?
- Unterliegen die SERPs größeren Veränderungen im zeitlichen Verlauf?

Die Suchintention, die Google hinter einer Suchanfrage vermutet, kann insbesondere über die ausgespielten SERP-Features und Content-Typen in den Top-10-Rankings hergeleitet werden. Neben den klassischen Website-Snippets werden je nach Suchintention auch noch weitere Ergebnisse wie z.B. Featured Snippets, Knowledge Panels, Google-Ads-Anzeigen usw. ausgespielt. Die nachfolgenden Tabellen zeigen die wichtigsten Ergebnistypen (SERP-Features) und die daraus abzuleitenden Suchintentionen.

Zum Beispiel werden Featured Snippets überwiegend bei informationsorientierten Suchanfragen ausgegeben, während Shopping-Anzeigen verstärkt auf eine transaktionsorientierte Suchabsicht hindeuten.

Bei navigationsorientierten Ergebnissen handelt es sich beispielsweise um *Sitelinks* (siehe Abbildung 3.2) oder ein *Knowledge Panel* (siehe Abbildung 3.3).

Abb. 3.2: Sitelinks

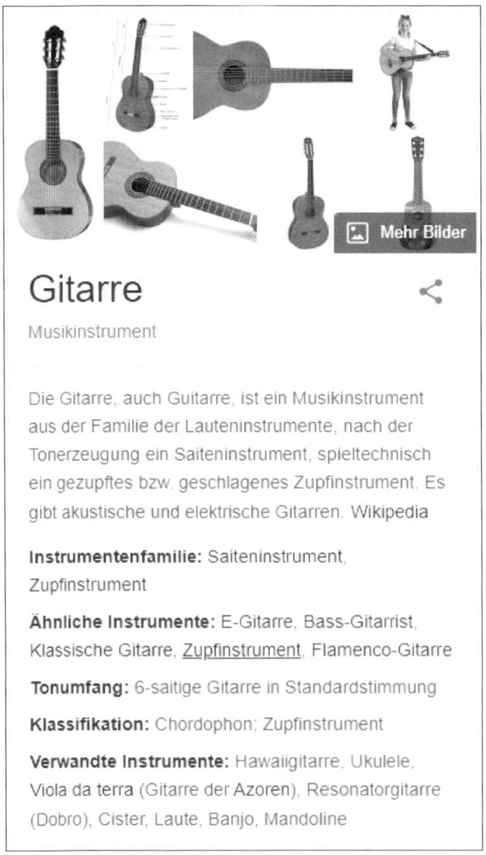

Abb. 3.3: Knowledge Panel

Informationsorientierte Ergebnisse sind *Featured Snippets* (siehe Abbildung 3.4), eine *Knowledge Card* (siehe Abbildung 3.5), *Ähnliche Fragen* (siehe Abbildung 3.6), *Bilder* (siehe Abbildung 3.7), *Videos* (siehe Abbildung 3.8) und eine *News Box* (siehe Abbildung 3.9).

Abb. 3.4: Featured Snippet

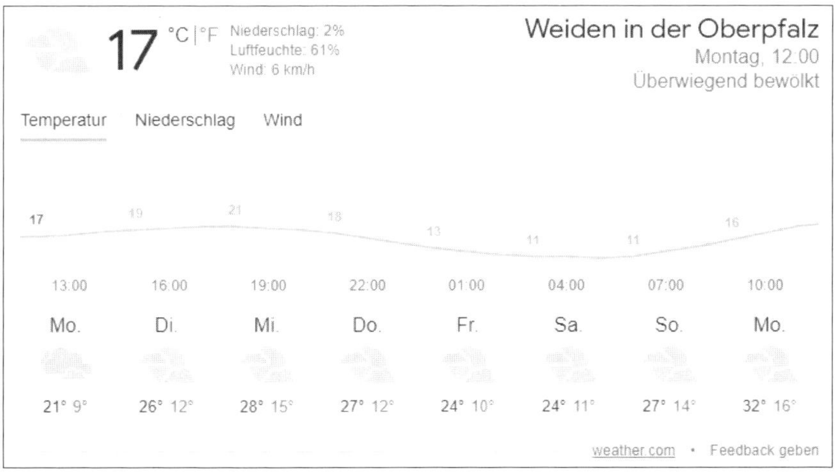

Abb. 3.5: Knowledge Card

Abb. 3.6: Ähnliche Fragen

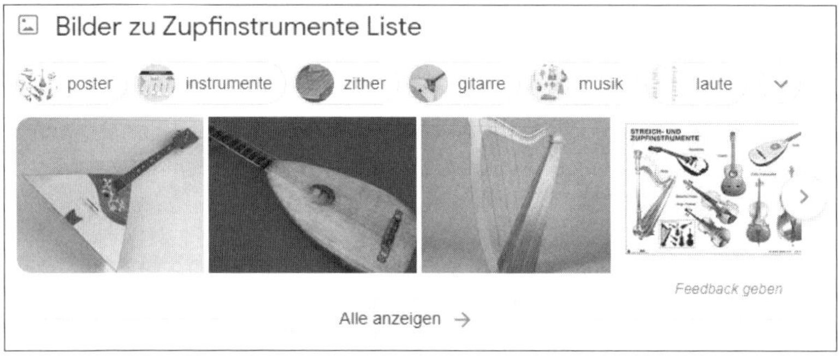

Abb. 3.7: Bilder

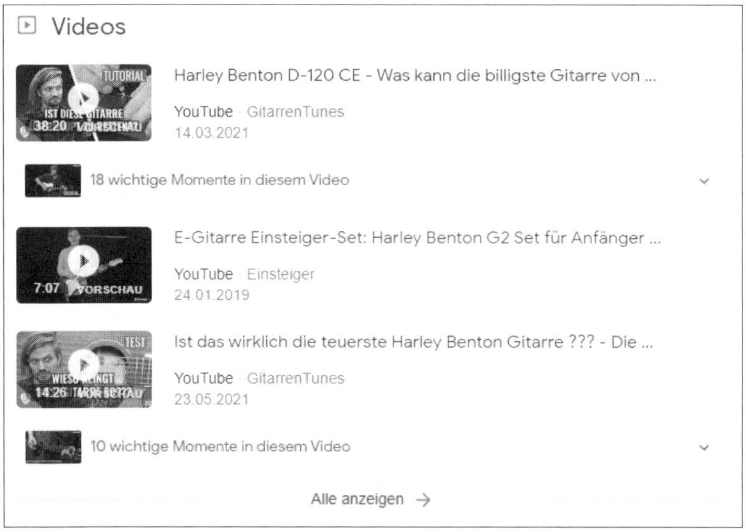

Abb. 3.8: Videos

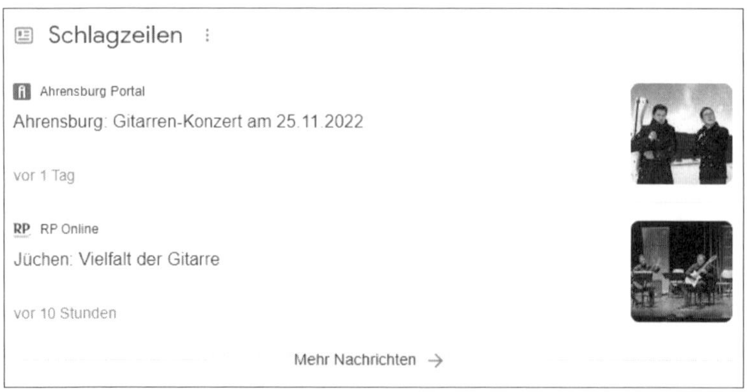

Abb. 3.9: News Box

Schließlich sind transaktionsorientierte Ergebnisse *Google-Ads-Anzeigen* (siehe Abbildung 3.10) oder *Shopping-Anzeigen* (siehe Abbildung 3.11).

Abb. 3.10: Google-Ads-Anzeige

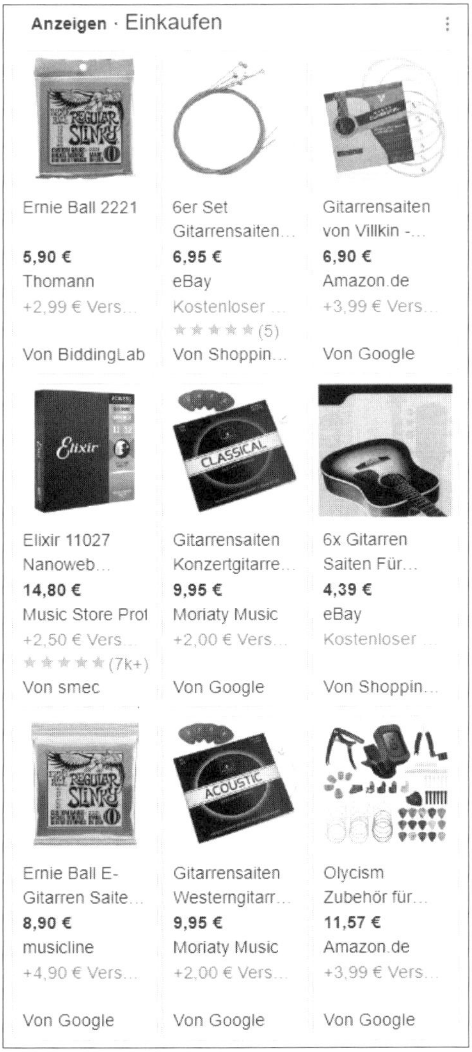

Abb. 3.11: Shopping-Anzeigen

Für den Suchbegriff »Gitarrensaiten Test« werden, wie in Abbildung 3.12 dargestellt, die SERP-Features Google-Ads-Anzeigen, Shopping-Anzeigen, Featured Snippets, Ähnliche Fragen und Videos ausgespielt. Die Google-Ads-Anzeigen bewerben ausschließlich Produktvergleichsseiten und keine Shopseiten. Dieser erste Indikator signalisiert, dass es sich überwiegend um eine informationsorientierte Suchanfrage handelt.

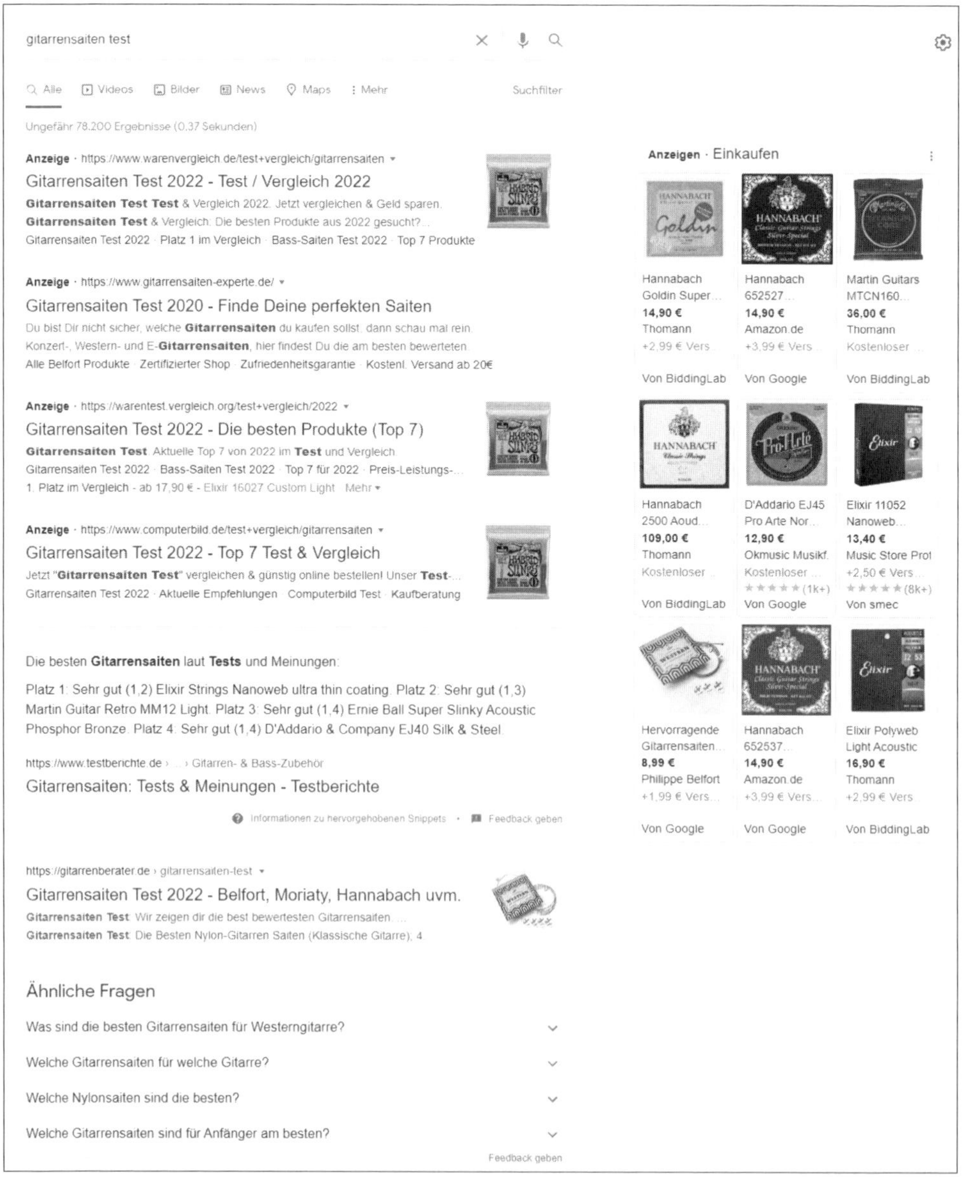

Abb. 3.12: Suchergebnisse zum Suchbegriff »Gitarrensaiten Test«

Als Nächstes wird der Content-Typ (z.B. Startseite, Kategorieseite, Produktseite, Blogartikel, Glossarseite) analysiert. Die Suchergebnisse (*SERP-Snippets*) bei Google bestehen aus Beiträgen mit kommerziellem Content und beinhalten keine Shopseiten. Videos zum Thema werden als Ergänzung jedoch nicht vordergründig ausgespielt. Demnach erwartet Google für den betrachteten Suchbegriff eher einen informationsorientierten und textbasierten Content (siehe Tabelle 3.1).

SERP-Snippets	Content-Typ/-Format	Inhaltlicher Fokus
https://www.gitarrensaiten-experte.de › die-besten-gitarr... ▾ Die besten Gitarrensaiten 2021 | Der große Saitentest 2020 Er testet Saiten für klassische Gitarre, Westerngitarre, E. Herzlich Willkommen zu dem großen **Gitarrensaiten Test** 2021. Hier bekommst du die Top3 aller, von ...	Blogbeitrag Produktvergleich	Test 2021
https://gitarrensaiten-test.de Gitarrensaiten Test | gitarrensaiten-test.de Der **Gitarrensaiten Test** ist Dein Portal für Gitarrensaiten, Westerngitarren, Akustikgitarren, Verstärker und jegliches Gitarren – Zubehör	Startseite Ratgeber	Nicht erkennbar
https://www.testberichte.de › gitarren-zubehoer › gitarr... ▾ Gitarrensaiten: Tests & Meinungen - Testberichte Ergebnissen 1 - 20 von 85 — **Gitarrensaiten**: **Tests** & Meinungen. Saiten haben einen großen Einfluss auf den Klang einer Gitarre. Es gibt unterschiedliche Typen, je ...	Kategorieseite Produktliste	Nicht erkennbar
https://www.expertentesten.de › ... › Musikinstrumente ▾ Gitarrensaite Test + Vergleich 2022 ▷ TÜV-zertifiziert 24.06.2022 — TÜV-zertifizierter **Gitarrensaite Test** & Vergleich im Juli 2022 ✓ 3 Modelle SEHR GUT ✓ Finden Sie in 2 Minuten die besten Gitarrensaiten!	Blogbeitrag Produktvergleich und Ratgeber	Test 2022
https://www.hobbylux.de › Instrumente › Gitarre ▾ Saiten: Test & Empfehlungen (07/22) - HOBBYLUX Ratgeber: Fragen, mit denen du dich beschäftigen solltest, bevor du **Gitarrensaiten** kaufst — Der Einsatz von Martin M140 **Gitarrensaiten** für Akustikgitarre ... Saiten Test: Favoriten der... · Entscheidung: Welche Arten...	Blogbeitrag Produktbewertung und Ratgeber	Test 2022

Tabelle 3.1: Top-5-Suchergebnisse zum Thema »Gitarrensaiten Test«

Außerdem wird das am häufigsten vorzufindende Content-Format betrachtet (z.B. Anleitung, Ratgeber, Vergleich, Fachartikel, Testbericht, Lexikon, Erfahrungsbericht). Bei allen Top-10-rankenden Websites zum Suchbegriff »Gitarrensaiten Test« handelt es sich überwiegend um Produktvergleiche sowie einige Ratgeberseiten. Auf den ersten zwei Positionen sind Nischenwebsites zu finden, gefolgt von Testportalen mit und ohne Spezialisierung auf das Thema Musik. Google bzw. die Nutzer erwarten also in Bezug auf den Content einen Produktvergleich bzw. eine Produktbewertung und keine Verkaufsseiten. Der Kunde befindet sich demnach in der Intent-Phase der Customer Journey und benötigt noch entsprechende Empfehlungen in Form von Testergebnissen, um seine Kaufentscheidung vorbereiten zu können.

Abbildung 3.13 zeigt beispielhaft, welche unterschiedlichen Content-Typen und Content-Formate entlang der Customer Journey eingesetzt werden können.

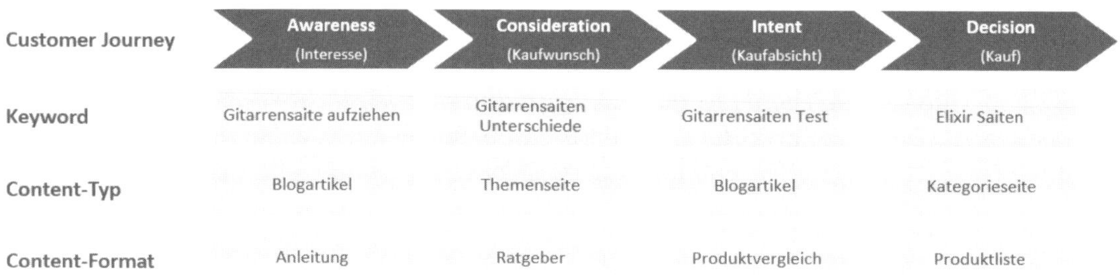

Abb. 3.13: Content-Typen und -Formate entlang der Customer Journey

Der inhaltliche Fokus beschreibt die Ausrichtung des Contents bzw. die Positionierung, die z.B. nach den folgenden Dimensionen unterteilt werden kann: Zielgruppen (z.B. Anfänger), Preis (z.B. kostenlose Tools), Qualität (z.B. hochwertige Produkte) oder Zeitraum (z.B. nach Jahreszahl). Bei den betrachteten Wettbewerbern ist der inhaltliche Fokus schwerpunktmäßig auf die Aktualität (Test 2022) ausgerichtet. Weitere Alleinstellungsmerkmale werden nicht genutzt. Ein optimaler Content zu dem Thema sollte also stets aktuelle Testergebnisse aufweisen. Die spezifische Zielgruppenausrichtung (z.B. Testergebnisse für Anfänger oder Profis) wird später bei der inhaltlichen Analyse des Wettbewerber-Contents aufgegriffen. Zu diesem Aspekt ist in den SERP-Snippets auf den ersten Blick keine Ausrichtung erkennbar.

Die Historie der Suchergebnisse gibt Aufschluss darüber, welche Seiten Google über einen längeren Zeitraum als relevant einordnet, ob sich das Suchverhalten der Nutzer verändert hat und wie sicher sich Google bei der Suchintention ist. Eine solche Ranking-Historie kann zu fast jedem Keyword mit dem kostenpflichtigen SEO-Tool *Ahrefs* abgerufen werden. Bei dem Thema »Gitarrensaiten Test« zeigt sich ein relativ stabiles Ranking bei den Top-10-rankenden Seiten in den letzten sechs Monaten (siehe Abbildung 3.14). Demzufolge ist sich Google im Hinblick auf die Suchintention sehr sicher, was der Nutzer zu diesem Thema erwartet.

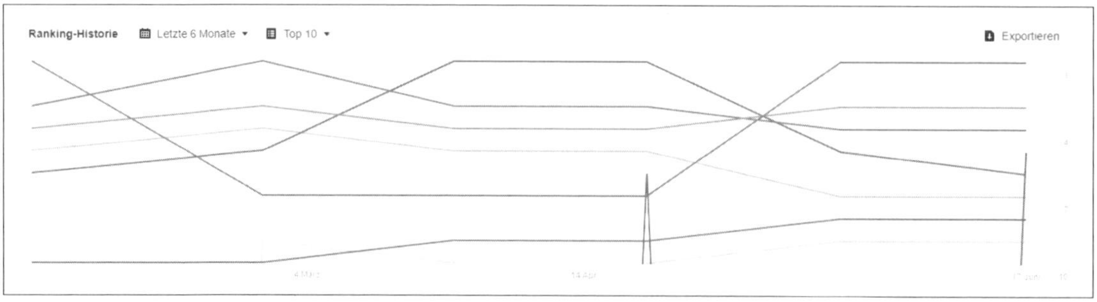

Abb. 3.14: Historie (6 Monate) der Top-10-Rankings zum Keyword »Gitarrensaiten Test« in Ahrefs

Auf Basis der SERP-Snippets lassen sich ebenfalls bereits erste Rückschlüsse auf die Nutzerabsicht (*User Intent*) ziehen: Nutzer erwarten aktuelle und objektive Testergebnisse und einen Vergleich verschiedener Marken mit Kaufempfehlungen.

Für eine erfolgreiche Content-Strategie ist demnach eine inhaltliche Ausrichtung auf Produktvergleiche und -bewertungen, kombiniert mit Beratungstexten, vielversprechend. Dadurch wird die von Google und vom Nutzer erwartete Suchintention erfüllt.

3.2.2 Content-Analyse der Wettbewerber

Da die Top-10-Suchergebnisse eine hohe inhaltliche Relevanz zum Thema aufweisen, wird der Wettbewerber-Content, insbesondere die Website auf Position 1, genauer analysiert. Das erste Suchergebnis liefert aus Sicht der Suchmaschine die beste Antwort auf die Suchanfrage, vorausgesetzt, andere Ranking-Faktoren wie z.B. Backlinks verändern die Gewichtung nicht gravierend. Insofern gilt es herauszufinden, was den Content der erstplatzierten Seite auszeichnet, weswegen Google diesen mit einer hohen Relevanz belohnt. Die Erkenntnisse der Content-Analyse dienen als Grundlage für die eigene Content-Strategie.

Nicht jede Website in den Top 10 ist grundsätzlich ein direkter Wettbewerber. Diese Annahme kann die Datenbasis einer Analyse verfälschen. Der zu analysierende Wettbewerb hängt von einigen Faktoren ab, die berücksichtigt werden sollten:

- Klarheit darüber, für welchen Content-Typ ein Ranking erzielt werden soll
- Seiten, die eine andere Suchintention abdecken, sollten von der Analyse ausgeschlossen werden.
- Ausreißer (Seiten, die deutlich kürzer oder länger und mit den anderen Seiten nicht direkt vergleichbar sind) sollten ebenfalls ausgeschlossen werden.
- Seiten, die nicht aufgrund des Contents, sondern wegen ihrer Autorität und wegen Backlinks ranken, sollten ebenfalls ignoriert werden.

Nur ein Vergleich mit direkten Wettbewerbern ermöglicht es, Content-Lücken zu identifizieren, die Suchintention zu verstehen und dadurch einen umfassenderen und passenderen Content zu erstellen. Folgende Fragen sollen im Rahmen einer Wettbewerbsanalyse beantwortet werden:

- Auf welche Zielgruppe ist der Inhalt ausgerichtet?
- Wie ist die Seite aufgebaut?
- Sind der Seitenaufbau und das Design ansprechend und sinnvoll?
- Durch welche Bilder, Videos, Tabellen oder Listen wird der Content aufgewertet?
- Wie lang sind die Wettbewerbertexte?
- Wie sehen die Content-Tiefe und -Breite aus?
- Zu welchen Themen ranken die Seiten außerdem?
- Was sind die wichtigsten semantisch verwandten Unterthemen zum Hauptthema?
- Welche Nutzerfragen werden beantwortet?
- Wie aktuell bzw. relevant sind die Inhalte?

- Wo liegt der Kundennutzen beim Wettbewerber-Content?
- Welche Verlinkungen sind für den Nutzer hilfreich?
- Welche Gemeinsamkeiten haben die Wettbewerbertexte?
- Wie unterscheidet sich die Position 1 von den anderen Wettbewerbern?
- Warum sind die Inhalte der Positionen 2 bis 10 nicht auf Platz 1? Liegt es z.B. an der Content-Tiefe/-Breite, ergänzenden Bildern oder Videos?
- Welche wichtigen Nutzerfragen werden von den Top 10 nicht beantwortet (Content-Lücken)?
- Was kann man inhaltlich bieten, was die bestehenden Texte nicht können?
- Gibt es ein Suchergebnis, das sich deutlich von den anderen unterscheidet?
- Was enthält das deutlich andere Ergebnis, sodass Google es als sinnvolle Ergänzung betrachtet?

Die inhaltliche Analyse für das Projekt gitarrenberater.de wird zur Reduzierung des Aufwands auf die Top-3-relevanten Wettbewerber beschränkt. Dabei handelt es sich um die Websites `gitarrensaiten-experte.de`, `gitarrensaiten-test.de` und `expertentesten.de` (siehe Tabelle 3.2).

	gitarrensaiten-experte.de	gitarrensaiten-test.de	expertentesten.de
Ranking-Position	1	2	3
URL	`https://www.gitarrensaiten-experte.de/die-besten-gitarrensaiten-test`	`https://gitarrensaiten-test.de`	`https://www.expertentesten.de/elektronik/gitarrensaite-test/`
Zielgruppe	Gitarrenspieler-Anfänger	Gitarrenspieler-Anfänger	Gitarrenspieler-Anfänger
Seiten-aufbau	textlastig klare Struktur je 3 Produktempfehlungen für 3 Gitarrenarten mit Pros/Contras (9 Produkte) Bilder zur Produktverpa-ckung und allgemeine Gitarrenbilder	Verteilerseite mit Verlin-kungen und Teasertexten zu weiteren Unterseiten Bestseller-Liste ohne Be-wertungen (8 Produkte) keine klare Struktur überladen	Vergleichstabelle mit Filter (15 Produkte) Video zum Thema Saiten auf-ziehen einzelne Textabschnitte zu Nutzerfragen klare Struktur überwiegend Bilder zu Pro-duktverpackungen
Wortan-zahl (Main Content)	828 Wörter	954 Wörter	1.117 Wörter
Content-Tiefe/-Breite	Mittel/Mittel	Gering/Gering	Hoch/Hoch

Tabelle 3.2: Analyse des Wettbewerber-Contents

	gitarrensaiten-experte.de	gitarrensaiten-test.de	expertentesten.de
Weitere Rankings (Top 10)	belfort gitarrensaiten beste saiten westerngitarre gitarrensaiten klassik gute e gitarren saiten beste nylonsaiten gitarre	nylon saiten test westerngitarrensaiten test konzertgitarren saiten test gitarrensaiten testsieger akustik gitarren saiten test	keine weiteren Top-10-Rankings
Subtopics	Saiten für Konzertgitarre Saiten für Westerngitarre Saiten für E-Gitarre	keine	Saiten für Konzertgitarre Saiten für Westerngitarre Saiten für E-Gitarre
Prüfkriterien	Preis Klang Qualität/Haltbarkeit Spielgefühl USP (z.B. Beschichtung, Technologie) Bonusmaterial Kundenservice Sternebewertung	keine	Kundenbewertung Amazon Beschichtung Material (Kern, Wicklung) Produkttyp Saitenanzahl Stärke Wicklung Besonderheiten
Produkte/ Marken	Saiten für Konzertgitarre Belfort Klassik Hannabach Exclusive Medium Tension Savarez 510AR Alliance Cantiga Strings Saiten für Westerngitarre Belfort Western Elixir Custom Ligtht Thomastik AC111 Saiten für E-Gitarre Belfort Elektrik Elixir 19077 Thomastik JS111	Testberichte zu 4 Marken auf Unterseiten: D'Addario Elixir Ernie Ball Pyramid (Firmenhistorie mit Produkt-USPs)	Martin Optima GHS Gibson Rotosound Thomastik-Infeld Ibanez
Nutzerfragen	keine	keine	Was ist eine Gitarrensaite? Welche Arten von Gitarrensaiten gibt es? Worauf muss ich beim Kauf einer Gitarrensaite achten? Internet vs. Fachhandel: Wo kaufe ich meine Gitarrensaiten am besten? Wie viele Saiten beinhaltet ein Satz? Kann ich auch eine einzelne Gitarrensaite nachkaufen?

Tabelle 3.2: Analyse des Wettbewerber-Contents (Forts.)

	gitarrensaiten-experte.de	gitarrensaiten-test.de	expertentesten.de
			In welcher Reihenfolge werden die Saiten aufgespannt? Kann ich jede Saite für jede Gitarre verwenden? Passen reguläre Gitarrensaiten auch auf 7/8-Gitarren? Wie lange halten die Saiten durchschnittlich? Kann ich Gitarrensaiten auch für einen Bass verwenden?
Aktualität	Jahreszahl nicht aktuell (2021)	Preise nicht aktuell	Laut Datumsangabe aktuell
Relevanz für den Nutzer	Mittel Nur 3 Produkte je Gitarrentyp Mangelnde Vergleichbarkeit	Gering Keine Empfehlung vorhanden, um eine Kaufentscheidung vorzubereiten	Hoch Direkter Vergleich mit Noten Hinweise zum Kauf
Verlinkungen	Extern: Produktseiten diverser Shops Intern: Welche Gitarre kaufen? Warum Gitarre spielen? Glaubenssätze, die dich vom Gitarrespielen abhalten	Extern: Amazon-Produktseiten Intern: Teaser zu Unterseiten: Clip Tuner Pyramid Saiten Test Yamaha F310 Test Yamaha C40 Test Boss GT-100 Test Pflege und Saitenstärke Westerngitarren Bestseller	Extern: Amazon Produktseiten Diverse Quellen Saitenhersteller Intern: E-Gitarre Test Ukulele Test Stimmgerät Gitarre Test Drumcomputer Test Röhrenverstärker Test E-Piano Test Xylophon Test
Schwächen	Geringe Produktauswahl Wichtige Unterthemen sowie Käuferfragen werden nicht abgedeckt	Kein Produktvergleich mit Kaufempfehlungen	Vergleichstabelle enthält keine Aufschlüsselung/Filter nach Gitarrentyp

Tabelle 3.2: Analyse des Wettbewerber-Contents (Forts.)

Der Main Content der Wettbewerber umfasst durchschnittlich 966 Wörter. Laut den Google: Quality Rater Guidelines (`https://static.googleusercontent.com/media/guidelines.raterhub.com/de//searchqualityevaluatorguidelines.pdf`) wird eine Webseite in *Main Content, Supplementary Content* und *Advertisements/Monetization* unterteilt. Unter dem Main Content ist demnach der Hauptinhalt einer Seite zu verstehen, der direkt dazu beiträgt, das Ziel der Seite zu erreichen. Demzufolge sind hiervon auch der Header, der Footer und die Randspalten ausgenommen.

Die Inhalte der analysierten Seiten richten sich in erster Linie an Gitarrenspieler-Anfänger, die noch kein fundiertes Wissen über die unterschiedlichen Materialien, Stärken, Klänge und Marken von Gitarrensaiten haben und darüber hinaus auch noch nicht wissen, welche Saite zu welchem Gitarrentyp passt.

Die Wettbewerber-Seiten versuchen, mit ihren Inhalten Nutzer in der Customer-Journey-Phase »Intent« (Kaufabsicht) anzusprechen. Das heißt, die Zielgruppe benötigt eine Ersatzsaite für die Gitarre und möchte sich einen Überblick über die passenden und besten Produktangebote verschaffen, um die richtige Kaufentscheidung treffen zu können. Ziel der Seiten ist es, den Nutzer durch diese Information auch gleich zu einem Kauf durch Klick auf einen Affiliate-Link zu animieren.

Die Suchintention zu dem Hauptthema »Gitarrensaiten Test« wird von den Wettbewerbern unterschiedlich bedient. Einen umfassenden Produktvergleich bietet nur die Seite `expertentesten.de`. Jedoch weist diese Seite im Vergleich zu den anderen Seiten neben dem Haupt-Keyword keine weiteren herausragenden Top-10-Rankings auf, obwohl die Textlänge am höchsten ist. Insofern scheint die Suchintention nicht so gut gelöst zu sein bzw. enthält der Content irrelevante Unterthemen. Der `gitarrensaiten-experte.de` zeigt nur jeweils drei Bestseller je Gitarrentyp. Die Website `gitarrensaiten-test.de` bildet nur acht Bestseller ohne Bewertung ab. Die wichtigsten Unterthemen bestehen aus Empfehlungen, Erfahrungen, Materialien, Marken, Saitenstärken und Unterschiede bei Gitarrensaiten.

Jede der Wettbewerberseiten weist inhaltliche Schwächen auf:

- `gitarrensaiten-experte.de` zeigt je Gitarrentyp nur drei Produkte im Vergleich. Wichtige Unterthemen (z.B. Materialien) und Nutzerfragen werden nicht abgedeckt.
- `gitarrensaiten-test.de` zeigt nur eine Bestsellerauswahl auf der Landingpage, die jedoch keine Bewertung oder Empfehlung enthält.
- `expertentesten.de` bildet eine umfangreiche Vergleichstabelle ab, jedoch mit Produkten zu allen Gitarrentypen. Ein Vergleich zwischen Gitarrensaiten für einen bestimmten Gitarrentyp ist aufgrund einer fehlenden Filterfunktion nicht möglich.

3.2.3 Eigene Themenrecherche

Neben den Erkenntnissen, die aus den Wettbewerberinhalten gewonnen werden, soll das Thema durch eine eigene *Themenrecherche* umfassend durchleuchtet werden. Dies hilft einerseits, Content-Lücken zu identifizieren, und andererseits, die Suchabsicht des Nutzers besser zu verstehen. Das Ziel ist es, aus den wichtigsten Aspekten der Wettbewerberinhalte, angereichert durch weitere für den Nutzer relevante Antworten, einen neuen, einzigartigen, umfassenden und auf die Zielgruppe sowie die Suchintention abgestimmten Content zu entwickeln.

Um die wichtigsten Fragen der Zielgruppe zum Thema zu ermitteln, können folgende Quellen bzw. Tools verwendet werden:

- Google Suggest (z.B. `https://keywordtool.io`)
- Ähnliche Fragen (z.B. `https://alsoasked.com`)
- W-Fragen (z.B. `https://answerthepublic.com`)
- Wikipedia-Artikel
- Amazon FAQs
- `gutefrage.net`

Einige Tools wurden bereits im Rahmen der Keyword-Analyse eingesetzt. Insofern kann auf die bereits ermittelten Daten zurückgegriffen werden.

Insbesondere die »Ähnlichen Fragen« zeigen auf, welche eng verwandten Subtopics Google mit einer Suchanfrage verbindet. Es sollten grundsätzlich diejenigen ausgewählt werden, die zur Suchintention der Zielgruppe passen. Diese Keywords können ggf. später in Zwischenüberschriften eingesetzt werden und damit verbundene Fragen im darauf folgenden Absatz beantwortet werden.

Für produktbezogene Themen findet man auf den Produktseiten von Amazon viele Anregungen im Abschnitt »Kundenfragen und -antworten« (siehe Abbildung 3.15).

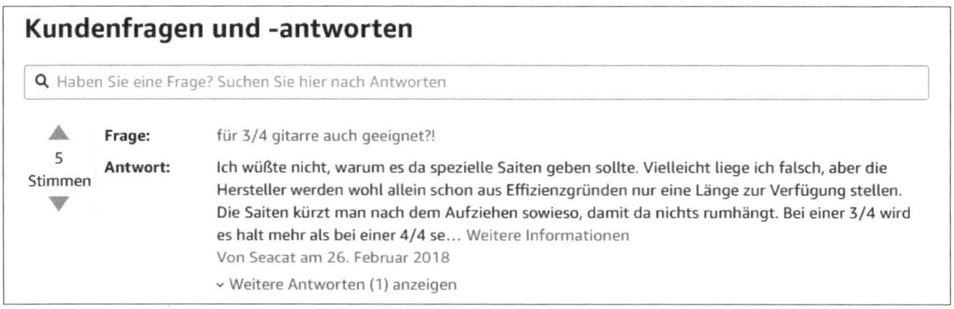

Abb. 3.15: Kundenfragen auf Amazon

Folgende Nutzerfragen, die die Suchintention des Haupt-Keywords »Gitarrensaiten Test« abdecken, kristallisieren sich bei der Themenrecherche heraus:

- Welche Saiten passen zu welchem Gitarrentyp?
- Welche Gitarrensaiten sind die besten?
- Wann und wie oft sollte man die Saite wechseln?
- Welches Material ist für welchen Gitarrentyp geeignet?
- Welche Saitenstärke benötige ich?
- Welche unterschiedlichen Saiten gibt es (z.B. Flatwound-Saiten, Saiten mit Ball End)?

- Wie klingen Gitarrensaiten?
- Welche Unterschiede gibt es bei Gitarrensaiten?
- Welche Hersteller gibt es?
- Wie nennt man Gitarrensaiten auf Englisch (z.B. H-Saite = B)?

3.3 Semantische Analyse

Suchmaschinen wie Google benutzen inzwischen verstärkt semantische Analysen, um Suchanfragen und die Inhalte von Websites besser zu verstehen und um relevantere Suchergebnisse bereitstellen zu können. Die reine Konzentration auf die Häufigkeit eines Keywords reicht dafür nicht mehr aus. Denn ein Wort allein sagt nichts darüber aus, ob der Text auch die richtigen Antworten auf die Fragen des Suchenden liefert.

Semantisches SEO beschäftigt sich mit den Suchmaschinen-Algorithmen, die auf modernen Technologien wie Deep Learning und Natural Language Processing (NLP) basieren. Das Ziel ist es, dem Thema (*Topic*) und den Inhalten mehr Relevanz zu verleihen, um bessere Rankings zu erzielen. In den Anfängen der Suchmaschinen wurden das Thema und die Relevanz einer Website nur durch Schlüsselwörter bestimmt. Dabei spielte insbesondere die Keyworddichte, also die Häufigkeit eines Keywords innerhalb eines Dokuments, eine tragende Rolle.

Zum Verständnis der menschlichen Sprache reichen aber diese Schlüsselwörter nicht aus, sondern der Kontext (User-basiert und textbasiert) ist entscheidend. Also haben auch vorangehende und nachfolgende Wörter, Absätze, Satzkonstruktion sowie die Suchintention Einfluss auf die Bedeutung. Deshalb hat Google einige bedeutende Algorithmen entwickelt, die ein solches Verständnis ermöglichen:

- Der Knowledge Graph als Wissensdatenbank ermöglicht es Google, Beziehungen zwischen Entitäten (siehe Abschnitt 3.3.2) und Konzepten zu verstehen.
- Der Hummingbird-Algorithmus unterstützt Google dabei, die Bedeutung und den Kontext von Suchanfragen zu interpretieren. Das dazu von Google ausgegebene Motto lautet »things, not strings« (siehe Abschnitt 3.3.2). Der Algorithmus zieht also nicht mehr nur die in der Suchanfrage enthaltenen Keywords heran, um relevante Dokumente im Suchindex abzufragen.
- Der Machine-Learning-Algorithmus *RankBrain* unterstützt Google dabei, die Suchintention des Nutzers zu ermitteln.

Mit diesen und vielen weiteren Algorithmen kann Google nicht nur das Thema einer Website ermitteln, sondern auch die damit verbundenen Unterthemen, Terme und Entitäten, und wie diese Konzepte im Zusammenhang miteinander stehen.

Viele Suchanfragen können nicht mit einer einzigen Antwort erfüllt werden. Nutzer erwarten umfangreichere und tiefer gehende Antworten zu einem Thema. Im

Sinne der User Experience ist es demnach besser, ein Dokument zu finden, das alle verwandten Fragen zu einem Thema beantwortet.

Nachfolgend werden zwei Methoden vorgestellt, derer sich Suchmaschinen bedienen und die in der Praxis bei der Content-Optimierung eingesetzt werden. Dabei handelt es sich um die WDF*IDF-Analyse und die Enititäten-Analyse.

Viele Modelle zur Repräsentation von Texten befassen sich nur mit den in einem Dokument enthaltenen Wörtern. Da jedoch natürliche Sprache und Texte sehr komplex sind, werden Dokumente auch anstatt mit Wörtern mithilfe von Themen klassifiziert (Topic Modeling). Dabei werden die einzelnen Wörter einem Thema (Topic) zugeordnet. Eine inhaltliche Klassifizierung erfolgt dann über die einzelnen Themen. Dies hat den Vorteil, dass die Wörter in einer Suchanfrage nicht exakt im Dokument vorkommen müssen. Wenn die Wörter den entsprechenden Themen zugeordnet werden, wird das Dokument ebenfalls als relevant für die Anfrage bewertet.

Die Grundlage für die semantische Textoptimierung bildet zunächst eine fundierte Themen- und Wettbewerbsrecherche, in der die relevanten Unterthemen zu dem Hauptthema einer Seite ermittelt werden. Diese Vorarbeit gibt bereits Aufschluss darüber, welche Suchabsicht und Fragen die Nutzer haben, welche Unterthemen auf einer Seite abgebildet und welche semantisch verwandten Keywords im Text berücksichtigt werden sollten.

3.3.1 WDF*IDF-Analyse

Das *WDF*IDF-Verfahren* wurde bereits 1957 im Rahmen des Information Retrieval (Informationsrückgewinnung) entwickelt. Mithilfe dieser mathematischen Methode können bei unstrukturierten Daten (z.B. Webseiten) relevante Dokumente hinsichtlich eines Themas ermittelt werden.

Sogenannte WDF*IDF-Tools analysieren in der Regel die Texte der Top-20-rankenden Webseiten zu einem Keyword. Diese Dokumente werden in einzelne Terme zerlegt und für jeden Term wird der Gewichtungsfaktor WDF*IDF berechnet. Dadurch kann die Relevanz eines Dokuments in Bezug auf ein bestimmtes Schlüsselwort innerhalb einer Menge von Dokumenten ermittelt werden. Mit diesem termbasierten Fingerabdruck kann dann durch die Integration bedeutender Kookkurrenzen[1] und damit verbundener Subthemen eine textliche Optimierung für ein besseres Ranking vorgenommen werden.

Die Formel besteht aus zwei Komponenten. Der erste Teil ist die Termfrequenz (WDF), die die Häufigkeit eines Keywords innerhalb eines Dokuments angibt. Diese ist vergleichbar mit der Keyword-Dichte, jedoch erfolgt die Gewichtung loga-

1 Kookkurrenzen sind Gruppen von Wörtern, die häufiger zusammen auftreten, als dass es rein zufällig sein könnte, z.B. ist es wahrscheinlicher, dass die Wörter »Couchtisch« und »Wohnzimmer« nebeneinanderstehen, als »Couchtisch« und »Küche«.

rithmisch. Der Gewichtungsfaktor schwächt sich daher mit zunehmender Keyword-Wiederholung immer weiter ab. Eine übertriebene Keyword-Wiederholung bringt demnach keine stärkere Gewichtung. Die zweite Komponente bildet die Inverse Dokumentenhäufigkeit (IDF). Diese Funktion untersucht die Einzigartigkeit eines Terms. Eine Seite, die ein Wort enthält, das in anderen Dokumenten des WWW nicht so häufig genutzt wird, zählt als »unique« und erhält eine höhere Gewichtung. Schlüsselwörter, die in anderen Dokumenten nicht oder seltener auftreten, werden demnach höher gewichtet. Terme wie z.B. »und«, die in jedem Dokument vorhanden sind, erhalten einen geringen IDF-Wert. Beide Werte werden dann zu einem Gesamtgewichtungsfaktor zusammengefasst (WDF*IDF).

Mit dem WDF*IDF-Tool von Seobility (`https://www.seobility.net/de/wdf-idf-tool/`), lassen sich semantisch wichtige Terme und deren Gewichtung sehr schnell ermitteln. Zunächst muss das Keyword eingegeben werden, zu dem eine Termanalyse durchgeführt werden soll. Zur späteren Kontrolle des eigenen Textes kann die URL der eigenen Seite hinterlegt oder später über ein Textfeld ergänzt werden (Abbildung 3.16).

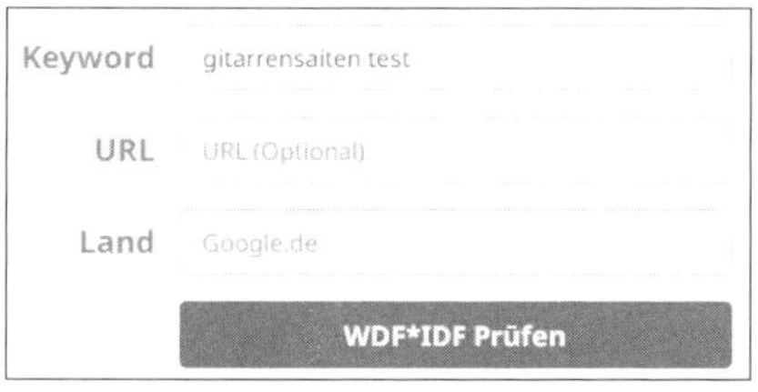

Abb. 3.16: Abfrage einer WDF*IDF-Analyse

Abbildung 3.17 zeigt die Ergebnisdaten der WDF*IDF-Analyse zum Keyword »Gitarrensaiten Test«. An der x-Achse werden die einzelnen Terme der Top 20 rankenden Seiten abgetragen. An der y-Achse kann durch die Höhe der blauen Balken der durchschnittliche WDF*IDF-Wert zu jedem Term abgelesen werden. Je höher der Balken, desto wichtiger ist dieser Term in Bezug auf das analysierte Thema bzw. Keyword. Die roten Balken kennzeichnen den maximalen WDF*IDF-Wert der einzelnen Terme, den ein einzelnes Dokument aufweist. Die Terme werden von links nach rechts nahezu absteigend sortiert.

Geht man nun die Terme der Wettbewerbertexte von links nach rechts durch, kristallisieren sich sehr schnell wichtige Proof-Keywords und damit verbundene Unterthemen für das Topic »Gitarrensaiten Test« heraus:

- Es wird der Klang einzelner Saiten bewertet.
- Es werden einzelne Marken wie z.B. Belfort, Elixir oder D'Addario erwähnt.
- Es wird über Preise gesprochen.
- Es werden Vergleiche angestellt.

- Es werden Materialien, z.B. Nylon, aufgeführt.
- Es wird auf unterschiedliche Gitarrentypen, z.B. Konzertgitarre, eingegangen.
- ...

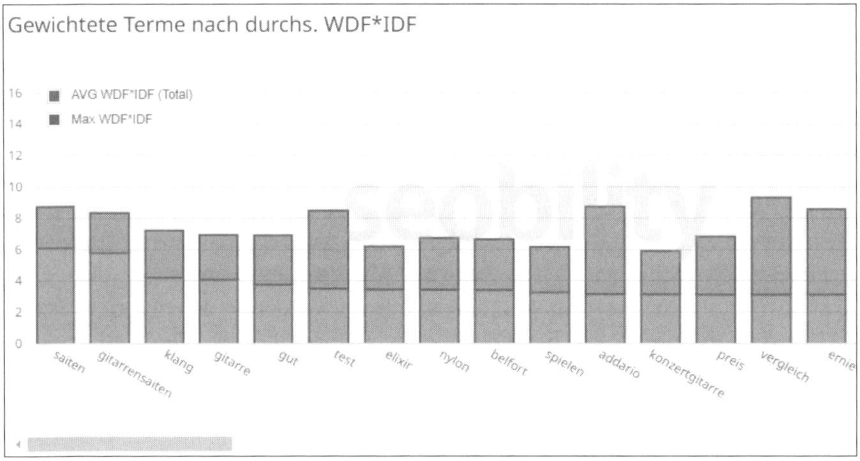

Abb. 3.17: WDF*IDF-Analyse zum Thema Gitarrensaiten Test mit dem Tool seobility

Diese Terme und die damit verbundenen Unterthemen werden schriftlich dokumentiert, um diese bei der Content-Strategie und der Texterstellung mit einzubeziehen.

Zu erkennen ist aber auch eine Schwäche dieser Tools. Die Ergebnisse enthalten zum Teil auch irrelevante Terme. In dem gezeigten Beispiel taucht z.B. der Begriff »Cookies« auf, der bei der Cookie-Consent-Abfrage enthalten ist, aber nichts mit dem Thema und dem eigentlichen Inhalt der Seite zu tun hat. Wörter, für die sich kein relevanter Kontext zum Thema erschließt, sollten deshalb ausgeklammert werden.

Dieses Tool kann später zur Kontrolle des erstellten Textes erneut herangezogen werden. Falls der eigene Text bereits veröffentlicht wurde, kann bei einer erneuten Abfrage die URL der eigenen Seite angegeben oder der erstellte Text in den Texteditor hineinkopiert werden (siehe Abbildung 3.18). Als Output erhält man zu jedem Term den eigenen Gewichtungsfaktor, der an den gelben Punkten abgelesen werden kann.

Folgende Fragestellungen sollten hinsichtlich der textlichen Optimierung überprüft werden:

- Hat das Haupt-Keyword »Gitarrensaiten Test« der eigenen Seite (gelbe Linie) die höchste Termgewichtung im Vergleich zu allen anderen Termen? Und kann damit dem Dokument ein eindeutiger thematischer Stempel aufgedrückt werden?

- Liegt die gelbe Linie bei den Termen häufig über den roten Balken und sendet das Dokument dadurch Spamsignale aus?
- Kommen die wichtigsten Terme (Proof-Keywords), die der Wettbewerb abdeckt, auch im eigenen Dokument vor? Gelingt es dadurch, den thematischen Fokus zu beweisen und eine höhere Relevanz zu erzielen? Das Augenmerk sollte sich demnach auf die Terme richten, bei denen die gelbe Linie den WDF*IDF-Wert 0 einnimmt.
- Deckt der eigene Text Terme ab, die in den Wettbewerberdokumenten kaum oder gar nicht vorkommen? Es muss unter Beweis gestellt werden, dass das Dokument einzigartig und umfassender (holistisch) im Vergleich zum Wettbewerb ist.

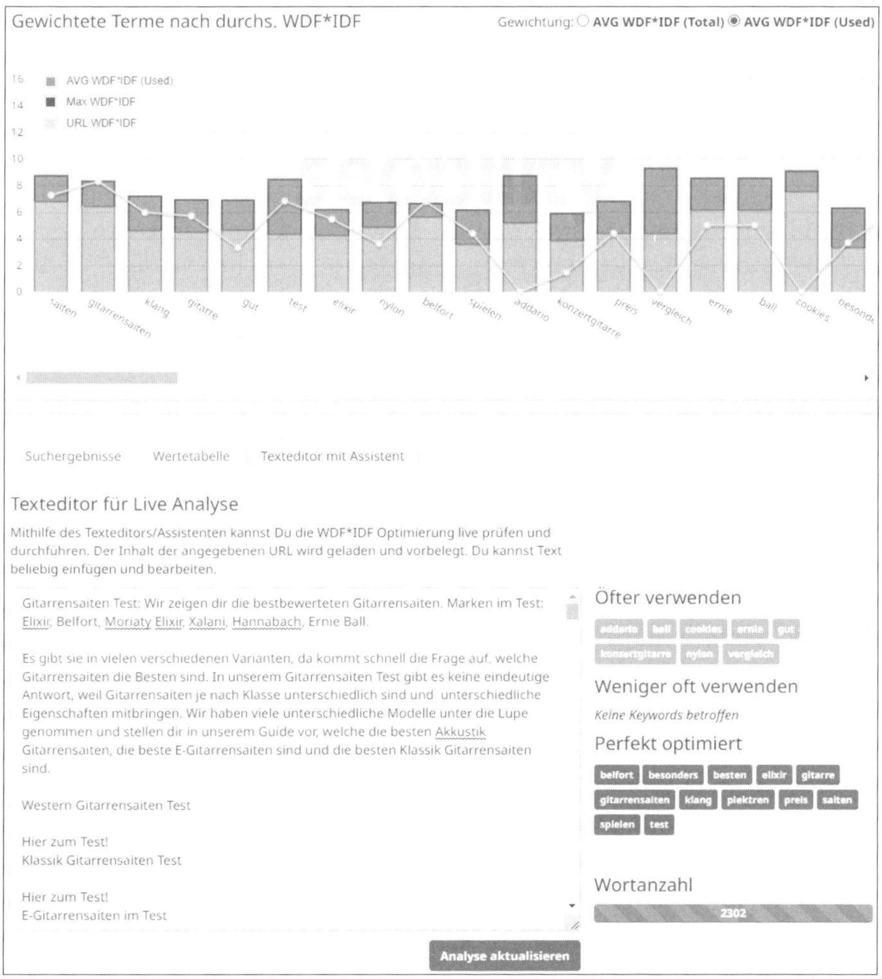

Abb. 3.18: Überprüfung des eigenen Textes hinsichtlich der Termverwendung

Abbildung 3.18 zeigt, dass das Haupt-Keyword »Gitarrensaiten Test« im Vergleich zu den anderen Termen nahezu die höchste Gewichtung aufweist. Das Tool reduziert Wörter leider nicht auf den Wortstamm, sodass Singular und Plural einzelner Terme (z.B. Test und Tests) als gesonderte Terme ausgewiesen werden. Auch zusammenhängende Wörter wie z.B. die »besten Saiten« werden nur einzeln aufgeführt.

Um keine Spamsignale auszusenden, sollte darauf geachtet werden, dass die Gewichtung einzelner Wörter nicht über dem Wettbewerb liegt. In Abbildung 3.18 liegen die gelben Punkte teilweise in den roten Balken, jedoch nicht darüber. Die Gewichtung dieser Terme könnte grundsätzlich noch etwas reduziert werden, indem die Wiederholung der Wörter reduziert wird. Jedoch ist hier noch kein dringender Handlungsbedarf gegeben.

Der wichtigste Bestandteil der Analyse ist die Ermittlung von Proof-Keywords mit einer hohen Gewichtung. In der Abbildung sind die beiden Terme »kaufen« und »D'Addario« auf der Nulllinie zu sehen. Beide Terme kommen aktuell im Text nicht vor. Hier ist zu überlegen, ob diese Wörter für das Thema wichtig und sinnvoll sind. Das Wort »kaufen« könnte inhaltlich noch aufgegriffen werden, indem z.B. darüber geschrieben wird, worauf beim Kauf einer Gitarrensaite geachtet werden soll. D'Addario ist eine Herstellermarke. Da nur diese eine Marke im Testbericht der Seite nicht berücksichtigt wurde, kann darauf verzichtet werden. Wichtig ist es allerdings durchaus, über diverse Marken von Gitarrensaiten zu schreiben. Jeder Term muss demnach mit einer inhaltlichen Aussage verknüpft werden, die für den Leser einen Mehrwert darstellt.

Der eigene Gewichtungsfaktor zu jedem einzelnen Term sollte mit Ausnahme des Haupt-Keywords nicht überbewertet werden. Wichtig ist lediglich, dass der eigene Text die wichtigsten Proof-Terme mindestens einmal beinhaltet und sich von den anderen Texten zu einem gewissen Grad unterscheidet.

Im unteren Bereich der Abbildung 3.18 wurde im Tab »Texteditor« der eigene Textentwurf eingegeben. Neben dem Text werden hier, zusätzlich zu der darüberliegenden Grafik, Optimierungsvorschläge angezeigt. Leider werden Wörter, die im Dokument gar nicht vorkommen, nicht gesondert ausgewiesen. Diese sind in der Rubrik »Öfter verwenden« mit enthalten. Wie bereits erwähnt, sollte der Häufigkeit der Verwendung nicht zu viel Beachtung geschenkt werden.

Die WDF*IDF-Analyse zeigt wichtige Terme bzw. Kookkurrenzen auf, die inhaltlich abgehandelt werden sollten, um eine möglichst hohe Themenrelevanz zu erzielen. Folgende wichtige Terme konnten über die Analyse nach Themen gruppiert identifiziert werden:

- **Gitarrentypen:** gitarre, konzertgitarre, akustikgitarren, westerngitarre, e-gitarre
- **Marken:** hersteller, belfort, elixir, addario, ernie ball

- **Töne:** klang, ton, bass, spielgefühl
- **Material:** material, stahlsaiten, nylonsaiten, phosphor, nickel, bronze, saitenstärke, beschichtung, wicklung, spannung, satz, haltbarkeit
- **Vergleich:** vergleich, preis, vorteile, nachteile, empfehlungen, kaufen
- **Zielgruppe:** anfänger, einsteiger

Neben den bereits über die Keyword- bzw. Themenrecherche ermittelten Themen wie Gitarrentypen, Materialien, Herstellermarken, Saitenstärken usw. tauchen hier noch weitere wichtige Themen wie Klang, Spielgefühl, Saitensatz, Beschichtung und Haltbarkeit auf.

Grundsätzlich sollte die WDF*IDF-Analyse nach jeder Anpassung auf der Seite vorgenommen werden, um Verbesserungspotenziale aufzudecken.

3.3.2 Entitäten-Analyse

Google speichert seit 2012 Entitäten im Knowledge Graph ab. Dieser stellt im Prinzip nichts anderes als eine semantische Datenbank dar. Mit dem Hummingbird Update im Jahr 2013 hat Google den ersten Schritt zur semantischen Suche gemacht. Unter dem Schlagwort »things, not strings« bekannt, hat sich die Struktur der Suche grundlegend verändert. Die Suchmaschine gleicht nicht mehr nur das Vorkommen eines Keywords in einem Dokument ab, sondern versucht, die Suchanfrage in Entitäten zu zerlegen, um die Suchintention besser zu verstehen.

Auch bei der Verarbeitung von Webseiten werden die Texte mittels Natural Language Processing in Entitäten zerlegt und deren Beziehungen zu anderen Entitäten analysiert, um das Thema zu bestimmen.

Gibt ein Nutzer beispielsweise die Frage »Wie hoch ist der Eiffelturm in Paris?« ein, wird diese Frage wie folgt zerlegt:

- **Wie:** Frage – Konzept
- **hoch:** Höhe – numerischer Ausdruck
- **Eiffelturm:** Ort – `https://en.wikipedia.org/wiki/Eiffel_Tower`
- **Paris:** Ort – `https://en.wikipedia.org/wiki/Paris`

Durch die Verknüpfung dieser Entitäten können die Suchmaschinen sowohl die Anfrage als auch die Absicht hinter der Anfrage verstehen. Verschiedene Wörter können sich dabei auf die gleiche Entität beziehen (z.B. Couchtisch = Wohnzimmertisch).

Eine Entität ist ein Objekt (z.B. Person, Gegenstand, Ort, Ereignis, Zahl, Konzept), die im Knowledge Graph abgelegt ist und die eine Suchmaschine unabhängig von der Sprache eindeutig verstehen kann.

Um verwandte Entitäten zu identifizieren, die die Relevanz eines Dokuments für ein bestimmtes Thema erhöhen, gibt es verschiedene Herangehensweisen und Tools.

Über die Google-Bildersuche erhält man in der Regel bereits einige verwandte Entitäten. Wie in Abbildung 3.19 dargestellt, werden direkt unterhalb des Eingabefelds verwandte Entitäten zur Suchanfrage aufgelistet. Durch Klick auf den Pfeil am rechten Rand sind noch weitere Entitäten zu finden, die für das Thema »Gitarrensaiten« eine hohe Relevanz aufweisen. Zum Beispiel »westerngitarre«, »ton«, »stahlsaiten«, »konzertgitarre«, »akustik gitarre« oder »nylon«. Dies bestätigt auch noch einmal die Bedeutung dieser Unterthemen, die sich bereits über die Wettbewerbsanalyse, die Keyword-Recherche, aber auch über die WDF*IDF-Analyse herauskristallisiert haben.

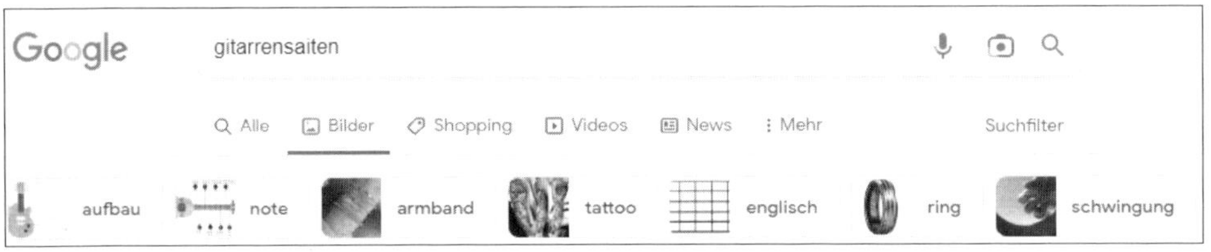

Abb. 3.19: Google-Bildersuche zum Thema Gitarrensaiten

Hilfreich bei der Identifikation von themenrelevanten Entitäten sind meist auch Wikipedia-Artikel. Dazu wird das Ausgangsthema, im vorliegenden Beispiel »gitarrensaiten«, kombiniert mit dem Wort »wiki« in die Google-Suche eingegeben, um dadurch den entsprechenden Wikipedia-Eintrag zu finden (`https://de.wikipedia.org/wiki/Gitarrensaite`).

Bereits im Inhaltsverzeichnis sind verwandte Entitäten wie Gitarrentypen (z.B. Akustische Gitarre, Elektrische Gitarre) oder Saitenhersteller zu erkennen (siehe Abbildung 3.20). Von Bedeutung sind insbesondere Schlagwörter, die auf weitere Wikipedia-Artikel verlinken.

Unter »Allgemeines« sind hier diverse Materialien zu finden, nach denen Gitarrensaiten unterschieden werden. Auch ist die Rede von Saitenstärken und Bass-Saiten. Diese wichtigen Unterthemen werden zusammengetragen, um sie später in den Text einzubauen bzw. zu ergänzen, falls diese nicht bereits berücksichtigt wurden.

Über die Natural Language API von Google (`https://cloud.google.com/natural-language/?hl=de`) kann ein Text in seine Entitäten zerlegt werden. Mittels einer »Demo« auf der Seite können von Google identifizierte Entitäten der Wettbewerbertexte ausgelesen werden (siehe Abbildung 3.21).

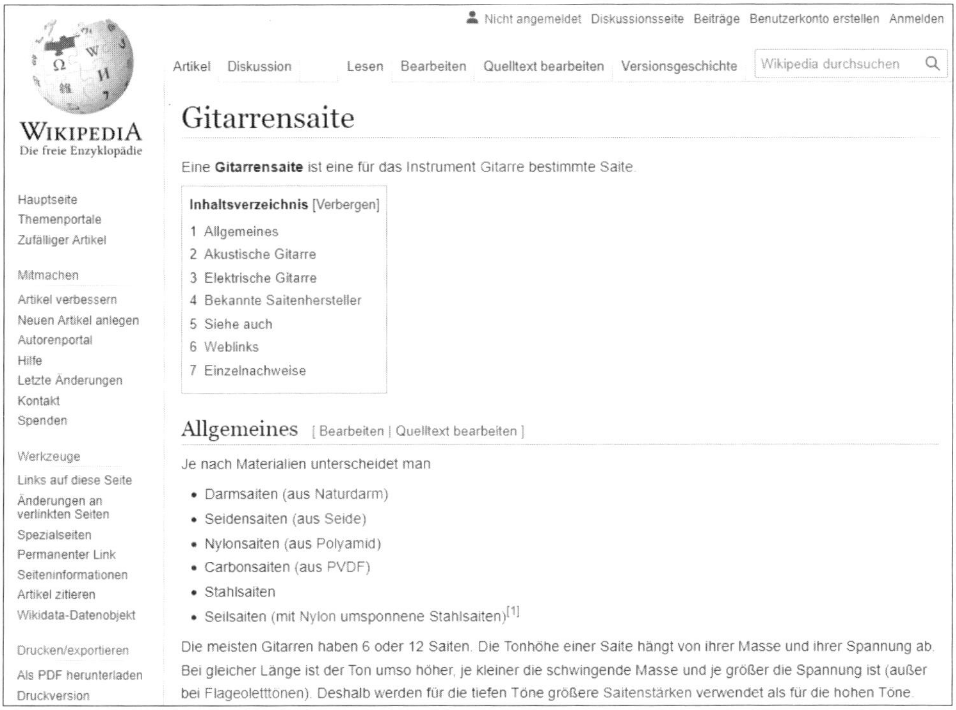

Abb. 3.20: Wikipedia-Artikel zum Thema »Gitarrensaiten«

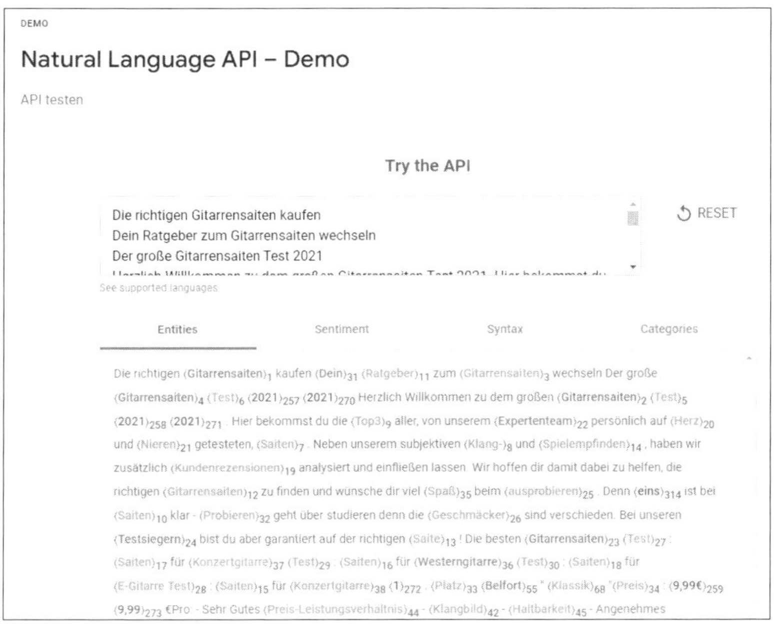

Abb. 3.21: Natural Language API – Demo von Google

Abbildung 3.22 zeigt einen Auszug der ermittelten Entitäten. Für jede Entität wird ein Entitätstyp und der Relevanzwert Salience bestimmt. Eine Gitarrensaite wird demnach als Verbrauchergut eingestuft.

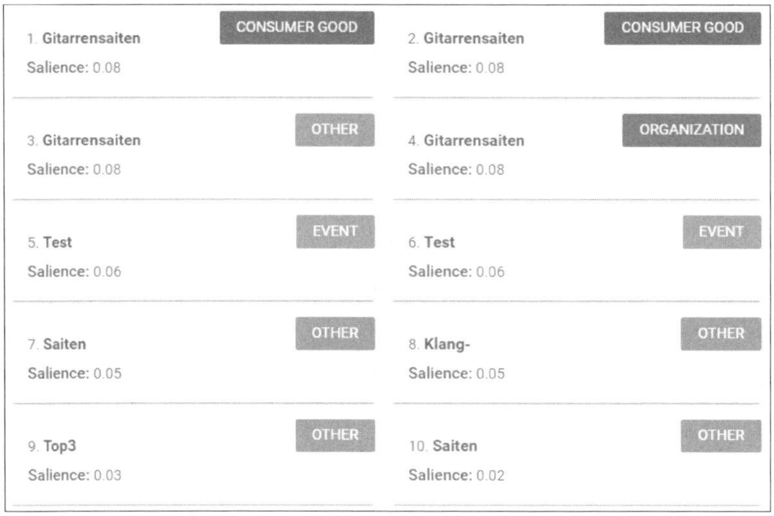

Abb. 3.22: Identifizierte Entitäten eines Wettbewerbertextes mittels der Natural Language API von Google

Salience ist ein Relevanzwert, der die Wichtigkeit einer Entität in Bezug auf das Gesamtdokument ausdrückt (Skala: 0 = unwichtig bis 1 = sehr wichtig). Für die Gewichtung einer Entität spielen die Position und die grammatikalische Funktion eine Rolle. Entitäten am Satzanfang werden z.B. stärker gewichtet. Darüber hinaus werden auch sprachliche Abhängigkeiten verstanden.

Für die Optimierung des eigenen Textes sollte dabei auf Folgendes geachtet werden:

- Der inhaltliche Fokus eines Textes sollte durch die Erwähnung von eng verbundenen Entitäten unterstützt werden. Durch einen Vergleich der Anzahl an Entitäten mit dem Wettbewerb kann dies sichergestellt werden.
- Es sollten kurze und einfache Sätze verwendet werden. Der Grundsatz lautet: ein Gedanke pro Satz.
- Es sollte auf die semantische Nähe geachtet werden. Verwandte Entitäten sollten dicht aufeinanderfolgen (z.B. Antworten sollten direkt auf eine Frage folgen).
- Kernaussagen sollten zu Beginn angeführt werden. Erst dann sollten Details dargestellt werden.

Der Einsatz der Google Natural Language API als SEO-Tool zur Analyse von Toprankenden Websites bringt in der Praxis keinen Mehrwert. Das Tool erkennt zwar die verwendeten Entitäten bei den analysierten Top-10-Websites, jedoch sind diese Terme bereits bei der WDF*IDF-Analyse als Datenbasis enthalten.

Folgender Unterschied besteht zwischen der WDF*IDF-Analyse und der Entitätsanalyse:

Bei WDF*IDF werden nur einzelne Terme isoliert auf deren Termfrequenz und Einzigartigkeit geprüft. Beziehungen der Terme untereinander bleiben unberücksichtigt. Bei der Entitäten-Analyse werden zwar die Dokumente ebenfalls in Terme zerlegt, jedoch für die Berechnung der Salience werden Beziehungen einzelner Entitäten zueinander sowie deren Bedeutung innerhalb einzelner Sätze und Absätze mit einbezogen. Die Gewichtungswerte sind demnach nicht vergleichbar.

Die Datenbasis der WDF*IDF-Analyse beschränkt sich bei den meisten Tools auf die Terme der Top-20-rankenden Websites. Die Entitäten-Analyse dagegen basiert auf dem Knowledge Graph, der die Beziehung einzelner Entitäten zueinander abbildet. Leider ist diese semantische Datenbank nicht zugänglich, um das Beziehungsgeflecht direkt auszulesen.

Insofern müssen verwandte Entitäten über die zuvor beschriebene Weise selbst hergeleitet werden. Schaut man sich beispielsweise den genannten Wikipedia-Artikel genauer an, lassen sich weitere verwandte Entitäten wie z.B. Gitarre, Musikinstrument, Gitarrist, Spannungsgrad, Spielbarkeit, Roundwound-Saiten, Stainless-Steel-Saiten und Flatwound-Saiten ermitteln.

3.3.3 KI-basierte SEO-Tools

Inzwischen gibt es auch kostenpflichtige SEO-Tools auf dem Markt, die mittels NLP-Analysen versuchen, herauszufinden, welche Keywords das Ranking am stärksten beeinflussen. Derartige Tools ermitteln mit eigenen Algorithmen basierend auf dem Content der Top-20-Wettbewerber, welche Terme für ein gutes Ranking besonders wichtig sind.

Ein sehr beliebtes Tool dieser Kategorie ist Surfer SEO (`https://surferseo.com`). Bei dieser Software kommen nicht die WDF*IDF-Analyse oder die Keyword-Dichte zum Einsatz, sondern es wird die sogenannte Keyword Prominence verwendet. Diese beschreibt die Position eines Begriffs innerhalb einer Website. Keywords an bestimmten Positionen, z.B. im Titel, in der Überschrift, im ersten Absatz, werden als relevanter eingestuft. Surfer SEO berücksichtigt bei der Bestimmung der Prominence folgende Punkte:

- **Keyword-Position:** Wörter, die weiter oben im Text stehen, erhalten mehr Punkte als weiter unten platzierte.
- **Schriftgröße:** Keywords mit größerer Schrift als die durchschnittliche Größe werden stärker gewichtet.
- **Hervorhebungen:** Keywords, die gefettet bzw. hervorgehoben sind, erhalten eine höhere Punktzahl.

- **Verzierung:** Keywords, die mit einer Verzierung versehen sind, sind wichtiger.
- **Transparenz:** Eine Transparenz verringert die Punktzahl.
- **Ausblendungen:** Ausgeblendete Begriffe werden schwächer gewichtet.
- **Ankertexte:** Für Begriffe, die als Ankertext verwendet werden, sinkt der Wert.
- **Kontrast:** Ist der Kontrast geringer als der Durchschnitt (z.B. andere Schrift- oder Hintergrundfarbe), nimmt die Bedeutung des betroffenen Keywords ab.
- **Großschrift:** Wörter in Großschrift erhalten einen leicht höheren Punktwert.
- **Überschriften:** Keywords in Überschriften werden als wichtiger eingestuft.

Der Algorithmus von Surfer SEO bewertet die Bedeutung der erkannten Entitäten mithilfe der BERT-Methode von Google und der für NLP entwickelten API, um die Ergebnisse zu verbessern.

Das Tool Clearscope (`https://www.clearscope.io`) stellt eine Alternative zu Surfer SEO dar. Im Content-Editor von Clearscope (siehe Abbildung 3.23) werden in der rechten Spalte neben dem zu erstellenden Text wichtige semantische Terme (u. a. auch Entitäten), die zur Erzielung einer höheren Relevanz in den Text mit aufgenommen werden sollten, absteigend sortiert nach deren Wichtigkeit angezeigt. Die angezeigten Terme werden mittels einer Analyse der Wettbewerbertexte ermittelt. In den Überschriften verwendete Keywords werden gesondert gekennzeichnet.

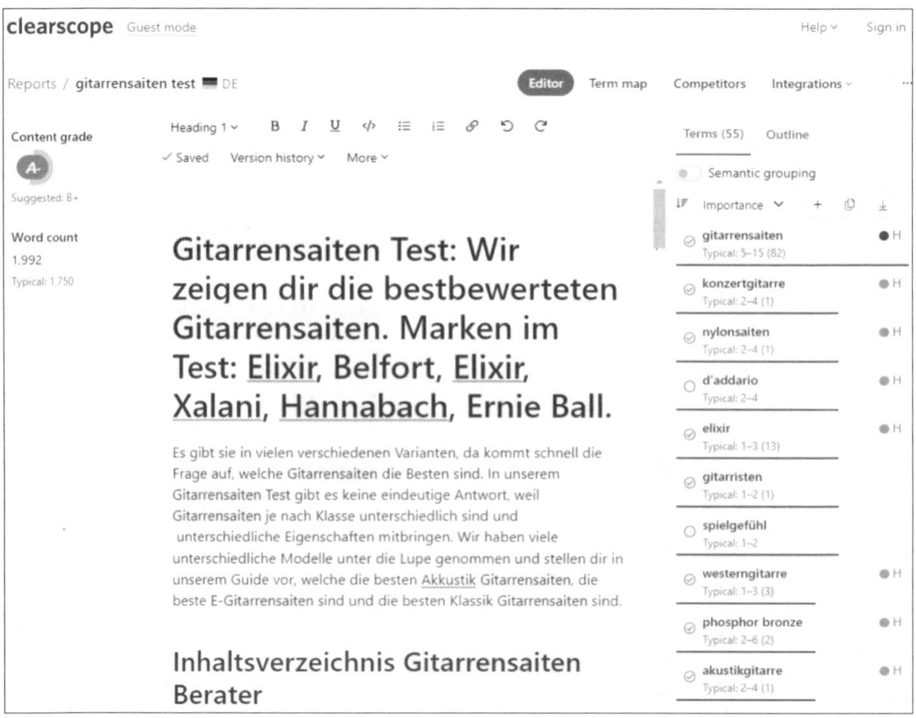

Abb. 3.23: NLP-Analyse des eigenen Webseiten-Textes mit `clearscope.io`

Der Text wird mit dem amerikanischen Notensystem im Vergleich zum Wettbewerb bewertet, wobei A die beste Note darstellt. Alle Terme, die bereits im Textentwurf verwendet wurden, werden mit einem grünen Haken versehen.

Im Competitors-Bericht (siehe Abbildung 3.24) ist abzulesen, dass die Seite `https://gitarrenberater.de/gitarrensaiten-test/` mit dem Content Grade A- eingestuft wird und damit besser abschneidet als der Wettbewerb. Auch die Textlänge ist im Vergleich zur Mehrheit der Wettbewerber deutlich höher.

DESKTOP	MOBILE	COMPETITOR	WORD COUNT	CONTENT GRADE
1	1	Gitarrensaiten Test 2020 - Elixir, Belfort, Hannabach uvm ... https://gitarrenberater.de/gitarrensaiten-test/	2,036	A-
2	3	Gitarrensaiten Test | gitarrensaiten-test.de https://gitarrensaiten-test.de/	988	B+
3	2	Die besten Gitarrensaiten 2020 | Der große Saitentest 2020 https://www.gitarrensaiten-experte.de/die-besten-gitarrensaiten-test	837	C+
4	–	Gitarrensaiten - alles, was man wissen muss :: Bonedo https://www.bonedo.de/artikel/einzelansicht/gitarrensaiten-alles-was-man-wissen-muss.html	2,038	B+
5	5	Gitarrensaiten Test: Testsieger der Fachpresse ... https://www.testberichte.de/musikinstrumente/2660/gitarren-zubehoer/gitarren-saiten.html	1,099	B

Abb. 3.24: Bewertung des eigenen Content-Scores im Vergleich zum Wettbewerb

3.3.4 Resultierende semantische SEO-Strategien

Für ein besseres Ranking sollten folgende Strategien berücksichtigt werden:

- **Optimierung einer Seite auf ein Keyword-Cluster:** Jede Seite sollte auf ein Thema und nicht auf ein einzelnes Keyword optimiert werden. Wie bereits bei der Keyword-Strategie erklärt, werden themenverwandte Keywords in einem semantischen Cluster gruppiert.
- **Optimierung der thematischen Tiefe und Länge der Inhalte:** Das Thema sollte möglichst umfassend behandelt werden, sodass keine Fragen des Nutzers offenbleiben. Dies erfordert eine hohe Abdeckung relevanter Unterthemen.
- **Synonyme und verwandte Begriffe einbeziehen:** Das Hinzufügen dieser Begriffe in Seitentitel, Überschriften und Alt-Texten bei Bildern kann die thematische Tiefe und die semantischen Signale verbessern.
- **Ähnliche Fragen beantworten:** Eine weitere Möglichkeit, die semantische Tiefe zu verbessern, ist die Beantwortung der häufigsten Fragen, die Nutzer zum Thema stellen.
- **Semantische Terme:** Das Hinzufügen von Proof-Termen und Entitäten verbessert die thematische Tiefe.
- **Thematische Gruppierung einzelner Unterseiten:** Verschiedene Unterseiten, die sich um ein zentrales Thema drehen, werden im Rahmen der Seitenstruktur in einem Themencluster gruppiert. Dabei verweisen die Subthemen jeweils auf eine übergeordnete Seite, die das Thema eher allgemeiner behandelt.

3.4 Content-Strategie

Nachdem eine ausführliche Recherche durchgeführt wurde, in der die Suchintention, die Content-Typen, -Formate und Inhalte der Wettbewerber analysiert wurden, geht es nun um die Definition der eigenen Content-Strategie.

Um die Suchintention zu dem Thema »Gitarrensaiten Test« optimal zu erfüllen, muss der Inhalt *Produktvergleiche* umfassen. Dies kann mittels einer Vergleichstabelle geschehen oder durch die Auflistung einzelner Produkte mit Bewertung (z.B. Vor- und Nachteile) und Empfehlungen. Eine Trennung nach unterschiedlichen Gitarrentypen erscheint sinnvoll, da jeder Gitarrentyp eine bestimmte Art von Saite erfordert.

Aufgrund der Vielzahl der Gitarrentypen soll basierend auf dem potenziellen Suchvolumen eine Auswahl vorgenommen werden. Tabelle 3.3 zeigt die Keyword-Kombinationen aus Gitarrentyp und dem Begriff »Saiten« absteigend sortiert nach dem Suchvolumen. Das höchste Suchvolumen weisen demnach die Gitarrentypen E-Gitarre, Akustikgitarre, Westerngitarre und Konzertgitarre (auch klassische Gitarre genannt) auf, wobei Western- und Konzertgitarre beide zu den Akustikgitarren zählen (jedoch unterschiedliche Saitenarten benötigen). Diese Typen sollten auf jeden Fall im Content abgedeckt werden.

Keyword	Suchvolumen
e gitarren saiten	1000
westerngitarren saiten	590
akustikgitarren saiten	390
konzertgitarren saiten	170
bassgitarren saiten	110
klassische gitarre saiten	90
jazzgitarre saiten	10
countrygitarre saiten	-
elektrogitarren saiten	-

Tabelle 3.3: Gitarrentypen absteigend sortiert nach Suchvolumen

Als Nächstes wird überprüft, ob diese drei Themen alle auf einer Seite inhaltlich abgebildet werden können oder ob eine Aufteilung auf Unterseiten sinnvoller erscheint. Dazu wird die Überschneidung der SERPs (Top-10-Suchtreffer) zu den drei Suchbegriffen genauer betrachtet und der SERP Overlap Score ermittelt. Um diese Berechnung nicht manuell durchführen zu müssen, wird das Tool unter `https://seo-revolution.com/seo-tools/serp-overlap-tool/` eingesetzt.

Bei einem Score von über 50% ist die Suchintention sehr ähnlich, sodass die Themen auf einer Seite abgehandelt werden können. Bei einem Wert zwischen 20% und 50% sollte der Content und die Suchintention noch einmal genauer geprüft werden und insbesondere ein Blick auf die Überschneidung der ersten drei Treffer gelegt werden. Bei einem Wert von bis zu 10% sollte für jedes Keyword (Thema) eine eigene Seite aufgebaut werden.

Bei den beiden Keywords »Gitarrensaiten Test« und »Westerngitarren Saiten Test« beträgt die SERP Overlap Rate 20% (siehe Abbildung 3.25). Auch bei den anderen Themen wie z.B. »E-Gitarrensaiten Test«, »Akustikgitarren Saiten Test« gibt es Überschneidungen in den SERPs. Demnach können alle Themen mit nur einer Seite abgedeckt werden.

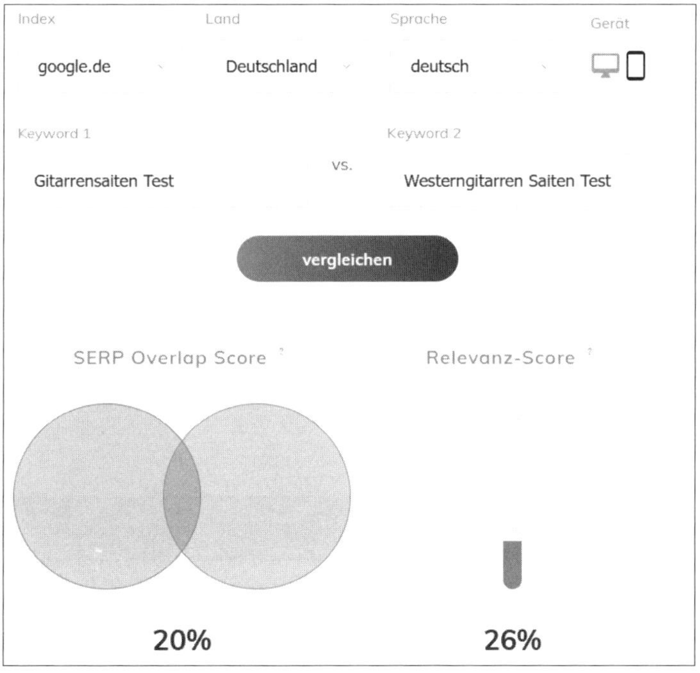

Abb. 3.25: SERP Overlap Score

Ergänzend dazu kann man sich auch noch einmal die Top-20-Keyword-Rankings der Wettbewerber ansehen. Auch hier bestätigt sich, dass die Seiten für die drei Themen ein hohes Ranking erzielen (siehe auch Top-10-Rankings in Tabelle 3.2).

Als Nächstes muss entschieden werden, welche Marken und Produkte für den Vergleich innerhalb der jeweiligen Gitarrentypen ausgewählt werden. Als Auswahlkriterium sollte einerseits das Suchvolumen als Traffic-Garant herangezogen werden. Andererseits sollten die Produkte auch im Hinblick auf das Absatzpotenzial bewertet werden, um eine möglichst hohe Conversion-Rate zu erzielen.

Die Top-10-Gitarrensaiten-Marken absteigend sortiert nach Suchvolumen sind: elixir, d'addario, pyramid, hannabach, thomastik, ernie ball, savarez, belfort, augustine, martin. Neben dem Suchvolumen werden die *Bestseller-Modelle* zu den einzelnen Gitarrentypen und Herstellermarken betrachtet. Damit soll sichergestellt werden, dass nur Bestseller-Produkte, die eine höhere Conversion-Rate gewährleisten, in den Vergleich integriert werden. Dazu kann der Bestseller-Rang von Amazon herangezogen werden, der auf jeder Produktseite unter den Produktinformationen zu finden ist (siehe Abbildung 3.26).

Zusätzliche Produktinformationen

ASIN	B000EENC0C
Durchschnittliche Kundenbewertung	3.874 Sternebewertungen 4,6 von 5 Sternen
Amazon Bestseller-Rang	Nr. 26 in Musikinstrumente & DJ-Equipment (Siehe Top 100 in Musikinstrumente & DJ-Equipment) Nr. 1 in Akustikgitarren-Saiten Nr. 161 in Heimkino, TV & Video Zubehör
Im Angebot von Amazon.de seit	1. Januar 2006

Abb. 3.26: Amazon Bestseller-Rang

Einfacher, als die einzelnen Produktseiten aufzurufen, ist es, die Bestseller-Seite für die Kategorie »Gitarrensaiten« zu betrachten (`https://www.amazon.de/gp/bestsellers/`). Auf einen Blick erhält man so die am häufigsten verkauften Marken und Modelle (siehe Abbildung 3.27).

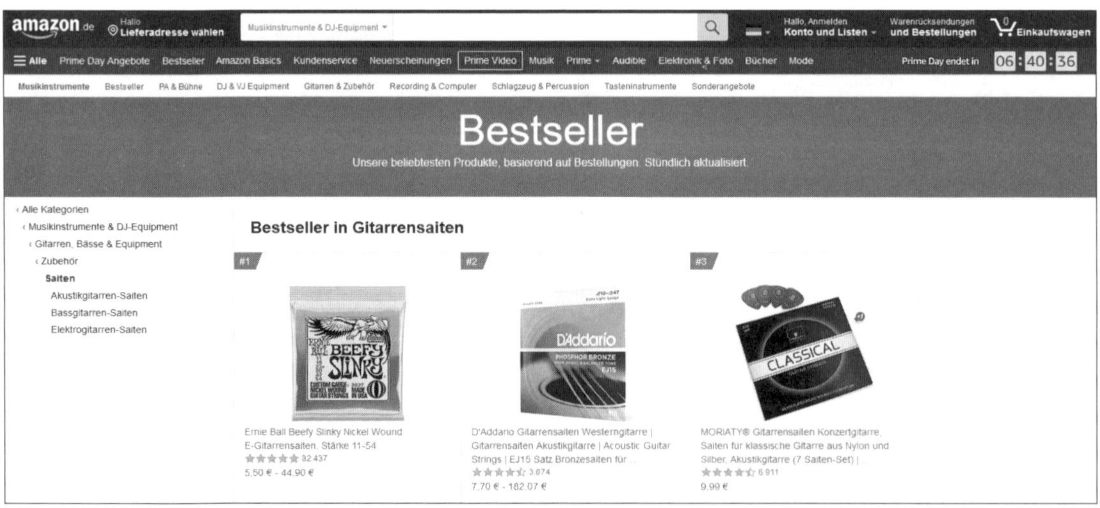

Abb. 3.27: Bestseller-Gitarrensaiten auf `amazon.de`

Info-Box: Tool zur Veranschaulichung von Abverkaufszahlen

Um sich ein besseres Bild über die Abverkaufszahlen zu verschaffen, kann das kostenpflichtige Tool *Helium10* (`www.helium10.com`) genutzt werden. Nach Registrierung kann man sich ein Google-Chrome-Plugin herunterladen unter:

`https://chrome.google.com/webstore/detail/helium-10/njmehopjdpcckochcggncklnlmikcbnb?hl=en-US`

Mit dieser Browser-Erweiterung lassen sich über die Funktion »Xray Amazon Produktrecherche« Absatzprognosen zu den Produkten auf einer Suchergebnisliste ermitteln (siehe Abbildung 3.28).

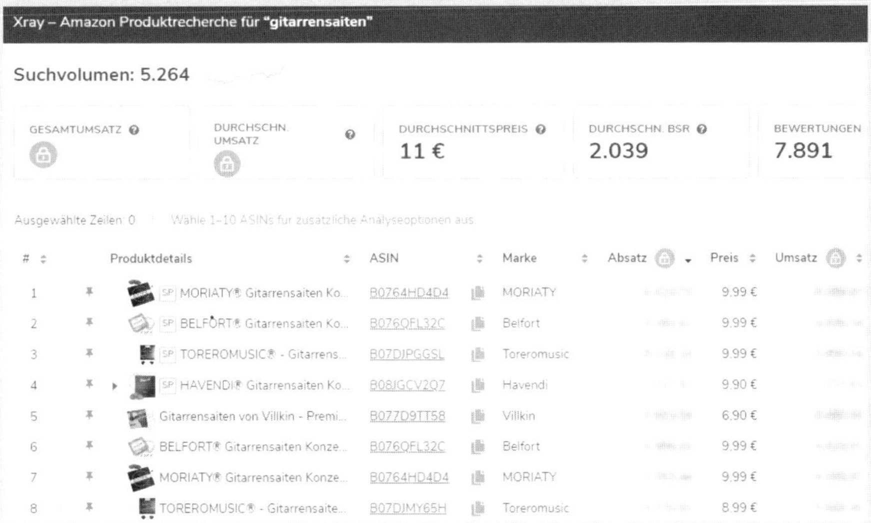

Abb. 3.28: Absatzprognosen mit der Xray – Amazon Produktrecherche von Helium10

Diese Daten bieten eine fundierte Entscheidungsgrundlage, welche Produkte im Content oder als Werbemittel in eine Affiliate-Website eingebunden werden sollten. Denn je besser sich ein Produkt verkauft, desto höher ist auch die zu erzielende Klick- und Conversion-Rate.

Pro Gitarrentyp werden basierend auf den zuvor genannten Auswahlkriterien bis zu fünf Produkte bzw. Marken für den Vergleich ausgewählt. Dadurch entstehen weitere Unterthemen, die sich aus der Kombination der Marke und der Produktkategorie »Gitarrensaiten« oder auch dem Gitarrentyp ergeben (z.B. Belfort E-Gitarren Saiten). Auch hier sollte noch einmal mithilfe des SERP Overlap Scores geklärt werden, ob für diese Unterthemen ein Top-Ranking mit dem übergeordneten Thema der Seite »Gitarrensaiten Test« erzielt werden kann oder ob es Sinn ergibt, weitere Unterseiten gezielt auf diese Themen auszurichten.

Die Keyword-Strategie der Seite »Gitarrensaiten Test« beinhaltet demnach zusätzlich folgende Subtopics:

- Marke + Gitarrensaiten
- Marke + Gitarrentyp + Saiten
- Marke + Gitarrensaiten Test
- Marke + Gitarrentyp + Saiten + Test

Durch den Vergleich einzelner Gitarrensaiten werden bereits die ersten wichtigen Nutzerfragen zum Thema beantwortet:

- Welche Gitarrensaite ist die beste für welchen Gitarrentyp?
- Wer sind die führenden Hersteller von Gitarrensaiten?
- Wodurch unterscheiden sich die einzelnen Gitarrensaiten (Produkteigenschaften, Vor- und Nachteile)?

Neben dem reinen Produktvergleich soll versucht werden, noch weitere relevante Käuferfragen im Content zu berücksichtigen. Einerseits um die Relevanz des Inhalts zu stärken, andererseits um den Nutzer in der Kaufentscheidungsphase zu unterstützen und die Conversion-Rate zu steigern.

Auch der Wettbewerber `expertentesten.de` hat wichtige Nutzerfragen inkludiert. Neben den Fragen der Wettbewerbertexte werden dazu auch noch einmal die Frage-Keywords der Keyword-Longlist gesichtet. Folgende Fragen scheinen grundsätzlich für den Nutzer hilfreich zu sein:

- Welche Saitenstärke benötige ich für einen bestimmten Gitarrentyp?
- Welche Unterschiede gibt es bei Gitarrensaiten?
- Welches Material ist für einen bestimmten Gitarrentyp zu empfehlen?
- Worauf muss ich beim Kauf achten?

Auch bei den einzelnen Fragen muss noch einmal überprüft werden, ob die damit verbundenen Unterthemen auf der gleichen Seite oder auf Unterseiten ausgespielt werden sollen. Nach der Festlegung der inhaltlichen Strategie wird eine Gliederung des zu erstellenden Textes verfasst. Alle gesammelten Informationen werden in einem Texter-Briefing zusammengetragen (siehe Tabelle 3.4), das die Grundlage für den zu erstellenden Content bildet.

Texter-Briefing	
Zielgruppe	Gitarrenspieler-Anfänger
Customer-Journey-Phase	Intent
Suchintention (Search Intent)	Informationsorientiert

Tabelle 3.4: Texter-Briefing

Texter-Briefing	
User Intent	Nutzer erwartet aktuelle und objektive Testergebnisse und Produktvergleiche verschiedener Marken mit Kaufempfehlungen.
Content-Typ	Blogartikel
Content-Format	Produktvergleich
Inhaltlicher Fokus	Aktuelle Produktvergleiche und Kaufempfehlungen
Textlänge	Mindestens 950 Wörter
Haupt-Keyword	Gitarrensaiten Test
Neben-Keywords	beste Gitarrensaiten, gute Gitarrensaiten, Gitarrensaiten Empfehlung, Gitarrensaiten Testsieger, Gitarrensaiten Vergleich
Semantische Terme (WDF*IDF, Entitäten)	e-gitarre, westerngitarre, akustikgitarre, konzertgitarre, klassische gitarre hersteller klang, ton, bass, spielgefühl, spannungsgrad, spielbarkeit material, stahlsaiten, nylonsaiten, phosphor, nickel, bronze, saitenstärke, beschichtung, wicklung, spannung, satz, haltbarkeit roundwound-saiten, stainless steel-saiten, flatwound-saiten vergleich, preis, vorteile, nachteile, empfehlungen, kaufen anfänger, einsteiger gitarre, gitarrist
Inhaltliche Vorgaben/ Subtopics	Unterteilung nach Gitarrentyp Aussagen zu Preis, Klang, Qualität, Material
Marken	elixir, d'addario, pyramid, hannabach, thomastik, ernie ball, savarez, belfort, augustine, martin
Produktanzahl	Mindestens 3 je Gitarrentyp
Medien	Produktbilder, Gitarrenbilder, Vergleichstabelle
Nutzerfragen	Welche Arten von Gitarrensaiten gibt es? Welche Saiten passen zu welchem Gitarrentyp? Welche Gitarrensaiten sind die besten? Wann und wie oft sollte man die Saite wechseln? Welches Material ist für welchen Gitarrentyp geeignet? Welche Saitenstärke benötige ich? Welche unterschiedlichen Saiten gibt es (z.B. Flatwound-Saiten, mit Ball End)? Wie klingen Gitarrensaiten? Welche Unterschiede gibt es bei Gitarrensaiten? Welche Hersteller gibt es? Worauf sollte beim Kauf einer Gitarrensaite geachtet werden?
Recherchequellen/ Anregungen	`https://de.wikipedia.org/wiki/Gitarrensaite`

Tabelle 3.4: Texter-Briefing

3.5 Contenterstellung

3.5.1 Inhaltliche Gliederung

Basierend auf dem Texter-Briefing wird eine erste Grobgliederung für die SEO-Landingpage »Gitarrensaiten Test« verfasst:

- Die besten Akkustik-Gitarrensaiten
- Die besten E-Gitarren-Saiten
- Die besten Nylon-Gitarren-Saiten (Klassische Gitarre)
- Gitarrensaiten – Namen und Töne
- Gitarrensaiten wechseln, wie oft?
- Warum die Gitarre neu besaiten?
- Das solltest du beim Gitarrensaitenwechseln beachten
- Richtige Gitarrensaiten-Pflege
- Gitarrensaiten-Allergie

Nicht alle Angaben aus dem Texter-Briefing wurden dabei bereits berücksichtigt. Außerdem wurden neue Themen aus der eigenen Themenrecherche noch ergänzt.

3.5.2 Texterstellung

Steht die inhaltliche Gliederung, wird damit begonnen, den Text für die einzelnen Abschnitte zu erstellen. Dabei sollten möglichst viele der im Texter-Briefing enthaltenen Keywords und semantischen Terme sinnvoll in den Kontext eingebunden werden. Beim Texten sollte *Duplicate Content* unbedingt vermieden werden. Suchmaschinen gestalten ihren Datenbestand möglichst effizient. Dazu gehört, dass identische Informationen nicht mehrere Male in den Datenpool mit aufgenommen werden sollen. Seit dem Panda Update 2011 spielt Duplicate Content eine wichtige Rolle in der Suchmaschinenoptimierung. Duplicate Content bedeutet in diesem Fall, dass auf der eigenen Webseite Inhalte stehen, die Google in dieser Form bereits in seiner Datenbank erschlossen hatte. Die Suchmaschine analysiert hierbei den Ort, die Gleichheit und die Form des Inhalts, um ein Duplikat festzustellen. Google will, dass der Website-Betreiber »uniquen« Content erstellt – also einzigartige Inhalte, die in dieser Form noch nicht im Web vorhanden sind. Ist das Maß an doppelten Inhalten zu groß, so platziert die Suchmaschine die Seiten dementsprechend schlechter in den Suchergebnissen.

3.5.3 Keyword-Verwendung

Die Textoptimierung ist essenziell für die Suchmaschinenoptimierung, da eine Suchmaschine im Normalfall durch Suchanfragen gesteuert wird, die aus Textbausteinen bzw. Schlüsselwörtern bestehen. Zu den wichtigsten Elementen, die die

Suchmaschine analysiert, gehört der Titel der Seite, der im Head-Bereich der Webseite verankert ist. Zudem analysiert die Suchmaschine die Überschriften der Seite und gibt ihnen mehr Gewichtung als dem normalen Fließtext.

Wir erinnern uns: Die wichtigste Regel beim Schreiben von Inhalten für die Suchmaschine ist eindeutig: Texte sollen nicht für die Suchmaschine erstellt werden, sondern für den Nutzer. Deshalb bringt es nichts, einen theoretisch perfekt Suchmaschinen-optimierten Text zu haben, der aber für den Nutzer letztendlich keinen Mehrwert bietet oder schlecht zu lesen ist. Trotzdem ist es wichtig, die nachgefragten Keywords regelmäßig in den Text einzubauen. Als Faustregel gilt, dass das Fokus-Keyword eine Keyword-Dichte von ca. drei Prozent nicht übersteigen sollte. Die Keyword-Dichte berechnet sich aus der Anzahl der Wortwiederholungen geteilt durch die Gesamtanzahl der Wörter eines Textes. Mit jedem weiteren Prozent-Punkt mehr sinkt die Lesbarkeit des Textes durch die vielen Wortwiederholungen. Generell ist zu sagen, dass ein Wort beim Lesen des Textes nicht auffallen sollte, ansonsten scheint der Inhalt überoptimiert zu sein. Eine zu häufige Wiederholung des Keywords im Text kann von Suchmaschinen als Keyword-Stuffing gewertet werden und zu einer Abstrafung im Ranking führen.

Abbildung 3.29 zeigt, an welchen Stellen das Haupt-Keyword, Neben-Keywords und semantische Terme im Text integriert werden sollen. Das Haupt-Keyword sollte in der H1-Überschrift (Hauptüberschrift) verankert werden sowie innerhalb der ersten 100 Wörter wiederholt werden.

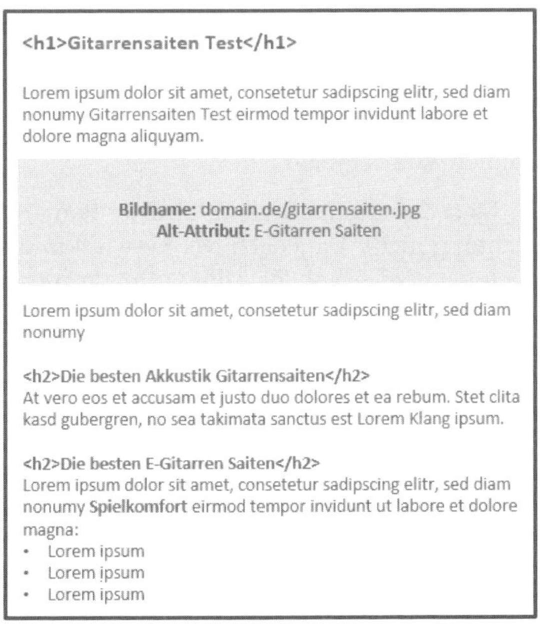

Abb. 3.29: Keyword-Verwendung im Text

Weitere Wiederholungen sollten nicht zu häufig erfolgen und den Lesefluss nicht beeinträchtigen. Wichtige Neben-Keywords können in den Zwischenüberschriften untergebracht werden (z.B. *beste Akustik Gitarrensaiten*). Semantische Terme können ebenfalls in Zwischenüberschriften oder in die einzelnen Absätze eingebunden werden (z.B. Klang, Spielkomfort).

Beim Haupt-Keyword der Seite »Gitarrensaiten Test« kann aktuell eine Keyword-Dichte von ca. 0,6% (13 Wiederholungen des Haupt-Keywords / 2.324 Wörter = 0,0056 = 0,56%) gemessen werden. Beim Wort »Gitarrensaiten« liegt die Dichte bei 3,7%. Hier könnte die Dichte zur Optimierung noch etwas reduziert werden.

3.5.4 Snippet-Optimierung (Title-Tag und Meta Description)

Die einzelnen Suchergebnisse in den SERPs, die SERP-Snippets, setzen sich aus der URL der Landingpage, dem Title-Tag und der Meta Description zusammen (siehe Abbildung 3.30). Der Titel fungiert dabei als Überschrift und erster Überblick. Die Meta Description gibt nähere Informationen über den Inhalt der Webseite. Diese drei Elemente werden zusammen Snippet genannt und dienen dazu, dem Benutzer vor dem Besuch die Thematik der Ziel-Seite zu zeigen. Für die Suchmaschine ist es ausschlaggebend, das Fokus-Keyword in diesen Bereichen zu verwenden.

Das *Title-Tag* wird von Suchmaschinen sehr hoch gewichtet und erscheint in der Regel unverändert in der Suchergebnisliste. Das Tag ist standardgemäß im Headbereich des HTML-Codes einer Seite eingebaut. Im Titel sollte auf jeden Fall das bedeutendste Keyword eingebaut werden, um für diesen Suchbegriff gute Ergebnisse zu erzielen. Da dieser Text in den Suchergebnissen auftaucht, ist es außerdem wichtig, dem Nutzer relevante Informationen zu bieten. Ansonsten wird dieser nicht auf das Suchergebnis klicken. Der Titel ist schwierig zu optimieren, weil er durch die Länge auf maximal einen Satz begrenzt ist.

Die Verwendung des Keywords in der Meta Description ist kein direkter Ranking-Faktor und beeinflusst die Termgewichtung nicht. Da jedoch das Keyword in der Meta Description in der Darstellung gefettet wird, erhöht dies die Aufmerksamkeit des Nutzers und beeinflusst dadurch die Klickrate. Eine erhöhte Click-Through-Rate wirkt sich wiederum positiv auf das Ranking aus. Auch durch die Verwendung von Sonderzeichen kann die Aufmerksamkeit gesteigert werden.

Oft wird am Ende des Title-Tags der *Markenname (Brand)* angefügt, um den Bekanntheitsgrad zu steigern. Eine bekannte Marke innerhalb des Title-Tags führt außerdem in der Regel zu einer höheren Klickrate, da Nutzer Marken mehr vertrauen. Oft hängt Google automatisch die Brand mit Bindestrich an den Title an.

Das Versprechen, das im SERP-Snippet gegeben wird, sollte sich auch auf der Landingpage widerspiegeln. Jede Seite sollte zudem einen einzigartigen Titel besitzen. Andernfalls entstehen Probleme aufgrund von Duplicate Content.

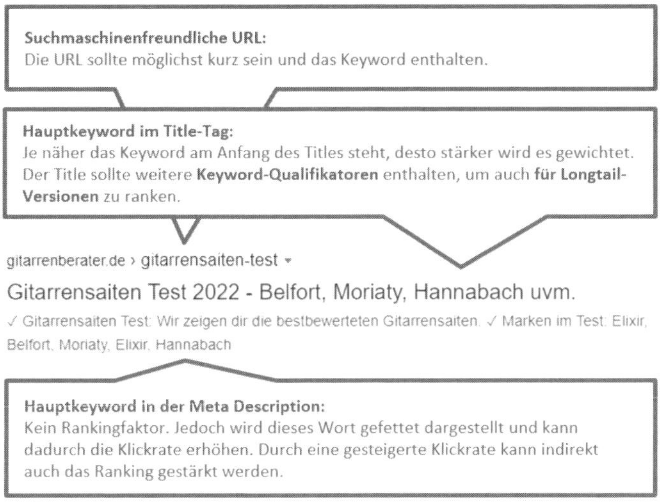

Abb. 3.30: SERP-Snippet

Die Länge des Title-Tags und der Meta Description wird durch das Layout von Google definiert und deshalb in Pixel gemessen. Zum Texten gestaltet es sich aber schwierig, auf Basis der Pixellänge eine geeignete Textlänge abzuleiten. Daher wird in Tabelle 3.5 die ungefähre Zeichenanzahl ergänzt. Diese ist jedoch nur als grobe Orientierung zu sehen, da die Laufweite einzelner Zeichen in Pixel unterschiedlich ausfallen kann. Der Buchstabe »w« beansprucht z.B. mehr Pixel als der Buchstabe »i«. Bei Mobilgeräten ist die Pixellänge einer einzelnen Zeile abhängig von der Displaygröße. In der nachfolgenden Übersicht werden die jeweiligen Längenangaben inklusive Leerzeichen dargestellt. Die mobilen Pixelangaben basieren auf einem Samsung-Handy mit einer Displaygröße von 5,8 Zoll.

Snippet-Element	Gerät	Länge in Pixel	Anzahl Zeichen	Orientierungswert
Title	Desktop	580	65	60
	Mobil	610 (2 Zeilen)	70	60
Description	Desktop	1030 (Zeile 1: 590, Zeile 2: 440)	160 (Zeile 1: 95, Zeile 2: 65)	155
	Mobil	915 (3 Zeilen)	135	130

Tabelle 3.5: Länge und Zeichenanzahl von Title und Description

Da die Länge der Description bei Mobilgeräten kürzer ist als bei Desktopgeräten, muss darauf geachtet werden, dass die wichtigsten Informationen in den ersten 130 Zeichen untergebracht werden. Außerdem ist es wichtig, dass sich der Sinn des Satzes nach Abschneiden bei ca. 135 Zeichen noch erschließt.

Zur Unterstützung beim Texten der beiden Meta-Tags kann auch der SERP-Snippet-Generator von Sistrix (`https://app.sistrix.com/de/serp-snippet-generator`) eingesetzt werden (siehe Abbildung 3.31). Es sei darauf hingewiesen, dass solche SERP-Snippet-Tools oft unterschiedliche Pixelangaben aufweisen.

Wird die von den Suchmaschinen vorgegebene Länge überschritten, wird der Text abgeschnitten und trunkiert. Ein Überschreiten der vorgegebenen Länge führt jedoch nicht zwangsläufig zu einem schlechteren Ranking.

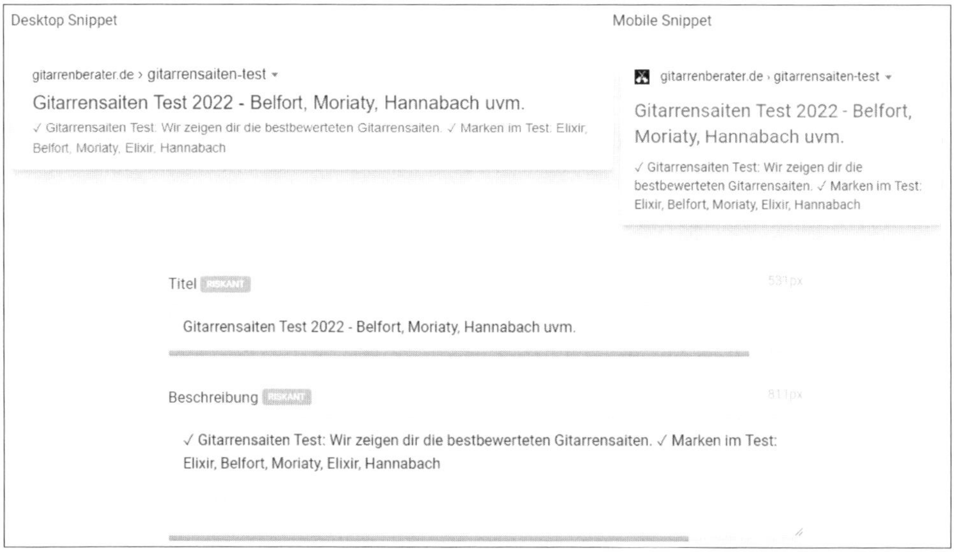

Abb. 3.31: SERP-Snippet-Generator von Sistrix

Der Title sollte das Haupt-Keyword der Seite und gegebenenfalls ein bis zwei Longtail-Keyword-Varianten enthalten. Das Fokus-Keyword sollte möglichst am Anfang des Title-Tags platziert werden, da dies stärker gewichtet wird. Eine reine Aneinanderreihung von Keywords sollte vermieden werden. Der Title sollte immer eine hilfreiche Antwort auf die Suchanfrage des Nutzers liefern. Auf übertriebene Großschreibung sollte verzichtet werden.

Eine Analyse der SERP-Snippets des Wettbewerbs deckt die schlagkräftigsten Argumente auf, mit denen sich der eigene Text messen muss (siehe Tabelle 3.6). Für den Suchbegriff »Gitarrensaiten Test« finden sich folgende Aussagen:

- Der große Saitentest (umfassender Produktvergleich)
- Testsieger der Fachpresse (seriöse und objektive Bewertung)
- TÜV-zertifiziert (seriöse und objektive Bewertung)
- Finden Sie in 2 Minuten die besten Gitarrensaiten (schneller Vergleich)
- Langzeit-Tests (Test unter erschwerten Bedingungen)

- Test 2022 (Aktuelle Testergebnisse)

Das Ziel des eigenen SERP-Snippets muss es sein, das Interesse des Nutzers zu wecken und gleichzeitig aus dem Wettbewerbsumfeld herauszustechen. Dazu ist es hilfreich, sich auch noch einmal mit den wichtigsten Nutzerfragen auseinanderzusetzen.

SERP-Snippets
https://www.gitarrensaiten-experte.de › die-besten-gitarr... ▾ Die besten Gitarrensaiten 2021 | Der große Saitentest 2020 Er testet Saiten für klassische Gitarre, Westerngitarre, E. Herzlich Willkommen zu dem großen **Gitarrensaiten Test** 2021. Hier bekommst du die Top3 aller, von ...
https://gitarrensaiten-test.de Gitarrensaiten Test | gitarrensaiten-test.de Der **Gitarrensaiten Test** ist Dein Portal für Gitarrensaiten, Westerngitarren, Akustikgitarren, Verstärker und jegliches Gitarren – Zubehör.
https://www.testberichte.de › gitarren-zubehoer › gitarr... ▾ Gitarrensaiten: Tests & Meinungen - Testberichte Ergebnissen 1 - 20 von 85 — **Gitarrensaiten**: **Tests** & Meinungen. Saiten haben einen großen Einfluss auf den Klang einer Gitarre. Es gibt unterschiedliche Typen, je ...
https://www.expertentesten.de › ... › Musikinstrumente ▾ Gitarrensaite Test + Vergleich 2022 ▷ TÜV-zertifiziert 24.06.2022 — TÜV-zertifizierter **Gitarrensaite Test** & Vergleich im Juli 2022 ✓ 3 Modelle SEHR GUT ✓ Finden Sie in 2 Minuten die besten Gitarrensaiten!
https://www.hobbylux.de › Instrumente › Gitarre ▾ Saiten: Test & Empfehlungen (07/22) - HOBBYLUX Ratgeber: Fragen, mit denen du dich beschäftigen solltest, bevor du **Gitarrensaiten** kaufst — Der Einsatz von Martin M140 **Gitarrensaiten** für Akustikgitarre ... Saiten Test: Favoriten der... · Entscheidung: Welche Arten...

Tabelle 3.6: Top-5-Wettbewerber-Snippets

Für die Seite »Gitarrensaiten Test« wurden im Title-Tag das Haupt-Keyword »Gitarrensaiten Test« sowie die Longtail-Variante »Gitarrensaiten Test 2022« eingebaut. Die vollständigen Metadaten sehen wie folgt aus:

```
<title>Gitarrensaiten Test 2022 - Belfort, Moriaty, Hannabach uvm.</title>
<meta name="description" content="? Gitarrensaiten Test: Wir zeigen dir
die bestbewerteten Gitarrensaiten. ? Marken im Test: Elixir, Belfort,
Moriaty, Elixir, Hannabach"/>
```

Die Jahreszahl 2022 im Title verstärkt die Aktualität der Testergebnisse, die bei der Analyse des Wettbewerbs auf eine wichtige Nutzerintention hindeutete. Die Description beschreibt den Inhalt der Seite und stellt den Mehrwert für den Nutzer (Alleinstellungsmerkmale) im Vergleich zu den anderen Suchergebnissen heraus. Die Description enthält somit die sogenannte Vorteilskommunikation, um eine Differenzierung zum Wettbewerb herzustellen. Oft wird diese auch noch mit einer Handlungsaufforderung ausgestattet. Abbildung 3.32 stellt das resultierende SERP-Snippet zum Keyword »Gitarrensaiten Test« dar.

Beschreiben die beiden Meta-Tags aus Sicht von Google den Inhalt der Seite nicht treffend, so wird dieser automatisch ersetzt.

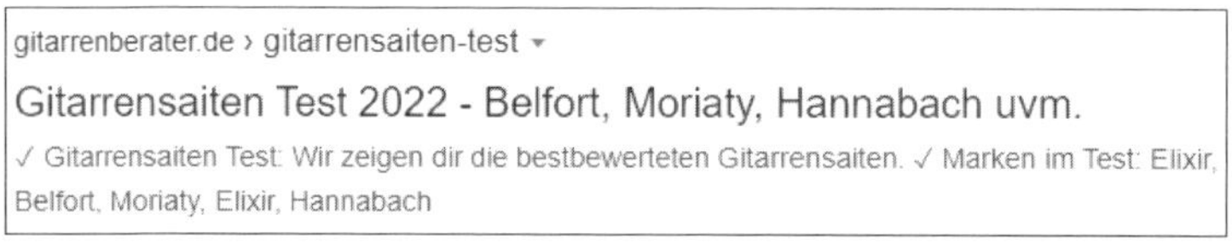

Abb. 3.32: SERP-Snippet zum Keyword »Gitarrensaiten Test«

Das Snippet lässt sich in WordPress einfach durch das Plugin *Yoast SEO* hinterlegen. Beim Bearbeiten einer Seite wird unterhalb des Contents eine Box eingeblendet, in der verschiedene Einstellungen, u.a. das Hinterlegen des Title-Tags und der Meta Description, vorgenommen werden können (siehe Abbildung 3.33).

Abb. 3.33: Pflege von Title und Description mit dem Yoast-SEO-Plugin

3.5.5 Überschriften

Überschriften geben der Webseite eine Struktur. Dadurch ist es nicht nur für den Besucher leichter, Informationen auf der Seite zu finden, auch Suchmaschinen gewichten Überschriften in ihrer Analyse höher als den Fließtext. Im HTML-Code sind die Überschriften durch die sogenannten H-Tags vergeben. Diese Tags werden in `<h1>` (H1-Überschrift), was die höchste Ebene darstellt, bis in `<h6>` (H6-Überschrift), was die niedrigste Ebene darstellt, unterteilt. Google gewichtet hierbei den Inhalt der H1-Überschrift am relevantesten. Die Relevanz sinkt dann bis hin zur H6-Überschrift. Das bedeutet, dass relevante Keywords auf jeden Fall in die H1-Überschrift aufgenommen werden sollten. Der Google-Algorithmus bezieht außerdem die Struktur der Überschriften mit ein. Deshalb ist es wichtig, dass die Überschriften-Tags richtig bzw. in der richtigen Reihenfolge vergeben werden. Unter einem H1-Tag sollte demnach ein H2-Tag folgen und keine H3-Überschrift. Idealerweise enthält eine Seite nur eine H1-Überschrift mit dem Haupt-Keyword, da Google dies am relevantesten erachtet.

Die H1-Überschrift sollte dabei mit dem Title-Tag korrespondieren. Das H1-Tag ist dabei vergleichbar mit einem Buchtitel, während die H2- bis H6-Überschriften die einzelnen Buchkapitel und Unterkapitel darstellen. Demzufolge sollte jede Zwischenüberschrift den Inhalt des nachfolgenden Absatzes treffend beschreiben, sodass der Nutzer beim Überfliegen des Textes die einzelnen Unterthemen schnell erfassen kann. Zwischenüberschriften sollten verstärkt verwandte Begriffe und vor allem Begriffe innerhalb des semantischen Umfelds enthalten (WDF*IDF, Entitäten).

H-Tags sollten nur im Main Content (Haupttext) einer Seite verwendet werden. In Randspalten, Navigation, Footer sowie leeren Tags zur Generierung von Abständen haben H-Tags in der Regel nichts verloren.

Info-Box: Überschriftenstruktur-Plugin

Die Überschriftenstruktur einer Seite kann z.B. mit dem Web-Developer-Browser-Plugin ausgelesen werden. Dieses Tool kann über folgende Links heruntergeladen werden:

`https://chrome.google.com/webstore/detail/web-developer/bfbameneiokkgbdmiekhjnmfkcnldhhm?hl=de`

`https://addons.mozilla.org/de/firefox/addon/web-developer/`

Über den Menüpunkt »Information« und »View Document Outline« (siehe Abbildung 3.34) liest das Tool die H-Tags aus dem HTML-Code aus.

Abb. 3.34: Menü des Browser-Plugins Web Developer

Info-Box: Überschriftenstruktur der Seite »Gitarrensaiten Test«

Der Aufbau der Überschriftenstruktur der Seite »Gitarrensaiten Test« ist in Abbildung 3.35 dargestellt.

Gitarrensaiten Test: Wir zeigen dir die bestbewerteten Gitarrensaiten. Marken im Test: Elixir, Belfort, Moriaty Elixir, Xalani, Hannabach, Ernie Ball.

- Western Gitarrensaiten Test
- Klassik Gitarrensaiten Test
- E-Gitarrensaiten im Test
- Inhaltsverzeichnis Gitarrensaiten Berater
- Gitarrensaiten Test: Die Besten Westerngitarre (Akustik) Gitarrensaiten - Belfort, Moriaty, Elixir, Ernie Ball, Xalani
  - Belfort Gitarrensaiten (Westerngitarre) im Test
  - Moriaty Gitarrensaiten (Westerngitarre) im Test
  - Elixir Gitarrensaiten Test
  - XALANI Gitarrensaiten Westerngitarre 011 I Bonus: 1 hohe E-Saite und 3 Plektren I Phosphor Bronze Saiten Set für Akustikgitarre
  - Ernie Ball Everlast Medium Light Coated Phosphorbronze Akustikgitarrensaiten - 12-54 Gauge
- Gitarrensaiten Test: Die Besten E-Gitarren Saiten - Moriaty, Xalani, Belfort, Elixir
  - BELFORT® E-Gitarren-Saiten - Erstklassige Stahl-Saiten für E-Gitarre (6-Saiten-Set) Inkl. 3 Plektren + Extra hohe E-Saite
  - MORIATY Premium E-Gitarren-Saiten
  - XALANI E-Gitarren-Saiten 010 I Bonus: 1 hohe E-Saite und 3 Plektren gratis I Gitarrensaiten Nickel
  - Elixir Polyweb Electric Guitar Strings Light
- Gitarrensaiten Test: Die Besten Nylon-Gitarren Saiten (Klassische Gitarre) von Belfort, Moriaty & Hannabach
  - BELFORT Gitarrensaiten Konzertgitarre, Gitarrensaiten Nylon Test
  - MORIATY (Acoustic) Premium Nylon Saiten für klassische Gitarre
  - Hannabach 652527 Klassikgitarrensaiten Serie 815 Medium Tension Silver Special - Satz
  - Hannabach 652747 Klassikgitarrensaiten Exclusive Serie High Tension - Satz
- Gitarrensaiten Namen und Töne
- Gitarrensaiten wechseln, wie oft?
- Warum die Gitarre neu besaiten?
- Das solltest du beim Gitarrensaiten wechseln beachten:
- Umgang mit Gitarrensaiten
- Gitarrensaiten Allergie

Abb. 3.35: Überschriften-Struktur der URL `https://gitarrenberater.de/gitarrensaiten-test/`

3.5.6 Bildauszeichnung

Der Suchmaschinencrawler liest neben Textinhalten auch *Bildinformationen* aus. Diese werden nicht nur zum Erkennen des Bildinhalts verwendet, sondern auch für die Relevanzbewertung einer Seite herangezogen. Im Einzelnen sind das die Bild-URL, das Alt- und das Title-Attribut. Der HTML-Code zum Einbinden eines Bildes sieht folgendermaßen aus:

```
<img src ="https://www.domain.de/images/bildname-keyword.jpg" alt =
"bildbeschreibung-keyword" title ="bildbeschreibung-keyword"/>
```

Für die Bild-URL sollte eine sprechende URL verwendet werden, die den Inhalt des Bildes optimal beschreibt und auch das Haupt-Keyword der Seite noch einmal aufgreift. Es wird empfohlen, grundsätzlich Kleinschreibung zu verwenden und als Trennzeichen den Bindestrich »-« einzusetzen.

Jedes Bild sollte ein Alt-Attribut enthalten, das den Inhalt des Bildes treffend beschreibt: Dieser Alternativtext wird im Browser selbst nicht angezeigt, sondern dient der Barrierefreiheit einer Webseite. Sehbehinderte Menschen können sich diese Information von einem Screenreader vorlesen lassen.

Das Title-Attribut wird dem User als Tooltip angezeigt, sobald er mit der Maus über das Bild fährt. Dieser kann alternativ zu einer Bildunterschrift eingesetzt werden, ist jedoch überflüssig, wenn eine Bildunterschrift vorhanden ist.

Ergänzend können Bildüber- oder Bildunterschriften, die das zum Thema passende Keyword enthalten, platziert werden. Bilder sollten immer in der Nähe von relevantem Text eingebunden werden.

Info-Box: Web Developer Toolbar

Als Kontrollinstrument kann erneut die bereits vorgestellte Web Developer Toolbar eingesetzt werden. Über den Menüpunkt »Images« und der Funktion »Display Alt Attributes« werden die hinterlegten Alt-Informationen direkt als Layover im Browser angezeigt (siehe Abbildung 3.36).

Abb. 3.36: Web Developer Toolbar zur Anzeige von Alt-Attributen

Abbildung 3.37 zeigt einen Auszug der Seite »Gitarrensaiten Test« mit dem eingeblendeten Alt-Attribut. Werden Produktlinks bzw. Werbemittel aus dem Amazon PartnerNet-Programm direkt in die Seite eingebunden, kann leider kein Alt-Attribut ergänzt werden.

Abb. 3.37: Layover von Alt-Attributen mit der Web Developer Toolbar

3.6 Checkliste

Dieses Kapitel hat sich mit zahlreichen Themen beschäftigt, die in der folgenden Checkliste bzw. Fragensammlung noch mal zusammengefasst werden. Die Liste soll Ihnen als Gedankenstütze dienen, um keine wesentlichen Faktoren der Content-Optimierung zu übersehen.

Checkliste/Fragen

- Themendefinition
  - Zu welchem Thema soll eine SEO-Landingpage erstellt werden?
  - Wie lauten das Haupt- und die Neben-Keywords?
- SERP-Analyse
  - Welche SERP-Features werden in den Google-Suchergebnissen zum Haupt-Keyword ausgespielt?
  - Welche Content-Typen spielt Google in den SERPs aus?
  - Welches Content-Format ist am häufigsten vorzufinden?
  - Welcher inhaltliche Fokus ist zu erkennen?
  - Unterliegen die SERPs größeren Veränderungen im zeitlichen Verlauf?
  - Welche von Google vermutete Suchintention lässt sich ableiten?

- Content-Analyse Wettbewerber
  - Auf welche Zielgruppe ist der Inhalt der Wettbewerber ausgerichtet?
  - Durch welche Bilder, Videos, Tabellen oder Listen wird der Content aufgewertet?
  - Wie lang sind die Wettbewerbertexte?
  - Wie sieht die Content-Tiefe und -Breite aus?
  - Zu welchen Themen ranken die Seiten noch?
  - Was sind die wichtigsten semantisch verwandten Unterthemen zum Hauptthema?
  - Welche Nutzerfragen werden beantwortet?
  - Wie aktuell bzw. relevant sind die Inhalte?
  - Wo liegt der Kundennutzen beim Wettbewerber-Content?
  - Welche Verlinkungen sind für den Nutzer hilfreich?
  - Welche Gemeinsamkeiten haben die Wettbewerbertexte?
  - Wie unterscheidet sich die Position 1 von den anderen Wettbewerbern?
  - Warum sind die Inhalte der Position 2 bis 10 nicht auf Platz 1?
  - Welche wichtigen Nutzerfragen werden von den Top 10 nicht beantwortet (Content-Lücken)?
  - Was kann man inhaltlich bieten, was die bestehenden Texte nicht können?
  - Gibt es ein Suchergebnis, das sich deutlich von den anderen unterscheidet?
  - Was enthält das deutlich andere Ergebnis, sodass Google es als sinnvolle Ergänzung betrachtet?
- Eigene Themenrecherche
  - Versuchen Sie, das Thema selbst durch eine eigene Themenrecherche tiefer gehend zu durchdringen.
  - Welche wichtigen Fragen könnte ein Nutzer zum Thema noch erwarten, die der Wettbewerb nicht abdeckt?
- Semantische Analyse
  - Welche wichtigen Terme beinhalten die Wettbewerbertexte (WDF*IDF)?
  - Welche Entitäten stehen in einer Beziehung zum Thema?
- Content-Strategie
  - Welche Zielgruppe soll angesprochen werden?
  - In welcher Customer-Journey-Phase befindet sich der Nutzer?
  - Welche Suchintention vermutet die Suchmaschine (Search Intent)?
  - Welche Suchabsicht (User Intent) verfolgt der Nutzer?

  - Welcher Content-Typ soll erstellt werden?
  - Welches Content-Format soll verwendet werden?
  - Wie sieht der inhaltliche Fokus aus?
  - Wie lang soll der Text werden?
  - Welche Haupt- und Neben-Keywords sollen verwendet werden?
  - Welche semantischen Terme sollen im Text eingebunden werden?
  - Welche wichtigen Unterthemen (Subtopics) sollen behandelt werden?
  - Welche Medien sollen ergänzend zum Text eingebaut werden (z.B. Bilder, Videos)?
  - Welche wichtigen Nutzerfragen sollen im Text beantwortet werden?
- Texterstellung
  - Erstellen Sie eine erste inhaltliche Gliederung und formulieren Sie Ihre Gedanken zu den einzelnen Unterthemen aus.
  - Strukturieren Sie den Text für eine bessere Lesbarkeit.
  - Sind die Überschriften korrekt formatiert und wurde die Hierarchie eingehalten?
  - Enthält die H1-Überschrift das Haupt-Keyword?
  - Verwenden Sie wichtige Terme und Neben-Keywords in den Zwischenüberschriften?
  - Erzielt das Haupt-Keyword die höchste Gewichtung im Vergleich zu allen anderen Termen?
  - Wurde eine zu häufige Keyword-Wiederholung vermieden?
  - Wurden möglichst viele semantische Terme im Text berücksichtigt?
  - Wurde das Haupt-Keyword im Title-Tag verwendet?
  - Wurde eine aussagekräftige Description verfasst?
  - Wurden die Zeichenlängen bei den Meta-Tags eingehalten (Title: ca. 60 Zeichen, Description: ca. 155 Zeichen)?
  - Unterscheiden sich die Meta-Texte vom Wettbewerb?
  - Wurden Bilder mit sprechenden Bild-URLs versehen?
  - Wurde bei den Bildern ein Alt-Attribut mit relevanten Keywords hinterlegt?

Kapitel 4

Technisches SEO

4.1 Crawling und Indexierbarkeit

Damit eine Webseite in einer Suchmaschine gefunden werden kann, müssen vereinfacht ausgedrückt folgende Voraussetzungen erfüllt sein:

- Die Suchmaschine muss zunächst von der Domain und den dazugehörigen Unterseiten Kenntnis erlangen.
- Die Suchmaschine muss die Seiten technisch auslesen und verarbeiten können (Crawling).
- Es muss für jede Unterseite ein Eintrag im sogenannten Suchmaschinenindex angelegt werden (Indexierung).

Damit eine Domain und die dazugehörigen Seiten bei Google auffindbar sind, muss die Suchmaschine zunächst Kenntnis davon erlangen. Dies geschieht automatisch, falls Google eine Verlinkung auf einer Dritt-Domain entdeckt oder über andere Datenquellen (z.B. Seitenaufrufe in Google Chrome) darauf aufmerksam wird. Die empfohlene Methode für eine schnelle Indexierung ist jedoch eine Anmeldung der Seiten über die kostenlose Google Search Console (`https://search.google.com/search-console/`). Auch die Suchmaschine Bing bietet eine solche Möglichkeit an (`https://www.bing.com/webmasters/`).

Für die Anmeldung einer Website in der Google Search Console (`https://search.google.com/search-console/`) ist lediglich ein Google-Konto nötig. Die einzelnen Schritte zur Anmeldung werden in Abschnitt 13.7 dargestellt. In der Regel sollte dieser Vorgang aber erst gestartet werden, wenn die Seite optimal gestaltet und in einem fertigen Zustand ist. Denn je besser und vollständiger die Seite von Google bewertet wird, desto besser wird auch die Listung in den Suchergebnissen ausfallen.

Durch das Erstellen eines Google-Search-Console-Kontos werden die Startseiten-URL und bei Hochladen einer Sitemap auch alle gelisteten Unterseiten an den sogenannten *Crawler* übergeben. Die XML-Sitemap gibt die Struktur des Webauftritts wieder, indem jede Unterseite verlinkt wird. Dieses XML-Dokument wird in der Regel durch das Content-Management-System automatisch generiert, kann aber auch manuell erstellt und in das Webseitenverzeichnis geladen werden. Beispielsweise mit dem kostenlosen Tool *xml-sitemaps.com* lässt sich durch Eingabe der Domain einfach eine XML-Sitemap erstellen und downloaden. Eine Sitemap kann über den Menüpunkt »Sitemap« durch Eintragen der Sitemap-URL in das Feld »Neue Sitemap hinzufügen« und durch Klick auf den »Senden«-Button an Google übermittelt werden (siehe Abbildung 4.1). In diesem Bereich erhält man auch einige Zeit später einen Statusbericht.

Abb. 4.1: Einreichen einer Sitemap bei der Google Search Console

Der Crawler ist eine Software, die die URLs der einzelnen Seiten aufruft und diese rendert. Die Seite wird also genauso betrachtet, wie ein Nutzer diese im Browser zu sehen bekommt. Das heißt, Formatierungen über CSS-Anweisungen werden genauso ausgeführt wie JavaScript-Code, der bestimmte Funktionen auf der Seite ermöglicht. Beim Auslesen der Inhalte werden auch Verlinkungen zu anderen Unterseiten erkannt und deren URLs für das Crawling vorgemerkt. Der Webseiten-Code wird abschließend mit verschiedenen technischen Informationen in einem Dokumentenindex abgelegt.

Das Vorhandensein einer Sitemap beeinflusst das Ranking einer Website nicht. Jedoch wird mit der Sitemap ein Aktualisierungsdatum zu den einzelnen URLs mit übergeben, sodass der Crawler auf Änderungen schneller aufmerksam wird. Google selbst empfiehlt die Verwendung einer Sitemap insbesondere für umfangreiche Websites (ab 10.000 URLs).

Da der Crawler für jede Website nur begrenzte Ressourcen für das Crawling zur Verfügung stellt (Crawling-Budget), sollte man sich bereits im Vorfeld Gedanken dazu machen, welche Seiten von Google überhaupt gecrawlt werden sollen. Seiten, die für den Nutzer keinen Mehrwert bieten und kein Ranking generieren sollen, sollten ausgeschlossen werden. Insbesondere Shopseiten besitzen oft eine Filternavigation, die es z.B. erlaubt, die Treffer alphabetisch auf- oder absteigend zu sortieren. Da sich dadurch die Inhalte der Seiten nicht verändern, sollten diese Filter-URLs vom Crawling ausgeschlossen werden.

Info-Box: Crawling-Budget

Das Crawling-Budget, das jeder Domain/Subdomain zugewiesen wird, ist unter anderem abhängig von:

- Domain-Alter
- PageRank (Linkprofil)
- Content-Umfang und Qualität (Duplicate Content, Thin Content)
- Content-Aktualität (Freshness)
- Erreichbarkeit der Links und deren Status-Codes
- Ladegeschwindigkeit

Die Zielsetzung der Crawlingsteuerung ist folgende:

- Vollständige Indexierung aller suchrelevanten Seiten in möglichst kurzer Zeit
- Schnelle Aktualisierung von Änderungen im Google-Index
- Schnelles Auffinden neuer Inhalte durch den Crawler

Nur Seiten, die einen Mehrwert für den Suchenden bieten, sollten in den Index. Ausgeschlossen werden sollten unter anderem folgende Seiten:

- Leere oder fast leere Kategorie- oder Tag-Seiten
- Technisch bedingter Duplicate Content (z.B. Filterseiten)
- Suchergebnisse der internen Suche

Um einzelne Seiten für das Crawling zu sperren, kann auf dem Webserver im Root-Verzeichnis eine `robots.txt`-Datei abgelegt werden. Falls eine solche Datei existiert, kann durch Anhängen des Seitennamens `robots.txt` an die Domain (z.B. `https://gitarrenberater.de/robots.txt`) diese im Browser aufgerufen werden (siehe Abbildung 4.2).

Abb. 4.2: `robots.txt` der Website gitarrenberater.de

Der Webcrawler prüft in regelmäßigen Abständen das Vorhandensein der `robots.txt`-Datei und speichert die Anweisungen ab. Ist keine `robots.txt` vorhanden, darf der Crawler sämtliche Seiten auslesen. Durch den Disallow-Befehl können einzelne Seiten, Verzeichnisse oder Dateitypen (z.B. PDF-Dateien) gesperrt werden. CSS- und JavaScript-Dateien dürfen dabei nicht ausgeschlossen werden, da dadurch Probleme beim Rendering erzeugt werden und ein Verstoß gegen die Google-Webmaster-Richtlinien vorliegt. Eine Sperrung von Seiten in der `robots.txt` verhindert nicht die Indexierung der URL, sondern lediglich das Auslesen des Inhalts und der Verlinkungen. Faktisch ist jedoch eine solche Seite nicht auffindbar. Durch die `robots.txt` gesperrte Seiten erscheinen im Index mit folgender Description:

»Aufgrund der robots.txt dieser Website ist keine Beschreibung für dieses Ergebnis verfügbar. Weitere Informationen.«

Über die `robots.txt` kann durch die Anweisung »Sitemap:« Suchmaschinen auch die URL einer Sitemap mitgeteilt werden (siehe Abbildung 4.2). Dieser Hinweis ist für alle Suchmaschinen sichtbar, während ein Hochladen der Sitemap in der Google Search Console nur Google diese Adresse übermittelt. Ein kostenloses Tool zum Testen der `robots.txt`-Datei findet man z.B. bei `https://de.ryte.com/free-tools/robots-txt/`. Das Tool überprüft, ob das Crawling für die angegebene URL für den Bot erlaubt ist oder nicht.

Über den Menüpunkt »URL-Prüfung« in der Search Console kann die Crawlbarkeit einer Seite so analysiert werden (siehe Abbildung 4.3). Zunächst muss eine URL in das Suchfeld eingegeben werden. Anschließend kann über die Funktion »Live-Test« die Seite so abgerufen werden, wie der Crawler diese sieht. Im rechten Bereich werden neben dem HTML-Code ein Screenshot und weitere Informationen angezeigt. Über den Screenshot ist bereits optisch zu erkennen, ob die Seite auch korrekt dargestellt wird. Sollte dies nicht der Fall sein, findet man unter »weitere Informationen«, ob z.B. bestimmte Ressourcen nicht geladen werden konnten oder andere technische Probleme auftreten. Im HTML-Code selbst kann überprüft werden, ob auch wirklich alle Inhalte der URL für Google sichtbar sind.

Im mittleren Bereich im Abschnitt »Crawling« erhält man wichtige Prüfpunkte, die erfüllt sein müssen (siehe Abbildung 4.4). Zunächst wird mitgeteilt, wann die URL das letzte Mal gecrawlt wurde. Wurden nach diesem Datum an der Seite noch einmal Änderungen vorgenommen, können sich diese erst dann auf das Ranking auswirken, wenn der Crawler sie zu einem aktuelleren Zeitpunkt neu ausgelesen hat. In der Regel wird die Seite verstärkt mit dem Googlebot für Smartphones gecrawlt. Damit eine URL ausgelesen werden kann, muss das Crawling erlaubt sein. Steht hier ein »Nein«, wurde die Seite über die `robots.txt` gesperrt. Fordert der Crawler die Webseite beim Server an, muss diese erfolgreich vom Server ausgeliefert werden. Dazu wird vom Server mit der angeforderten URL ein sogenannter Status-Code übermittelt. Dieser muss den Wert 200 (erfolgreich übermittelt) besitzen.

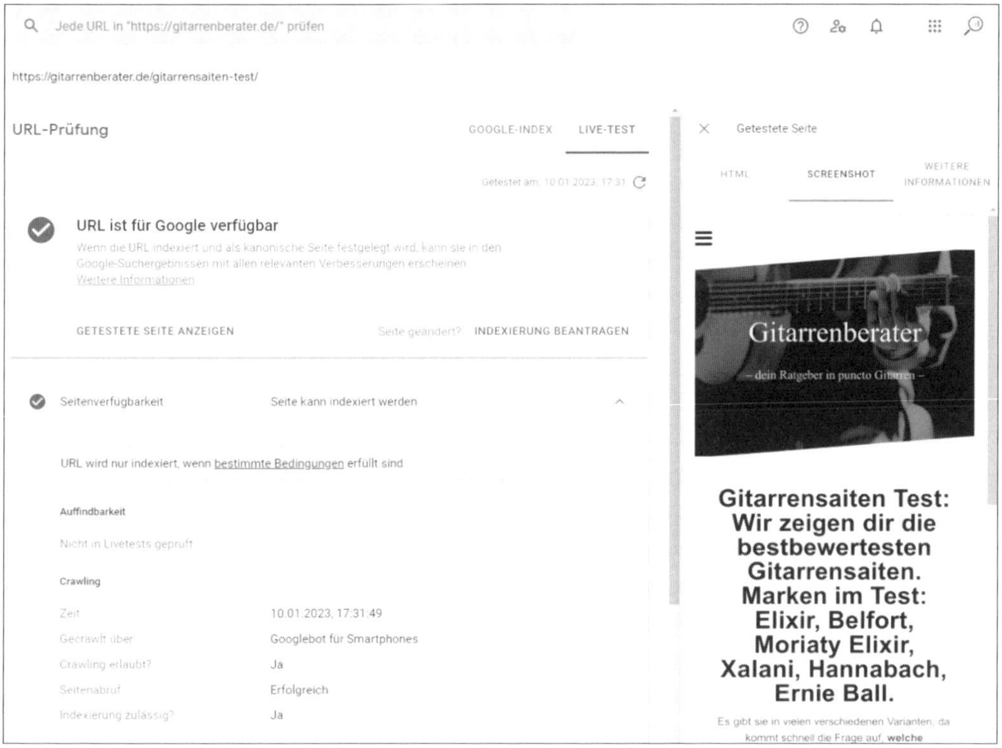

Abb. 4.3: URL-Prüfung in der Google Search Console

Werden alle Prüfpunkte im Bezug auf das Crawling erfüllt, muss als nächste Hürde die Indexierung erfolgreich gemeistert werden. Stellt eine URL ein Duplikat zu einer bereits bestehenden Seite dar oder ist dieser sehr ähnlich, kann es passieren, dass Google die betreffende Seite nicht in den Index aufnimmt. Ähnliches gilt für Seiten, die nahezu keine Inhalte aufweisen oder aus Sicht der Suchmaschine keinen Mehrwert für den Nutzer abbilden. In dem Prüfbericht erscheint sofort der Hinweis, ob die betreffende URL indexiert wurde (URL ist auf Google). Weitere Informationen zur Indexierung enthält der ausführlichere Absatz zur Abdeckung.

Durch den Einbau des Meta-Robots-Tags <meta name="robots" content="noindex, follow" /> im Head-Bereich des HTML-Codes einer Seite kann eine Seite von der Indexierung ausgeschlossen werden[1]. Dies kann z.B. bei nicht SEO-relevanten Seiten wie Datenschutz, AGB oder Login-Seiten vorgenommen werden. Die Seiten werden zwar zunächst gecrawlt, jedoch wird die URL nicht im Index abgelegt. Bei der zuvor genannten noindex-Anweisung würde in dem Prüfbericht bei der Frage »Indexierung zulässig?« ein »Nein« angezeigt werden.

1 Zur Struktur von HTML vgl. Abschnitt 10.2.

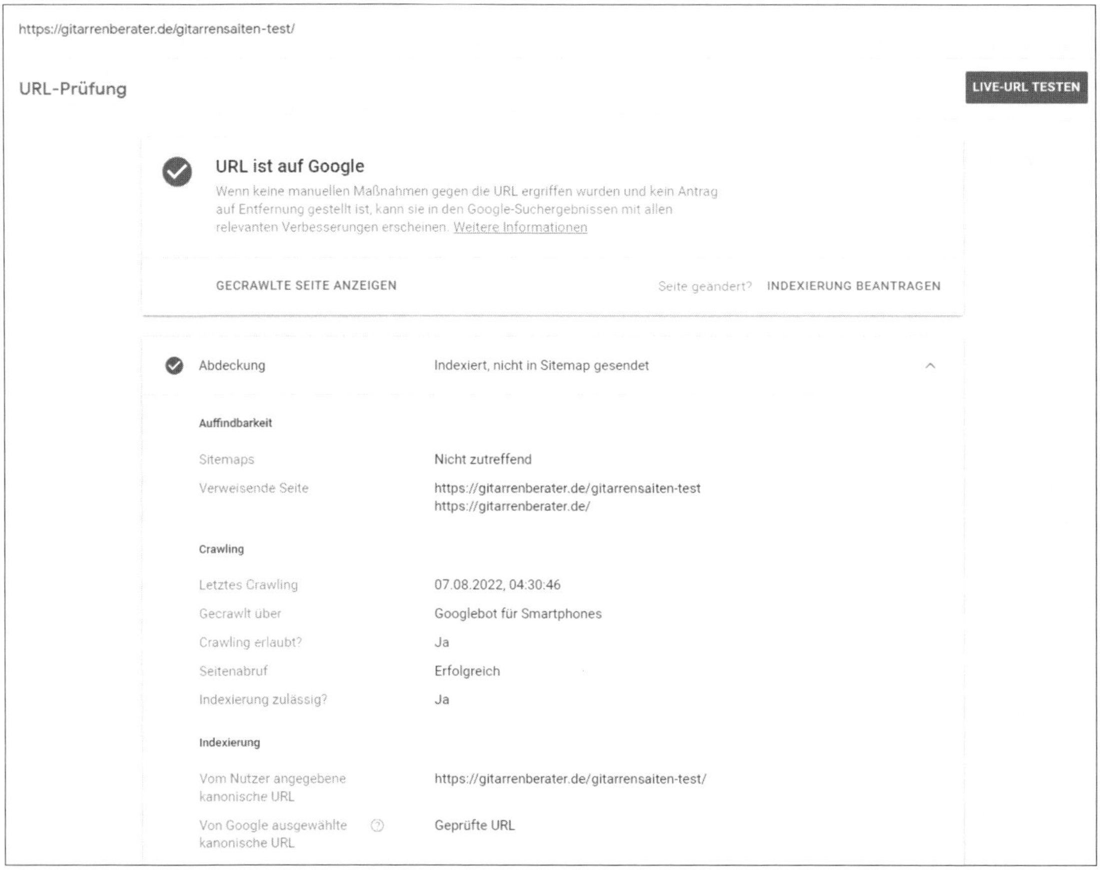

Abb. 4.4: Indexierbarkeit mit der Google Search Console prüfen

Außerdem wird Ihnen im Abschnitt »Indexierung« unter »Von Google ausgewählte kanonische URL« angezeigt, ob die »Geprüfte URL« oder eine abweichende URL für die getestete Seite indexiert wurde. Durch den Einbau des sogenannten *Canonical-Tags* <link rel="canonical" href="https://www.domain.de/kanonische-url/"/> im Head-Bereich des HTML-Codes kann Google mitgeteilt werden, dass es sich bei der betreffenden Seite um ein Duplikat handelt und nur die angegebene kanonische URL indexiert werden soll. Dieser Hinweis ist jedoch nicht verbindlich, sodass die Suchmaschine anders entscheiden kann. Weicht Google von der Anweisung ab, wird der Hinweis »Google hat eine andere Seite als der Nutzer als kanonische Seite bestimmt« angezeigt. Es kann auch vorkommen, dass Google eine Seite als Duplikat einstuft und selbst eine kanonische URL ermittelt (Hinweistext in der Search Console: »Duplikat – vom Nutzer nicht als kanonisch festgelegt«).

Ein Canonical-Tag wird meist dann eingesetzt, wenn gleiche Inhalte über mehrere URLs erreichbar sind (z.B. durch das Anhängen von Tracking- oder Filter-Parametern an die URL) oder Seiten sehr ähnlich sind (über 95%). Das Canonical-Tag überträgt alle Rankingsignale von der Kopie auf das Original. Existieren auf beiden Varianten Backlinks, wird die vererbte Linkpower (siehe Abschnitt 4.1) auf dem Original gebündelt.

Ist eine URL noch nicht auf Google und werden alle Prüfpunkte erfolgreich erfüllt, kann die Indexierung mit einem Klick auf den Link »Indexierung beantragen« gezielt angestoßen werden.

Im Bericht »Abdeckung« (siehe Abbildung 4.5) wird angezeigt:

- wie viele Seiten nicht indexiert werden konnten (Fehler), da ein Fehler vorliegt
- wie viele Seiten trotz Problemen indexiert wurden (Gültige Seite(n) mit Warnungen)
- wie viele URLs erfolgreich indexiert wurden (Gültig)
- wie viele URLs absichtlich nicht indexiert wurden (Ausgeschlossen), da eine Sperrung über die `robots.txt` oder ein Meta-Robots-Tag vorhanden ist

Abb. 4.5: Abdeckungsbericht in der Google Search Console

Im Abdeckungsbericht können einige Seiten, die nicht von der Indexierung ausgeschlossen wurden, dennoch den Status »Gecrawlt – zurzeit nicht indexiert« aufweisen. Da Google nur Seiten indexiert, deren Inhalte für den Nutzer relevant und nützlich sind, werden bestimmte Seiten bewusst ausgeschlossen. Gründe dafür sind:

- Die Seite bzw. Inhalte wurden als Duplicate Content eingestuft, weil eine andere Seite mit gleichem Inhalt existiert.
- Die Seite enthält nur sehr wenig Inhalt (*Thin Content*) und bietet damit keinen Mehrwert für den Nutzer.
- Die Seite weist eine schlechte interne Verlinkung auf und ist damit für einen Nutzer schwer auffindbar bzw. die Seite wird als unwichtig eingestuft.
- Die Seite enthält Inhalte, die nicht mehr aktuell sind.

Der Bericht dient dazu, zu überprüfen, ob die Anzahl der indexierten Seiten mit der tatsächlichen Seitenanzahl abzüglich der bewusst gesetzten Ausschlüsse übereinstimmt. Stößt man hier auf Abweichungen nach oben oder unten, findet man unterhalb der Grafik weitere Details. Durch Klick auf die jeweilige Klasse im Bericht kann diese ein- und ausgeblendet werden. Dadurch werden auch die darunterliegenden Details gefiltert. Abbildung 4.6 zeigt die Gründe an, warum einzelne Seiten von der Indexierung ausgeschlossen wurden. Klickt man auf einen dieser Punkte, erhält man eine Liste mit betroffenen URLs. Diese Informationen sind sehr hilfreich, um die Ursachen für nicht indexierte Seiten zu lokalisieren oder unerwünscht indexierte Seiten herauszufinden (z.B. Filterseiten).

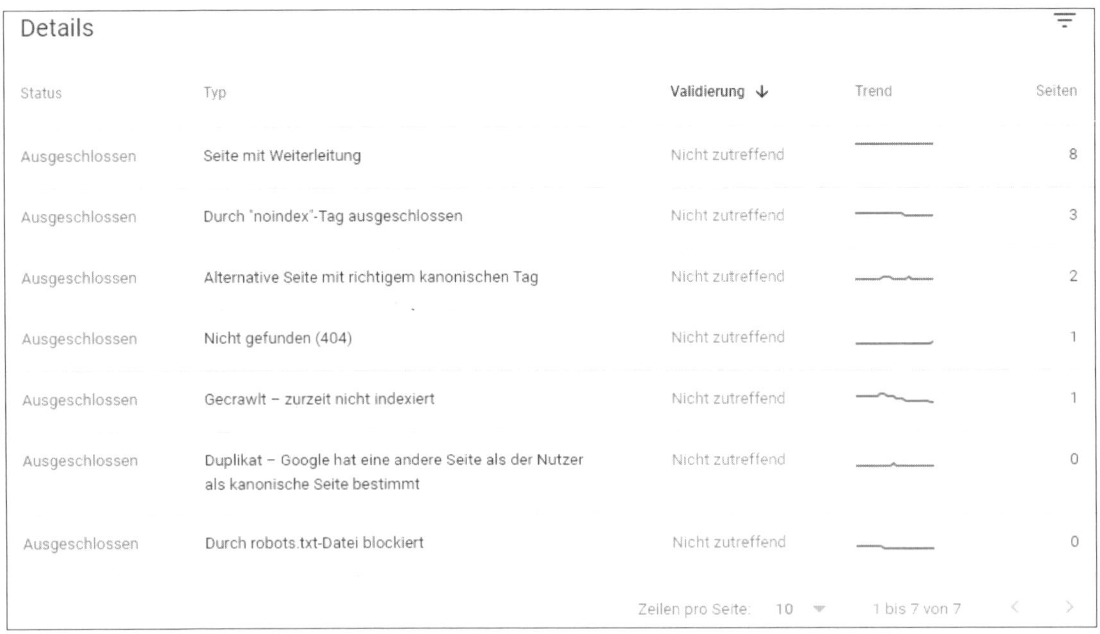
Details

Status	Typ	Validierung ↓	Trend	Seiten
Ausgeschlossen	Seite mit Weiterleitung	Nicht zutreffend		8
Ausgeschlossen	Durch "noindex"-Tag ausgeschlossen	Nicht zutreffend		3
Ausgeschlossen	Alternative Seite mit richtigem kanonischen Tag	Nicht zutreffend		2
Ausgeschlossen	Nicht gefunden (404)	Nicht zutreffend		1
Ausgeschlossen	Gecrawlt – zurzeit nicht indexiert	Nicht zutreffend		1
Ausgeschlossen	Duplikat – Google hat eine andere Seite als der Nutzer als kanonische Seite bestimmt	Nicht zutreffend		0
Ausgeschlossen	Durch robots.txt-Datei blockiert	Nicht zutreffend		0

Zeilen pro Seite: 10 1 bis 7 von 7

Abb. 4.6: Details zum Abdeckungsbericht

Eine Dokumentation zu den einzelnen Hinweisen in den Prüfberichten stellt Google unter `https://support.google.com/webmasters/answer/7440203?hl=de` bereit.

Info-Box: Tipp für WordPress-Nutzer

Die `robots.txt` und die Sitemap selbst können beispielsweise über das WordPress-Plugin *Yoast SEO* erstellt werden. Unter dem Menüpunkt »Yoast SEO > Werkzeuge« findet man einen Textlink mit der Bezeichnung »Datei-Editor«, der ein Editieren der `robots.txt` ermöglicht. Eine Sitemap kann unter dem Menüpunkt »Allgemein > Funktionen« über das Aktivieren des Reglers bei »XML-Sitemaps« generiert werden. Diese ist dann unter `https://gitarrenberater.de/sitemap_index.xml` abrufbar.

Die Google Search Console dient also nicht nur dazu, eine Website bei Google anzumelden, sondern ist gleichzeitig ein wichtiges technisches SEO-Tool. Es erlaubt über die Funktion »URL-Prüfung« einen technischen Check einzelner Seiten und liefert im Bericht »Abdeckung« Gründe zur Indexierung bzw. Nicht-Indexierung der von Google gefundenen URLs. Darüber hinaus enthält der Bericht »Leistung« wichtige Daten zur Sichtbarkeit der Website, der im Kapitel Kapitel 7 (»Erfolgskontrolle«) vorgestellt wird. Die Search Console ist damit ein unverzichtbares Tool für jeden Suchmaschinenoptimierer.

4.2 Ranking-Faktor Ladezeit

Heutzutage wird es immer wichtiger, Webinhalte für den Benutzer zu schaffen, die sich von der Konkurrenz abheben und dem Nutzer einen Mehrwert bieten. Diese Inhalte werden in Form von Bildern, Videos, Animationen und vielem mehr immer multimedialer. Früher waren Webseiten eher minimalistisch gestaltet und hatten eine überwiegend praktische Funktion. Diese Webseiten waren visuell, im Vergleich zu heute, sehr begrenzt gestaltet. Wenige Bilder, simple Texte, ein einfaches Layout und das Fehlen dynamischer Funktionen charakterisierten damals eine Webseite.

Das große Problem heute: die *Ladezeit*. Viele hochauflösende Bilder, komplexeres Layout, mehrere Schriftvarianten und externe Inhalte wie Google Maps etc. treiben die Ladezeit der Seite in die Höhe. Die Ladezeit einer Seite ist für die Suchmaschinenoptimierung deshalb so wichtig, weil sie zwei essenzielle Ranking-Faktoren beinhaltet: die Ladezeit selbst und die Verweildauer der Besucher. Google hat offiziell bestätigt, dass sich eine gute Ladezeit positiv auf die Rankingposition auswirkt. Besonders schnelle Seiten haben hier einen Vorteil gegenüber Webseiten, deren Inhalte nur langsam laden. Außerdem misst Google die Verweildauer eines Nutzers auf der Seite, indem der Abstand zwischen Seitenaufruf und Rückkehr zur Suchmaschine gemessen wird. Wenn eine Seite langsam lädt, verliert ein Besucher schnell die Lust und will ein anderes Suchergebnis aufrufen. Dieses Verhalten registriert Google. Deshalb gilt: Je schneller die Seiten laden, desto größer sind die Chancen auf eine längere Verweildauer der Besucher.

Besonders mit mobilen Endgeräten ist die Ladezeitoptimierung in den letzten Jahren in den Fokus geraten. Handys und Tablets haben meist eine schlechtere Verbindungsrate, müssen aber trotzdem sehr große Inhalte von der Webseite herunterladen. Durch den *»Mobile First«-Ansatz* von Google, der die bevorzugte Optimierung von mobilen Endgeräten behandelt, ist für die Suchmaschine die Ladezeit von Handys und Tablets sehr wichtig. Webseiten, die besonders gut für mobile Endgeräte optimiert sind, werden von Google dementsprechend auch höher in den Suchergebnissen gelistet. Benutzer, die ein Smartphone benutzen, haben außerdem nicht die Möglichkeit, im Vergleich zum Desktop, zwischen einzelnen Browser-Tabs zu wechseln. Aus diesem Grund ist der Optimierungsdruck auf mobilen Endgeräten noch größer, weil der Besucher im Vergleich potenziell schneller abspringt.

4.3 Analyse der Ladezeit

4.3.1 Prozesse beim Aufruf einer Webseite

Grundsätzlich erfolgt der Aufbau einer Webseite im Browser in vier Schritten:

Zuerst wird eine DNS-Abfrage vom Browser an den DNS-Server gesendet. Der Browser kann mit Domain-Namen (z.B. `https://gitarrenberater.de`) nichts anfangen und benötigt eine IP-Adresse, um die benötigte Webseite beim richtigen Server anzufordern.

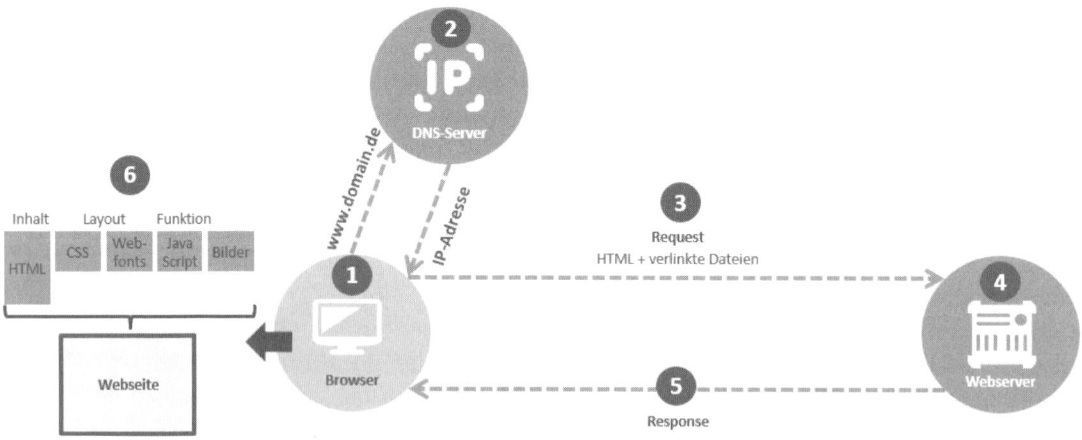

Abb. 4.7: Prozesse beim Aufruf einer URL

Ist die IP-Adresse ermittelt, sendet der Browser einen sogenannten *Request* an den Server, um als Erstes die HTML-Datei für die darzustellende Seite anzufordern.

Bei Content-Management-Systemen[2] (u.a. auch WordPress) werden Inhalte und Layout getrennt verwaltet. Dies hat den Vorteil, dass inhaltliche Änderungen vorgenommen werden können, ohne dass gleichzeitig das gesamte HTML bearbeitet werden muss. Änderungen werden dabei in der Datenbank gespeichert. Bei einem Seitenaufruf in WordPress muss deshalb zunächst über die Programmiersprache PHP eine HTML-Datei erzeugt werden. Bei der Anforderung einer URL wird als Erstes der PHP-Quellcode der Seite im Server geladen. Die PHP-Datei wird dann an den Interpreter übergeben, der die einzelnen Befehle ausführt, um eine HTML-Datei zu erzeugen. Dabei werden Inhalte aus der Datenbank geladen und mit dem installierten Theme zu einer HTML-Datei zusammengeführt. Erst danach kann das erste Datenpaket an den Browser übermittelt werden.

Sobald die HTML-Datei beim Browser angekommen ist, kann dieser damit beginnen, die Seite aufzubauen. Jedoch sind im Quellcode des HTMLs oft weitere Ressourcen wie z.B. CSS-, JavaScript-, Bilddateien und Webfonts verlinkt. Um die Seite vollständig darstellen zu können, müssen auch diese Dateien zunächst angefordert werden. Liegen diese auf anderen Domains (z.B. Google Analytics), müssen weitere DNS-Abfragen durchgeführt werden. Durch das Nachladen dieser Dateien wird der Seitenaufbau weiter verzögert. Das Zusammensetzen dieser einzelnen Ressourcen zu einer Webseite, damit diese im Browser dargestellt werden kann, wird als *Rendering* bezeichnet.

4.3.2 Metriken zur Messung der Ladegeschwindigkeit

Zur Messung der Ladegeschwindigkeit gibt es technische Metriken, die in erster Linie der Problemanalyse dienen. Dazu zählen insbesondere:

- **Time to First Byte (TTFB):** Zeit, bis das erste Datenpaket nach dem Aufruf einer Webseite im Browser vom Server empfangen wird. Misst die Reaktionsfähigkeit eines Webservers.
- **First Contentful Paint (FCP):** Zeit, bis die ersten Inhalte im Browser sichtbar werden. Der Nutzer erkennt, dass die Seite lädt.
- **Time to Interactive (TTI):** Zeit, bis die Website vollständig gerendert ist und auf Nutzereingaben reagiert.
- **Total Blocking Time (TBT):** Zeit, in der die Webseite blockiert ist, sodass der Nutzer nicht mit der Seite interagieren kann.
- **Speed Index:** Kennzahl für den Ladefortschritt einer Seite vom ersten Byte bis zur vollständig geladenen Seite. Je früher Inhalte im Browser zu sehen sind und je weniger Inhalte nachgeladen werden, desto niedriger der Speed Index.

2 Mehr Informationen zum Thema Content-Management-Systeme (CMS) finden Sie in Abschnitt 10.1.

Daneben gibt es nutzerzentrierte Metriken, die angeben, wie schnell sich das Laden einer Seite anfühlt. Diese als *Core Web Vitals* bezeichneten Messwerte werden seit Juni 2021 als zusätzlicher Ranking-Faktor von Google herangezogen.

- **Largest Contentful Paint (LCP):** Zeit, bis das größte Inhaltselement (größtes Bild oder größter Textblock) sichtbar wird. Der Nutzer erkennt, ob die Seite seine Erwartungen erfüllt.
- **First Input Delay (FID):** Zeit, bis der Nutzer mit der Seite interagieren kann. Die Seite reagiert z.B. auf den Klick auf einen Button.
- **Cumulative Layout Shift (CLS):** Messgröße für die visuelle Stabilität der Seite. Es wird gemessen, ob der Inhalt während des Ladens springt. Das kann passieren, wenn nachträglich Bilder geladen werden, die den Text nach unten verschieben.

Google unterscheidet bei den Core Web Vitals zwischen Feld- und Labdaten. Liegen über den Chrome-Browser genügend Messwerte von echten Nutzern vor, werden diese angezeigt und für das Ranking herangezogen. Sind diese Daten statistisch nicht aussagekräftig, werden nur Labdaten ausgewiesen.

Der First Input Delay kann nur mit Felddaten gemessen werden. Diese Metrik steht für gitarrenberater.de aktuell noch nicht zur Verfügung, da dazu eine statistisch signifikante Anzahl an Nutzern erforderlich ist, die in den letzten 30 Tagen die Website mit dem Chrome-Browser besucht haben. Deshalb wird alternativ die Metrik Total Blocking Time herangezogen, die mit dem First Input Delay korrespondiert.

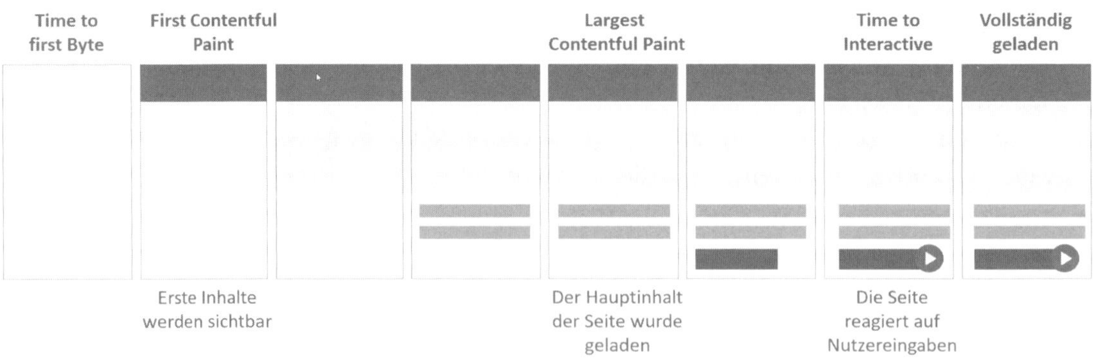

Abb. 4.8: Seitenaufbau und Metriken zur Messung der Ladezeit

4.3.3 Vorgehen zur Analyse der Ladezeit

Zuerst wird eine Nullmessung der Ladezeit der Website vorgenommen. Diese zeigt einerseits den Handlungsbedarf auf und dient andererseits als Bewertungsmaßstab für die durchgeführten Optimierungsmaßnahmen. *Google PageSpeed*

Insights (`https://PageSpeed.web.dev`) ist ein kostenloses Tool, das die Ladezeit misst. Als Ergebnis wird die Seite nicht nur auf einer Punkteskala von 1 bis 100 bewertet, sondern es werden auch wertvolle Tipps gegeben, wie die Seite optimiert werden sollte. Dafür werden kritische Punkte der Seite aufgezeigt und nach Wichtigkeit sortiert. Außerdem bietet dieses Tool auch die Möglichkeit, die Ladezeit speziell auf mobilen Endgeräten zu analysieren.

Die Mobilversion der Webseite `https://gitarrenberater.de/gitarrensaiten-test/` erzielt mit dem PageSpeed Insights ohne Optimierungsmaßnahmen und WordPress PageSpeed Plugins lediglich 36 von 100 möglichen Punkten. Bis 49 Punkte stuft Google eine Seite als schlecht ein, bis 89 Punkte als verbesserungswürdig und erst ab 90 Punkten als gut. Die *Time to Interactive*, also die Zeit, bis ein Besucher die Seite nutzen kann, liegt bei 15,1 Sekunden (siehe Abbildung 4.9). Zur groben Orientierung wird hier ein Wert von 2 bis 3 Sekunden empfohlen. Außerdem sollten die ersten Inhalte bereits innerhalb von einer Sekunde zu sehen sein.

Abb. 4.9: Nullmessung der Mobilversion mit dem Google PageSpeed Insights

Das Erzielen der vollen 100 Punkte in der mobilen Bewertung ist meist nur mit inhaltlichen Abstrichen und einem erhöhten Aufwand verbunden. Für ein gutes Ranking ist die volle Punktzahl auch nicht zwingend erforderlich. Selbst google.de kommt nur auf einen mobilen Score von 71 Punkten. Als sinnvollen Bewertungsmaßstab ermitteln wir deshalb die Page-Speed-Werte unseres Wettbewerbs. Mit dem Tool SERP Speed (`https://reddico.co.uk/tools/serp-speed/`) können sehr einfach die Speed Scores zu den Top-10-rankenden Seiten eines Keywords ermittelt werden (siehe Abbildung 4.10). In unserem Vergleich sehen wir, dass sich die Werte für den Suchbegriff »Gitarrensaiten Test« zwischen 22 und 89 bewegen. Der Mittelwert liegt demnach bei 62, den wir als Mindestwert für unsere Optimierungsmaßnahmen zugrunde legen. Die Daten zeigen sehr gut, dass ein Top-Ranking nicht zwingend mit einem hohen Page-Speed-Wert einhergeht.

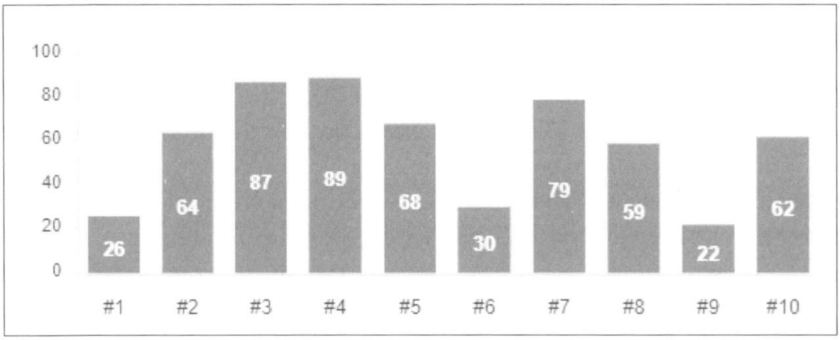

Abb. 4.10: PageSpeed Scores der Top-10-Wettbewerber

Um die Geschwindigkeit der Website zu verbessern, nehmen wir Schritt für Schritt detaillierte Messungen mit den Google-Chrome-Entwicklertools vor. Dabei identifizieren wir Schwachstellen und zeigen Lösungen auf, wie Sie diese auf Ihrer eigenen Webseite selbst beheben können. Außerdem erläutern wir zum besseren Verständnis die Empfehlungen des Google PageSpeed Insights Tools.

Der Suchmaschinen-Crawler von Google simuliert bei Einsatz eines Cookie-Consent-Banners eine umfassende Zustimmung zu allen Cookies, um auf alle Inhalte der Seite zugreifen zu können. Der Cookie-Text des Cookie-Banners wird in der Regel nicht vom Crawler indexiert und beeinträchtigt damit die Indexierung der Webseite nicht.

Bei der Prüfung der Webseite mit dem Chrome Developer Tools muss demnach eine manuelle Zustimmung zu allen Cookies erfolgen, um eine Bewertung analog zu Google durchführen zu können. Die Google-Chrome-Entwicklertools lassen sich im Chrome-Browser im Menü unter »Weitere Tools« und »Entwicklertools« öffnen (Windows Tastenkombination: `STRG`+`Umschalttaste`+`I` oder der `F12`-Taste). Durch Klick auf den Reiter »Netzwerk« und erneutes Laden der aufgerufenen URL kann ein Wasserfall-Diagramm (siehe Abbildung 4.11) erzeugt werden. Jede Zeile in dem Diagramm stellt einen Request dar. Typischerweise besteht eine Website nicht nur aus einem HTML-Dokument, sondern einer Vielzahl von einzelnen Ressourcen (z.B. Bilder, Fonts, CSS- und JavaScript-Dateien), die im Browser nacheinander geladen werden, um die Seite darzustellen.

Abb. 4.11: Wasserfall-Diagramm in den Google-Chrome-Entwicklertools

Für eine unverfälschte Messung wird das Laden einer Seite in einem neuen privaten Fenster empfohlen. Außerdem sollte ein Haken bei »Cache deaktivieren« gesetzt werden (siehe Abbildung 4.12). Dieser befindet sich im Menü »Netzwerk« der Google-Chrome-Entwicklertools in der direkt darunterliegenden zweiten Zeile. Dadurch wird der Browser-Cache deaktiviert, der die Messergebnisse beeinflussen kann.

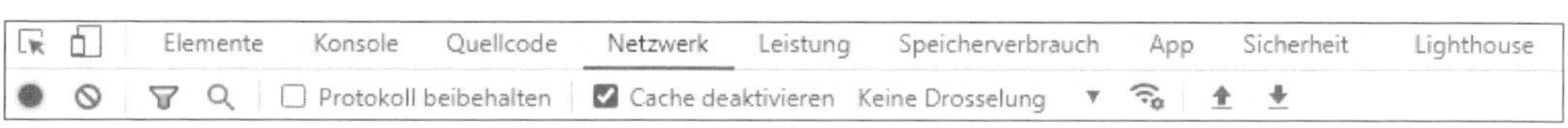

Abb. 4.12: Caching deaktivieren

Über die Toggle Device Toolbar (Gerätesymbolleiste) kann die Ansicht für Mobilgeräte simuliert werden (siehe Abbildung 4.13).

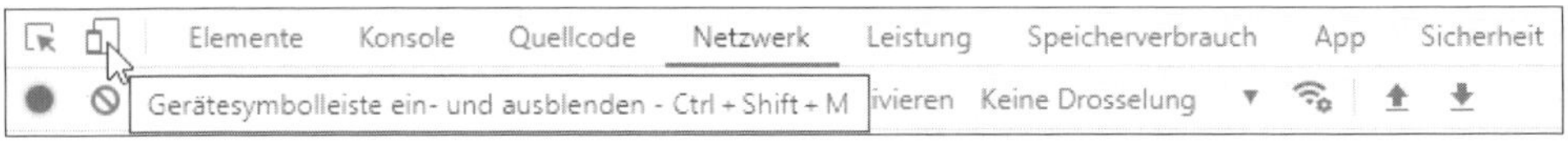

Abb. 4.13: Toggle Device Toolbar

Um die eigene Webseite unter erschwerten Bedingungen zu testen, kann im Reiter »Leistung« das CPU-Throttling aktiviert (4x verlangsamen) und die Netzwerk-Geschwindigkeit auf »Schnelles 3G« reduziert werden (siehe Abbildung 4.14). Diese Einstellungen entsprechen auch der Messung im Reiter »Lighthouse«, der den Seitenaufbau mit dem Motorola Moto G4 simuliert und der analog zu den Google PageSpeed Insights aufgebaut ist.

Abb. 4.14: Simulation von langsamen Internetverbindungen in den Chrome-Entwicklertools

4.3.4 Time to First Byte

Die erste Metrik, die zur Bewertung der Reaktionszeit des Webservers herangezogen wird, ist die sogenannte *Time to First Byte (TTFB)*. Diese umfasst die Zeit, die von der Anforderung einer Webseite durch den Browser bis zur Auslieferung des ersten Datenpakets und damit dem ersten Byte vergeht. Im Wasserfall-Diagramm erscheint die TTFB in der ersten Zeile. Es handelt sich dabei um das HTML-Dokument der Seite `https://gitarrenberater.de/gitarrensaiten-test/`. Beim Klick auf die erste Zeile im Wasserfall-Diagramm werden ausführliche Informationen zu dieser Ressource angezeigt. Im Reiter »Timing« findet man eine ausführliche Statistik zu den einzelnen Zeiten eines Requests (siehe Abbildung 4.15):

- **Warteschlange (Queuing):** Zeit, die eine Anfrage in der Warteschlange verweilt, weil höher priorisierte Anfragen ausgeführt werden oder die max. Anzahl an 6 Verbindungen (nur bei HTTP/1) ausgeschöpft ist.
- **Verzögert (Stalled):** Blockierte Zeit aufgrund der unter »Queuing« genannten Gründe. Aber auch Plugins, deren Abfrage auf einem externen Server sehr lange dauert.
- **DNS-Lookup:** Damit der Browser einen Server adressieren kann, muss zunächst eine Anfrage an den DNS-Server gesendet werden, der die einem Domain-Namen zugeordnete IP-Adresse zurückgibt.

- **Ursprüngliche Verbindung (Initial connection):** Verbindungsaufbau mit dem Server inkl. SSL-Handshake für die Verschlüsselung mittels https.
- **Anfrage gesendet (Request sent):** Absenden der Anfrage.
- **Waiting (TTFB):** Wartezeit des Browsers, bis das erste Byte an Daten übermittelt wird (Time to First Byte).
- **Herunterladen von Inhalten (Content-Download):** Der Browser erhält die Antwort des Servers.

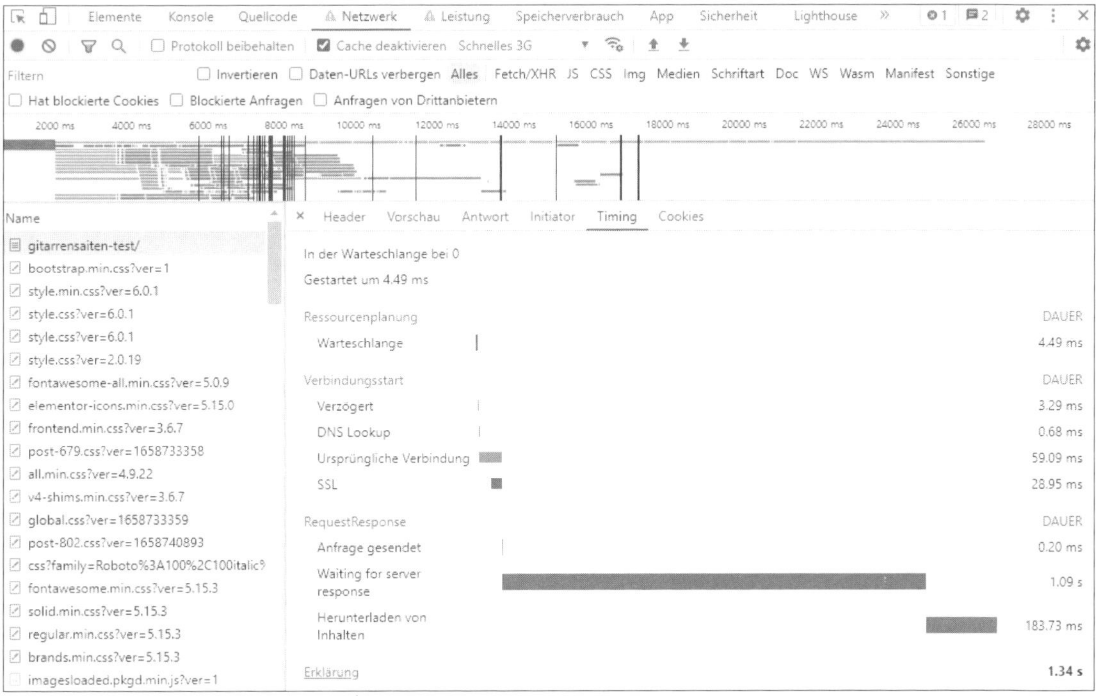

Abb. 4.15: Ermittlung der TTFB mit den Chrome-Entwicklertools

Die TTFB der betrachteten Seite beträgt 1,16 Sekunden und umfasst die blockierte Zeit, den DNS-Lookup, den Verbindungsaufbau, den SSL-Handshake, die Verarbeitung durch den Webserver und den Versand des ersten Datenpakets (Gesamtzeit von 1,34 s abzgl. der Zeit für den Content-Download von 183,73 ms). Ein normaler Wert bewegt sich zwischen 300 und 500 ms. Ein optimaler Wert liegt unter 200 ms. Sieht man sich im Wasserfall-Diagramm die Länge der einzelnen Balken an, so stellt man fest, dass die erste zu ladende Datei längere Balken aufweist. Die Reaktionszeit des Webservers scheint sehr langsam und verzögert das Laden der Seite.

Eine wichtige Rolle spielt bei der TTFB die Performance des Webhosters. Jedoch muss man hier meist Kompromisse eingehen, wenn man nicht bereit ist, mehr

Geld in ein schnelleres Hosting zu investieren. Deshalb setzen wir in unserem Projekt auf ein Shared Hosting, bei dem wir uns die Ressourcen (z.B. Arbeitsspeicher, CPU-Nutzung etc.) mit anderen Website-Betreibern teilen. Geschwindigkeitseinbußen nehmen wir damit bewusst in Kauf.

Grundsätzlich sollte bei der Auswahl eines Webhosters auf folgende Kriterien geachtet werden:

- Serverstandort in der Region der Zielgruppe und eine hohe Netzwerkanbindung des Serverzentrums
- Anzahl der Kunden pro CPU-Kern (Empfehlung: Für komplexe Websites mit viel Traffic sollten Sie vom Shared Hosting auf einen Dedicated oder Managed Server wechseln.)
- Höhe des garantierten RAM-Speichers (mind. 512 MB, Empfehlung: 1 GB)
- Verwendung von SSD-Speicher
- Unterstützung von HTTP/2 oder HTTP/3
- Hohe Erreichbarkeit des Servers
- Unterstützung von GZIP-Komprimierung
- Aktuelle Apache-, IIS-, Tomcat-, PHP-Versionen

Der TTFB kann auch sehr einfach über verschiedene internationale Standorte mit dem Tool `https://tools.keycdn.com/performance` ermittelt werden.

HTTP/2 bietet durch die Kommunikation zwischen Browser und Server über eine einzige Verbindung Geschwindigkeitsvorteile gegenüber HTTP/1.1, wo für jede Datei eine eigene Verbindung aufgebaut werden muss.

Mitte 2022 wurde die dritte Version HTTP/3 verabschiedet. Die Verbindung zwischen Client und Server läuft hier nicht mehr über das Übertragungssteuerungsprotokoll TCP, sondern über QUIC. Dadurch führt der Verlust eines Datenpakets nicht mehr dazu, dass die komplette Verbindung blockiert wird, sondern nur noch der betroffene Datenstream.

Mit dem Tool `https://http2.pro` bzw. `https://www.http3check.net` kann überprüft werden, ob der eingesetzte Webserver das HTTP/2- bzw. HTTP/3-Protokoll unterstützt (siehe Abbildung 4.16).

In den Chrome-Entwicklertools kann durch Klick auf die rechte Maustaste innerhalb des Headers der Tabelle mit den Requests das verwendete HTTP-Protokoll hinzugefügt werden (siehe Abbildung 4.17). Bei unserer Website müssen wir feststellen, dass einige der von Amazon ausgelieferten Affiliate-Werbemittel noch mit HTTP/1.1 übertragen werden. Die Konfiguration des Amazon-Webservers kann jedoch nicht beeinflusst werden. Google-Ressourcen, wie z.B. der Tag Manager, werden bereits mit HTTP/3 ausgeliefert. Die eigenen Dateien, die bei unserem Hoster abgelegt sind, werden mit HTTP/2 übertragen.

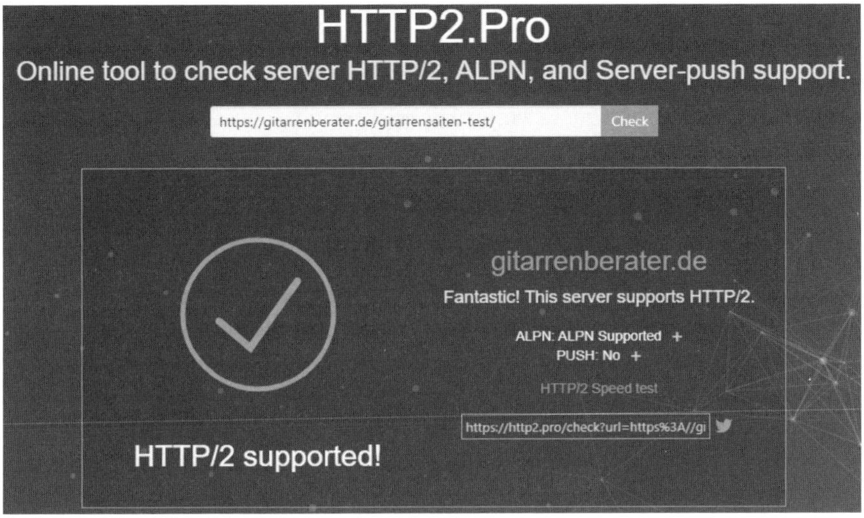

Abb. 4.16: Prüfung des Webservers auf HTTP/2

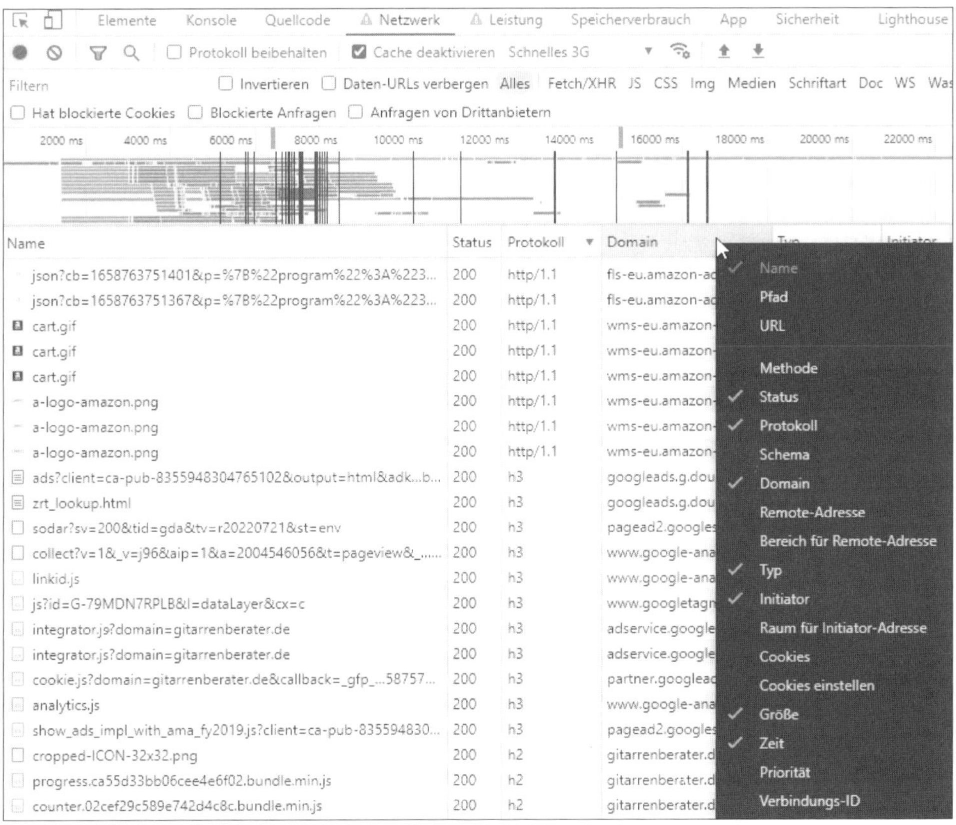

Abb. 4.17: Prüfen der HTTP-Version

Auch die Auswahl des Themes und die Verwendung eines Pagebuilders haben Auswirkungen auf die Anzahl und Größe der zu ladenden Dateien und der daraus resultierenden Ladezeit. Deshalb sollte bereits zu Beginn auf ein schlankes Template geachtet und auf unnötige Erweiterungen verzichtet werden. Empfehlenswert sind z.B. folgende Themes:

- `https://de.WordPress.org/themes/astra/`
- `https://de.WordPress.org/themes/generatepress/`

Bei der Auswahl des Themes sollte unbedingt geprüft werden, ob das Template responsive ist und auf diversen Geräten korrekt dargestellt wird. Bei einem responsiven Webdesign passt sich das Layout einer Website flexibel an die Displaygröße des benutzten Endgeräts an, mit dem die Website aufgerufen wird. Der Vorteil liegt darin, dass nur ein Quellcode für die Website erforderlich ist. Diese Methode wird auch von Google empfohlen. Zum Testen kann z.B. der *Responsive Design Checker* `https://www.browserstack.com/responsive` genutzt werden.

4.4 Schritte zur Optimierung der Ladegeschwindigkeit

Zuerst sollte sichergestellt werden, dass die Website auf der neuesten stabilen PHP-Version und der aktuellen WordPress-Installation läuft. Denn jedes Update bringt auch meist eine Verbesserung der Geschwindigkeit mit sich.

In der Verwaltungsoberfläche von DomainFactory, dem Webhoster für unser Projekt gitarrenberater.de, findet man unter dem Menüpunkt »Webspace > PHP-Einstellungen« die verwendete PHP-Version (siehe Abbildung 4.18). Durch Klick auf den Button »PHP-Version editieren« kann man überprüfen, ob es eine neuere stabile Version gibt, und Änderungen vornehmen.

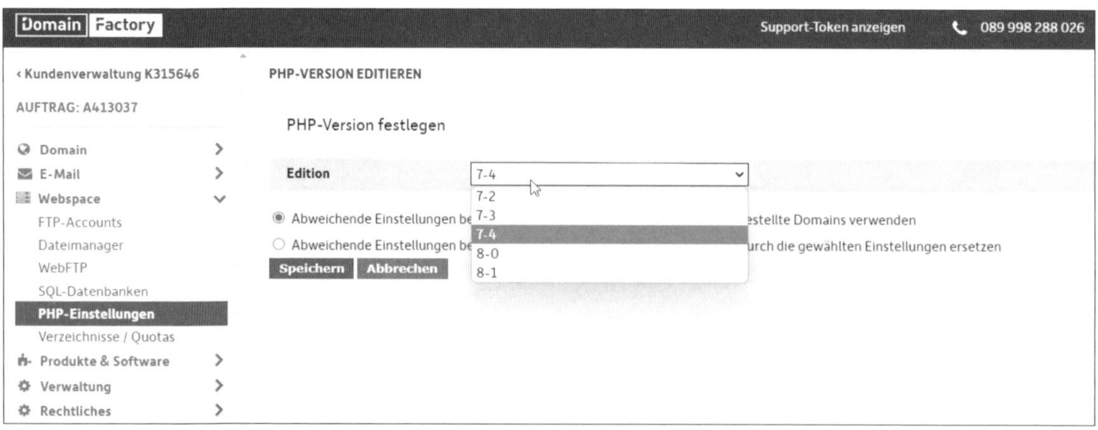

Abb. 4.18: PHP-Einstellungen auf dem Webserver

Alle nicht benötigten Plugins in WordPress sollten bereits im Vorfeld entfernt werden. Falls auf der WordPress-Website Beiträge genutzt werden, sollten unter »Einstellungen > Diskussion« die ersten beiden Optionen deaktiviert werden (siehe Abbildung 4.19).

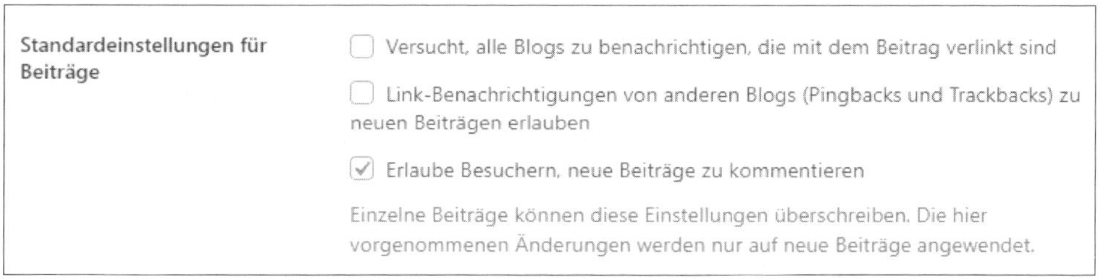

Abb. 4.19: Deaktivierung von Beitragsfunktionen

Außerdem sollte unter »Einstellungen > Diskussion« die Avataranzeige ebenfalls deaktiviert werden (siehe Abbildung 4.20).

Abb. 4.20: Avataranzeige deaktivieren

Die wesentlichen Schritte zur Optimierung der Ladegeschwindigkeit einer Website sind:

- Verringerung der Anzahl der Requests
- Reduzierung der Größe einzelner Ressourcen
- Ressourcen schneller laden (DNS/Caching/CDN)
- Reihenfolge der Ressourcen priorisieren

4.4.1 Anzahl der Requests

Je mehr Ressourcen (z.B. Bilder, Webfonts, CSS- und JavaScript-Dateien) eine Seite enthält, desto mehr Requests (Anfragen) müssen an den Webserver adressiert werden. Die Anzahl der angefragten Dateien erhöht demnach auch die Ladezeit einer Seite. Insgesamt werden für die betrachtete Seite `https://gitarrenberater.de/gitarrensaiten-test/` 173 Requests übermittelt, wie in der Fußzeile des Wasserfall-Diagramms abgelesen werden kann (siehe Abbildung 4.21).

Abb. 4.21: Anzahl der Requests

Eine Reduktion dieser Requests würde zu einer kürzeren Ladezeit führen. Demnach sollte in einem ersten Schritt geprüft werden, ob auf bestimmte Elemente, z.B. Bilder oder auch Plugins, die das Laden bestimmter zusätzlicher Ressourcen (u.a. CSS- und JavaScript-Dateien) nach sich ziehen, verzichtet werden kann. Auf den ersten Blick ergeben sich für unsere Seite zunächst keine Optimierungsansätze, da nicht benötigte Plugins bereits im Vorfeld gelöscht wurden und alle Bilder als erforderlich erachtet werden.

4.4.2 Anzahl der Webfonts reduzieren

Die Requests beinhalten insgesamt 4 Webfonts (Schriftarten), die aufgrund des verwendeten Themes und dem Pagebuilder Elementor von externen Servern geladen werden (siehe Abbildung 4.22). Diese Schriften verzögern deutlich die Ladegeschwindigkeit. Die Anzahl der Fonts sollte auf max. ein bis zwei Schriftarten reduziert werden. Damit diese Schriften nicht von einem externen Server geladen werden müssen, könnten diese auch auf dem eigenen Webserver abgelegt werden. Noch besser wäre es, nur auf Systemschriften zu setzen, die bereits auf dem Rechner des Nutzers vorinstalliert sind.

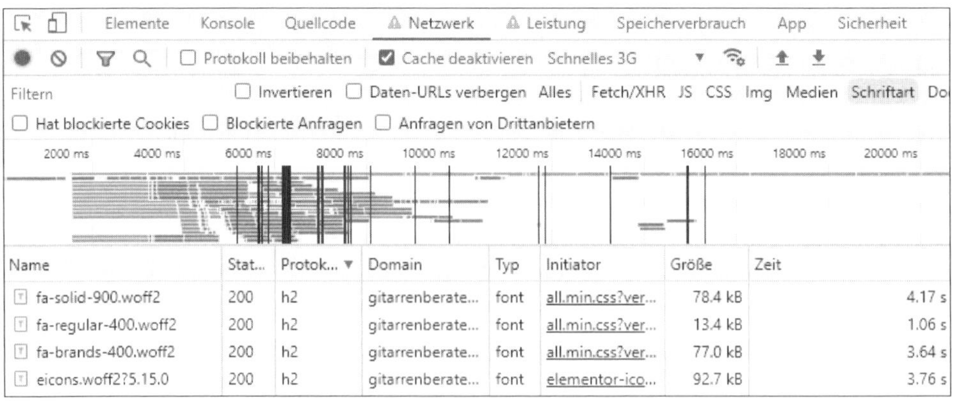

Abb. 4.22: Ladezeiten der einzelnen Schriftarten

Leider bietet das ausgewählte Theme keine Konfigurationsmöglichkeit, um das Laden von Google Fonts zu deaktivieren. Grundsätzlich besitzt das Plugin *Autoptimize*, das nachfolgend auch noch für andere Optimierungen eingesetzt wird, eine Funktion, um alle Google Fonts zu entfernen (siehe Abbildung 4.23). Sollen jedoch nur einzelne Fonts nicht geladen werden, muss in den Quellcode von WordPress eingegriffen werden.

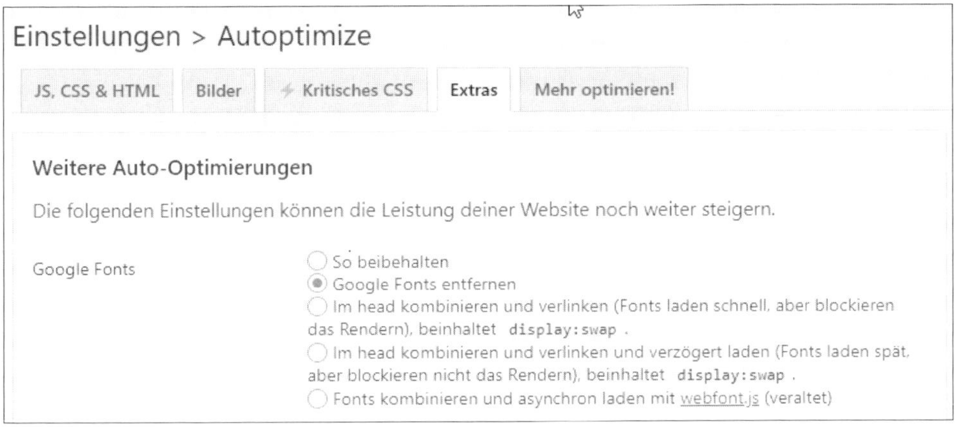

Abb. 4.23: Google Fonts mit Autoptimize entfernen

Auch Elementor bietet eine Funktion, um alle über Elementor geladenen Schriftarten zu deaktivieren und stattdessen die Schriften des Themes zu verwenden (siehe Abbildung 4.24). Jedoch funktioniert diese Einstellung nicht immer. Dies ist auch bei gitarrenberater.de der Fall.

Abb. 4.24: Von Elementor geladene Fonts entfernen

Für ein manuelles Entfernen einzelner Fonts müssen einzelne Befehlszeilen in der Datei `functions.php` hinzugefügt werden. Damit diese Änderungen nicht später durch ein Update überschrieben werden, empfiehlt es sich, zunächst ein Child Theme zu erstellen. Dazu kann das Plugin `https://WordPress.org/support/plugin/orbisius-child-theme-creator/` benutzt werden. Nach Aktivierung des Plugins gelangt man über den Link »Create Child Theme« zu einer Übersicht der installierten Themes. Durch Klick auf den Button »Create Child Theme« bei dem aktuell aktiven Theme wird dieses automatisch generiert. Unter dem Menü »Design > Themes« kann das Child Theme aktiviert und bearbeitet werden.

Innerhalb der functions.php des Custom Child Themes müssen dann einige Codezeilen ergänzt werden. Diese Datei kann über den Menüpunkt »Design > Orbisius Theme Editor« bearbeitet werden.

Zunächst muss nach dem sogenannten Dateideskriptor des Fonts (`$handle`) gesucht werden, der deaktiviert werden soll. In der `functions.php`-Datei des Parent Themes von gitarrenberater.de finden wir folgende Codezeilen:

```
. . .
function oblique_scripts() {
if ( get_theme_mod( 'body_font_name' ) != '' ) {
wp_enqueue_style( 'oblique-body-fonts', '//fonts.googleapis.com/
css?family=' . esc_attr( get_theme_mod( 'body_font_name' ) ) );
} else {
wp_enqueue_style('oblique-body-fonts','//fonts.googleapis.com/
css?family=Open+Sans:400italic,600italic,400,600' );
}
if ( get_theme_mod( 'headings_font_name' ) != '' ) {
wp_enqueue_style('oblique-headings-fonts','//fonts.googleapis.com/
css?family=' . esc_attr( get_theme_mod( 'headings_font_name' ) ) );
} else {
wp_enqueue_style('oblique-headings-fonts','//fonts.googleapis.com/
css?family=Playfair+Display:400,700,400italic,700italic' );
}
. . .
add_action( 'wp_enqueue_scripts', 'oblique_scripts' );
. . .
```

Die fett gekennzeichneten Deskriptoren, die die vom Theme zu ladenden Schriften kennzeichnen, müssen im nachfolgenden Codeschnipsel eingetragen werden:

```
add_action( 'wp_enqueue_scripts', function() {
  wp_dequeue_style( 'oblique-headings-fonts' );
  wp_dequeue_style( 'oblique-body-fonts' );
}, 99 );
```

Der Code wird nun in der `functions.php`-Datei des Child Themes eingefügt. Dadurch wird das Laden der zwei angegebenen Schriften unterbunden (siehe Abbildung 4.25).

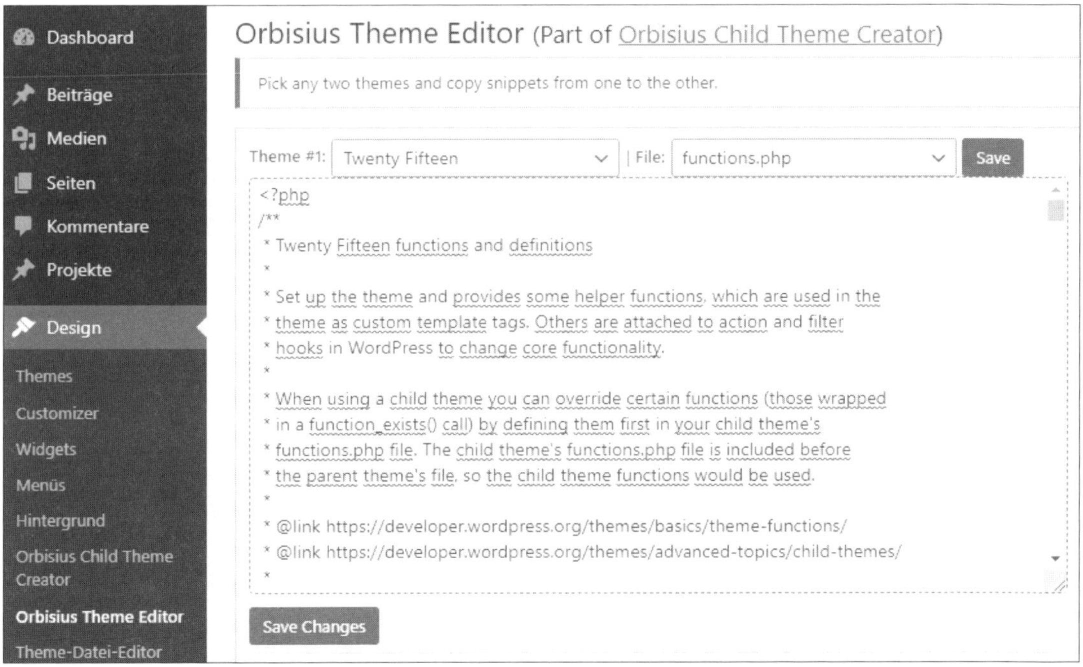

Abb. 4.25: Einfügen von Code in der `functions.php`

4.4.3 PageSpeed-Experimente in Elementor

Das Plugin *Elementor* bietet inzwischen einige Neuerungen zur Optimierung der Ladegeschwindigkeit an. Die »optimierte DOM-Ausgabe« entfernt einige Wrapper-Elemente aus dem DOM und führt dadurch zu einem schlankeren HTML.

Durch die Option »Verbessertes Laden von Assets« werden auf den einzelnen Seiten nicht mehr standardmäßig alle Skripte geladen, sondern überwiegend nur noch der für die jeweilige Seite benötigte Code. Diese und weitere Optionen sind innerhalb der Elementor-Einstellungen im Reiter »Experimente« zu finden (siehe Abbildung 4.26). Empfehlenswert ist dabei, auch die Option »Flexbox Container« zu aktivieren.

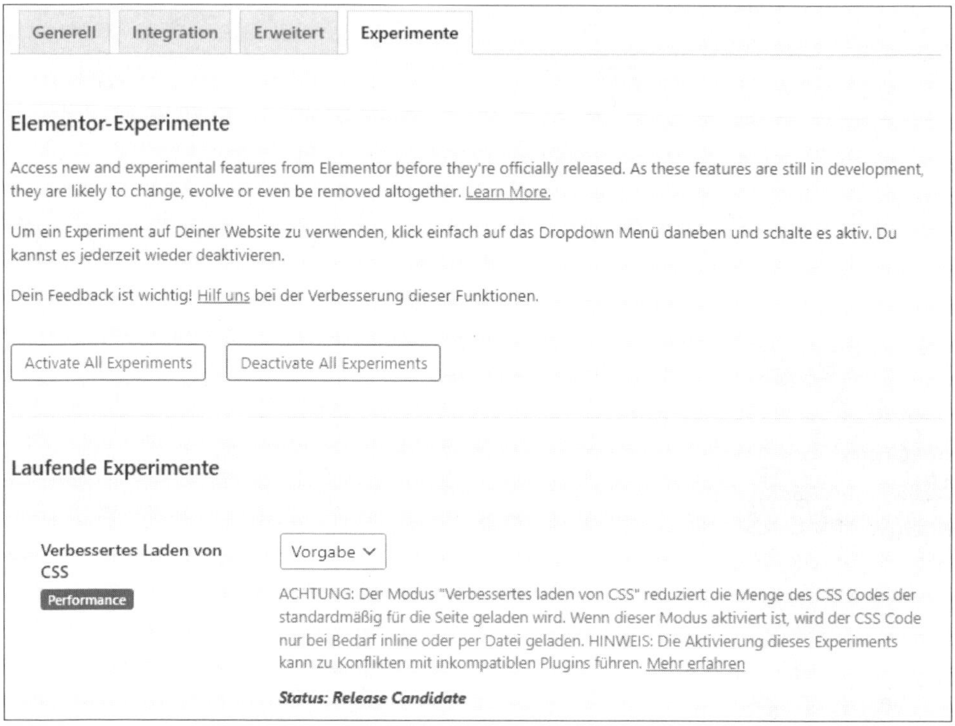

Abb. 4.26: PageSpeed-Optimierungen in Elementor

4.4.4 Bildgrößen reduzieren

Im Schnitt besteht rund 60% des Datenvolumens einer Webseite aus Bildern. Aus diesem Grund ist es umso wichtiger, Bilder korrekt zu optimieren. Eine schlecht optimierte Seite enthält Bilder, die im Originalzustand auf die Seite geladen werden. Für die Bildoptimierung ist es entscheidend, die Bilder auf eine passende Bildgröße zu skalieren. Das kann bereits vor dem Upload in WordPress durch ein Bildbearbeitungsprogramm geschehen, aber auch direkt im Content-Management-System. In WordPress selbst können die Bilder entweder manuell durch die direkte Skalierung des einzelnen Bildes oder automatisch durch eine Plugin-Lösung zugeschnitten werden. Optimale Bilder sind je nach Größe auf 30 bis 150 Kilobyte skaliert.

Auf der Seite »Gitarrenseiten Test« sind insgesamt 90 **Bilddateien** eingebunden. Davon werden 79 von Amazon Mediaservern geladen. Auf die Größe der Bilder, die über ein Widget bereitgestellt werden, können Sie leider keinen Einfluss nehmen. Jedoch könnten alle anderen Bilddateien von Amazon heruntergeladen und auf dem eigenen Webserver gehostet werden. Dadurch ergibt sich auch die Möglichkeit, direkt auf die Bildgrößen einzuwirken. Diese Methode hat jedoch den

Nachteil, dass Bildaktualisierungen manuell geprüft und vorgenommen werden müssten.

Zu große Bilder lassen sich über den in Abbildung 4.27 gezeigten Bericht sehr schnell durch eine nach Größe absteigende Sortierung erkennen. Andererseits erkennt man auch die Elemente mit besonders langen Ladezeiten anhand der Länge der einzelnen Balken im Wasserfall-Diagramm.

Name	Stat...	Protokoll	Domain	Typ	Initiator	Größe ▼	Zeit
cropped-Gitarrenberater...	200	h2	gitarrenberate...	jpeg	(Index)	97.9 kB	7.09 s
51Amh2RTJ+L._SL250_.jpg	200	h2	m.media-amaz...	jpeg	g	20.9 kB	1.79 s
51ceEQRygyL._SL250_.jpg	200	h2	m.media-amaz...	jpeg	g	20.8 kB	1.78 s
61g6xOoV4yL._SL250_.jpg	200	h2	m.media-amaz...	jpeg	g	19.9 kB	1.73 s
610Kv-491WL._SL250_.jpg	200	h2	m.media-amaz...	jpeg	g	19.1 kB	2.53 s
51ocXPTEBLL._SL250_.jpg	200	h2	m.media-amaz...	jpeg	g	18.9 kB	2.51 s
imgg_300x250_alles_was...	200	h2	a1.awin1.com	jpeg	imgg_300x25...	16.8 kB	2.34 s
51fKDzzsljL._SL250_.jpg	200	h2	m.media-amaz...	jpeg	g	16.8 kB	2.41 s
a-logo-amazon.png	200	http/1.1	wms-eu.amaz...	png	g?ServiceVersi...	16.1 kB	2.30 s
a-logo-amazon.png	200	http/1.1	wms-eu.amaz...	png	g?ServiceVersi...	16.1 kB	2.16 s
a-logo-amazon.png	200	http/1.1	wms-eu.amaz...	png	g?ServiceVersi...	16.1 kB	2.19 s
a-logo-amazon.png	200	http/1.1	wms-eu.amaz...	png	g?ServiceVersi...	16.1 kB	2.21 s
a-logo-amazon.png	200	http/1.1	wms-eu.amaz...	png	g?ServiceVersi...	16.1 kB	2.22 s
a-logo-amazon.png	200	http/1.1	wms-eu.amaz...	png	g?ServiceVersi...	16.1 kB	2.29 s
a-logo-amazon.png	200	http/1.1	wms-eu.amaz...	png	g?ServiceVersi...	16.1 kB	1.91 s
a-logo-amazon.png	200	http/1.1	wms-eu.amaz...	png	g?ServiceVersi...	16.1 kB	1.97 s

Abb. 4.27: Zu ladende Bilddateien

Bilder, die große Ladezeiten verursachen bzw. große Dateigrößen aufweisen, sollten noch einmal überarbeitet werden.

Grundsätzlich empfiehlt sich folgende Vorgehensweise bei der Optimierung von Bildern:

Bilder richtig skalieren

Bevor Bilder in WordPress hochgeladen werden, sollten diese auf die maximal benötigte Größe skaliert werden. Um diese Größe zu bestimmen, nutzt man am besten die Vorschauversion des verwendeten Templates. Durch Rechtsklick auf ein Bild in Google Chrome kann der Befehl UNTERSUCHEN aufgerufen werden. Dadurch öffnen sich die Chrome-Entwicklertools. Zunächst klickt man auf das Inspektor-Symbol, das im Menü der Entwicklertools ganz links zu finden ist. Dann fährt man mit der Maus über das Bild und klickt darauf. Anschließend wird der HTML-Code des Bildes in den Entwicklertools markiert. Bei Mouse-Over über diesen Bereich werden die Originalgröße des Bildes und seine gerenderte Größe (dargestellte Größe) angezeigt (siehe Abbildung 4.28).

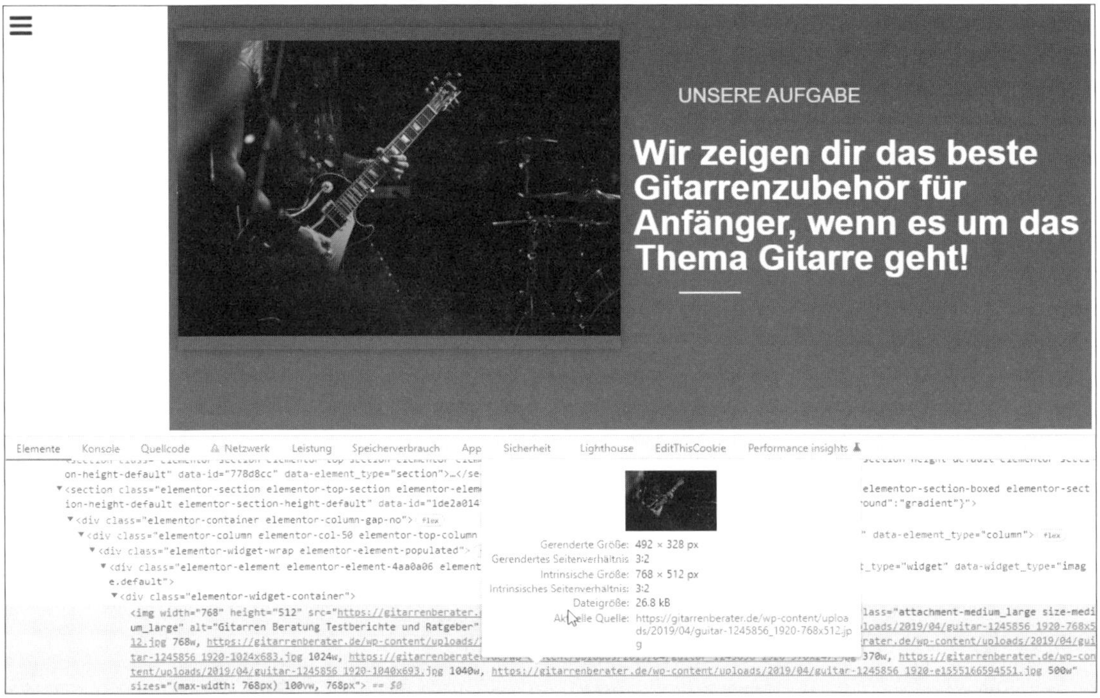

Abb. 4.28: Originalgröße und gerenderte Größe eines Bildes bestimmen

Die tatsächliche Größe eines Bildes sollte ca. 1,5 Mal größer sein als die dargestellte Größe, damit das Bild auch auf 4K-Bildschirmen nicht pixelig wirkt.

Wurde die benötigte Größe berechnet, wird das Originalbild in einem Bildbearbeitungsprogramm geöffnet (z.B. *GIMP*) und über die Funktion »Skalieren« von der Originalgröße auf die benötigte Pixelgröße verkleinert.

Angenommen, ein JPG-Bild hat im Original Abmessungen von 5472 × 3648 Pixeln und eine Dateigröße von 2,53 MB. Dann ergibt sich allein durch die Skalierung auf eine Größe von 750 × 500 Pixeln eine Verkleinerung der Datei auf 272 KB.

Beim Upload eines Bildes in WordPress werden neben dem Original automatisch weitere Bildgrößen generiert (Vorschaubild, Mittelgroß, Groß). Beim Einbau eines Bildes in eine Seite über den Gutenberg-Editor kann die gewünschte Bildgröße unter den Bild-Einstellungen ausgewählt werden (siehe Abbildung 4.29).

Abb. 4.29: Auswahl der Bildgröße im Gutenberg-Editor

Bilder komprimieren

Eine optimale Bildgröße liegt bei ca. 50 KB. Ausgenommen hiervon sind Bilder, die die komplette Bildschirmbreite einnehmen. Damit ein solches Bild noch eine gute Qualität aufweist, benötigt man hierfür meist ca. 150 KB.

In unserem vorherigen Beispiel beträgt die Bildgröße nach der Skalierung noch 272 KB. Um die Dateigröße weiter zu verringern, wird das Bild im nächsten Schritt komprimiert. Zur Komprimierung von Bildern gibt es eine Vielzahl von kostenlosen Tools, die entweder auf dem Rechner installiert oder online genutzt werden können. Das Online-Tool *Squoosh* (`https://squoosh.app`) überzeugt durch seine Vorschaufunktion und die Vielzahl an Einstellungsmöglichkeiten (Farbreduktion, diverse Bildformate, Qualitätsstufe und einer Vielzahl an Funktionen für Fortgeschrittene). Darüber hinaus beinhaltet das Tool auch eine Skalierungsfunktion (siehe Abbildung 4.30). Bei dem Format MozJPEG und einer Qualitätsstufe von 70% erzielen wir eine Verringerung der Dateigröße auf 16,8 KB.

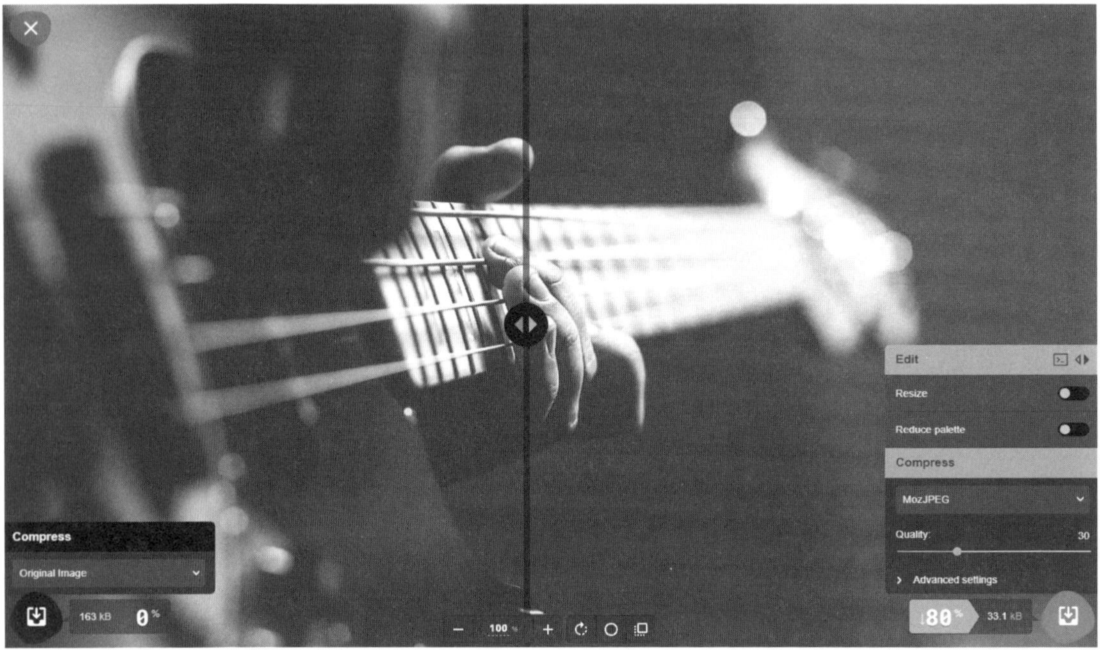

Abb. 4.30: Komprimierung eines Bildes mit Squoosh

Grundsätzlich bieten auch Bildbearbeitungsprogramme wie z.B. Adobe Photoshop Komprimierungsfunktionen für den Web-Export von Bildern an. Jedoch sollte man immer prüfen, inwieweit diese Exportfilter das Optimum an Dateigröße und Bildqualität erzielen.

Nachdem das Bild komprimiert wurde, sollte die Dateibezeichnung in einen sprechenden Namen umbenannt werden. Idealerweise sollte das Thema der Seite, auf der das Bild später eingebunden wird, in Form von relevanten Keywords aufgegriffen werden. Erst anschließend sollten die Bilder in WordPress hochgeladen werden.

Für WordPress gibt es eine Vielzahl von Plugins, die eine Skalierung und Komprimierung von Bildern auch nach dem Upload ermöglichen:

- `https://imagify.io`
- `https://WordPress.org/plugins/wp-smushit/`
- `https://shortpixel.com`
- …

4.4.5 Content Delivery Network

Bei einem Content Delivery Network (CDN) handelt es sich um einen Verbund von Servern, die weltweit verteilt sind. Auf einem CDN können statische Dateien einer Website (CSS, JavaScript, Bilder, Schriftarten) zwischengespeichert werden. Bei einer Browseranfrage werden die statischen Dateien von dem geografisch am nächsten gelegenen Server ausgeliefert. Nur die HTML-Datei wird noch vom eigenen Webserver übermittelt. Theoretisch könnte aber auch diese direkt über ein CDN ausgeliefert werden. Ein CDN reduziert einerseits die Länge des Übertragungswegs, andererseits handelt es sich um Hochleistungsserver, die eine schnellere Serverreaktionszeit aufweisen.

CDNs gibt es für kleinere Websites mit begrenztem Traffic- und Funktionsumfang auch kostenlos (z.B. bei `https://www.cloudflare.com`). Jedoch ist die Einrichtung relativ komplex, sodass bei gitarrenberater.de auf ein CDN verzichtet wurde. Nichtsdestotrotz kann ein CDN als Idee für eine weitere Optimierung dienen und für Projekte der Leser genutzt werden.

4.4.6 Dateikomprimierung auf dem Server aktivieren

Im weiteren Verlauf werden zur Verbesserung der Ladezeit nacheinander einzelne Maßnahmen umgesetzt. Die Messung erfolgt mit dem PageSpeed Insights Tool (`https://PageSpeed.web.dev`). Da es sich um eine zeitpunktbezogene Messung handelt, weichen die Werte bei erneuter Abfrage immer wieder voneinander ab.

In Tabelle 4.1 auf Seite 178 werden nach jedem Eingriff wichtige Metriken zur Bewertung der Ladegeschwindigkeit auf Mobilgeräten festgehalten. Die erste Zeile enthält die Nullmessung vor der Optimierung.

Nach jeder Durchführung einer Optimierungsmaßnahme wurden die Daten von uns neu erhoben, um schrittweise aufzuzeigen, welche Verbesserungen sich ergeben. Dabei kommen auch verschiedene Plugins zum Einsatz. Auf bezahlte Plugins sowie kostenpflichtige Pro-Versionen wird dabei bewusst verzichtet, auch wenn dadurch einige Maßnahmen vereinfacht werden könnten. Das Ziel der Website gitarrenberater.de ist es, mit möglichst geringen Kosten eine hohe Profitabilität durch das Affiliate-Marketing zu gewährleisten.

Durch die *Komprimierung* einzelner Dateien mittels *GZIP* kann die Größe von HTML-, CSS- und JavaScript-Dateien verringert werden. Unser Webserver läuft mit der häufig eingesetzten Open-Source-Software Apache. Um die Komprimierung auf dem Server einzurichten, wird das Software-Modul *mod_deflate* benötigt. Bei den meisten Hostinganbietern ist dieses bereits standardmäßig installiert.

Um die Komprimierung zu aktivieren, muss der nachfolgende Eintrag in der `.htaccess`-Datei vorgenommen werden:

```
<IfModule mod_deflate.c>
AddOutputFilterByType DEFLATE application/javascript
AddOutputFilterByType DEFLATE application/rss+xml
AddOutputFilterByType DEFLATE application/vnd.ms-fontobject
AddOutputFilterByType DEFLATE application/x-font
AddOutputFilterByType DEFLATE application/x-font-opentype
AddOutputFilterByType DEFLATE application/x-font-otf
AddOutputFilterByType DEFLATE application/x-font-truetype
AddOutputFilterByType DEFLATE application/x-font-ttf
AddOutputFilterByType DEFLATE application/x-font-woff
AddOutputFilterByType DEFLATE application/x-javascript
AddOutputFilterByType DEFLATE application/xhtml+xml
AddOutputFilterByType DEFLATE application/xml
AddOutputFilterByType DEFLATE font/opentype
AddOutputFilterByType DEFLATE font/otf
AddOutputFilterByType DEFLATE font/ttf
AddOutputFilterByType DEFLATE font/woff
AddOutputFilterByType DEFLATE image/svg+xml
AddOutputFilterByType DEFLATE image/x-icon
AddOutputFilterByType DEFLATE text/css
AddOutputFilterByType DEFLATE text/html
AddOutputFilterByType DEFLATE text/javascript
AddOutputFilterByType DEFLATE text/plain
AddOutputFilterByType DEFLATE text/xml
</IfModule>
```

Mit dem Yoast-SEO-Plugin kann dieser Eintrag direkt im WordPress-Backend vorgenommen werden. Dazu muss lediglich im Yoast-SEO-Menü unter »Werkzeuge« der Datei-Editor aufgerufen werden. Im Editor selbst muss der zuvor aufgelistete Code einfach in das Feld ».htaccess Datei« eingefügt und gespeichert werden (siehe Abbildung 4.31). Ein Zugriff auf den Webserver ist damit nicht erforderlich. Alternativ kann dieser Vorgang auch über ein PageSpeed-Plugin wie z.B. *WP Optimize* gelöst werden, indem diese Funktion in den Einstellungen aktiviert wird. Das Tool fügt dann den oben genannten Code automatisch in der `.htaccess` hinzu.

Über die Chrome-Entwicklertools kann im Nachgang geprüft werden, ob die GZIP-Komprimierung ausgeführt wird (siehe Abbildung 4.31). Dazu muss im Netzwerk-Bericht der HTML-Request des Typs »document« der aufgerufenen Seite angeklickt werden. Im Reiter »Header« unter dem Absatz »Antwortheader« muss dann die Zeile »content-encoding« überprüft werden, ob diese »gzip« anzeigt.

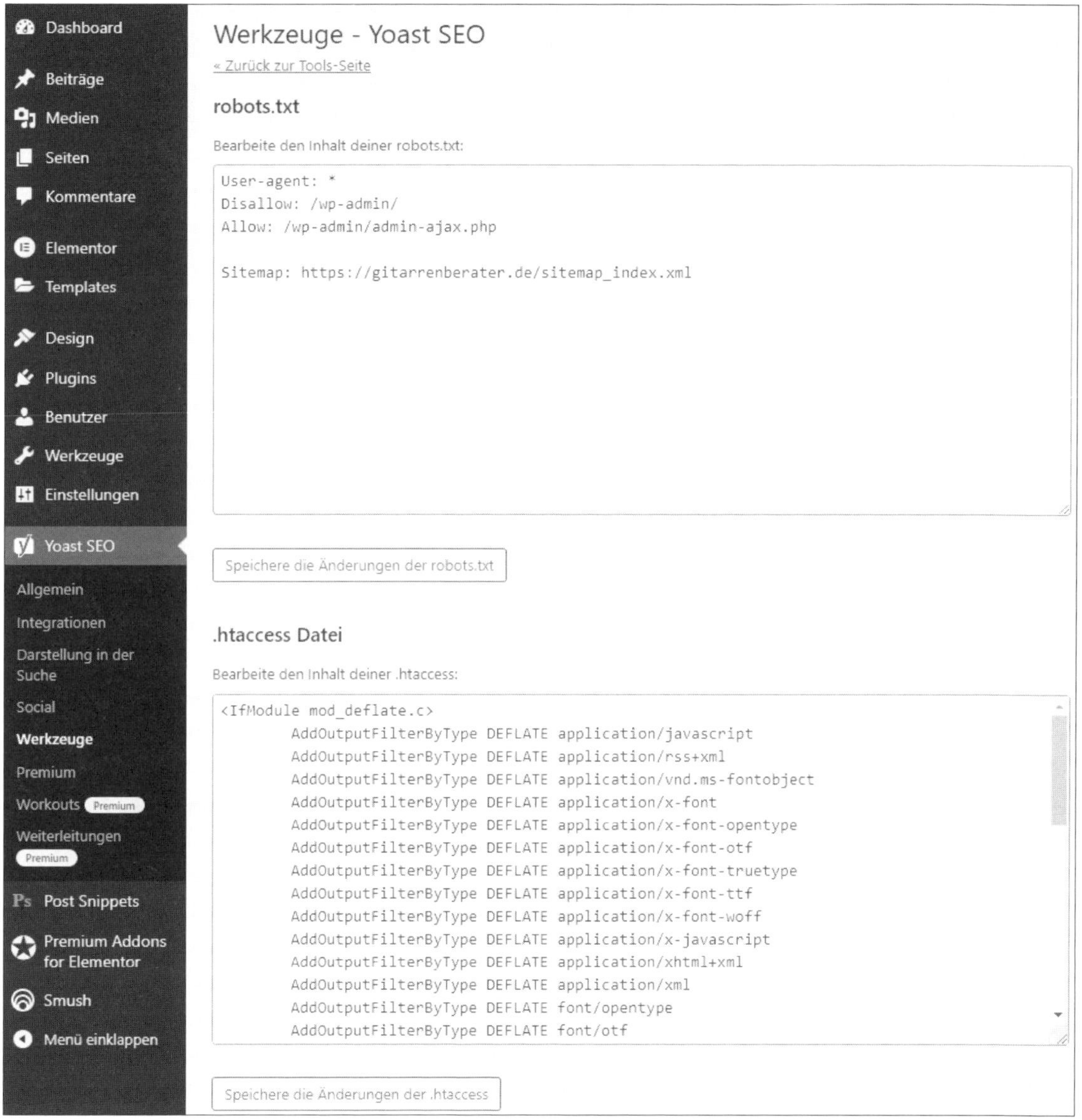

Abb. 4.31: Änderungen in der .htaccess mit dem Yoast-SEO-Plugin

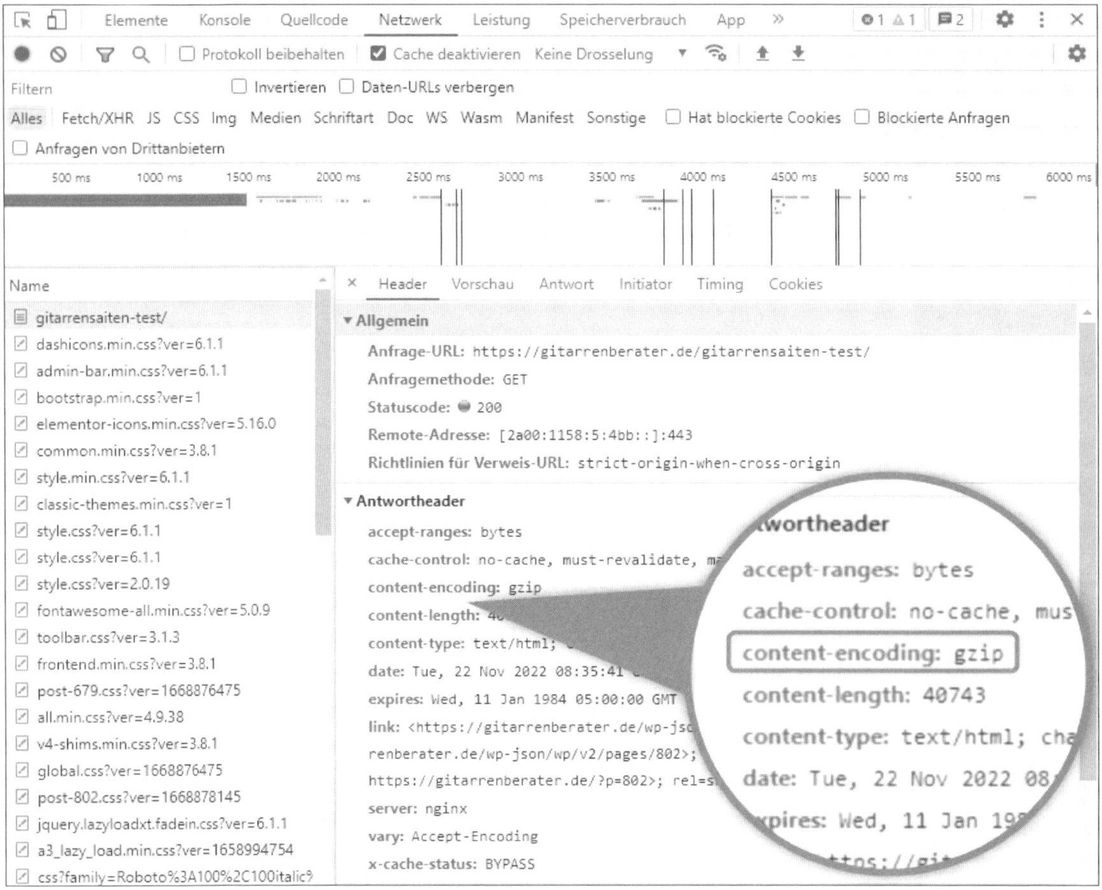

Abb. 4.32: Prüfung von Content-Encoding über die Chrome-Entwicklertools

4.4.7 Minifizieren und Kombinieren von HTML-, CSS- und JavaScript-Dateien

Das installierte WordPress-Theme sowie die verwendeten Plugins (u.a. der Pagebuilder Elementor) fügen der Seite CSS- und JavaScript-Dateien hinzu. Bei unserer Installation werden 20 CSS- und 37 JavaScript-Dateien vom Server abgerufen. Durch die Minifizierung werden für die Ausführung des Codes nicht benötigte Zeilenumbrüche, Leerzeichen und Einrückungen entfernt, um die Dateigröße zu reduzieren. Durch das Zusammenführen von CSS- und JavaScript-Dateien in eine bzw. wenige Dateien reduziert sich die Anzahl der Requests. Beim Kombinieren von CSS- und JavaScript-Dateien muss darauf geachtet werden, dass die korrekte Reihenfolge eingehalten wird, da diese Dateien prozedural vom Browser verarbeitet werden (siehe Abbildung 4.33).

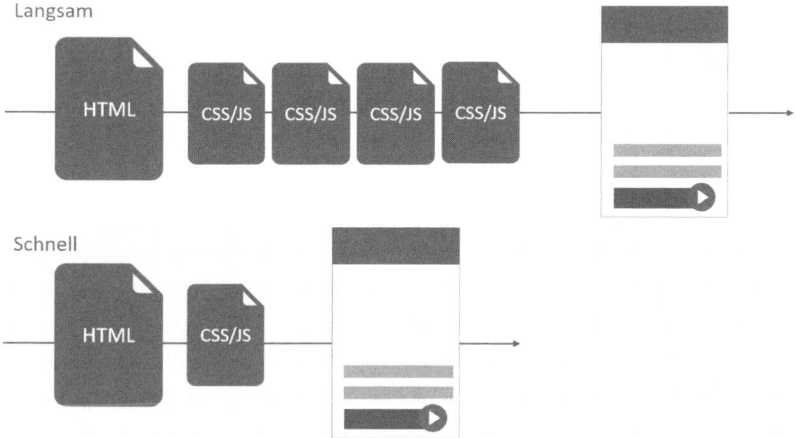

Abb. 4.33: Kombinieren von CSS- und JavaScript-Dateien

Das Plugin *Autoptimize* übernimmt diese beiden Aufgaben. Abbildung 4.34 bis Abbildung 4.37 zeigen die vorzunehmenden Einstellungen im Tab »JS, CSS & HTML«.

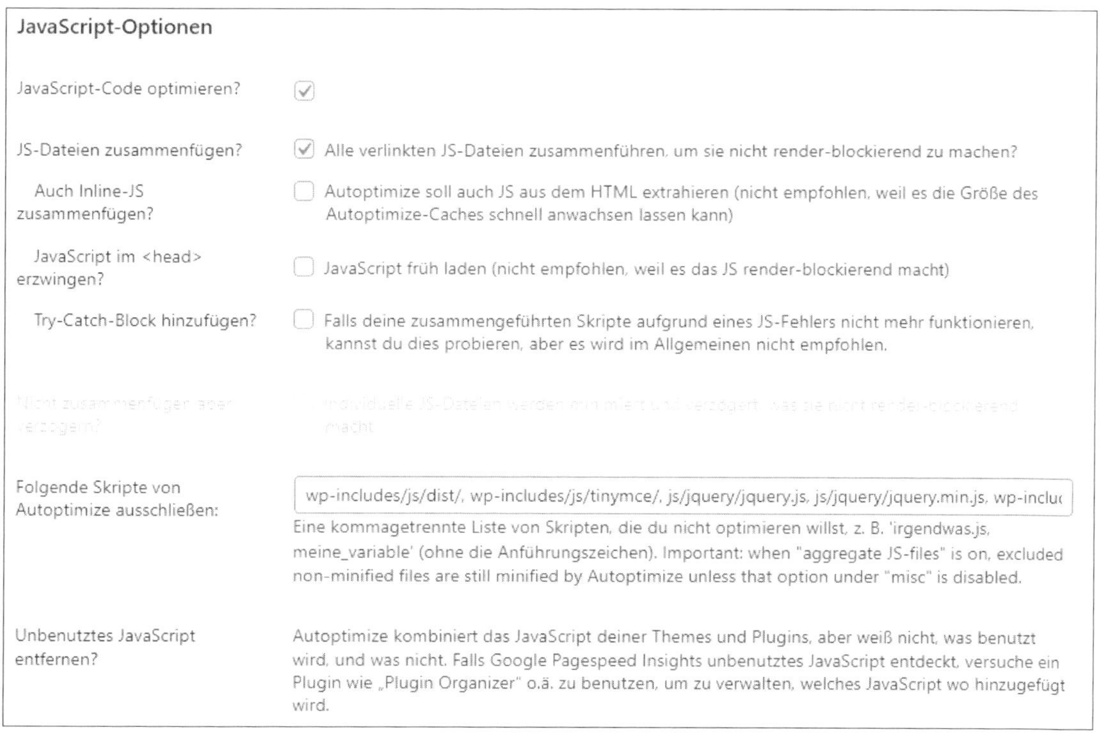

Abb. 4.34: JavaScript-Optionen in Autoptimize

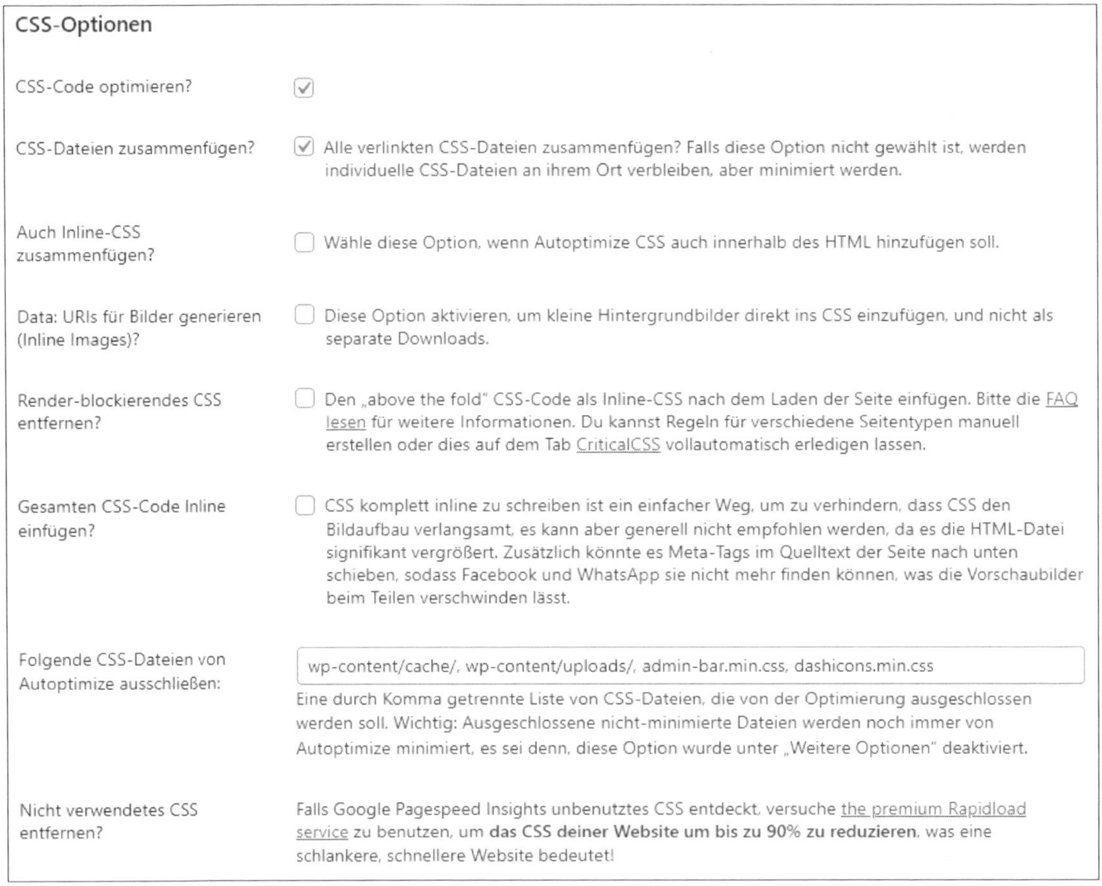

Abb. 4.35: CSS-Optionen in Autoptimize

Abb. 4.36: HTML-Optionen in Autoptimize

Durch die Optimierung werden jetzt nur noch 4 CSS- und 19 JavaScript-Dateien angefordert.

Abb. 4.37: Weitere Optionen in Autoptimize

Bei HTTP/1.1 kann die nächste Datei erst geladen werden, wenn die erste vollständig übertragen wurde. Bei HTTP/2 werden alle Ressourcen parallel geladen. Der Vorteil, den eine Kombination von CSS- und JavaScript-Dateien bringt, ist demnach bei HTTP/2 sehr gering.

4.4.8 Browser- und Server-Caching

Mithilfe des Browser-Caches können auf dem Rechner des Nutzers bereits heruntergeladene Ressourcen gespeichert werden. Wird die Website erneut aufgerufen oder werden auf den weiteren Unterseiten Elemente wiederverwendet, müssen diese nicht erneut vom Server geladen werden. Dies beschleunigt den Seitenaufbau.

Um den Browser-Cache zu aktivieren, muss folgender Code in die `.htaccess` hinzugefügt werden:

Apache cache-control:

```
<filesMatch ".(ico|pdf|flv|jpg|jpeg|png|gif|svg|js|css|swf)$">
Header set Cache-Control "max-age=84600, public"
</filesMatch>
```

Apache expires headers:

```
<IfModule mod_expires.c>
ExpiresActive On
ExpiresByType text/css "access 28 days"
ExpiresByType text/html "access 28 days"
ExpiresByType image/gif "access 28 days"
ExpiresByType image/png "access 28 days"
ExpiresByType image/jpg "access 28 days"
ExpiresByType image/jpeg "access 28 days"
ExpiresByType image/webp "access 28 days"
ExpiresByType image/x-icon "access 28 days"
ExpiresByType application/pdf "access 28 days"
ExpiresByType application/javascript "access 28 days"
ExpiresByType text/x-javascript "access 28 days"
ExpiresByType application/x-shockwave-flash "access 28 days"
ExpiresDefault "access 28 days"
</IfModule>
```

Wenn ein Besucher die Internetseite durch einen Browser abruft, erstellt WordPress in Echtzeit eine HTML-Datei, die dem Besucher ausgeliefert wird. Diese Datei besteht grundlegend aus den folgenden Inhalten: Themes, Plugins und Inhalten aus den Datenbanken. Der Vorteil davon ist, dass das Grundgerüst, also der HTML-Code, nicht bei jeder Veränderung manuell angepasst werden muss, sondern dieses Erzeugnis automatisch generiert wird. Problematisch bei dieser Methode ist, dass von der Anfrage bis zur Auslieferung der fertigen Seite etliche Instanzen durchlaufen werden müssen. Dieser Vorgang nimmt in der Regel einen hohen Zeitaufwand in Anspruch.

Die Lösung ist eine statisch erzeugte HTML-Seite, die auf dem Webserver abgelegt wird. In der Regel werden inhaltliche Änderungen an einzelnen Seiten nicht oft vorgenommen, sodass die Notwendigkeit besteht, die Seiten immer dynamisch in Echtzeit generieren zu lassen. Eine statische Seite schafft Abhilfe, um eine Seite immer wieder neu durch WordPress erstellen zu lassen. Das Server-Caching erstellt einmal den fertigen HTML-Code und speichert diesen für zukünftige Abrufe ab. Abbildung 4.38 visualisiert den Prozess des Cachings.

In WordPress gibt es eine einfache Umsetzung für das Caching über das Plugin *WP Super Cache*. Zunächst muss das Caching im Tab »Einfach« aktiviert werden (siehe Abbildung 4.39).

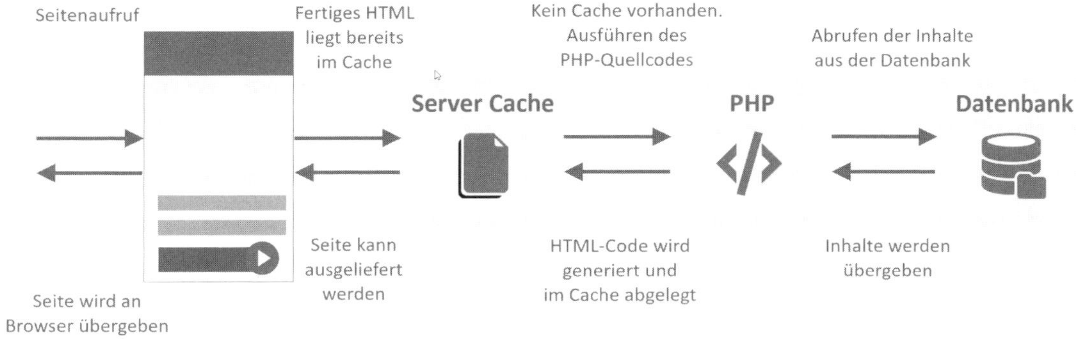

Abb. 4.38: Funktionsweise des Server-Cachings

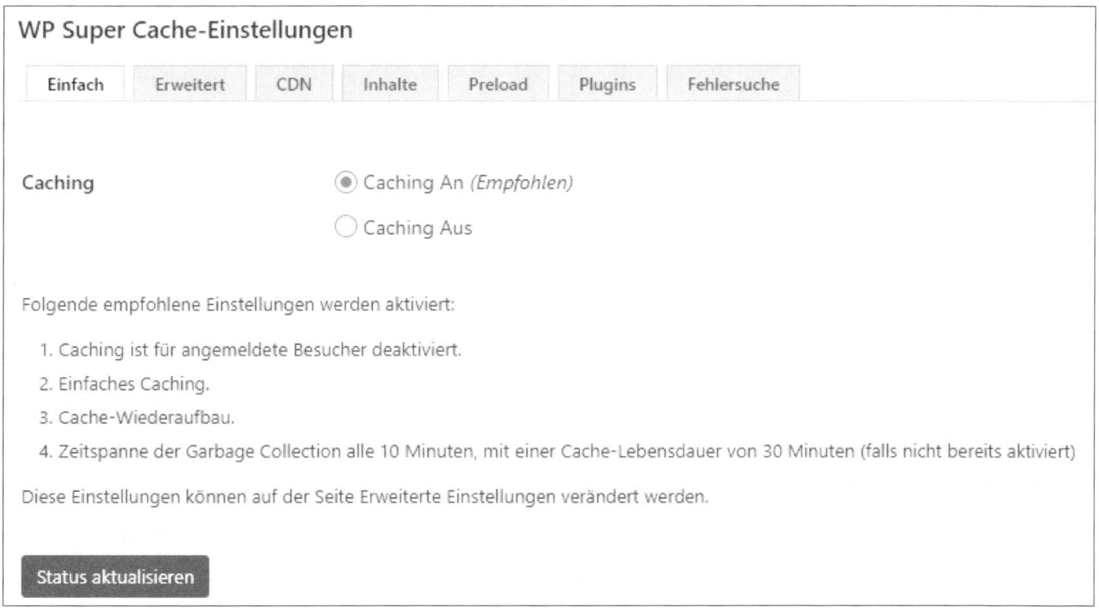

Abb. 4.39: Aktivierung des Cachings in WP Super Cache

Abbildung 4.40 zeigt die vorzunehmenden Einstellungen im Tab »Erweitert«. Alle anderen Voreinstellungen können beibehalten werden.

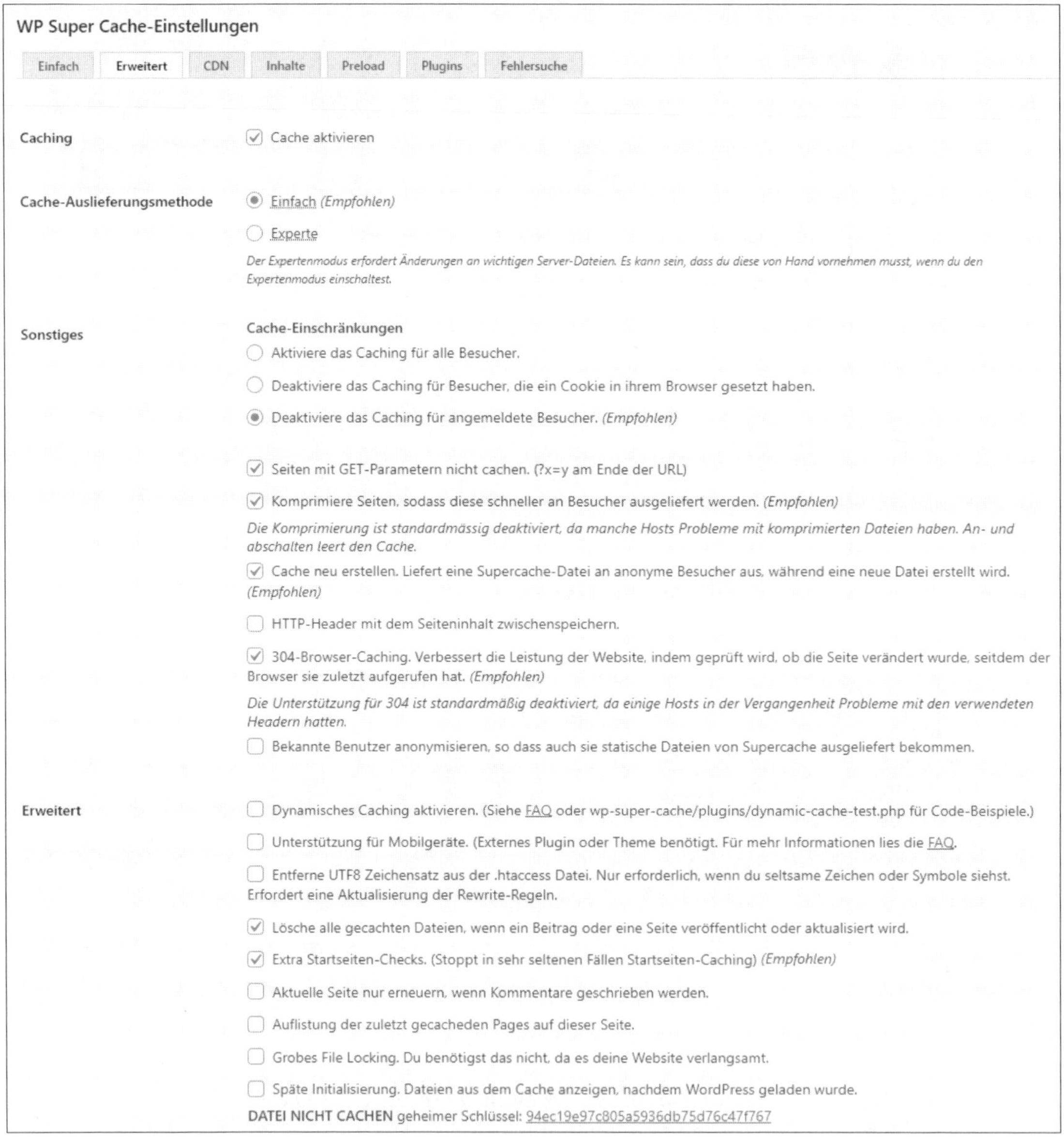

Abb. 4.40: Konfigurationseinstellungen in WP Super Cache

Anschließend sollte der Cache generiert werden. Dies geschieht über den Button »Cache jetzt vorladen« im Tab »Preload« (siehe Abbildung 4.41).

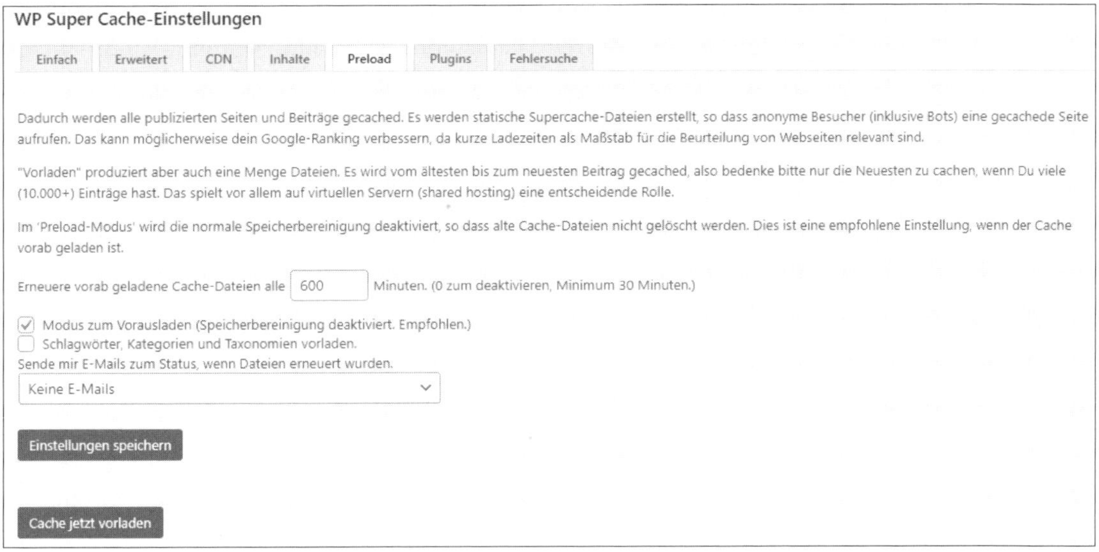

Abb. 4.41: Vorladen der gecachten Seiten in WP Super Cache

4.4.9 Lazy Loading

Durch die Aktivierung des verzögerten Ladens von Bildern werden zuerst alle für den sichtbaren Bereich der Seite benötigten Bilder geladen (*above the fold*[3]). Alle anderen Bilder werden erst nachgelagert abgerufen. *Lazy Loading* ist zwar auch in Autoptimize unter dem Tab »Bilder« zu finden, funktioniert aber nicht zuverlässig und bietet keine weiteren Konfigurationsmöglichkeiten.

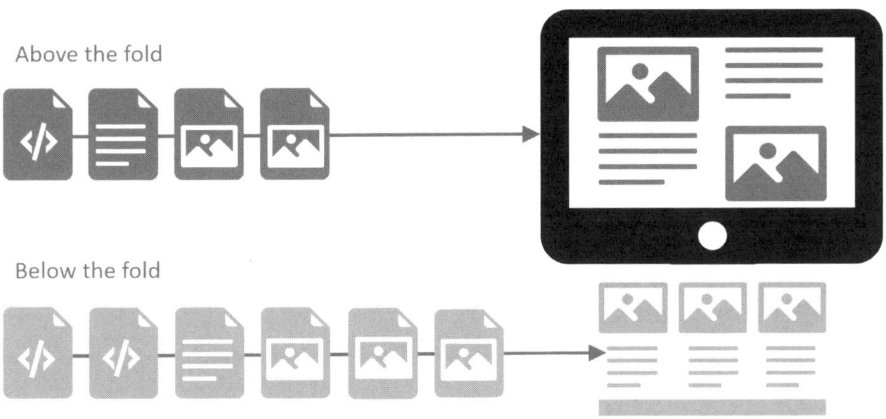

Abb. 4.42: Funktionsweise von Lazy Loading

3 Bezeichnet den Bereich einer Webseite, der für den Nutzer beim Aufruf im Browserfenster sichtbar ist, ohne scrollen zu müssen.

In WordPress werden Bilder seit der Version 5.5 standardmäßig mit dem nativen Lazy-Loading-Markup geladen. Die meisten Lazy-Loading-Plugins unterstützen jedoch mehr Browser, da der von WordPress unterstützte Webstandard noch relativ neu ist. Außerdem unterstützen einige Lazy-Loading-Plugins auch das Nachladen von iFrames und Video-Elementen.

Auf gitarrenberater.de wird das Plugin *a3 Lazy Load* (`https://de.WordPress.org/plugins/a3-lazy-load/`) eingesetzt. Auf den nachfolgenden Abbildungen sind die vorgenommenen Einstellungen zu sehen. Alle anderen Standard-Einstellungen wurden nicht geändert. Zunächst muss das Plugin aktiviert werden. Bilder in Widgets werden vom Lazy Loading ausgeschlossen (siehe Abbildung 4.43).

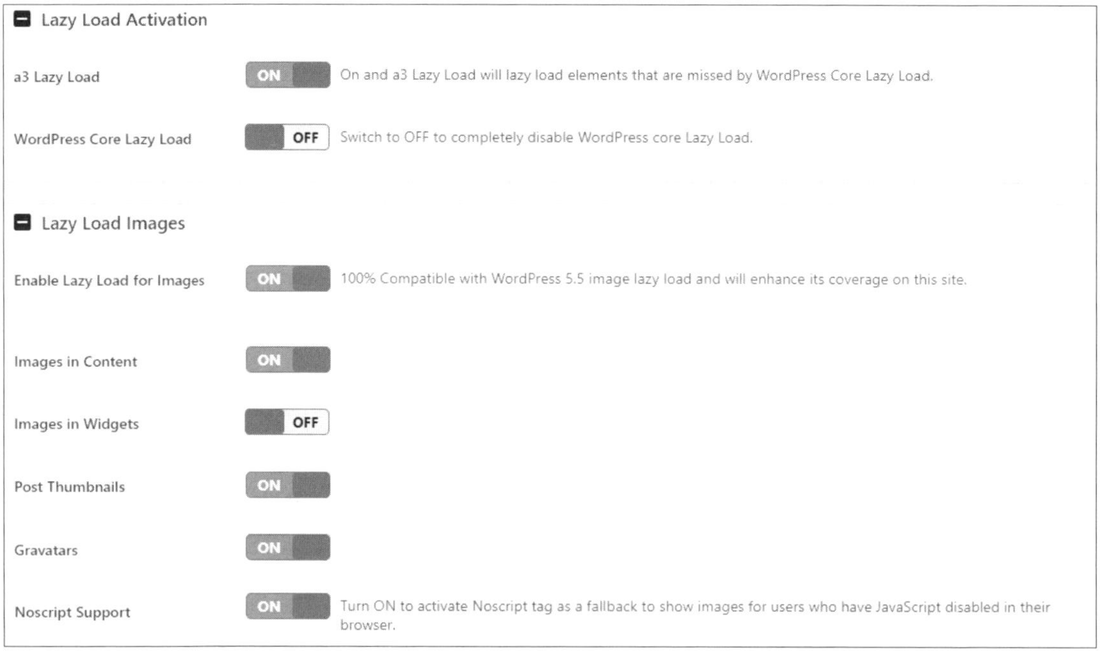

Abb. 4.43: Aktivierung von Lazy Loading

Auf der Seite `https://gitarrenberater.de/gitarrensaiten-test/` sind 13 Amazon-Widgets eingebunden (alle Requests in der Abbildung 4.44, die mit `q?ServiceVersion` beginnen).

Name	Status	Protokoll	Domain
gitarrensaiten-test/	200	h2	gitarrenberater.de
runner.html	200	h3	tpc.googlesyndication.com
q?ServiceVersion=20070822&OneJS=...	200	http/1.1	ws-eu.amazon-adsystem.com
q?ServiceVersion=20070822&OneJS=...	200	http/1.1	ws-eu.amazon-adsystem.com
q?ServiceVersion=20070822&OneJS=...	200	http/1.1	ws-eu.amazon-adsystem.com
q?ServiceVersion=20070822&OneJS=...	200	http/1.1	ws-eu.amazon-adsystem.com
q?ServiceVersion=20070822&OneJS=...	200	http/1.1	ws-eu.amazon-adsystem.com
q?ServiceVersion=20070822&OneJS=...	200	http/1.1	ws-eu.amazon-adsystem.com
q?ServiceVersion=20070822&OneJS=...	200	http/1.1	ws-eu.amazon-adsystem.com
q?ServiceVersion=20070822&OneJS=...	200	http/1.1	ws-eu.amazon-adsystem.com
q?ServiceVersion=20070822&OneJS=...	200	http/1.1	ws-eu.amazon-adsystem.com
q?ServiceVersion=20070822&OneJS=...	200	http/1.1	ws-eu.amazon-adsystem.com
q?ServiceVersion=20070822&OneJS=...	200	http/1.1	ws-eu.amazon-adsystem.com
q?ServiceVersion=20070822&OneJS=...	200	http/1.1	ws-eu.amazon-adsystem.com
q?ServiceVersion=20070822&OneJS=...	200	http/1.1	ws-eu.amazon-adsystem.com

Abb. 4.44: Zu ladende Amazon-Widgets

Damit auch Amazon-Widgets, die über das `<iframe>`-Tag eingebunden werden, verzögert geladen werden, sollte die entsprechende Funktion aktiviert werden (siehe Abbildung 4.45).

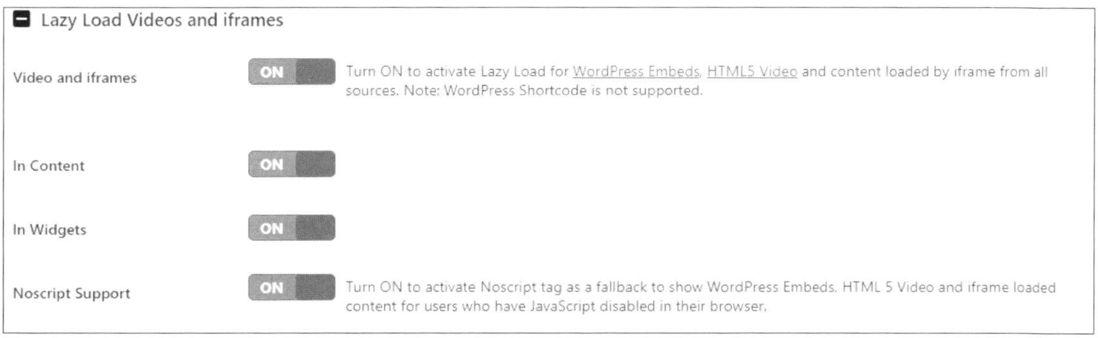

Abb. 4.45: Aktivierung von Lazy Loading für iframes

Das Lazy-Load-Skript wird standardmäßig im Footer des HTML platziert. Falls das nicht funktioniert, kann auf eine Header-Platzierung umgestellt werden (siehe Abbildung 4.46).

Mit der Funktion »Image Load Threshold« kann definiert werden, ab welcher Markierung ein Bild geladen wird. Bei der Eingabe von »100 Pixel« wird ein Bild geladen, sobald ein Nutzer sich auf der Seite 100 Pixel oberhalb des jeweiligen Bildes befindet.

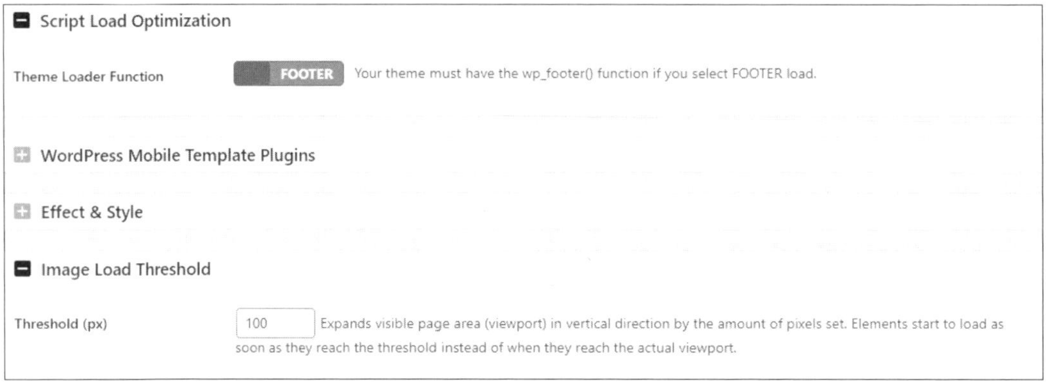

Abb. 4.46: Skriptplatzierung und Lademarkierung

Durch den Einsatz von Lazy Loading reduziert sich die Anzahl der Bilder-Requests auf der Seite `https://gitarrenberater.de/gitarrensaiten-test/` von ursprünglich 172 auf 41.

4.4.10 Kritischer Rendering-Pfad

Eine erste Zwischenbilanz mit den Google PageSpeed Insights liefert die Empfehlung, Ressourcen zu beseitigen, die das Rendering blockieren. Bei den aufgelisteten Ressourcen handelt es sich um die von Autoptimize kombinierte CSS-Datei und die JavaScript-Bibliothek jQuery.

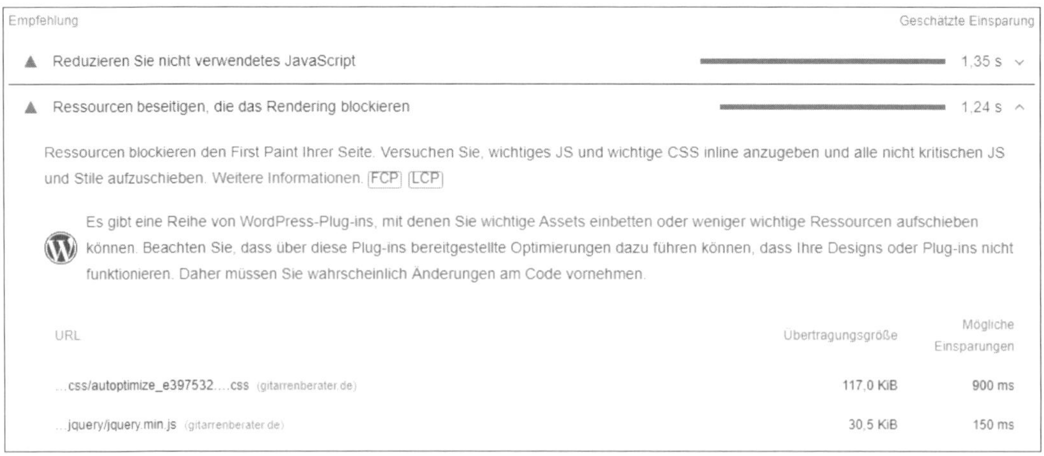

Abb. 4.47: Empfehlungen der Google PageSpeed Insights

Bevor der Browser eine Seite darstellen kann, müssen die DOM- (Document Object Model) und CSSOM-Baumstrukturen (CSS Object Model) erstellt werden. CSS- und JavaScript-Dateien verzögern dabei grundsätzlich die Darstellung der Seite.

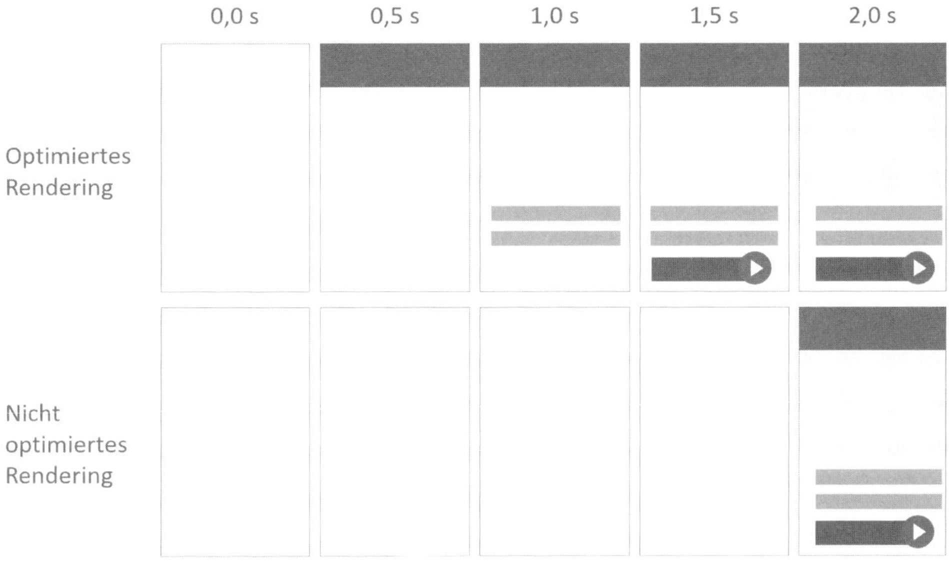

Abb. 4.48: Kritischer Rendering-Pfad

Kritisches CSS

Nicht benötigte CSS-Dateien blockieren bzw. verzögern das Rendern der Seite. Diese Dateien enthalten meist Anweisungen für die gesamte Seite, obwohl nur ein Teil für den sichtbaren Bereich erforderlich wäre. Durch die Extraktion der CSS-Anweisungen für den sichtbaren Bereich (*kritisches CSS*), sodass diese vorrangig geladen werden, wird der Rendering-Prozess (Seitenaufbau) beschleunigt. Alle anderen Anweisungen (*nicht kritisches CSS*) werden dann nachgeladen.

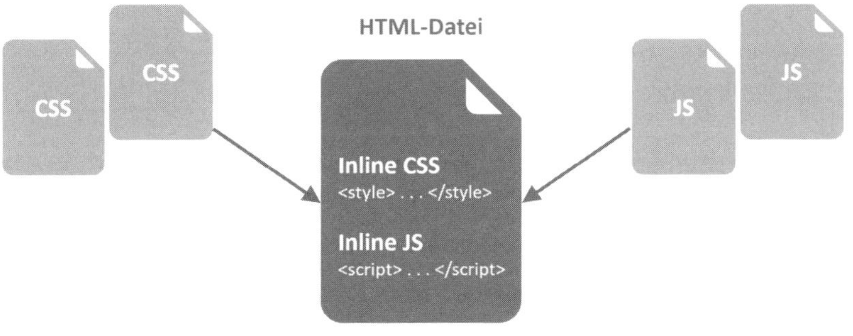

Abb. 4.49: CSS- und JavaScript-Code inline einfügen

Mithilfe des Tools von Pegasaas (`https://pegasaas.com/critical-path-css-generator/`) kann das kritische CSS einer Webseite extrahiert werden.

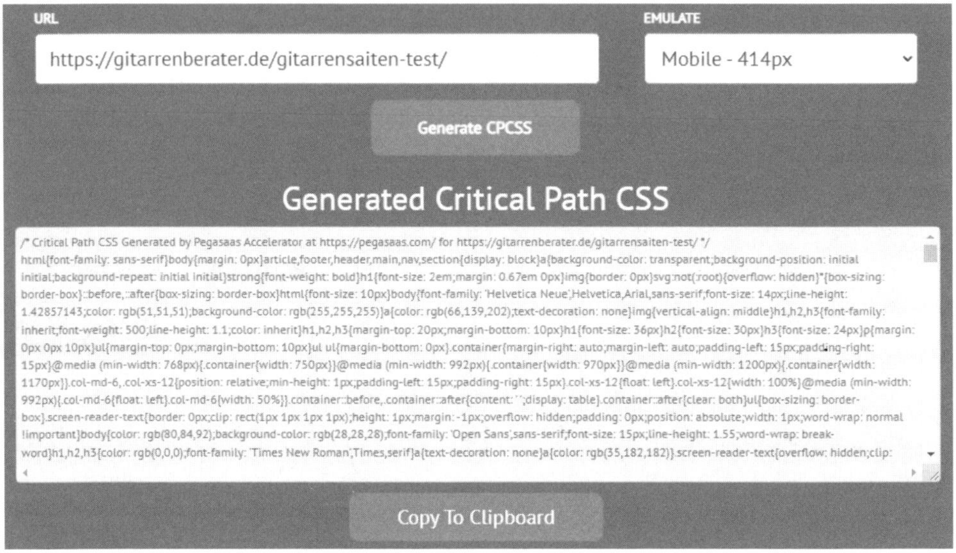

Abb. 4.50: Kritisches CSS mithilfe des Pegasaas-Online-Generators generieren

Um das kritische CSS in eine oder mehrere Seiten einzubinden, muss in dem Plugin *Autoptimize* im Tab »Kritisches CSS« eine neue Regel hinzugefügt werden (siehe Abbildung 4.51). Dabei kann festgelegt werden, auf welchen Seiten das kritische CSS verwendet werden soll. In das Feld »Individuelles Kritisches CSS« wird dann das zuvor generierte kritische CSS eingefügt.

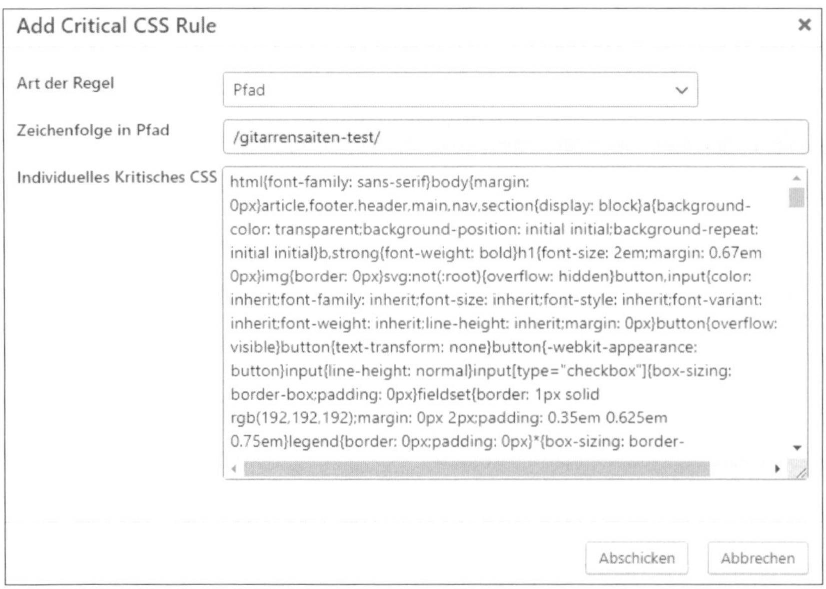

Abb. 4.51: Einfügen des kritischen CSS in Autoptimize

Die Definition einer Regel ermöglicht es, bei Verwendung unterschiedlicher Layouts innerhalb einer Website auch ein individuelles kritisches CSS für bestimmte Seiten zu hinterlegen. Würde man bei unterschiedlichen Layouts das gleiche kritische CSS einbinden, käme es ansonsten zu Darstellungsfehlern.

Damit die Regel auch ausgeführt wird, muss im Tab »JS, CSS & HTML« im Absatz »CSS-Optionen« noch die Funktion »Render-blockierendes CSS entfernen« aktiviert werden. Gibt es nur ein kritisches CSS für alle Seiten, kann auf die regelbasierte Einbindung verzichtet werden und der entsprechende Code direkt in diesem Absatz hinterlegt werden (siehe Abbildung 4.52).

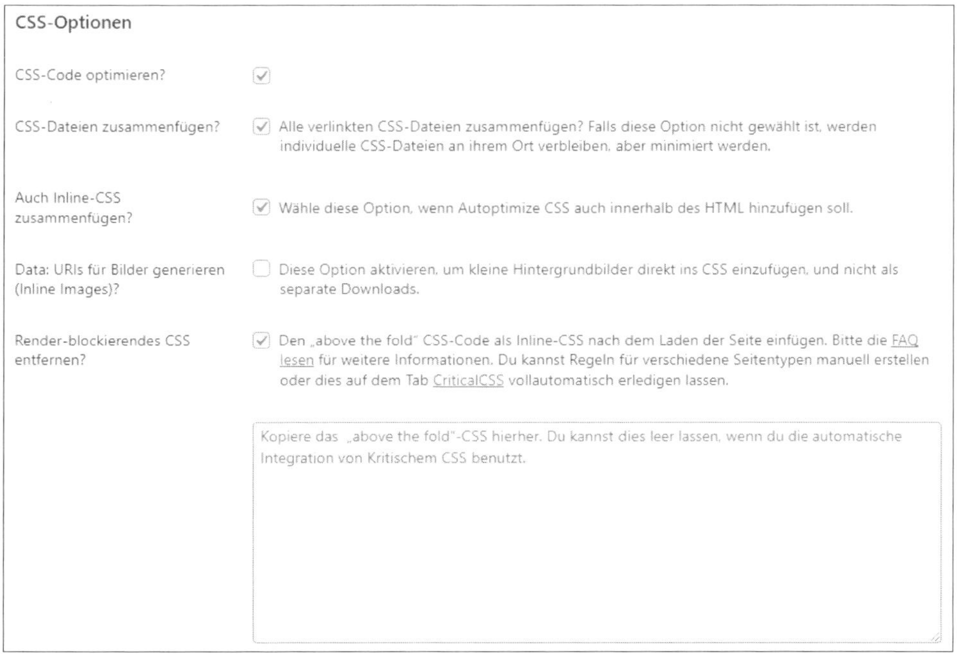

Abb. 4.52: Entfernen des Render Blocking CSS

Durch das verzögerte Laden des kritischen CSS erscheint der Largest Contentful Paint (größtes Inhaltselement, das im Darstellungsbereich angezeigt wird) bereits im dritten Frame.

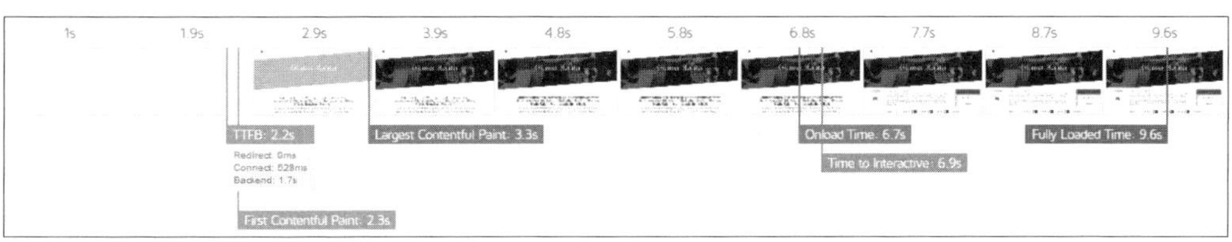

Abb. 4.53: Seitenaufbau nach Beseitigung des kritischen Rendering Paths

Kritisches JavaScript

Mit JavaScript lassen sich sowohl der Inhalt, das Layout, das Verhalten und die Nutzerinteraktion einer Seite beeinflussen als auch die DOM-Erstellung blockieren und das Rendern einer Seite verzögern. Findet der Browser ein Skript im HTML-Dokument, wird die DOM-Erstellung unterbrochen, bis der JavaScript-Code ausgeführt wurde.

Um diese Blockade zu beseitigen, kann der JavaScript-Code verzögert (*asynchron* oder *defer*) geladen werden. Dadurch wird der Browser angewiesen, dass das Skript nicht direkt an der verweisenden Stelle im Dokument ausgeführt werden muss, sondern dessen Ausführung auf einen späteren Zeitpunkt verschoben wird. Die DOM-Erstellung kann somit ohne Unterbrechung fortgeführt werden.

Verzögertes Laden wird durch das Hinzufügen der Anweisung `async` oder `defer` im Skript-Tag ausgelöst:

```
<script src="app.js" async></script>
<script src="app.js" defer></script>
```

Bei dem async-Attribut werden die Skripte direkt nach Abschluss des HTML-Ladevorgangs ohne Einhaltung einer Reihenfolge ausgeführt. Beim defer-Attribut wird die Reihenfolge der Skripte eingehalten, jedoch werden diese erst nach dem vollständigen Laden des DOM ausgeführt.

Abb. 4.54: Verzögertes Laden mit den Attributen `async` und `defer`

Auf gitarrenberater.de wird das Plugin `https://WordPress.org/plugins/async-javascript/` in Kombination mit Autoptimize genutzt, um asynchrones Laden einzurichten. Über die Einstellungen der Erweiterung (siehe Abbildung 4.55) kann die bevorzugte Methode `async` oder `defer` ausgewählt werden.

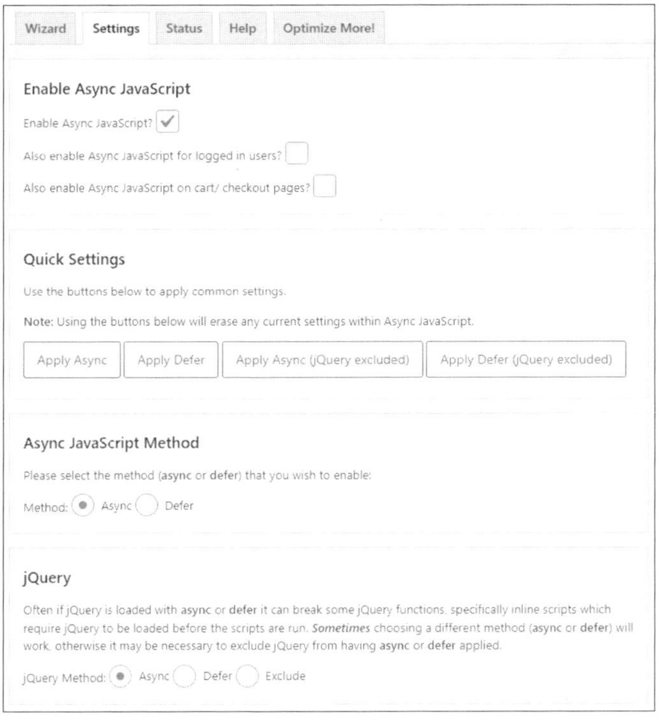

Abb. 4.55: Einstellungen im Plugin Async JavaScript

4.4.11 Preconnect – Zu Dritt-Domains vorverbinden

Preconnect beschleunigt die Anfrage einer Domain beim Domain Name Server. Dadurch kann eine Verbindung, z.B. zum CDN oder zu Google Fonts, schneller hergestellt werden. Preconnect sollte bei der Verwendung von Google Fonts und anderen Schriftbibliotheken eingesetzt werden. Dazu sollte im <head>-Bereich folgender Code ergänzt werden:

```
<link rel="preconnect" href="https://fonts.gstatic.com">
```

Das Einbinden der Schrift selbst sollte mit dem Zusatz `display=swap` erfolgen, sodass der Text sofort mit der Standardschrift angezeigt wird:

```
<link href="https://fonts.googleapis.com/css2?family=Lato:wght@
300&display=swap" rel="stylesheet">
```

Besser wäre es, zusätzliche Fonts direkt auf dem eigenen Webserver zu speichern. Dadurch wird die benötigte Zeit für die Domain-Auflösung (DNS-Request), den Verbindungsaufbau (TCP-Connection) und die SSL-Verschlüsselung (Handshake) eingespart.

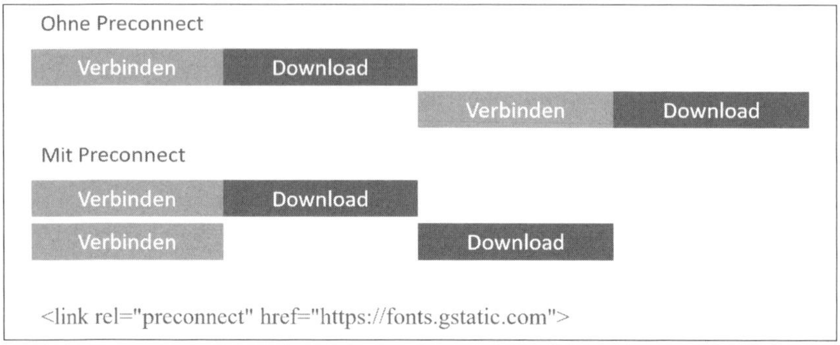

Abb. 4.56: Preconnect

In Autoptimize im Tab »Extras« kann Preconnect für Drittanbieter-Domains aktiviert werden. Dazu müssen in den Chrome-Entwicklertools unter den Requests die Domains herausgesucht werden, die adressiert werden, und dann, wie in Abbildung 4.57 zu sehen, im Feld »Zu Dritt-Domains vorverbinden« eingebunden werden.

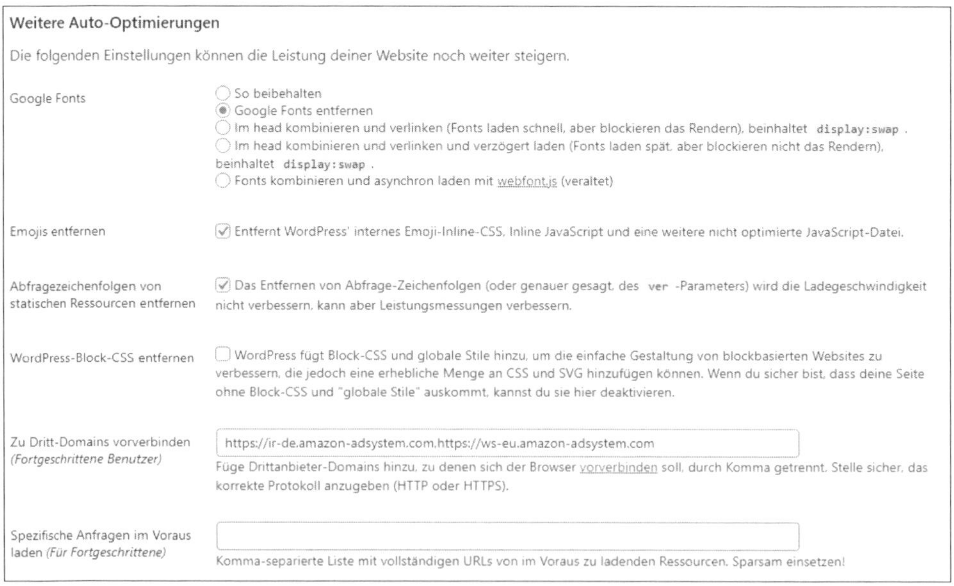

Abb. 4.57: Preconnect von Domains mit Autoptimize

4.4.12 Preload – Wichtige Dateien im Voraus laden

Wichtige benötigte Dateien einer HTML-Seite können bereits im HTTP-Header zum Vorausladen an den Server übermittelt werden. Beim Apache-Webserver kann das über die `.htaccess`-Datei oder den <head>-Bereich innerhalb des HTML-Dokuments erfolgen.

Anweisung für die `.htaccess`:

```
<FilesMatch "\.php$">
Header add Link "</css/styles.css>; rel=preload; as=style"
Header add Link "</js/scripts.js>; rel=preload; as=script"
</FilesMatch>
```

Anweisung im <head>-Bereich des HTML-Dokuments:

```
<link rel="preload" href="style.css" as="style">
<link rel="preload" href="scripts.js" as="script">
<link rel="preload" href="font.woff" as="font">
<link rel="preload" href="logo.gif" as="image">
```

Da bei gitarrenberater.de die Meldung »Wichtige Anforderungen vorab laden« bei den PageSpeed Insights nicht auftritt, muss nichts weiter unternommen werden. Andernfalls bietet auch hier das Plugin *Autoptimize*, wie in Abbildung 4.57 zu sehen ist, im Feld »Spezifische Anfragen im Voraus laden« eine Möglichkeit des Preloads.

4.4.13 Optimierung der Datenbank

Im Laufe der Zeit sammeln sich in der Datenbank nicht mehr benötigte Eintragungen an. Einige der Daten haben Einfluss auf die Ladegeschwindigkeit. Mit dem Plugin *WP Optimize* können unnötige Daten wie Spam-Kommentare, Beitragsrevisionen, Beitragsentwürfe etc. gelöscht werden.

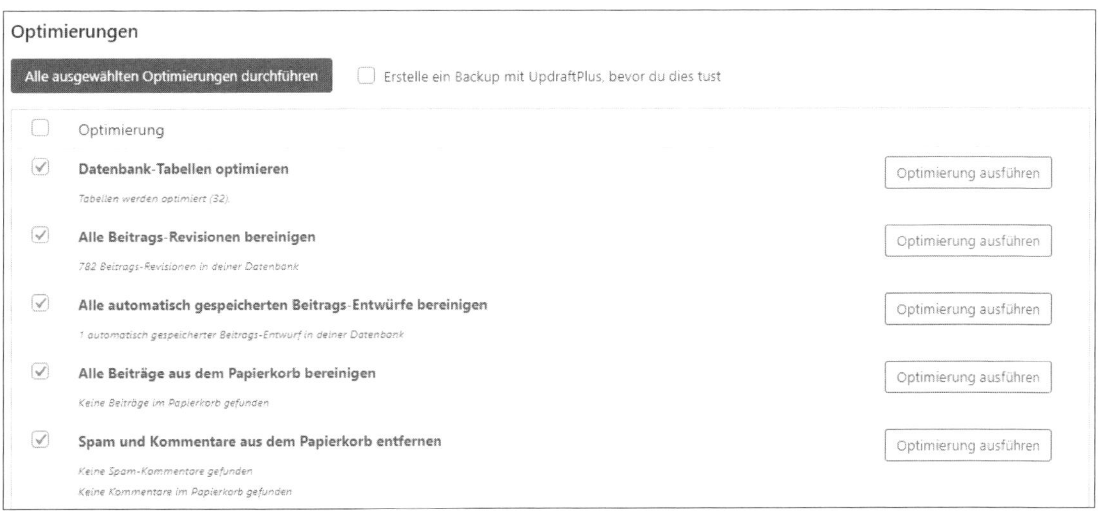

Abb. 4.58: Datenbankoptimierung mit WP Optimize

4.4.14 Messdaten

Tabelle 4.1 zeigt noch einmal die einzelnen Maßnahmen und die gemessenen Werte nach der Umsetzung. Deutlich zu erkennen ist, dass sich einige Metriken verbessern, während andere sich wieder verschlechtern. Darüber hinaus führen erneute Messungen immer wieder zu leicht abweichenden Ergebnissen.

Mit den aufgezeigten Maßnahmen wurde eine Verbesserung von 36 auf 60 Punkte erzielt. Damit wurde in etwa der Wettbewerbs-Durchschnitt von 62 Punkten erreicht. Um das Ergebnis noch weiter zu verbessern, müsste noch tiefer gehend in das System eingegriffen werden.

Maßnahmen	PageSpeed-Score (0–100)	First Contentful Paint (Sek.)	Largest Contentful Paint (Sek.)	Time to Interactive (Sek.)
Nullmessung	36	2,5	7,7	15,1
mit GZIP (manuell)	41	2,4	5,7	13,8
mit Minify & Combine (Autoptimize)	46	1,9	5,3	13,7
mit Caching (WP Super Cache)	54	2,0	3,6	14,2
mit Lazy Loading (a3 Lazy Load)	56	1,9	4,1	9,6
mit Inline-CSS (Autoptimize)	58	1,5	3,3	9,6
mit Async JavaScript	60	1,7	3,8	9,0

Tabelle 4.1: Gemessene Ladezeiten vor und nach den Optimierungsmaßnahmen

4.4.15 Funktionen einzelner PageSpeed-Plugins

Tabelle 4.2 gibt einen Überblick über die Funktionen einiger Speed-Plugins.

Funktionen/Plugins	Autooptimize	WP Super Cache	WP Optimize	Asset CleanUp
Minify CSS/JavaScript	ja	nein	ja	ja
Combine CSS/JavaScript	ja	nein	ja	ja
Minify HTML	ja	ja	ja	nein
Lazy Loading	ja (nicht optimal)	nein	nur Premium	nein

Tabelle 4.2: Funktionen einzelner PageSpeed-Plugins

Funktionen/Plugins	Autooptimize	WP Super Cache	WP Optimize	Asset CleanUp
CDN	Shortpixel (1 GB Traffic pro Monat = 1000 Visits kostenlos)	nein	nein	nein
Bilderoptimierung	ja	nein	ja	nein
Server-Caching	nein	ja	ja	nein
Browser-Caching	nein	ja	ja	nein
Preload	ja	nein	nur Premium	ja
Komprimierung (GZIP, Deflate oder Brotli)	nein	nein	ja	nein
Render Blocking CSS	ja	nein	nein	nur Premium
JavaScript asynchron laden	ja (Async JavaScript)	nein	nein	nur Premium
Datenbank bereinigen	nein	nein	ja	nein
Nicht benötigte Elemente auf Seitenebene entfernen	nein	nein	nein	ja

Tabelle 4.2: Funktionen einzelner PageSpeed-Plugins (Forts.)

4.5 Checkliste

In der folgenden Checkliste werden die Themen, die in diesem Kapitel behandelt wurden, noch mal in Fragenform zusammengefasst. Der Fokus liegt auf Analyse und Optimierung der Ladezeiten. Wenn Sie die Fragen als Grundlage nutzen, haben Sie einen guten Überblick über den Status quo und Sie können Maßnahmen zielgerichtet auswählen bzw. einsetzen.

Checkliste/Fragen

- Crawling und Indexierbarkeit
  - Wurde meine Website (falls bereits vorhanden) in den Index von Google aufgenommen? Falls ja, wurden alle wichtigen Seiten aufgenommen?
  - Kann ich Google beim Crawling durch eine XML-Sitemap zusätzlich unterstützen und habe ich Google die XML-Sitemap zur Verfügung gestellt?
  - Habe ich mein Crawling-Budget durch den Ausschluss unwichtiger Seiten gut gesteuert?

- Ist-Analyse
  - Wie viele Punkte erzielen Ihre Webseiten mit den Google PageSpeed Insights?
  - Welchen PageSpeed-Score erzielen im Durchschnitt die Top-10-Wettbewerber?
  - Welche Empfehlungen bzw. Optimierungsmaßnahmen spricht Google PageSpeed Insights aus?
  - Lässt sich daraus ein zwingender Handlungsbedarf ableiten?
  - Wie viele Anfragen löst das Laden der zu analysierenden Seite aus?
  - Können Requests eliminiert werden, z.B. weil ein Plugin oder Tracking-Code nicht mehr genutzt wird?
  - Welche Anfragen weisen im Wasserfall-Diagramm einen besonders langen Balken auf?
  - Verwendet der eigene Webserver bereits das HTTP/2- oder HTTP/3-Protokoll?
  - Wird die neueste stabile Datenbankversion verwendet?
  - Werden nur max. 2 Webfonts geladen?
- Optimierungsmaßnahmen
  - Wurden alle Bilder auf die max. benötigte Pixelgröße skaliert?
  - Wurden alle Bilder weitestgehend komprimiert?
  - Wird ein Content-Delivery-Netzwerk eingesetzt?
  - Wurde die GZIP-Komprimierung auf dem Webserver aktiviert?
  - Werden HTML-, CSS- und JavaScript-Dateien minifiziert?
  - Werden CSS- und JavaScript-Dateien kombiniert ausgeliefert?
  - Wird das Browser- und Server-Caching eingesetzt?
  - Wird Lazy Loading verwendet?
  - Wurde kritisches CSS und JavaScript inline eingefügt?
  - Wird Render Blocking JavaScript asynchron geladen?
  - Wird mittels Preconnect zu Dritt-Domains vorverbunden?
  - Werden mithilfe von Preload wichtige Dateien im Voraus geladen?
  - Wurden die Datenbankinhalte optimiert?

Kapitel 5

Linkstrukturen

Verlinkungen sind generell für Google enorm wichtig, da der Crawler neue Inhalte durch das Nachverfolgen von Links erkennen und in einen Kontext setzen kann. Diese Verweise können von externen Seiten kommen, aber auch intern zwischen den eigenen Unterseiten gesetzt werden. Je nachdem spricht man dann entweder von *externer* (im Rahmen der Offpage-Optimierungen) *oder interner Verlinkung* (im Rahmen der Onpage-Optimierungen) – beide sind aber wichtige Signalgeber für Google (siehe Kapitel 1).

Im Rahmen der Offpage-Optimierungen ist es das Ziel, die Linkpopularität der eigenen Domain und deren Unterseiten zu stärken. Suchmaschinen gewichten eine Seite umso besser, je mehr externe Links auf diese Webseite verweisen und je »besser« diese Links sind. Für Google stellt der Link eine Art Empfehlung dar. Eine Website, die viele und gute eingehende Links hat, besitzt in den Augen von Google einen höheren Stellenwert und ist autoritärer. In der Suchmaschinensprache wird häufig von PageRank gesprochen. Unter *PageRank* versteht man einen Algorithmus, der die Qualität einer Seite aufgrund der Linkstrukturen bewertet (siehe Kapitel 1 und 4).

Aus SEO-Sicht ist es also grundsätzlich umso besser, je mehr Links auf die eigene Seite verweisen. Vor wenigen Jahren bedeutete dies noch, dass so viele Backlinks wie möglich, ungeachtet der Quelle, generiert werden sollten. Heute achtet Google aber zunehmend auf den Linkgeber, die Linkqualität und auch die Linkart und bildet daraus ein Backlink-Profil. Es ist also wichtig, darauf zu achten, dass der Link einen guten Contentbezug hat und von einer vertrauenswürdigen Quelle kommt (siehe Abschnitt 1.3).

Aufgrund der Tatsache, dass die eingehenden Links, die Backlinks, von anderen Website-Inhabern gesetzt werden müssen, ist es meist schwierig für einen Seiteninhaber, darauf Einfluss zu nehmen.

Die interne Verlinkung hingegen hilft Google, die eigene Seitenstruktur besser zu verstehen und den Google Crawler auf die wichtigen Inhalte der Domain zu führen. Wichtig ist es, Inhalte untereinander gut zu vernetzen und ähnlichen Content miteinander zu verknüpfen. Eine optimale interne Linkstruktur ermöglicht es, die externe Linkpower auf interne Seiten weiterzuvererben.

Info-Box: Tipp zu Linkstrukturen

Bevor das Thema Verlinkung angegangen wird, sollte der Content bestmöglich optimiert sein. Erst dann ist es sinnvoll, Zeit in externe und interne Verlinkung zu investieren. Nur bei hochwertigem und nutzerzentriertem Content können natürliche externe Backlinks entstehen. In der Regel ist Offpage-Optimierung recht zeitaufwendig und nicht ganz einfach. Deshalb lohnt sich bei Nischenthemen vor allem gut optimierter Content. Es ist auch möglich, ohne externe Linksignale ein gutes Ranking zu erzielen.

5.1 Interne Verlinkung

Interne Verlinkung fällt in den Fachbereich der Onpage-Optimierung, da dafür Optimierungen auf der eigenen Seite notwendig sind. Mit »interner Verlinkung« ist die Verlinkung von eigenen Seiten untereinander gemeint. Eine Seite, die durch externe und interne Seiten verlinkt ist, erhält von Google eine Wertigkeit, die sie wiederum an andere Seiten vererben kann. Diese Wertigkeit kann teilweise durch gezielte Verlinkungen an interne Seiten weitergegeben werden. In der Sprache der Suchmaschinenoptimierung hat sich der Begriff »Linkjuice« durchgesetzt. Als *Linkjuice Flow* (siehe Abbildung 5.1) wird der »fließende Saft« von Webseite zu Webseite bezeichnet. Es wird dabei folgende Metapher genutzt: Eine Website stellt eine Menge von Gläsern (einzelne Unterseiten) dar, die über viele Schläuche (Links) miteinander verbunden sind. Wird in das oberste Glas Saft eingekippt, fließt dieser durch alle Gläser und in jedem Glas bleibt ein Teil enthalten. Je mehr Saft in das oberste Glas gegossen wird, desto mehr davon bleibt in den einzelnen Gläsern.

Es ist somit von hoher Bedeutung, die interne Verlinkung so aufzubauen, dass nur Seiten von Bedeutung vermehrt verlinkt werden, da sonst Aufmerksamkeit in den Augen von Google auf eher unwichtige Seiten gelenkt werden könnte. Durch Navigation und Footer-Elemente werden bereits automatisch viele Links auf der Seite platziert, die eigentlich keinen Linkjuice benötigen, wie z.B. Impressum oder Datenschutzerklärung.

Info-Box: Tipp zur internen Verlinkung

Bei interner Verlinkung sollte das Linkattribut `nofollow` jedoch nicht genutzt werden, um den Link zu maskieren und dadurch einen Suchmaschinen-Crawler darauf hinzuweisen, dass er diesem Link nicht folgen soll. Durch dieses Vorgehen würde interne Linkkraft verschwendet werden. Bevor ein interner Link dem Crawler unzugänglich gemacht wird, sollte er eher eliminiert werden. Bei externer Verlinkung hingegen ist dieses Attribut völlig legitim.

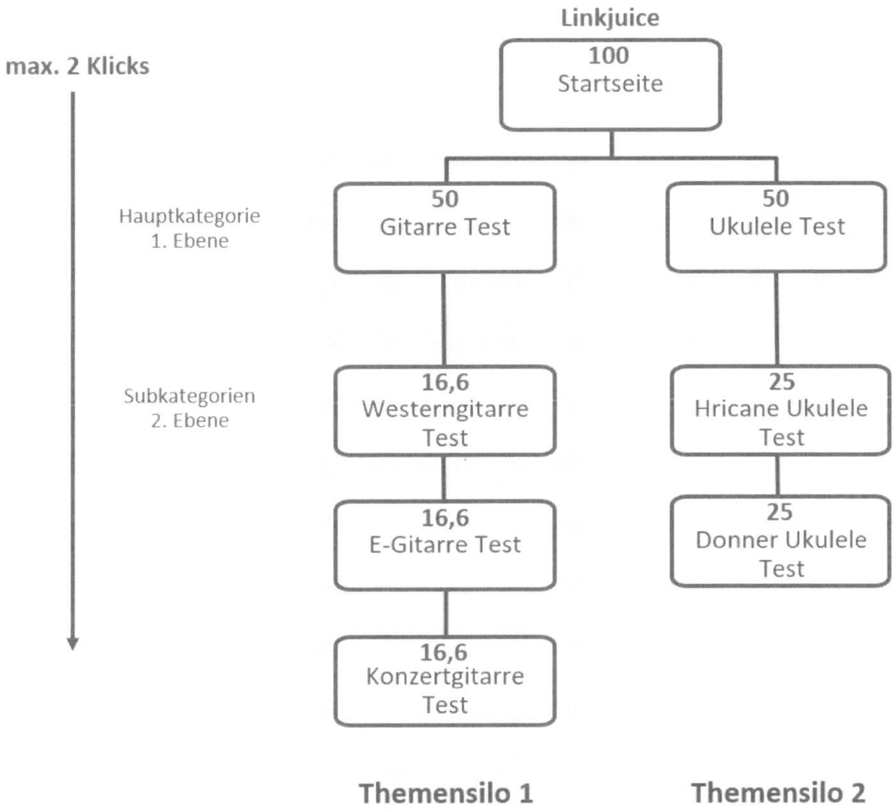

Abb. 5.1: Linkjuice Flow

Interne Verlinkung ist nicht nur für eine Suchmaschine wichtig, auch Nutzer können durch gezielte interne Verlinkung über die Seiten hinweg zu relevanten Inhalten navigieren. Interne Verlinkung dient also auch der Orientierung des Nutzers und kann sich im Endeffekt durch die daraus resultierenden Nutzersignale (wie z.B. Verweildauer) positiv auf die Suchmaschinenoptimierung auswirken. Am besten ist es, ähnlichen Content miteinander zu verknüpfen. Beispielsweise könnte man bei einem Gitarren-Test auch gleich einen Test zum notwendigen Zubehör, wie z.B. den Gitarrensaiten, verlinken.

Idealerweise ist in der Verlinkung auch ein Ankertext mit dem zentralen Keyword vorhanden. Der Ankertext zahlt auf die Relevanz der verlinkten Seite ein. Dieses Attribut macht es für die Suchmaschine leichter, den Seiteninhalt in einen Kontext zu setzen. Hier sollten, wenn möglich, auch die Haupt-Keywords verbaut sein. Ein Ankertext-Link ist in seiner Struktur immer gleich und wird wie folgt dargestellt:

```
<a href = https://www.ziel.de >Ankertext</a>
```

Interne Verlinkungen lassen sich beispielsweise in den Content einbetten, indem auf ähnliche Informationen verwiesen wird. Bei dem Beispiel »Gitarrensaiten Test« lässt sich in einem Fließtext intern z.B. gut auf das Thema Gitarrenpflege bzw. Saitenpflege verlinken.

Arbeitet man mit vielen Verzeichnissen, Kategorien und Unterseiten, dann bietet es sich an, eine *Breadcrumb-Navigation* zu implementieren. Eine Breadcrumb-Navigation ist ein Pfad mit Links, der in der Regel von der Startseite über diverse Unterseiten bis zur aktuellen Seite führt und so dem Nutzer einen Überblick über seinen Standort auf der Website gibt. Auf der Seite »Donner Ukulele Test« könnte eine Breadcrumb-Navigation folgendermaßen aussehen:

Startseite > Ukulele Test > Donner Ukulele Test

Besonders bei Online-Shops ist diese Navigation auf Produktdetailseiten sinnvoll, da diese am meisten verlinkt werden und somit den Linkjuice auch wieder nach oben verteilen können. Eine Breadcrumb kann beispielsweise durch das Yoast SEO Plugin automatisiert angelegt werden.

Am Ende eines Beitrags bietet sich eine Verlinkung auf andere Seiten, Produkte oder Inhalte an, die ebenfalls spannend für den Nutzer sein könnten (siehe Abbildung 5.2). Da der Nutzer am Ende der Seite angelangt ist, hat er vielleicht die Lösung auf seine Frage nicht bekommen oder will einfach weiter konsumieren. Durch einen kleinen Teaser-Text und ein Beitragsbild können Nutzerströme auch auf andere Themen gelenkt werden.

Info-Box: Tipp für WordPress-Nutzer

Diese Elemente lassen sich auch automatisiert über ein Widget in Elementor anlegen. Hier können dann auch beispielsweise Filtereinstellungen vorgenommen werden. Mit diesem Widget lässt sich gezielt konfigurieren, dass nur ähnliche und themenrelevante Beiträge angezeigt werden.

Die Linkstruktur sollte grundsätzlich aber nicht überstrapaziert werden. Genau genommen ist es sogar schädlich, eine Seite öfter als einmal zu verlinken, da mit jedem weiteren Link etwas Linkjuice verloren geht.

Für das Monitoring gibt es in der Google Search Console (siehe Abbildung 5.3) einen Reiter mit internen Verlinkungen. In dieser Übersicht sind alle internen Links aufsummiert und nach einzelnen Seiten heruntergebrochen.

Abb. 5.2: Verweis auf andere Seiten

Info-Box: Häufige Fehler bei der internen Verlinkung

- Keine Breadcrumb-Navigation bei komplexen Seitenstrukturen
- Interne Links sind mit `nofollow` gekennzeichnet.
- Fokus-Keywords sind nicht in den Ankertexten verbaut.
- Es werden keine Themensilos (Sammlung von thematisch verwandten Seiten) bei ähnlichen Inhalten geschaffen.
- Auf einer Seite sind Mehrfachverlinkungen vorhanden.
- Wichtige Seiten werden zu wenig durch die interne Verlinkung gestärkt.

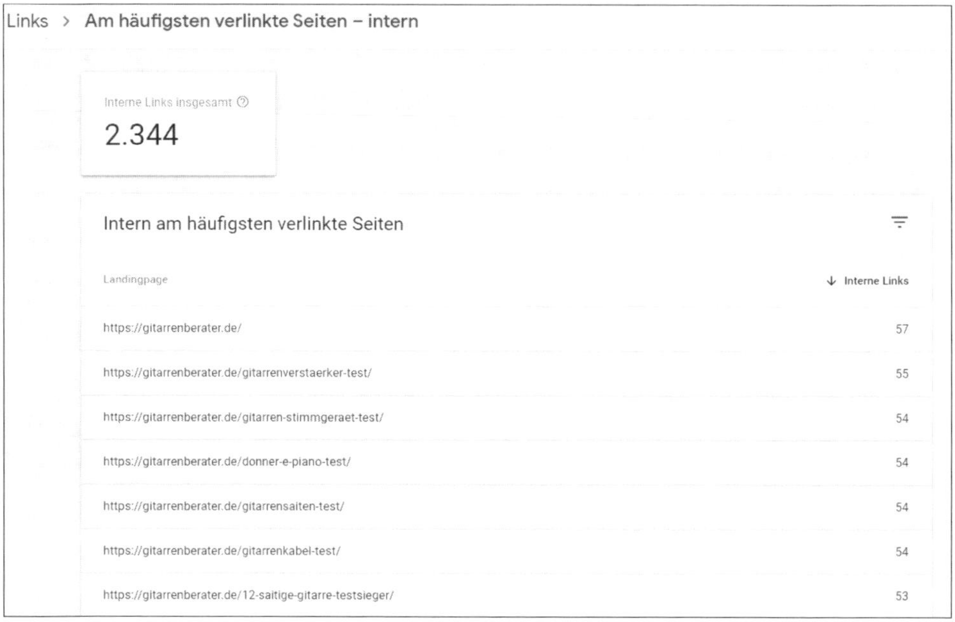

Abb. 5.3: Interne Verlinkung, Google Search Console

5.2 Externe Verlinkung

Von einer externen Verlinkung ist die Rede, wenn eine andere Seite mit einem Link auf die eigene Seite verweist. Ausgehende Links sind Verweise, die von der eigenen Seite auf fremde Seiten verweisen. Das Ziel von externen Verlinkungen ist es, möglichst gewinnbringende Links auf die eigenen Seiten zu bekommen. Gehen mehr Links auf die Seite ein, so stärkt dies den PageRank der Seite und führt langfristig zu besseren Positionierungen in den Suchergebnissen. Die mathematische Berechnung dieser PageRank-Metrik *Linkpower* ist in der Realität sehr komplex. Je mehr Links eine Seite besitzt, umso mehr Linkpower (Linkjuice) kann sie an andere Seiten weitergegeben (siehe Abschnitt 5.1). Aber nicht nur die Anzahl, sondern auch die Wertigkeit der Verlinkungen spielt eine wichtige Rolle. Google sieht sich genau an, von welcher Seite die Links kommen und ob diese thematisch zum eigenen Inhalt passen.

Die Bewertung eines potenziellen Backlinks fängt immer mit der Domain an. Generell gilt: Je schwieriger es ist, auf dieser Seite einen Link auf die eigene Seite zu ergattern, desto besser ist es für die Gewichtung des Links.

Immer wichtiger für Google ist der natürliche Aufbau von Links. Im besten Fall ist der Content auf der eigenen Seite so gut, dass andere Webautoren ohne weiteres Zutun auf die eigene Seite verlinken. Backlinks können erst dann entstehen, wenn jemand auf den Content aufmerksam wird. Ohne Sichtbarkeit in den Suchmaschinen bzw. sozialen Medien entstehen keine Backlinks. Insofern müssen hier aktiv Dritte angesprochen bzw. auf die Website aufmerksam gemacht werden. Ein häufiger Fehler beim Linkaufbau sind die Wachstumsrate und die Geschwindigkeit beim Aufbau der Linkquellen. Da Google die Historie der Webseite erfasst und den zeitlichen Abstand der eingehenden Links registriert, kennt die Suchmaschine die Frequenz des Linkaufbaus. Es ist unnatürlich, in kürzester Zeit eine größere Menge an Backlinks anzuhäufen. Google prüft auch, welche Relevanz die Seiten haben, die zur eigenen Seite verweisen. Hat eine verlinkende Seite mit der eigenen Webseite thematisch wenig zu tun, dann hat dies einen eher negativen Einfluss auf das Linkprofil.

Bei der Erstellung des Backlink-Profils achtet Google darauf, dass die Abschnitte, die umliegenden Wörter und auch die Ankertexte der Links variieren. Ankertexte sind Textstellen, die beim Anklicken den jeweiligen Link aufrufen. Diese Textstellen sollten im besten Fall thematisch mit der eigenen Seite übereinstimmen, abwechslungsreich sein und nicht immer nur die gleichen Keywords enthalten.

Generell ist es von großer Bedeutung, dass das Vertrauen einer Suchmaschine gewonnen wird. Neben der externen Verlinkung können mehrere Faktoren bzw. Maßnahmen das Vertrauen positiv beeinflussen. Die Autorität gegenüber einer Suchmaschine setzt sich aus einem harmonischen Zusammenspiel von Links und weiteren Faktoren zusammen. Zudem wird mit dem Faktor »Engagement« gemessen, ob die Webseite durch die Besucher der Suchmaschine angenommen wird. Dieser Faktor kann durch die Verweildauer auf der Seite gemessen werden. Auch das Alter der Domain spielt eine Rolle: Eine Domain, die Google schon länger bekannt ist, hat in der Regel eine größere Glaubwürdigkeit als neue Seiten. Voraussetzung hierfür ist, dass die Seite gleiche Inhalte über den gesamten Zeitraum gespielt hat. Außerdem schaut sich der Suchmaschinen-Crawler an, wie das Verhältnis von Werbung zu Content auf einer Seite aufgeteilt ist. Ist zu viel Werbung enthalten und der Content auch zu dünn, wird die Seite sehr wahrscheinlich schlechter positioniert.

Info-Box: Checkliste: Diese Eigenschaften bringt ein guter Link mit

- **Domain-Alter:** Ein Link von einer älteren Domain mit entsprechender Historie ist vertrauenswürdiger. Alter und Vergangenheit lassen sich z.B. über `https://archive.org/web/` ermitteln.
- **Eingehende Links:** Je mehr und bessere Links eine Seite bekommt, desto stärker ist diese.
- **Thema der URL:** Links, die zum eigenen Thema der Seite passen, sind wertvoller.
- **Interne Verlinkung:** Je höher die linkgebende Seite in der Seitenhierarchie, desto stärker ist der Link.

- **Ausgehende Links:** Weniger Verlinkungen bedeuten mehr Linkpower für die eigene Seite.
- **Qualität:** Der Content sollte hochwertig und einzigartig wirken. Es sollte nicht zu viel Werbung auf der Seite vorhanden sein und die Seite sollte indexiert sein.

Welche eingehenden Links auf der eigenen Seite durch Google registriert werden, lässt sich durch die Search Console herausfinden (Abschnitt 7.1, Abbildung 7.5). In dieser Auflistung findet man nicht nur einen Überblick über die externen Links, auch die interne Linkstruktur ist in diesem Bericht abrufbar.

Die Zusammenstellung der Backlinks, der zeitlichen Daten und der Linkziele wird auch als *Backlink-Profil* bezeichnet. Es gilt, dieses Linkprofil möglichst natürlich für die Suchmaschine zu gestalten.

Welche Faktoren zur Bewertung des Linkprofils genau herangezogen werden, ist nicht eindeutig definiert. Grundsätzlich werden aber folgende Kriterien als wichtig erachtet:

- **Domain Popularity:** Von wie vielen unterschiedlichen Websites (Domains) verweist ein Link auf die eigene Seite?
- **Link Popularity:** Wie viele verschiedene Links verweisen auf die eigene Seite?
- **Domain Authority:** Wie viel Glaubwürdigkeit und Einfluss hat die eigene Domain im Auge der Suchmaschine (man spricht hier auch von »Trust«)? Google nutzt hier keine Domain-Autorität als Metrik intern, sondern nur eine seitenbasierte Gewichtung.
- **Topical Relevance:** Wie relevant ist eine Seite zu einem bestimmten Thema oder einer bestimmten Kategorie?
- **Page Authority:** Wie glaubwürdig und einflussreich ist eine spezielle Seite?

Es geht also nicht darum, schnellstmöglich an Links zu kommen, sondern nachhaltige und qualitativ hochwertige Verweise von anderen Webseiten zu bekommen. Schlechte Links wirken sich hierbei eher toxisch aus und »vergiften« das Linkprofil.

In der Linksprache unterscheidet man zwischen zwei essenziellen Link-Typen: `nofollow`- und `dofollow`-Links. Eigentlich betrachtet Google jeden Link als eine Empfehlung für die verlinkte Webseite. Links können aber gezielt mit dem `nofollow`-Attribut ausgezeichnet werden. Mit dieser Eigenschaft gibt man dem Crawler die Anweisung, einem Link nicht zu folgen, wodurch dieser eigentlich keinen wirklichen Mehrwert bietet. Über diesen Link wird kein PageRank von der verweisenden Seite vererbt.

Dennoch ist es wichtig, in einem sauberen Linkprofil beide Arten von Linktypen abzudecken, obwohl ein `nofollow`-Link offensichtlich weniger bringt. Es wäre sehr unwahrscheinlich, dass auf eine Webseite nur mit `dofollow`-Links verwiesen wird. Um das Linkprofil daher natürlich und vertrauenswürdig zu halten, bietet sich eine Mischform aus beiden Linkarten an.

Ein `dofollow`-Link ist ein normaler Link, der ohne ein weiteres Attribut in HTML als solcher gilt. Ein `nofollow`-Link ist zusätzlich mit dem Attribut `rel="nofollow"` zu versehen. Die Anatomie eines Links sieht folgendermaßen aus (siehe Abbildung 5.4):

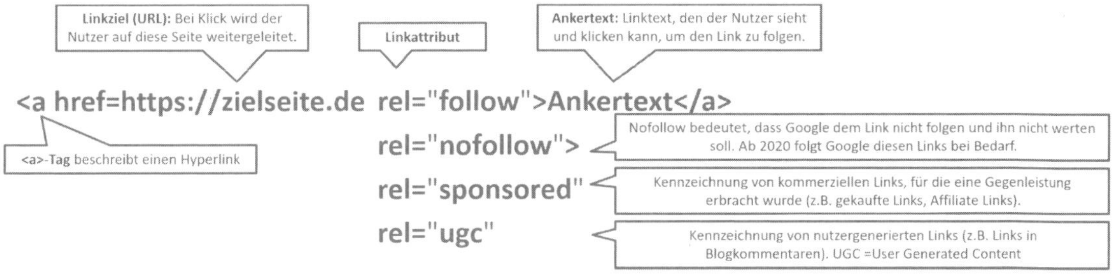

Abb. 5.4: Anatomie eines Links

In der Praxis ist es eher schwieriger, an `dofollow`-Links zu kommen, da diese meist separat durch einen Webmaster eingepflegt werden müssen.

Da sich die Verlinkung auf schädliche Webseiten auch negativ auf das eigene Google-Ranking auswirken kann, sollten ausgehende Verlinkungen, die auf fragwürdige Seiten zeigen, zur Sicherheit mit einem `nofollow`-Attribut versehen werden. Werbelinks sollten laut den Richtlinien von Google immer mit `nofollow` gekennzeichnet sein. Spamhaltige Verlinkungen werden aber in der Regel von Google mittlerweile auch schon gut automatisch erkannt. Diese Links werden von der Suchmaschine bereits selbstständig entwertet.

Info-Box: Tipp für externe Verlinkung

Es besteht die Möglichkeit, ungewollte Links an Google mittels einer Datei, auch `Disavow-file` genannt, zu melden und diese in die Search Console hochzuladen. Es handelt sich hierbei um ein Dokument, das alle schädlichen Links enthält. Google selbst hat hierzu eine weitreichende Dokumentation in seinem Support-Center.

Die Datei kann in diesem Verzeichnis der Search Console hochgeladen werden: `https://search.google.com/search-console/disavow-links`.

5.3 Linkbuilding in der Praxis

Ein gutes Linkprofil ist eine gesunde Mischung aus hochwertigen Links, vertrauenswürdigen Quellen und dem Ort der Platzierung des Links auf der Seite. Eingekaufte oder getauschte Links würden hierbei gegen die Richtlinien von Google verstoßen und gelten deshalb eher als »heißes Pflaster«. Besonders der Linktausch fällt hier durch das spezielle Linkmuster von eingehenden und ausgehenden Verweisen sehr schnell auf. Treten diese Links in dem Linkprofil vermehrt auf, verhängt Google durchaus auch manuelle »Maßnahmen«, da dies gegen die Google-Richtlinien verstößt. Hinter einer manuellen Maßnahme verbirgt sich eine Abstrafung eines menschlichen Prüfers, also eines Google-Mitarbeiters. Ob eine manuelle Maßnahme verhängt worden ist, kann in der Google Search Console geprüft werden.

Die organische Gewinnung guter Links stellt sich in der Praxis oft als große Herausforderung dar. Ohne eigenes Engagement in Richtung Linkbuilding ist die Wahrscheinlichkeit einer externen Verlinkung eher gering.

Ein Link, der beispielsweise von einer Seite kommt, die sich nur mit Autos beschäftigt, wäre für gitarrenberater.de wenig wert, da hier der Content nur auf das Thema Gitarren ausgerichtet ist. Es gibt in der Praxis aber einige Möglichkeiten, ohne Linkbuilding-Budget und mit relativ geringem Zeitaufwand Links aufzubauen. Diese werden im Folgenden kurz erläutert.

5.3.1 Linkwürdigen Content erstellen

Guter Content, der auch eine gute Position in Google erreicht, wird wahrscheinlicher verlinkt als eine Seite mit fragwürdigen Inhalten. Aus diesem Grund ist die Regel Nummer eins: Guter Content ist ein absolutes Muss! Es ist außerdem wahrscheinlich, dass andere Webmaster die Webseite finden und verlinken, wenn die Platzierungen in Google gut sind. Beispiele für linkwürdigen Content sind z.B.

- »How-to«-Artikel
- Daten und Trendthemen
- Gut recherchierte Themen in der Nische
- Content mit Weiterbildungscharakter
- Unterhaltsamer Content
- Inspirativer Content
- Goodies (z.B. kostenlose Vorlagen zum Download)

5.3.2 Wettbewerber-Backlink-Screening

Schon bei den strategischen Vorüberlegungen zu einem Website-Projekt sollte eine Analyse des Wettbewerbs erfolgen, da zu linkstarke Wettbewerber die Erfolgswahrscheinlichkeit eigener Bemühungen mindern. Die Analyse des Wettbewerbs ist aber zusätzlich auch beim Backlink-Aufbau eine gute Möglichkeit, mit der unter Umständen leicht Links generiert werden können. Mit dem Backlink-Checker von Ahrefs (`ahrefs.com/de/backlink-checker`) (siehe Abbildung 5.5) ist es möglich, das Backlink-Profil einer Domain, also beispielsweise das eines Wettbewerbers, zu analysieren. Hier wird in der kostenlosen Version nur eine beschränkte Anzahl von Links aufgelistet, eine detailliertere Darstellung ist kostenpflichtig. Als Alternative zu Ahrefs könnte auch das kostenlose Tool Openlinkprofiler (`openlinkprofiler.org`) genutzt werden.

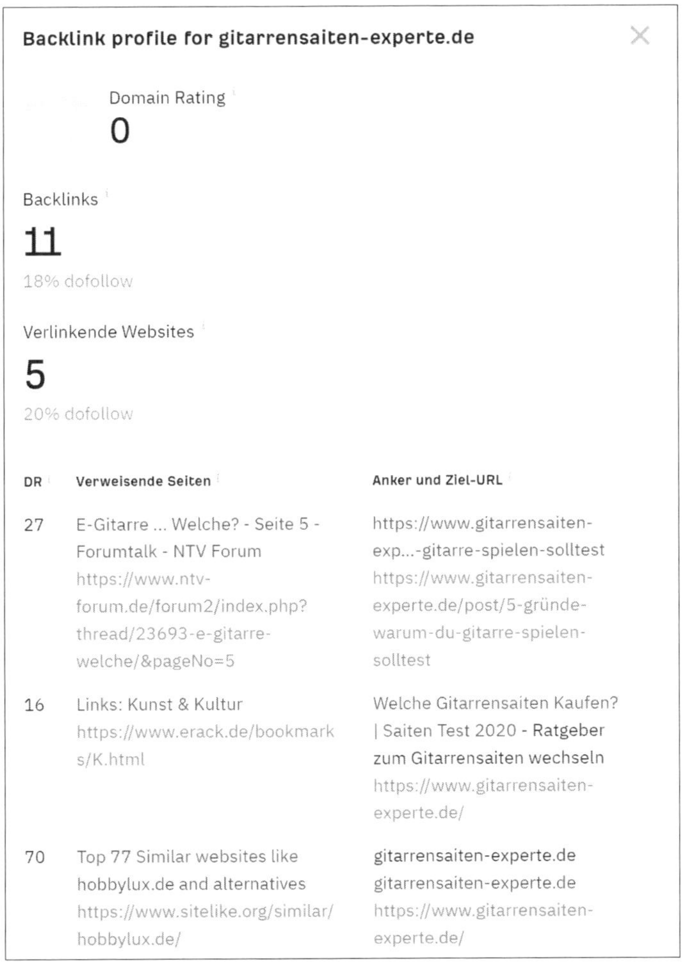

Abb. 5.5: Ahrefs-Backlink-Analyse `gitarrensaiten-experte.de`

Spannend sind die Seiten, die in der Rubrik »Ankertext und Backlink« eine `dofollow`-Kennzeichnung haben. Genau bei solchen Seiten könnte man ebenfalls versuchen, einen Backlink zu bekommen.

5.3.3 Themenrelevante Foren

Zu fast jedem Thema gibt es eine Community, die sich mit einem Fachgebiet beschäftigt. Heutzutage ist es umstritten, ob ein Link in einem solchen Forum überhaupt noch einen Mehrwert bietet, da ihn jeder platzieren kann. Des Weiteren sind die Links in einem Forum oftmals standardmäßig mit dem `nofollow`-Attribut gekennzeichnet.

Für das Beispiel gitarrenberater.de stößt man nach kurzer Recherche bei Google beispielsweise auf das Forum `www.gitarre-spielen-lernen.de`. Für die Relevanz ist es wichtig, zu wissen, ob das Forum automatisch eine `nofollow`- bzw. `ugc`- (user generated content) Kennzeichnung vergibt oder nicht. Drückt man in dem Google-Chrome-Browser [F12], öffnet sich auf der rechten Seite die Entwickler-Console (siehe Abbildung 5.6). In dieser Ansicht lässt sich der HTML-Code der Webseite anzeigen, wodurch man eine `nofollow`-Kennzeichnung erkennen kann.

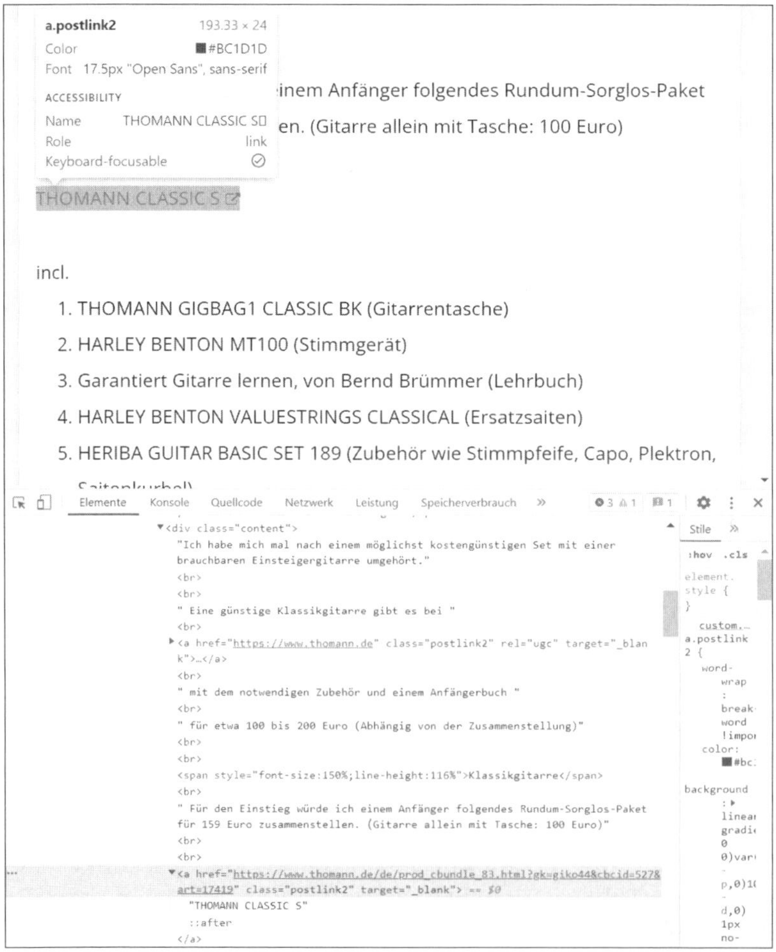

Abb. 5.6: Entwickler Console im Chrome-Browser

In diesem Beispiel ist kein `nofollow`-Attribut im Link zu sehen, weshalb das Forum als potenzieller Linkgeber infrage kommt.

5.3.4 Themenrelevante Blogs

Blogs, die sich mit ähnlichen Themen beschäftigen, die man auch auf der eigenen Website bespielt, können gute Linkgeber sein. In den meisten Blogs gibt es die Möglichkeit, mittels einer Kommentarfunktion einen Beitrag zu hinterlassen. Wenn in Kommentaren Links platziert werden, sind diese meist als `nofollow`-Links gekennzeichnet. Dennoch lohnt es sich vielleicht, in den Kommentaren auf die eigene Seite aufmerksam zu machen. Eventuell findet nämlich der Webmaster den Content gut und packt einen `dofollow`-Verweis in den eigentlichen Beitrag. Außerdem könnten über einen themenrelevanten Link auch kaufbereite Nutzer auf die eigene Seite kommen.

5.3.5 Webverzeichnisse und Blogverzeichnisse

Webverzeichnisse können als Linkgeber dienen, aber in den Augen von Google auch schnell als Spam gewertet werden. Webverzeichnisse sind Seiten, auf denen eine Vielzahl unterschiedlicher Blogs oder Seiten verlinkt sind. Es ist kein wirklicher Mehrwert bzw. Content zu finden, was entsprechende Verzeichnisse in den Augen einer Suchmaschine wahrscheinlich eher fragwürdig macht. Wenn man Webverzeichnisse als Linkbuilding-Strategie aufnimmt, sollte darauf geachtet werden, dass stets eine unterschiedliche Beschreibung der eigenen Website gewählt wird.

In folgenden Verzeichnissen ist eine kostenlose Listung unter anderem möglich:

- `go-findyou.de`
- `csearch.de`
- `suchnase.de`
- `webfee.de`

Durch die Recherche in Google lassen sich noch zahlreiche andere Webverzeichnisse ausfindig machen.

5.3.6 Linkgeber in eigenem Netzwerk kontaktieren

Andere Webmaster manuell zu kontaktieren, ist eher eine aufwendige Art, um Backlinks zu gewinnen. Einerseits, weil jeder Website-Betreiber individuell angeschrieben werden muss, andererseits aber auch, da die Ablehnungsraten sehr hoch sind. Manchmal bietet es sich aber an, bestehende *Kooperationspartner* zu nutzen, wenn es im beruflichen oder auch privaten Umfeld möglich ist und thematisch passt. So können z.B. Agenturen, Lieferanten oder Werbepartner kontaktiert werden. Wenn ein Backlink von einer qualitativen und themenrelevanten

Seite generiert werden kann, könnte dieser sehr wertvoll sein. Es sollte hierbei allerdings nicht die Strategie verfolgt werden, Links mit Webmastern zu tauschen, da dieses Muster relativ durchschaubar ist und gegen die Google-Richtlinien verstößt.

5.3.7 Social-Media-Umfragen

Zu den meisten Nischen gibt es themenrelevante Gruppen in sozialen Netzwerken. Manchmal lohnt es sich, eine Umfrage zu einem spezifischen Thema zu erstellen und dadurch einen Contentbeitrag auf seiner Seite zu veröffentlichen. Andere Webmaster könnten diese Seite als wissenschaftliche Referenzquelle verlinken.

5.4 Checkliste

Verlinkungen sind ein wichtiger Punkt, wenn es um SEO geht. Sie sollten daher Anstrengungen sowohl im Hinblick auf interne als auch auf externe Verlinkungen unternehmen. Folgende Fragen können Ihnen als Grundlage dienen, um sich mit diesen Themen zu beschäftigen.

Checkliste/Fragen

- Ist der Content so hilfreich, dass er auch anderen Nutzern eine Empfehlung wert ist?
- Ist die interne Linkstruktur optimal ausgebaut und jede Seite verlinkt?
- Wer verlinkt auf meine Wettbewerber? Sind es qualitative Links, wovon auch die eigene Seite profitieren könnte?
- Habe ich in meinem eigenen Netzwerk interessante Linkgeber?
- Welchen linkwürdigen Content könnte ich erstellen, um »automatisch« Backlinks zu bekommen?

Kapitel 6

Conversion-Optimierung

Wenn die Bemühungen der Suchmaschinenoptimierung erfolgreich sind, belegt eine Website einen der vorderen Plätze auf der SERP von Google. Spricht zusätzlich das SERP-Snippet den Suchenden an, fällt meist die Entscheidung, darauf zu klicken. Dadurch ist ein wesentlicher Teil des Ziels erreicht. Allerdings hat sich an dieser Stelle noch kein monetärer Erfolg für den Websitebetreiber eingestellt. Dafür muss der User erst konvertieren, also eine gewünschte Handlung auf der Zielseite durchführen.

Bei der Betrachtung der Conversion-Optimierung werden Grundlagen vorgestellt, die für eine optimierte Webseite von Bedeutung sind. Zusätzlich werden gezielte Optimierungen anhand der Seite gitarrenberater.de aufgezeigt.

6.1 Grundlagen der Conversion-Optimierung

Damit der User eine Handlung auf der Zielseite durchführt bzw. um ihn dabei zu unterstützen, ist es wichtig, die Website so zu optimieren, dass dies einfach möglich ist, der User sich dabei wohlfühlt und grundsätzlich zufrieden ist. Dabei spricht man von *Conversion-Optimierung*. In Abbildung 6.1 werden die einzelnen Schritte der Conversion-Optimierung in diesem Zusammenhang als Übersicht dargestellt.

Bei der Conversion-Optimierung wird der User in einen Conversion Funnel (siehe Abschnitt 2.4) geleitet, in dem er Schritt für Schritt zur Conversion geführt werden soll. Wenn man die Optimierung des SERP-Snippets außen vorlässt, beginnt dieser auf der Landingpage einer Website. Dort ist es von großer Bedeutung, dass die Suchintention klar beantwortet wird. Der User muss also auf der Landingpage die Informationen bekommen, die ihm im SERP-Snippet versprochen worden sind. Wird der User auf der Landingpage mit Themen überrascht, die er nicht gesucht hat oder die nicht mit der Aussage des SERP-Snippets übereinstimmen, ist die Gefahr sehr groß, dass er sofort wieder abspringt. In diesem Fall spricht man von einem *Bounce*. Ein Ziel ist es, die Bounce-Rate, also den Anteil der Besucher, die nur eine Seite der Website anschauen und dann wieder abspringen (nicht selten mit dem »Zurück«-Button des Browsers), zu minimieren.

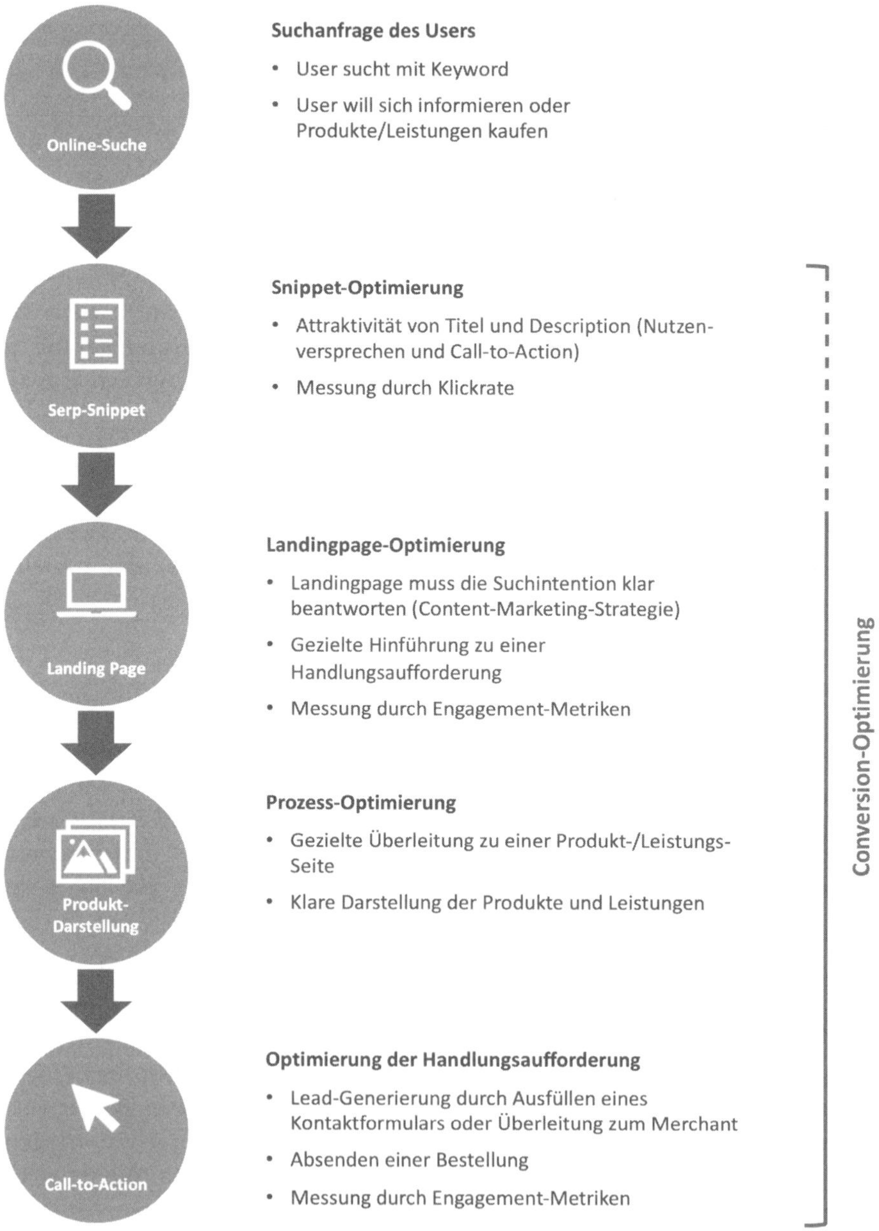

Abb. 6.1: Prozessschritte der Conversion-Optimierung

Info-Box: Conversion-Optimierung für Affiliate-Seiten (z.B. im Amazon Partnerprogramm) startet bereits mit der richtigen Produktauswahl

Eine gute Conversion-Rate beginnt bereits bei der Auswahl der Produkte, die beworben werden. Produkte, die auf Amazon prominenter angeboten werden und auch in den Bestseller-Kategorien erscheinen, sind absatzstärker als andere Artikel. Ein Indikator dafür kann auch die Anzahl an abgegebenen Bewertungen sein. Je mehr Personen einen Artikel bewertet haben (insbesondere natürlich positiv), desto wahrscheinlicher ist es, dass sich andere Nutzer auch für diesen Artikel entscheiden. Insgesamt bedeutet das, dass die Präsentation »gefragter« Artikel auf der Affiliate-Website automatisch auch mehr Interesse weckt und sich dadurch positiv auf die Conversion-Rate auswirkt.

Neben der genauen Beantwortung der Suchintention ist es von Bedeutung, dass der erste Eindruck der Landingpage ein positiver ist und es die Seite damit schafft, Vertrauen aufzubauen. Auch muss sich der User intuitiv auf der Seite zurechtfinden. All diese Themen greifen natürlich ineinander und bedingen einander.

Ein guter Aufbau einer Landingpage geht auf diese Bereiche ein und versucht, dem User typische Fragen zu beantworten. Dazu gehören unter anderem folgende:

- Traue ich der Seite zu, meine Frage zu beantworten?
- Wer ist der Anbieter bzw. Seitenbetreiber?
- Kann ich dem Anbieter vertrauen?
- Warum soll ich diese Seite anschauen und keine andere?

Mit gezielt eingesetzten Bestandteilen sollte die Landingpage versuchen, dem User diese Fragen zu beantworten.

6.2 Optimierung von Landingpage und Prozess

Um eine Landingpage optimieren zu können, muss zuerst ein konkretes Ziel für diese Seite definiert werden. Grundsätzlich gibt es verschiedene Arten von Landingpages:

- *Click Through Landingpages* sind als Zwischenschritt (z.B. als Affiliate-Seite) auf dem Weg zu einer Seite, auf der ein Nutzer beispielsweise etwas kaufen soll, gedacht. Diese Landingpages werden eingesetzt, wenn Produkte oder Dienstleistungen erklärt werden sollen oder der User davon erst überzeugt werden muss. Click Through Landingpages sollen den User informieren und zur Kaufmöglichkeit weiterleiten.

- Von *Lead Generation Landingpages* spricht man, wenn eine Landingpage erstellt wurde, um beispielsweise mithilfe eines Formulars Kontaktinformationen (z.B. E-Mail-Adresse und Name) des Users zu generieren. Je nach Zielsetzung können auch weitere Daten, wie z.B. das Geburtsdatum oder der Wohnort, relevant sein.

Im Rahmen der folgenden Ausführungen liegt der Fokus auf Click Through Landingpages, die den User zu einem bestimmten Ziel führen bzw. ihn in einen Prozess eintreten lassen sollen.

Mit der Hauptüberschrift der Seite kann der User richtig abgeholt werden. Sie sollte den Inhalt der Seite auf den Punkt bringen. Zu abstrakte Überschriften wirken sich eher negativ auf die Conversion aus, da diese nicht immer richtig interpretiert werden. Unter anderem im Hinblick auf das Endgerät (z.B. Smartphone oder Tablet) sollte auch versucht werden, die Überschriften nicht zu lang werden zu lassen. Die Grenze liegt in der Regel bei zwei Zeilen. Auch die Wortreihenfolge der Überschrift kann eine Rolle spielen. So sollten Beginn und Ende (z.B. erstes und letztes Wort) möglichst aussagekräftig sein, da diese beim Überfliegen der Überschrift intensiver wahrgenommen werden.

Da Bilder grundsätzlich sehr aufmerksamkeitswirksam sind, ist die Bedeutung des Hauptbilds der Landingpage, des sogenannten *Hero Shots*, besonders wichtig. Das Hauptbild sollte am besten – falls möglich – das beworbene Produkt abbilden oder den User positiv emotional ansprechen. Bei der Bildauswahl sollte die Überlegung miteinfließen, welche Emotionen beim User ausgelöst werden sollen. Es hat sich darüber hinaus gezeigt, dass große Abbildungen besser funktionieren als kleine. Wichtig ist es auch, dass das Motiv die Hauptüberschrift unterstützt und das Verlangen des Users nach dem Produkt verstärkt.

Um den User bei Betreten der Landingpage abzuholen, also seine Bedürfnisse zu erkennen und diese anzusprechen, ist es sinnvoll, direkt dort auch die Vorteilskommunikation zu platzieren und hervorzuheben. Mit kurzen Texten sollten die maximal fünf wesentlichen Vorteile dargestellt werden, die am besten nicht die Eigenschaften von Produkten (z.B. »Tablette mit dem Wirkstoff Acetylsalicylsäure«) im Fokus haben, sondern vielmehr den entstehenden Kundennutzen (z.B. »Schnell und effektiv gegen Kopfschmerzen«). Zur Hervorhebung der einzelnen Vorteile eignen sich beispielsweise grüne Häkchen als Aufzählungspunkte, wobei grundsätzlich eine Überladung bzw. Überbetonung vermieden werden sollte, da die Lesbarkeit darunter leiden könnte.

Um das Vertrauen in den Anbieter zu stärken, kann auf eine Reihe von Möglichkeiten zurückgegriffen werden. Grundsätzlich kann dem User durch die Einhaltung von Konventionen ein vertrautes Gefühl bei der Nutzung einer Website vermittelt werden. Dazu gehört z.B. die Platzierung des Logos und der Navigationselemente dort, wo der User sie erwartet. In der Regel ist das Logo am oberen

Ende der Webseite mittig oder links platziert. Die Hauptnavigation ist meistens horizontal darunter zu finden. Das Logo sollte Seriosität ausstrahlen und sich, falls der Anbieter im Markt noch eher unbekannt ist, Dachmarken oder verbundene, bekanntere Marken zunutze machen (z.B. »Eine Marke von ...« oder »bekannt aus der Fernsehsendung ...«). Darüber hinaus spielen vertrauensbildende Elemente eine große Rolle. Dazu gehören unter anderem Gütesiegel oder Social Proof. Das Angebot von Kontaktmöglichkeiten, wie einer Telefonnummer oder einen Chat zur Unterstützung bei Problemen oder Fragen, schafft ebenfalls Vertrauen und ein gutes Gefühl beim User.

Social Proof kann in unterschiedlichen Formen geschaffen werden. So können Kundenstimmen bzw. -bewertungen auf einer Seite prominent dargestellt oder die Anzahl der (zufriedenen) Kunden gezählt werden. Auch eine Übersicht von Referenzprojekten kann als Beleg für den User dienen, dass der Anbieter vertrauenswürdig ist. Gütesiegel, die auch als Social Proof angesehen werden können, basieren in der Regel auf Kunden-Bewertungen oder der Bewertung von unabhängigen Dienstleistern und haben insbesondere beim Kauf in nicht bekannten Onlineshops eine hohe Relevanz, können aber grundsätzlich auch bei unbekannten Affiliate-Seiten hilfreich sein. Eine Studie von Schulz, Froschmeier & Rothhaar (2017) zeigt, dass die Bedeutung in allen Phasen der Customer Journey weiter zunimmt und die Vertrauenswürdigkeit mit Anzahl der Siegel immer mehr steigt. Gütesiegel strahlen Objektivität und Transparenz aus und sind daher für den User von hoher Bedeutung.

Grundsätzlich sollte die Landingpage den User zu einer Handlungsaufforderung, einem sogenannten *Call to Action (CTA)*, hinführen. Die Gestaltung des dafür vorgesehenen CTA-Buttons spielt hierbei eine große Rolle. Farblich sollte sich der Button stark vom Rest der Seite abheben und direkt ins Auge fallen. Der größtmögliche Kontrast wird (bei hellem, z.B. weißem Hintergrund) durch Einsatz der Komplementärfarbe zur Hauptfarbe der Seite erreicht. Ist eine Seite beispielsweise eher blau gehalten, tritt ein gelber Button am stärksten hervor. Auch sollte die Buttonbeschriftung einen Mehrwert bieten und dazu beitragen, den Zweck bzw. das Ziel der Seite zu verstehen. Unterstützend wirken dabei aktive Verben wie »Starten«. Eher negativ wirken Beschriftungen wie »Weiter«, »Hier« oder »Download«, positiver belegt sind aussagekräftigere Informationen, wie »Kostenloses E-Book herunterladen«, »Angebot für ... erhalten« oder »Unverbindlichen Beratungstermin vereinbaren«.

Hat der User gehandelt, wie es für die Landingpage geplant war, tritt er in der Regel in einen entsprechenden Prozess ein, an dessen Ende das Ziel der Seite bzw. eine Conversion steht. Bei einer Affiliate-Seite ist dies in der Regel die Überleitung zur Merchant-Seite, bei einem Online-Shop der Kauf eines Produkts. Zuvor geht es darum, die Produkte und Leistungen einerseits im Überblick und andererseits im Detail in geeigneter Weise darzustellen.

Um dem User einen guten Überblick über angebotene Produkte zu bieten, wird in der Regel eine *Kategorieseite* eingesetzt. Auf dieser werden z.B. ein passendes Headerbild und eine Kategorie-Überschrift dargestellt. Es werden die einzelnen Produkte in einem Listen- oder Matrix-Format aufgezeigt. Die Listenform kann dabei mehr Informationen enthalten, die Matrixansicht bietet meist einen besseren Überblick. Die Anzeige der Produkte erfolgt über Produktboxen. Dort sind z.B. eine Abbildung, die Produktbezeichnungen, der Preis, ein Testergebnis und weitere Informationen in Kurzform dargestellt.

Der User kann dann üblicherweise das Produkt genauer betrachten, indem er die Produktdetailseite aufruft. Dort können weitere Details und ausführlichere Informationen zu dem Produkt bzw. der Leistung dargestellt werden und es kann eine Überleitung zum Anbieter erfolgen. Eine Überleitung ist aber auch auf der Kategorieseite oder möglicherweise auf einer Vergleichsseite üblich.

6.3 Gezielte Optimierungen an der Seite

Auf der Beispielseite gitarrenberater.de werden, um das Ziel einer Conversion zu erreichen, verschiedene Punkte beachtet. Grundsätzlich beginnt der Prozess mit der Optimierung des SERP-Snippets. Auf der Landingpage, die der User nach einem Klick darauf erreicht, werden die entsprechenden Produkte direkt als Liste untereinander dargestellt. Das Ziel ist es hier, dass der User die gebotenen Informationen aufnimmt und auf den Link zum Kauf des Produkts bzw. zur Weiterleitung in den Shop klickt. Der Link führt ihn dann zur Seite von Amazon, wo er das Produkt idealerweise kauft. Dieser Ablauf wird in Abbildung 6.2 beispielhaft veranschaulicht.

Das Ziel des SERP-Snippets ist es, den Nutzer zum Klicken zu animieren. Das wichtigste Keyword sollte dort im Title, in der Description und in der URL verwendet werden. Jedoch ist die Qualität entscheidender als die technische Verwendung von Keywords. Grundsätzlich sind die entscheidenden Erfolgsfaktoren die Schaffung von Relevanz für den Suchenden, die Erzeugung eines Mehrwerts im Vergleich zu anderen Ergebnissen der SERP und eine Handlungsaufforderung, die sich aus dem Snippet ergibt. Bei gitarrenberater.de wird darauf geachtet, dass die Suchintention des Users aufgegriffen wird und dem User Argumente zum Klicken geliefert werden. Auch die Aktualität ist von Bedeutung. Diese wird durch die aktuelle Jahreszahl in der Überschrift (also im Title-Tag der Landingpage) gewährleistet. Ferner werden Markennamen im Snippet aufgegriffen, da durch die Keyword-Analyse bekannt ist, dass User auch konkret nach Marken suchen.

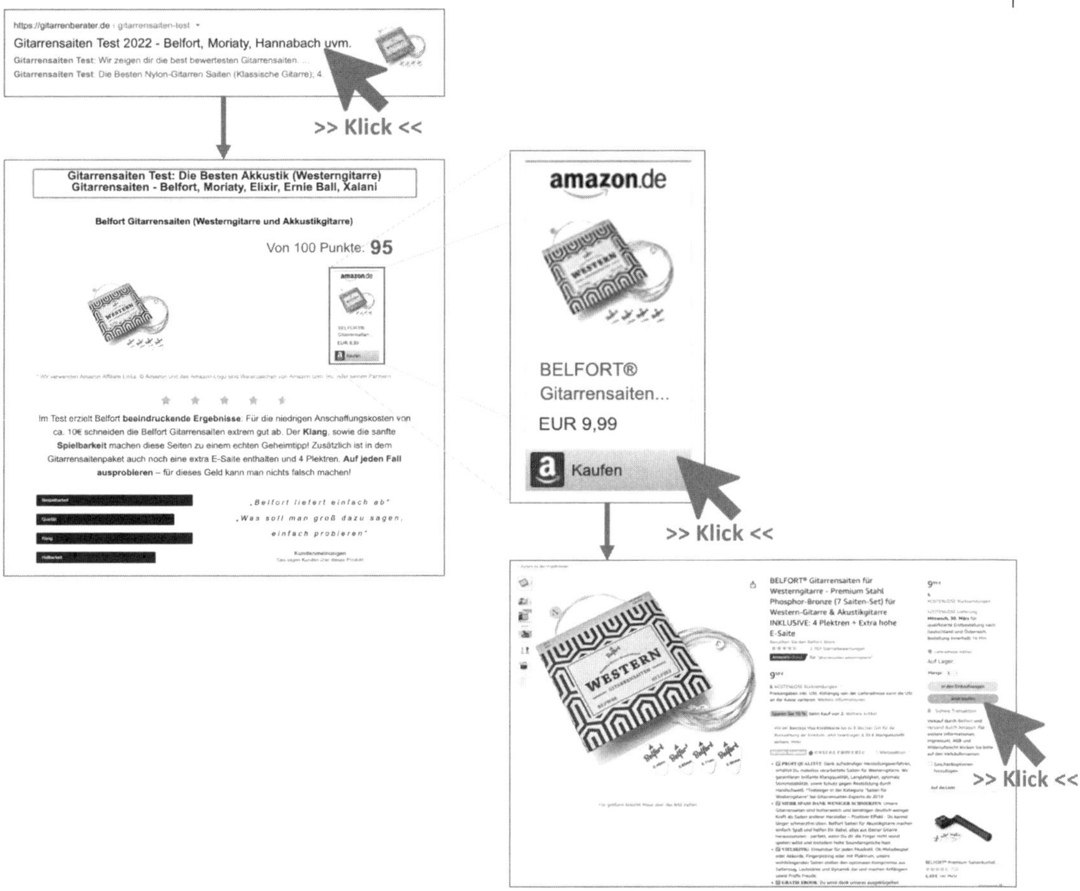

Abb. 6.2: Idealtypischer Prozess am Beispiel gitarrenberater.de

Das wesentliche Ziel aus Sicht des Nutzers der Website ist es, dass er am Ende das Produkt gefunden hat, das seinen Erwartungen entspricht. Hierfür ist eines entscheidend: der Content. Die Inhalte sollten also nicht nur für die Suchmaschinen optimiert sein, um ein gutes Ranking zu erzielen, sondern letztendlich muss der Nutzer davon überzeugt sein, dass ein Produkt gut genug ist, um es zu kaufen. Gleichzeitig sollte der Content die passende Phase der Customer Journey abdecken, in der sich der User befindet, bzw., wenn diese nicht genau definiert ist, mehrere Phasen berücksichtigen.

Das Geheimnis liegt also in der Überzeugungskraft des Inhalts. Dieser muss einerseits offene Fragen des Nutzers klären, andererseits aber die Produkte auch positiv darstellen. Am Beispiel des Gitarrensaiten-Ratgebers werden einige Möglichkeiten dargestellt, um die Conversion-Rate zu erhöhen.

6.3.1 Optimierung der Produktdarstellung

In Abbildung 6.3 wird beispielhaft eine Produktdarstellung visualisiert. Anhand der Darstellung werden einige Maßnahmen beschrieben, die darauf abzielen, den User in seiner Entscheidung zu unterstützen.

Abb. 6.3: Beispielhafter Aufbau eines Testberichts

- **Punkte-Score:** Ein Punkte-Score (Beispiel: »Von 100 Punkten: 95«) ist ein quantitatives Merkmal, das dem Nutzer einen Wert darstellt. Dies dient ihm nicht nur als Maßstab, sondern in Anbetracht der anderen Produkte auch als Vergleichshilfe. Ein Punkte-Score kann außerdem eine gewisse Qualität und Glaubwürdigkeit des Tests schaffen.

- **Sternebewertungen:** Anhand der Sternebewertungen soll dem Nutzer neben dem Punkte-Score gezeigt werden, wie gut ein Produkt ist. Es ist ein von Nutzern erlerntes und erwartetes Muster und dient als Vergleichshilfe. Da Sternebewertungen in der Praxis sehr oft verwendet werden und auch so gut wie in jedem Online-Shop vorhanden sind, schenken Nutzer diesen Bewertungen oft Glauben.
- **Balken-Diagramm:** In das Balken-Diagramm sollten die wesentlichen Eigenschaften der Produktkategorie einfließen. Wichtig hierbei ist, dass nur kaufrelevante Eigenschaften dargestellt werden. Ferner sollte Objektivität gewahrt werden. Eine Eigenschaft wie z.B. das Aussehen eignet sich daher nur bedingt, da jeder ein anderes Empfinden der Optik hat. Durch objektive Eigenschaften kann der Nutzer die Produkte wieder leicht vergleichen und Unterschiede vor dem Kauf erkennen.
- **Kundenstimmen:** Hier sollte man die Erfahrungen anderer Käufer mit einfließen lassen. Bewertungen von Amazon dürfen nicht integriert werden. Es ist aber möglich, eine kleine Zusammenfassung von Bewertungen zu implementieren, die sich auf die Bewertungen auf Amazon stützt. Durch die Darstellung von Kundenstimmen bzw. Zitaten von Kunden zu den Produkten wird eine Art *Social Proof* angewendet. User vertrauen anderen Usern mehr als beispielsweise einem Verkäufer.
- **Textfeld:** Das Textfeld ist nicht nur aus Sicht der Suchmaschine sehr interessant, auch für den Nutzer selbst können hier relevante Informationen noch mal kurz und knapp zusammengefasst werden. Besonders, wenn das Produkt einen USP hat – wie in diesem Beispiel kostenlose Zusatzprodukte –, sollte das auf jeden Fall erwähnt werden.
- **(USP-)Faktencheck:** Zusätzlich lohnt es sich noch, einen Faktencheck zu den Testergebnissen hinzuzufügen (siehe Abbildung 6.4). In dem Faktencheck sollten alle wesentlichen Informationen bzw. die Produktvorteile vorhanden sein, die relevant für den Nutzer sein könnten. Hierfür ist es notwendig, sich ein wenig näher mit dem Produkt auseinanderzusetzen und auch Alleinstellungsmerkmale des jeweiligen Produkts zu identifizieren.

Abb. 6.4: Wichtige Eigenschaften des Produkts

6.3.2 Optimierung der Usability

Neben der Produktdarstellung ist ebenfalls die Usability der Seite von Bedeutung. Dabei kommt es z.B. einerseits darauf an, dass sich User gut zurechtfinden, andererseits aber auch darauf, dass dargestellte Informationen gut für den User konsumierbar sind.

So spielt die Navigation bzw. die Gliederung der einzelnen Seite und ebenso der gesamten Website eine große Rolle. Der Nutzer will nicht lange auf der Seite navigieren, um den relevanten Inhalt für sich zu entdecken. Meist ist eine Seite inhaltlich breiter gefächert, um für die Suchmaschine themenrelevanter zu sein. Das bedeutet, dass auch verschiedene Nutzer mit unterschiedlichen Suchintentionen auf die Seite kommen werden. Um dem User direkt anzubieten, wonach er sucht, bietet sich ein Inhaltsverzeichnis an, das auch durch visuelle Elemente unterstützt werden kann (siehe Abbildung 6.5). Die einzelnen Menüpunkte sollten aus Benutzersicht benannt und strukturiert werden und dem Nutzer intuitiv verständlich sein.

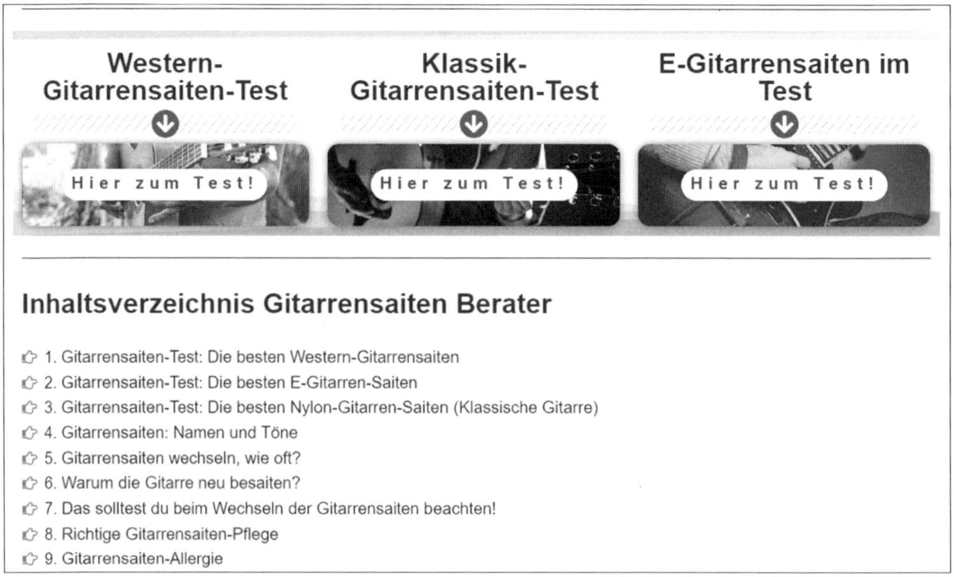

Abb. 6.5: Seitennavigation

Das Inhaltsverzeichnis ist nicht nur für den Nutzer hilfreich, auch eine Suchmaschine kann den Text auslesen und dadurch die Seite leichter strukturieren. Mit einem Klick auf die einzelnen Unterpunkte wird man direkt mithilfe eines Ankers zu den relevanten Stellen im Content weitergeleitet.

Mit den visuellen Elementen können die Kernthemen noch einmal aufgegriffen werden, damit der Nutzer zu diesen navigieren kann. Bei der Beispiel-Website gitarrenberater.de bietet es sich an, hierfür die unterschiedlichen Typen von Gitarren zu nehmen und diese mit Ankern zu versehen.

Neben der Strukturierung sorgt auch die Typografie für einen positiven Effekt. So sollte die *Schriftart*, die auf der Webseite verwendet wird, gut lesbar sein. Ebenso ist es wichtig, dass die *Schriftgröße* passend, der *Zeilenabstand* groß genug und auch die Zeilen nicht zu lang sind. Da Webseiten meist nur überflogen und nicht genau gelesen werden, ist es für den schnellen Blick auf die wichtigsten Informationen von Vorteil, wenn essenzielle Stellen im Text »fett« markiert werden (siehe Abbildung 6.6). Dies ermöglicht es dem Nutzer, die Quintessenz aus dem Text zu ziehen, ohne alles durchlesen zu müssen.

Unter anderem kann mit unterschiedlichen Schriftgrößen zusätzlich eine visuelle Hierarchie auf der Seite und so eine nachvollziehbare Struktur geschaffen werden. Damit können wichtige Elemente hervorgehoben und die Blickrichtung des Users gesteuert werden. Das Ziel ist es, bestimmte Elemente nach Wichtigkeit optisch so zu priorisieren, dass sie zuerst ins Auge fallen.

Im Test erzielt Belfort **beeindruckende Ergebnisse**: Für die niedrigen Anschaffungskosten von ca. 10€ schneiden die Belfort Gitarrensaiten extrem gut ab. Der **Klang** sowie die sanfte **Spielbarkeit** machen diese Saiten zu einem echten Geheimtipp! Zusätzlich sind in dem Gitarrensaitenpaket auch noch eine extra E-Saite enthalten und 4 Plektren. **Auf jeden Fall ausprobieren** – für dieses Geld kann man nichts falsch machen!

Abb. 6.6: Beispiel: Fettungen im Text

6.4 Erfolgsmessung bei der Conversion-Optimierung

Zur Messung des Erfolgs bei der Conversion-Optimierung können, wie in Abbildung 6.1 dargestellt, spezifische Kennzahlen herangezogen werden.

- Der Erfolg der **Snippet-Optimierung** kann beispielsweise durch die Klickrate (Click Through Rate, kurz CTR) gemessen werden. Diese Metrik wird nur in der Google Search Console zur Verfügung gestellt. Sie gibt den Anteil der Klicks auf das SERP-Snippet an allen Impressions (Einblendungen) dieses SERP-Snippets an.
- Um die Angemessenheit bzw. **Qualität der Landingpage** zu prüfen, bieten sich Engagement-Metriken, wie z.B. das Scrollverhalten, als Kennzahl an. Grundsätzlich kann man davon ausgehen, dass die Landingpage die Suchintention des Users besser trifft, je länger er auf der Seite bleibt (Verweildauer). Bei Click Through Landingpages kann die Klickrate des CTA-Buttons konkret gemessen werden, bei Lead Generation Landingpages die Ausfüllquote von Formularen.
- Den **Gesamterfolg** der Seite beschreibt die Conversion-Rate. Dabei handelt es sich um den Anteil der Besucher einer Seite, der eine bestimmte Aktion durch-

führt. Bei einer Affiliate-Seite ist diese Aktion in der Regel der Klick auf einen Affiliate-Link, der die Weiterleitung des Besuchers auf die Merchant-Seite auslöst.

6.5 Checkliste

Das Bemühen um den User ist nicht vorbei, wenn dieser über die Suchmaschine auf der Landingpage angekommen ist. Es gibt viele Faktoren, die ihn davon abhalten können, das Ziel der Website zu erreichen. Das heißt, dass sich trotz guter Optimierung für die Suchmaschine kein Erfolg einstellt. Um dem entgegenzuwirken, fasst die Checkliste noch mal wichtige Aspekte der Conversion-Optimierung für Sie zusammen.

Checkliste/Fragen

- Was ist das Ziel Ihrer Website bzw. was genau soll der User auf der Landingpage bzw. generell auf der Seite machen?
- Findet sich der User auf Ihrer Seite intuitiv zurecht, findet er das, was im SERP-Snippet versprochen wurde, und weiß er, wie die Seite funktioniert?
- Ist Ihre Seite so gestaltet, dass der User auf das Ziel hingeführt wird (z.B. Call to Action)?
- Ist Ihre Seite so gestaltet, dass der Besucher Vertrauen aufbaut?
- Was unterscheidet Ihre Seite von anderen Seiten zum gleichen Thema bzw. mit identischer Suchabsicht und wie verdeutlichen Sie das dem User?
- Welche Kennzahlen ziehen Sie heran, um den Erfolg der Website und des angestrebten Prozessablaufs zu messen?

Kapitel 7

Erfolgskontrolle

Suchmaschinenoptimierung ist nie vorbei: Es können immer wieder Optimierungen und Verbesserungen vorgenommen werden. Vor allem wegen des sich ständig weiterentwickelnden Google-Algorithmus ist es wichtig, dass die richtigen Stellschrauben identifiziert und analysiert werden. Hierfür müssen diese Stellschrauben aber auch messbar gemacht werden: Die Google Search Console und Google Analytics liefern für die Erfolgskontrolle wertvolle Daten.

Auch in dem Fallbeispiel von gitarrenberater.de ist es das Ziel aller Optimierungen, über das Amazon Partnerprogramm eine Provision zu erzielen, mit der die laufenden Kosten und auch die aufgewendete Eigenleistung gerechtfertigt werden können. Im Endeffekt gilt für jedes SEO-Projekt: Der gewonnene Traffic sollte zu einer Conversion führen. Es ist egal, ob es sich dabei um einen Verkauf im eigenen oder einem anderen Onlineshop handelt. Auf dem Weg zum Erfolg gibt es verschiedene Möglichkeiten, um die getätigten Optimierungen zu bewerten und die Entwicklung zu beobachten.

Im Rahmen der Erfolgskontrolle wird auf Daten und Informationen der Analysetools *Google Search Console* und *Google Analytics* sowie auf Berichte des Amazon PartnerNet zurückgegriffen. Diese werden im Folgenden dargestellt.

7.1 Analyse mit der Search Console

Mit der Search Console von Google[1] kann eine Website über einen längeren Zeitraum überwacht werden. Wichtige Merkmale bzw. Kenngrößen sind hierbei Impressionen, Klickzahlen und Suchanfragen von einzelnen Seiten. Außerdem gibt der Menüpunkt »Links« eine Übersicht, wie häufig die Seiten intern verlinkt werden und wie viele externe Backlinks auf die Seite verweisen.

Im Bereich »Leistung« werden alle Unterseiten zusammengefasst und in eine allgemeine Performance-Übersicht eingeteilt. Durch einen Zeitfilter lassen sich einzelne Datenschnitte genauer analysieren, was einen längeren Rückblick (maximal 16 Monate) ermöglicht. Da Suchmaschinenoptimierung und deren Auswirkungen meist einige Zeit brauchen, um eine messbare Veränderung zu zeigen, sollten die

1 Ein vergleichbares Tool gibt es natürlich auch für die Suchmaschine Bing (`https://www.bing.com/webmasters/`).

Seite über einen längerfristigen Zeitraum analysiert und Änderungen dokumentiert werden.

Metriken, die im Leistungsbericht auf Keyword-Ebene zu finden sind:

- **Klicks:** Zeigt, wie oft ein Nutzer ein Suchergebnis auf Google geklickt hat. Ob ein Nutzer klickt, hängt stark von der Position in den Suchergebnissen ab.
- **Impressionen:** Zeigt, wie oft ein Nutzer ein Suchergebnis auf Google gesehen hat. Impressionen können im Verlauf der Zeit durch eine Verbesserung der Position oder durch neue Keywords ansteigen.
- **Durchschnittliche CTR:** Zeigt das Verhältnis zwischen Klicks und Impressionen. Die Click Through Rate ist abhängig von den anderen Suchergebnissen und kann sich beispielsweise durch eine Snippet-Optimierung erhöhen.
- **Durchschnittliche Position:** Zeigt die durchschnittliche Position in der Suche. Die Position in den Suchergebnissen variiert und ist an die Konkurrenz und die eigene Optimierung gekoppelt.

Besonders im Verlauf zeichnen sich Veränderungen und der aktuelle Status sehr gut ab. Bei gitarrenberater.de zeigt die Search Console über einen Zeitraum von zwölf Monaten fast 760.000 Impressionen und ca. 40.000 Klicks. Im Verlauf fällt besonders auf, dass die Klicks kontinuierlich angestiegen sind und auf dem aktuellen Stand (Mitte 2022) stagnieren (siehe Abbildung 7.1).

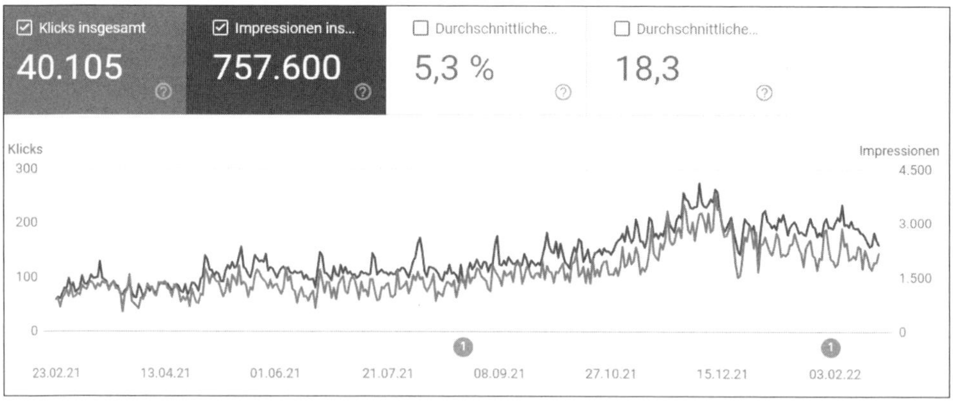

Abb. 7.1: Search Console gitarrenberater.de 23.02.21 bis 25.02.22

Sind die Impressionen länger auf einem konstanten Niveau, bedeutet dies, dass das maximale Suchvolumen mit den verfügbaren Keywords bzw. Content in dem aktuellen Optimierungszustand erreicht wurde. Ist eine solche »Obergrenze« erreicht, muss der bestehende Content im Hinblick auf neue Keywords angepasst und optimiert werden oder gänzlich neuer Content kreiert werden. Es ist also üblich, die bestehenden Inhalte mit neuen Keywords zu erweitern. Außerdem ist es oft ratsam, zu prüfen, ob die Position bei bereits bestehenden Keyword-Rankings durch Optimierungen verbessert werden kann.

Als Besonderheit ist zu erkennen, dass zu Weihnachten ein deutlicher Anstieg von Klicks und Impressionen zu verzeichnen ist, was auf die erhöhte Marktnachfrage im Weihnachtsgeschäft zurückzuführen ist.

Im unteren Bereich werden unter »Suchanfragen« die einzelnen Keywords angezeigt (siehe Abbildung 7.2). Hier wird aufgelistet, zu welchen Keywords die Website ein Ranking oder einen Klick erzielen konnte. Diese Liste lässt sich absteigend nach Klicks oder Impressionen (oder durchschnittlicher Position oder CTR) sortieren. Auf Keyword-Ebene ergibt es außerdem Sinn, die Metrik »durchschnittliche Position« einzublenden.

SUCHANFRAGEN SEITEN LÄNDER GERÄTE DARSTELLUNG IN DER SUCHE ZEITRÄUME

Suchanfrage	↓ Klicks	Impressionen
gitarrensaiten test	240	2.093
belfort saiten	94	846
kapodaster test	83	1.092
belfort gitarrensaiten	82	943
fender frontman 10g test	77	263
belfort gitarrensaiten test	65	346
westerngitarre saiten test	47	295
belfort saiten test	47	124
kindergitarre test	42	874
gitarrenverstärker test 2020	39	136

Zeilen pro Seite: 10 1 bis 10 von 1000

Abb. 7.2: Search Console gitarrenberater.de 23.02.21 bis 25.02.22

Info-Box: Google Search Console

Die Google Search Console (auch: Webmaster Tool) ist ein kostenloser Dienst von Google, der zur Überwachung der eigenen Website dient. Es können nicht nur Keyword-Rankings analysiert werden, auch für technische Analysen stellt die Search Console einige Berichte bereit. Es wird beispielsweise zurückgespielt, wenn eine Seite in der Sitemap als `noindex` gekennzeichnet ist oder nicht erreichbar ist. Die Verknüpfung mit der eigenen Website ist relativ einfach und sollte auf jeden Fall vorgenommen werden. Kein anderes Tool gibt die tatsächlichen Suchanfragen so exakt wieder.

Durch den Klick auf ein einzelnes Keyword und die Auswahl eines Zeitraums lässt sich die Ansicht im Graphen auch auf einen einzelnen Suchbegriff beschränken (siehe Abbildung 7.3). Besonders für die Fokussuchbegriffe der Seite ist es spannend, die Entwicklung im Verlauf zu sehen.

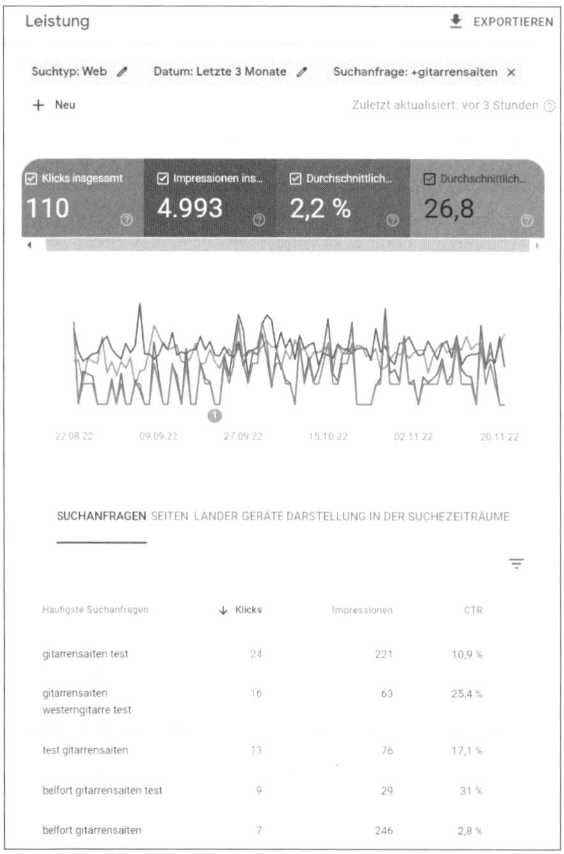

Abb. 7.3: Search-Console-Suchanfragen

Im ausgewählten Beispiel ist der Rankingverlauf des Begriffs »gitarrensaiten test« dargestellt. Dieses Fokus-Keyword liefert mit 127 Klicks im Verlauf mit Abstand die meisten Klicks und ist deshalb ein wertvoller Suchbegriff für diese Seite. Es ist zu sehen, dass die Seite dieses Ranking kontinuierlich halten kann und stabil auf der vorderen Position ist.

Unter dem Reiter »Seiten« lassen sich die einzelnen Performance-Daten auf Seitenebene betrachten (siehe Abbildung 7.4). Hier lassen sich auch, wie bei den anderen Berichten, die beiden Metriken »durchschnittliche Position« und »durchschnittliche Klickrate« einblenden. Diese Ansicht zeigt sehr gut, welche Seiten ein wichtiger Baustein für den Erfolg des Projekts sind. Beim Klick auf eine Seite werden ein Datenschnitt gesetzt und alle Suchbegriffe für die einzelne Seite unter »Suchanfragen« angezeigt.

Die häufigsten Seiten	↓ Klicks	Impressionen
https://gitarrenberater.de/gitarrensaiten-test/	110	4.900
https://gitarrenberater.de/12-saitige-gitarre-testsieger/	0	43
https://gitarrenberater.de/gitarre-pflegen/	0	28
https://gitarrenberater.de/geschenke-fuer-gitarristen/	0	8

Abb. 7.4: Search Console: einzelne Seiten

Info-Box: Sitemap in Search Console melden

Unter dem Navigationspunkt »Sitemaps« lassen sich individuelle Seitenstrukturen – auch Sitemaps genannt – an Google melden. Das Yoast-SEO-Plugin für WordPress erstellt eine solche Sitemap bereits automatisch. Man muss Google also nur noch den Pfad `/sitemap_index.xml` melden. Die Sitemap gibt einen Überblick über die Website-Struktur und hilft Suchmaschinen dabei, Seiten zu finden und zu indexieren. Google prüft in regelmäßigen Abständen die eingereichten Seiten auf Fehler und crawlt diese auch häufiger.

Die Search Console bietet außerdem die Möglichkeit, Verlinkungen auf der Seite zu überwachen (siehe Abbildung 7.5). Auch hier unterteilt die Search Console in externe und interne Links. Externe Links (Ranking-Faktor) sind Verweise von anderen Seiten, während interne Links innerhalb der eigenen Seite angewendet werden. Unter »Meistverlinkte Seiten« werden alle Seiten dargestellt, die externe Verlinkungen enthalten. Diese externen Verlinkungen sind unter »Top-verweisende Websites« einzusehen. Um den exakten Backlink einsehen zu können, muss jedoch ein extra Bericht heruntergeladen werden. Unter den internen Links wird die Linkstruktur auf der eigenen Seite bzw. Unterseiten angezeigt. Wie Sie bereits in Abschnitt 5.1 gelesen haben, ist eine möglichst vernetzte Linkstruktur von Vorteil, um den Linkjuice bestmöglich weiterzugeben.

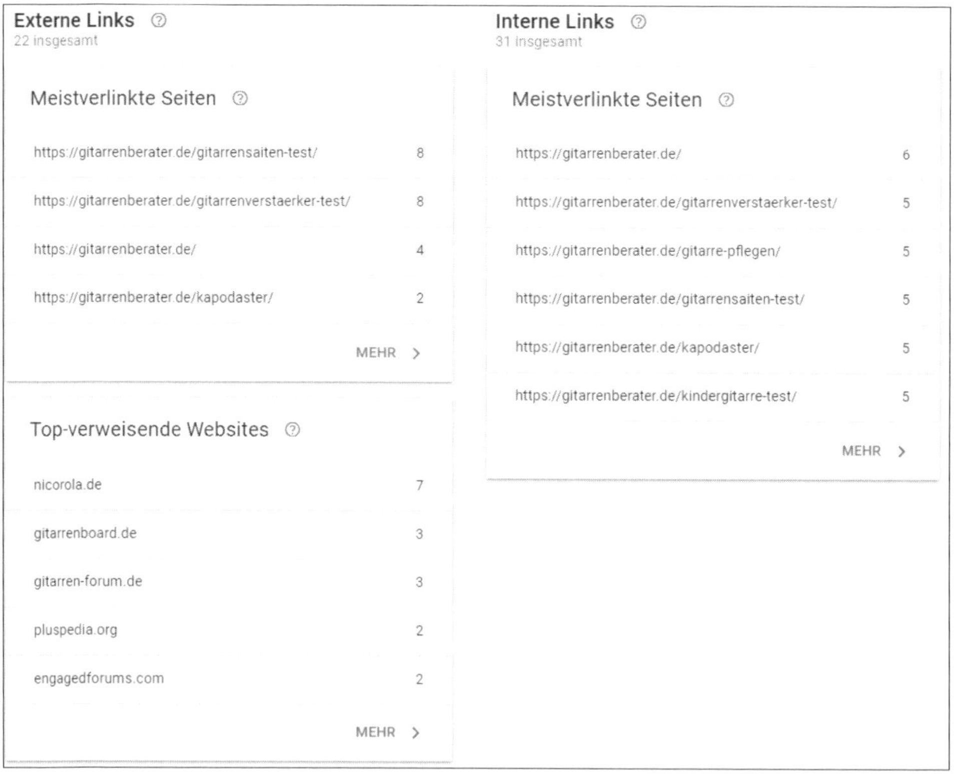

Abb. 7.5: Search Console: Backlinks

7.2 Monitoring mit Google Analytics 4

Mit Google Analytics lassen sich die eigene Seite überwachen und die Besucher analysieren. Mithilfe von statistischen Daten können an der Website Optimierungen vorgenommen werden, die ihren Erfolg positiv beeinflussen können.

In diesem Buch wird die Implementierung von *Google Analytics 4* behandelt. Hierbei handelt es sich um die nächste Generation von Google Analytics, die die alte Version (Universal Analytics) in geraumer Zeit ablösen wird.

Wichtige Fragestellungen, die durch Google Analytics beantwortet werden können, sind zum Beispiel:

- Wie viele Besucher hat die Seite?
- Woher kommen die Besucher?
- Wer besucht die Website?
- Wie verhalten sich die Besucher auf der Website?
- Wie lange schauen sich Nutzer welche Inhalte an?
- Wie viele Ziele (z.B. Klick auf Affiliate-Links) werden erreicht?
- Welche Endgeräte und Browser nutzen meine User?

Der größte Vorteil von Google Analytics gegenüber anderen Web-Analytics-Tools ist, dass es sich hierbei um ein kostenloses Tool handelt, das vergleichsweise einfach auf der Website eingebunden werden kann. Außerdem liefert dieses Tool sehr weitreichende Analysemöglichkeiten und eine übersichtliche Benutzeroberfläche.

Google-Analytics-Benutzeroberfläche

Zur Navigation unterscheidet Google Analytics die Startseite, Anpassungs-Möglichkeiten sowie vorgefertigte Berichte. In Abbildung 7.6 wird die Google-Analytics-Startseite dargestellt, die verschiedene Bereiche enthält.

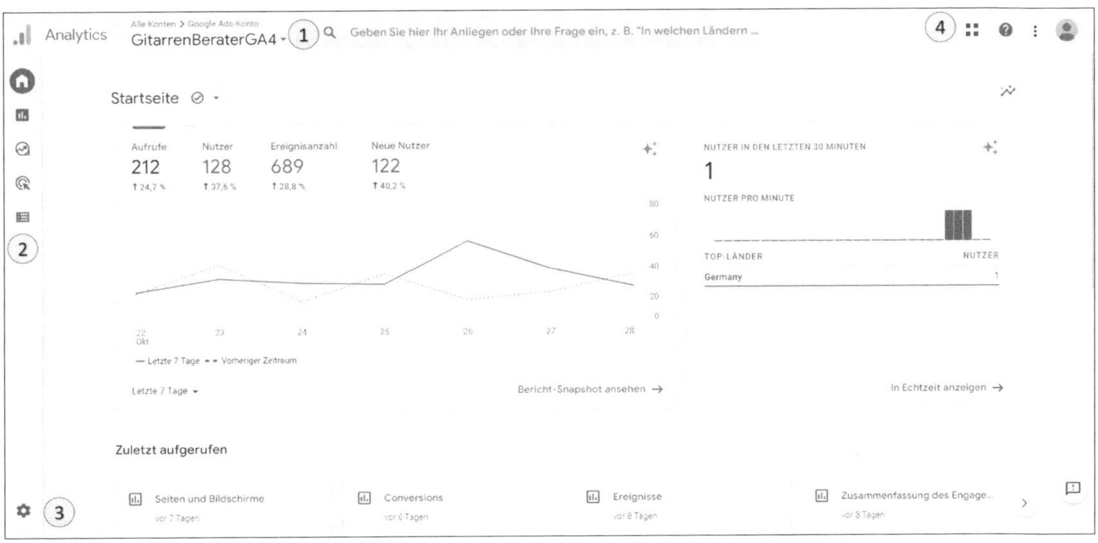

Abb. 7.6: Google-Analytics-Startseite

1. **Kontoverknüpfung/Organisation:** In dieser Übersicht lässt sich auf verschiedene Properties (bestätigte Eigentümerschaft der eigenen Website vor Google) und Kundenkonten zugreifen. Falls einem Google-Konto Zugriff auf mehrere Analytics-Konten gewährt wurde, muss hier die richtige Property ausgewählt werden. Außerdem kann in dieser Ansicht auch auf andere Produktkonten der Google Marketing Platform – wie z.B. den Tag Manager – zugegriffen werden.
2. **Berichtsnavigation:** Google Analytics liefert bereits im Vorfeld fertige Berichte, die in der Navigation ausgewählt werden können. Durch einen Klick auf eine Berichtskategorie öffnet sich die entsprechende Berichtsliste. Die Berichte gliedern sich in Echtzeitdaten, Zielgruppe, Akquisition, Verhalten und Conversions.
3. **Verwaltung:** Im Verwaltungsbereich lassen sich Einstellungen zur Property vornehmen. Hier befinden sich außerdem Informationen zur Tracking-Vorlage und die Nutzereinstellung des Kontos. In diesem Bereich lassen sich auch andere Nutzer zu dem Konto hinzufügen.
4. **Diagnose und Google-Konten:** In diesem Bereich lässt sich das Google-Konto wechseln. Falls die gewünschte Property nicht angezeigt wird, liegt das möglicherweise daran, dass hier das falsche Google-Konto ausgewählt wurde. Unter dem Glockensymbol finden sich Meldungen des automatischen Diagnose-Tools.

Info-Box: Google Analytics personalisieren

In Google Analytics gibt es neben den bereits vordefinierten Berichten im linken Bereich der Navigation auch die Möglichkeit, eigene Berichte und Dashboards zu erstellen. Reichen die vorgefertigten Ansichten nicht aus oder soll alles auf einen Blick dargestellt werden, um nicht immer tief in den Berichten navigieren zu müssen, sollte ein eigener Report in Betracht gezogen werden. Dies ist unter dem Navigationspunkt »Anpassung« möglich.

Wertvolle Berichte in Analytics

Der Aufbau der Berichte in Google Analytics ist in der Regel immer gleich strukturiert. Rechts oben in der Ecke lässt sich der Zeitraum definieren, der dem Bericht zugrundegelegt werden soll. Im oberen Bereich lassen sich alle Nutzer in verschiedene Segmente einteilen, die gesondert angezeigt werden können (z.B. Alle Nutzer, Neue Nutzer, Nutzer mit Conversion). Im unteren Bereich teilt sich der Bericht in Dimensionen und Kennzahlen. Dimensionen lassen sich oft granulieren und in einer detailreicheren Ebene anzeigen.

Im Folgenden werden ausgewählte Berichte dargestellt, die wertvolle Informationen liefern:

- Berichte → Akquisition → Bericht zur Nutzergewinnung (siehe Abbildung 7.7)

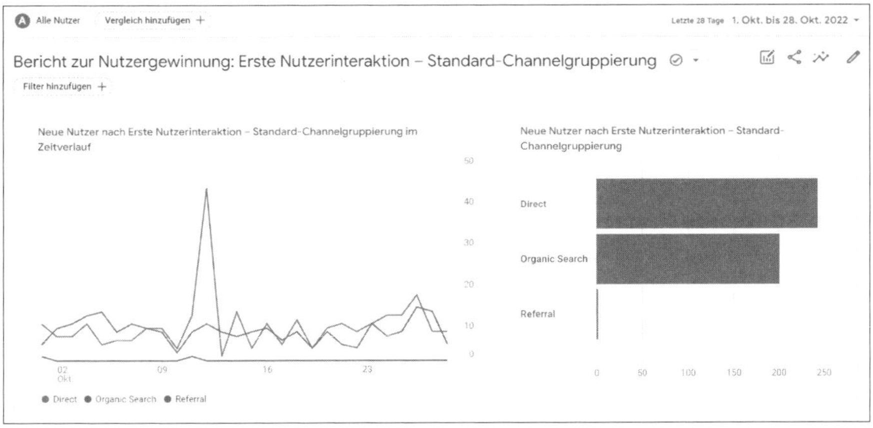

Abb. 7.7: Google Analytics – Alle Zugriffe – Bericht

Dieser Bericht gibt an, durch welche Quellen die Nutzer auf die Seite gelangt sind. Unter der Dimension »Direct« sind Benutzer zu verstehen, die die Domain ohne Umwege im Browser eingeben, ein Lesezeichen gesetzt haben oder deren Herkunft aus technischen Gründen nicht übermittelt wird. »Organic Search« gibt den organischen Traffic der Suchmaschinen an und »Referral« die Nutzer von anderen Webseiten. Die Daten sind aber mit Vorsicht zu genießen, da in den Direct Traffic auch der eigene Webseitenbesuch fließt (deshalb ist es ratsam, als Webseiteninhaber den Cookie-Banner nicht zu akzeptieren, um das Tracking mit Google Analytics zu vermeiden).

- Berichte → Mediathek → Zugriffe über die organische Google-Suche (siehe Abbildung 7.8)

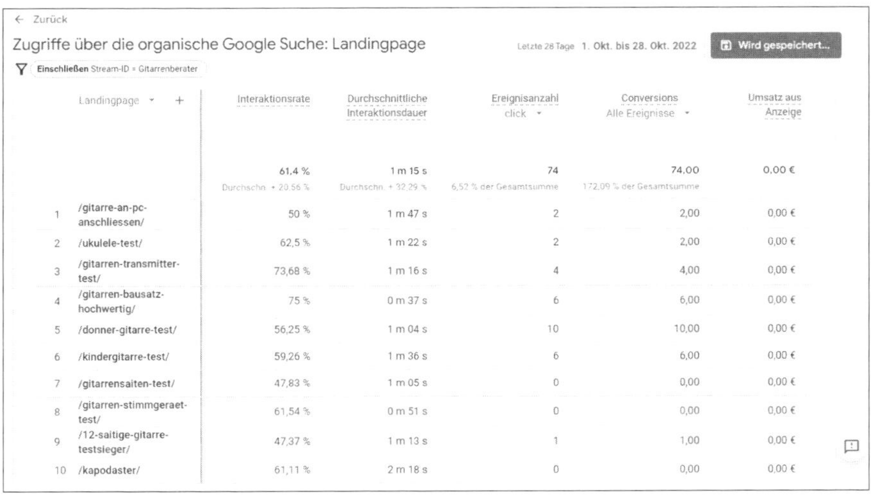

← Zurück

Zugriffe über die organische Google Suche: Landingpage — Letzte 28 Tage 1. Okt. bis 28. Okt. 2022 — Wird gespeichert...

Einschließen Stream-ID = Gitarrenberater

	Landingpage	Interaktionsrate	Durchschnittliche Interaktionsdauer	Ereignisanzahl click	Conversions Alle Ereignisse	Umsatz aus Anzeige
		61,4 % Durchschn. + 20,56 %	1 m 15 s Durchschn. + 32,29 %	74 6,52 % der Gesamtsumme	74,00 172,09 % der Gesamtsumme	0,00 €
1	/gitarre-an-pc-anschliessen/	50 %	1 m 47 s	2	2,00	0,00 €
2	/ukulele-test/	62,5 %	1 m 22 s	2	2,00	0,00 €
3	/gitarren-transmitter-test/	73,68 %	1 m 16 s	4	4,00	0,00 €
4	/gitarren-bausatz-hochwertig/	75 %	0 m 37 s	6	6,00	0,00 €
5	/donner-gitarre-test/	56,25 %	1 m 04 s	10	10,00	0,00 €
6	/kindergitarre-test/	59,26 %	1 m 36 s	6	6,00	0,00 €
7	/gitarrensaiten-test/	47,83 %	1 m 05 s	0	0,00	0,00 €
8	/gitarren-stimmgeraet-test/	61,54 %	0 m 51 s	0	0,00	0,00 €
9	/12-saitige-gitarre-testsieger/	47,37 %	1 m 13 s	1	1,00	0,00 €
10	/kapodaster/	61,11 %	2 m 18 s	0	0,00	0,00 €

Abb. 7.8: Google Analytics – Zugriffe über die organische Google-Suche: Landingpage

Dieser Bericht kann nur generiert werden, wenn Google Analytics mit der Google Search Console verknüpft wurde (siehe dazu Kapitel 13). Im Endeffekt lassen sich hier die Search-Console-Daten mit den Analytics-Messwerten verheiraten. Durch die Datenansicht ist auf einem Blick zu sehen, wie die Interaktionsrate und beispielsweise die Interaktionsdauer auf den einzelnen Seiten sind. Als Ereignis können hier verschiedene Metriken ausgewählt und konfiguriert werden, z.B. Klicks.

- Berichte → Akquisition → Neu generierte Zugriffe → nach Sitzung – Quelle (siehe Abbildung 7.9)

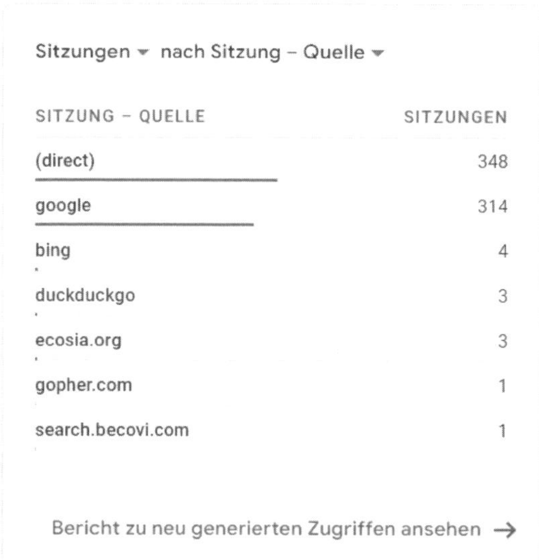

Abb. 7.9: Google Analytics – Verweise

In dieser Ansicht lassen sich alle Nutzer auflisten, die durch eine externe Seite auf die eigene Seite gelangen. Hier sind nur Links zu sehen, die auch tatsächlich von einem Nutzer angeklickt worden sind. Spannend ist dies vor allem, wenn aktiver Linkaufbau betrieben wird. Durch einen relevanten Link an einer relevanten Position können nicht nur das Ranking in einer Suchmaschine verbessert werden, sondern auch im besten Falle eine Conversion in Form eines Affiliate-Kaufs erzielt werden. Hier werden diese Seiten aufgelistet und nach den Analytics-Messwerten aufgeschlüsselt.

- Berichte → Technologie → Details → nach Plattform/Gerätekategorie (siehe Abbildung 7.10)

  In diesem Datenschnitt zeigt sich, wie der Traffic auf einzelne Endgeräte aufgeteilt wird. Mobile Endgeräte (Smartphones) haben hier den größten Anteil und sind somit die wichtigste Traffic-Quelle. Dies bestätigt noch mal den »Mobile

First«-Ansatz von Google, also dass vor allem die mobile Website optimiert werden sollte. Es zeigt sich außerdem, dass viele Nutzer ihre Suche in Google mittlerweile mit einem mobilen Endgerät starten anstelle eines Computers.

Abb. 7.10: Google Analytics – Mobile Zugriffe

- Berichte → Technologie Details → nach Plattform/Gerätekategorie Betriebssystem (siehe Abbildung 7.11)

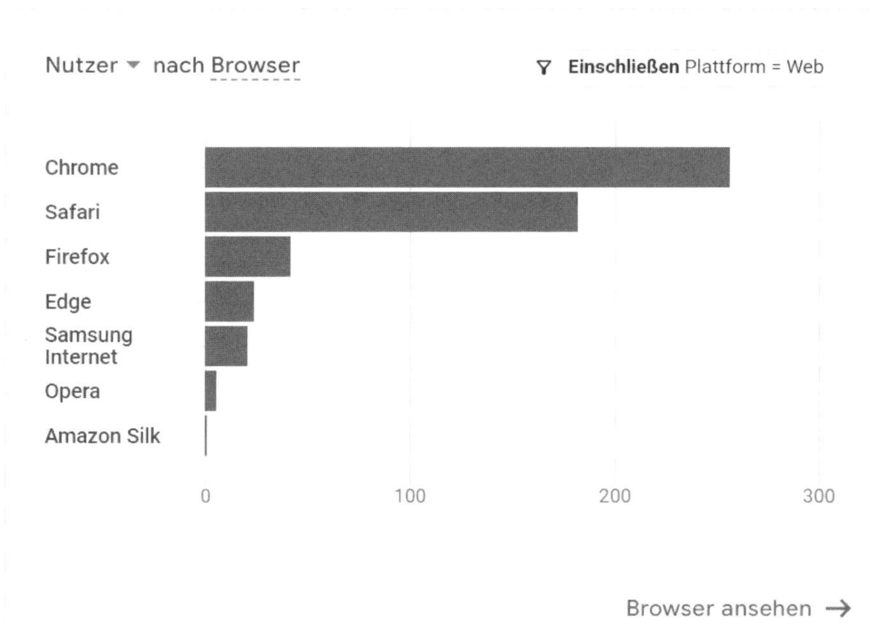

Abb. 7.11: Google Analytics – Browser

Einen Mehrwert bietet auch der Bericht zur Browser-Nutzung. In dieser Ansicht lassen sich die Nutzer nach ihren verwendeten Browsern gruppieren. Besonders spannend ist es, die Webseite zu Testzwecken in unterschiedlichen Browsern zu betrachten. Vielleicht gibt es bei der Darstellung irgendwelche Probleme, die in den Website-Einstellungen einfach behoben werden könnten. Betrachtet man die Verteilung der Gesamtuser auf die am häufigsten genutzten Browser, so ist es auf jeden Fall sinnvoll, die Seite neben Chrome auch in Safari oder Firefox zu betrachten.

- Explorative Datenanalyse → Explorative Pfadanalyse → Übersicht (siehe Abbildung 7.12)

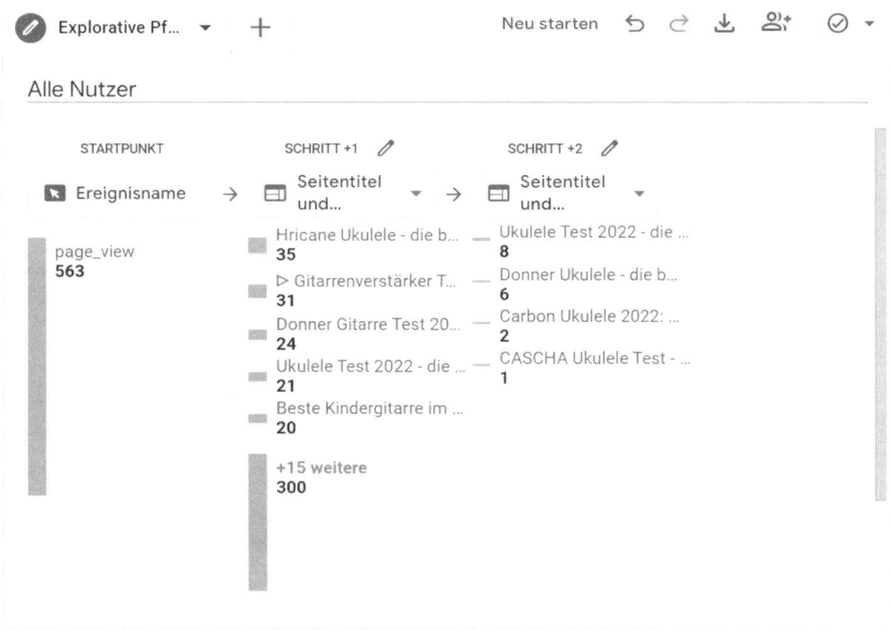

Abb. 7.12: Google Analytics – Explorative Pfadanalyse

In der explorativen Pfadanalyse kann der Verhaltensfluss der Nutzer nachverfolgt werden. In diesem Beispiel wird aufgezeigt, wie die Besucher auf der Seite navigieren und welche Zielseiten sie hintereinander aufrufen. Von den 35 Nutzern, die die Seite »Hricane Ukulele« besucht haben, sind beispielsweise danach 8 Besucher auf die Seite »Ukulele Test 2022« navigiert. Daraus lassen sich eventuell Rückschlüsse ziehen, welche Seiten prominenter verlinkt werden sollten.

- Explorative Datenanalyse → Explorative Pfadanalyse → Dimension »Link-URL« (Abbildung 7.13)

Abb. 7.13: Google Analytics – Linkklicks

In dieser Ansicht lassen sich alle Links auflisten, die eine Conversion generiert haben.

Benötigt wird die Dimension »Link-URL« und der Messwert »Conversion«. Wenn also die Conversion unter dem Bereich »Konfigurieren« als »Click« definiert wurde, wird hier angezeigt, wie oft die einzelne URL angeklickt wurde. Da im Amazon Dashboard nicht genau zu sehen ist, wie oft und welcher Link geklickt wird, ist diese Ansicht sehr interessant.

7.3 Amazon PartnerNet-Berichte

Sobald der Zugang zum Amazon PartnerNet angelegt wurde und die Links auf der Webseite integriert wurden, ist es auch möglich, Erlöse zu erzielen. Im Login-Bereich des PartnerNets werden auf dem Home Dashboard alle Verkäufe der letzten 30 Tage aufgelistet (siehe Abbildung 7.14).

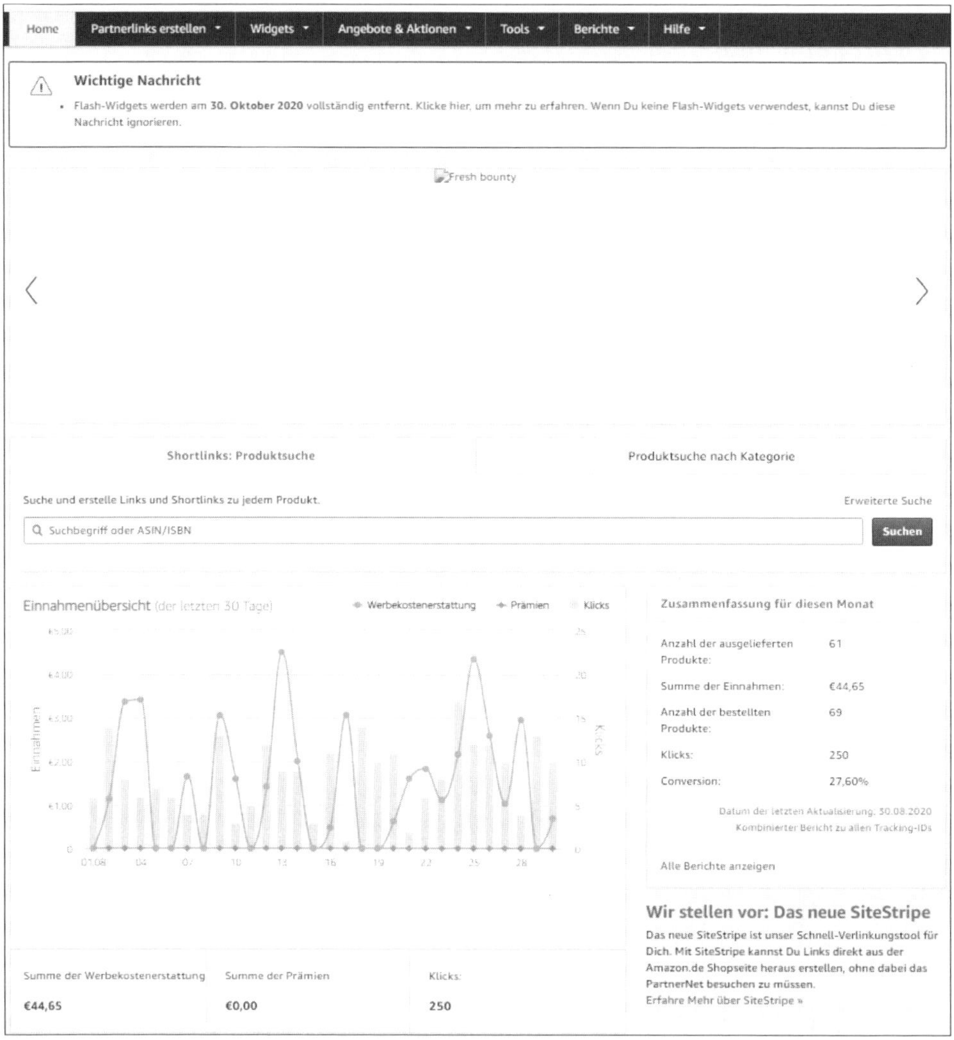

Abb. 7.14: Amazon PartnerNet Dashboard

Ein wichtiger Baustein für das Reporting ist die Einnahmeübersicht im Amazon PartnerNet (siehe Abbildung 7.15). Hier wird auf einen Blick ersichtlich, wie viele Nutzer auf die Affiliate-Links (auch Mehrfachklicks) geklickt haben und wie viele Produkte dadurch letztendlich verkauft wurden. Hierdurch wird eine Conversion-Rate berechnet ((bestellte Produkte/Klicks) × 100). Anders als die gewöhnliche Conversion-Rate wird hier nicht der Sale als Größe einberechnet, sondern die bestellten Produkte. Einnahmen werden auch nur durch ausgelieferte Produkte gutgeschrieben, nicht aber für bestellte Produkte. Wenn ein Nutzer also ein Produkt bestellt, den Kauf aber storniert oder retourniert, werden keine Werbekosten gutgeschrieben.

Wurden die Daten über einen längeren Zeitraum erhoben, ist es möglich, mithilfe der Conversion-Rate den zukünftigen Erlös zu prognostizieren (unter der Voraussetzung, dass sich keine essenziellen Veränderungen ergeben).

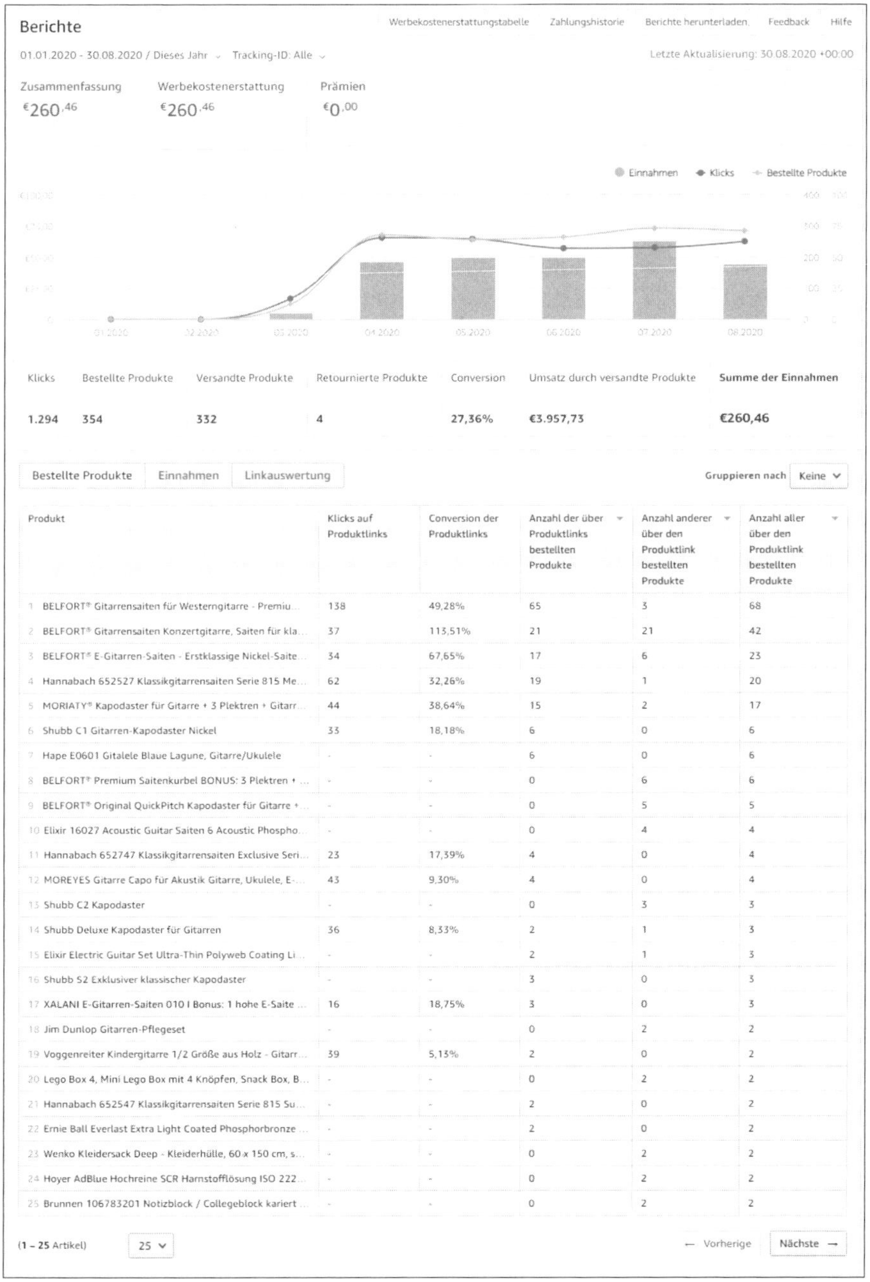

Produkt	Klicks auf Produktlinks	Conversion der Produktlinks	Anzahl der über Produktlinks bestellten Produkte	Anzahl anderer über den Produktlink bestellten Produkte	Anzahl aller über den Produktlink bestellten Produkte
1 BELFORT® Gitarrensaiten für Westerngitarre - Premiu…	138	49,28%	65	3	68
2 BELFORT® Gitarrensaiten Konzertgitarre, Saiten für kla…	37	113,51%	21	21	42
3 BELFORT® E-Gitarren-Saiten - Erstklassige Nickel-Saite…	34	67,65%	17	6	23
4 Hannabach 652527 Klassikgitarrensaiten Serie 815 Me…	62	32,26%	19	1	20
5 MORIATY® Kapodaster für Gitarre + 3 Plektren + Gitarr…	44	38,64%	15	2	17
6 Shubb C1 Gitarren-Kapodaster Nickel	33	18,18%	6	0	6
7 Hape E0601 Gitalele Blaue Lagune, Gitarre/Ukulele	-	-	6	0	6
8 BELFORT® Premium Saitenkurbel BONUS: 3 Plektren + …	-	-	0	6	6
9 BELFORT® Original QuickPitch Kapodaster für Gitarre + …	-	-	0	5	5
10 Elixir 16027 Acoustic Guitar Saiten 6 Acoustic Phospho…	-	-	0	4	4
11 Hannabach 652747 Klassikgitarrensaiten Exclusive Seri…	23	17,39%	4	0	4
12 MOREYES Gitarre Capo für Akustik Gitarre, Ukulele, E-…	43	9,30%	4	0	4
13 Shubb C2 Kapodaster	-	-	0	3	3
14 Shubb Deluxe Kapodaster für Gitarren	36	8,33%	2	1	3
15 Elixir Electric Guitar Set Ultra-Thin Polyweb Coating Li…	-	-	2	1	3
16 Shubb S2 Exklusiver klassischer Kapodaster	-	-	3	0	3
17 XALANI E-Gitarren-Saiten 010 I Bonus: 1 hohe E-Saite …	16	18,75%	3	0	3
18 Jim Dunlop Gitarren-Pflegeset	-	-	0	2	2
19 Voggenreiter Kindergitarre 1/2 Größe aus Holz - Gitarr…	39	5,13%	2	0	2
20 Lego Box 4, Mini Lego Box mit 4 Knöpfen, Snack Box, B…	-	-	0	2	2
21 Hannabach 652547 Klassikgitarrensaiten Serie 815 Su…	-	-	2	0	2
22 Ernie Ball Everlast Extra Light Coated Phosphorbronze …	-	-	2	0	2
23 Wenko Kleidersack Deep - Kleiderhülle, 60 x 150 cm, s…	-	-	0	2	2
24 Hoyer AdBlue Hochreine SCR Harnstofflösung ISO 222…	-	-	0	2	2
25 Brunnen 106783201 Notizblock / Collegeblock kariert …	-	-	0	2	2

Abb. 7.15: Amazon PartnerNet – Einnahmenübersicht

Ein detailreicherer Bericht findet sich unter der *Einnahmenübersicht* (siehe Abbildung 7.15). Diese Datenansicht bietet die Möglichkeit, auch individuelle Zeiträume zu analysieren. Wie in diesem Beispiel lässt sich das gesamte Jahr auf einen Blick im Verlauf betrachten. Dies ist besonders hilfreich, um Veränderungen bei den Einnahmen, Klicks oder bestellten Produkten zu beobachten. Im unteren Bereich ist eine Liste zu sehen, die alle bestellten Produkte enthält. Diese Liste ist standardgemäß nach den meistverkauften Produkten sortiert und zeigt somit die Bestseller auf einen Blick. Der Bericht bietet als weiteren Reiter den Punkt »Einnahmen«. Dort finden sich alle Produkte und deren kumulierte Einnahmen in einer Übersicht.

In diesem Dashboard lässt sich zusätzlich eine XLSX/CSV/XML-Datei mit verschiedenen Daten wie z.B. Bestellungen und Einnahmen herunterladen. Unter Zahlungshistorie sind alle getätigten Transaktionen bzw. Werbekostenerstattungen von Amazon an den Publisher aufgelistet.

7.4 Checkliste

Die Kontrolle der durchgeführten Maßnahmen zur Suchmaschinenoptimierung ist ein wesentlicher Schritt, der zeigt, wie erfolgreich Ihre Bemühungen waren, sich möglichst gut bei Google zu positionieren. Auch wenn der Lohn, also eine Platzierung auf den vorderen Plätzen der Suchmaschine, sich nicht unmittelbar einstellt, gibt es doch wichtige Hinweise auf den Erfolg der von Ihnen ergriffenen Maßnahmen. Die folgenden Punkte stellen dafür nochmals zusammengefasst wichtige Fragen dar, die parallel zur Optimierung und zum Betrieb einer Website immer wieder beantwortet werden sollten.

Checkliste/Fragen

- Wie entwickeln sich die Haupt-Keywords und deren Position?
- Gibt es neue Keywords in der Search Console, die spannend sind und genutzt werden könnten?
- Woher kommen die User auf meiner Website (Source, Device, Browser, Location)?
- Wie entwickeln sich interne und externe Verlinkungen?
- Welche Seiten haben in Google Analytics eine überdurchschnittliche Verweildauer?
- Welche Seiten bringen in Google Analytics die meisten Klicks auf Affiliate-Links?
- Welcher »linkwürdige« Content könnte erstellt werden?

Teil II

Mit Affiliate-Marketing Websites monetarisieren – Schritt für Schritt

In diesem Teil:

- **Kapitel 8**
  Affiliate-Marketing: Wie kann man Themen monetarisieren? 225
- **Kapitel 9**
  Nischenthemen wählen und analysieren 237

Kapitel 8

Affiliate-Marketing: Wie kann man Themen monetarisieren?

Das Affiliate-Marketing ist schon lange einer der beliebtesten Online-Marketingkanäle. Es ist eine der besten Möglichkeiten, eine Website zu monetarisieren, also mit einer Website Geld zu verdienen. Die Idee des Affiliate-Marketings, die bereits 1997 ins Leben gerufen worden ist, verzeichnete in den ersten Jahren enorme Wachstumsraten. Amazon-Gründer Jeff Bezos wurde auf einer Party von einer Frau angesprochen, die auf ihrer Website Bücher bewerben und dafür eine Provision haben wollte. Daraus entstand dieses vielversprechende Geschäftsmodell. Zwischenzeitlich kriselte es etwas bei dieser Form des Online-Marketings und es schien, als seien die enormen Wachstumsraten vorbei. Zusätzlich ließ auch die Fusion der größten deutschen Affiliate-Netzwerke Awin (ehemals Zanox) und Affilinet im Jahr 2017 darauf schließen. Trotz der schlechten Wachstumsraten in den letzten Jahren erwarten Experten durch den Einfluss von Social Media und mobilen Endgeräten einen positiven Effekt auf das Affiliate-Marketing. Grundsätzlich kann man sicherlich sagen, dass Affiliate-Marketing auch in Zukunft eines der wichtigsten Online-Marketing-Instrumente sein wird.

8.1 Definition und Erklärung

Affiliate-Marketing war keine bahnbrechende Innovation. Im Offline-Marketing wurde dieses Geschäftsmodell schon immer praktiziert: die Vernetzung von verschiedenen Partnern in einem Vertriebsgeflecht. Der Partner, auch *Affiliate* oder *Publisher* genannt, bewirbt Produkte oder Dienstleistungen des Unternehmers, auch *Merchant* oder *Advertiser* genannt. Oft sind der Affiliate ein Betreiber einer Website und der Merchant ein Online-Shop. Für die erfolgreiche Abwicklung einer Transaktion wird der Affiliate mit einer Provision vergütet. Es entsteht also eine Win-win-Situation, bei der beide Parteien einen Mehrwert erzielen. Vor allem dem Merchant bietet sich bei diesem Konzept eine gute Alternative zu investiven Werbemaßnahmen wie der klassischen Bannerwerbung oder dem Keyword-Advertising. Die Teilnahme ist für beide Parteien kostenfrei und wird in der Regel auf Erfolgsbasis vergütet.

Das Geschäftsmodell des Affiliate-Marketings wird auch *Empfehlungsmarketing* genannt, da der Affiliate auf seiner Website gezielt ein Produkt bewirbt und dieses sozusagen weiterempfiehlt. Dabei ist es in der Regel so, dass der Affiliate selbst überhaupt keine Produkte oder Dienstleistungen anbietet, sondern die Besucher nur an Online-Shops weitervermittelt.

Zwischen Merchant und Affiliate sollten im Vorfeld alle vertraglichen Rahmenbedingungen abgestimmt sein. Grundsätzlich übernimmt der Merchant keine Haftung für die Inhalte des Affiliates. Trotzdem ist es wichtig, die Affiliates gründlich zu selektieren und Haftungsrisiken zu minimieren. Außerdem sind gewisse Richtlinien bereits im Vorfeld festzulegen, an die sich der Affiliate halten muss. Andere rechtliche Gegebenheiten sind z.B. Manipulationsversuche des Affiliates wie Klickbetrug (relevant bei einem Vergütungsmodell nach Werbeklicks) oder Eigenbuchungen (selbst erzielte Käufe, die danach storniert werden – relevant bei einem verkaufsorientierten Vergütungsmodell).

Für beide Seiten, sowohl Merchant als auch Affiliate, stellt diese Art von Marketing eine gute Möglichkeit dar, um Erfolge zu generieren. Der Merchant kann effizient neue Interessenten gewinnen, die er vielleicht vorher nicht ansprechen konnte, und dem Affiliate ist es möglich, durch direkte Werbung auf seiner Seite passiv Geld zu verdienen. Dieser Nutzen kann durch temporäre Angebote, z.B. die Gewährung von Rabatten oder Auslobung von Sonderaktionen, verstärkt werden.

8.2 Funktionsprinzip

Im Affiliate-Marketing verdient der Affiliate erst dann, wenn er es schafft, die Aufmerksamkeit der Besucher zu erlangen und diese auf den Online-Shop des Merchants zu lenken. Dafür wird dem Affiliate das nötige Werbematerial (z.B. Bilder oder Banner) durch den Merchant zur Verfügung gestellt, um das Produkt ausreichend zu bewerben. Generell unterscheidet sich das Funktionsprinzip in zwei Möglichkeiten: die Anbindung von Merchant und Affiliate in einem *Partnernetzwerk* (Affiliate-Netzwerk) oder eine *direkte Kooperation* von Merchant und Affiliate. In Abbildung 8.1 und Abbildung 8.2 werden diese beiden Möglichkeiten dargestellt.

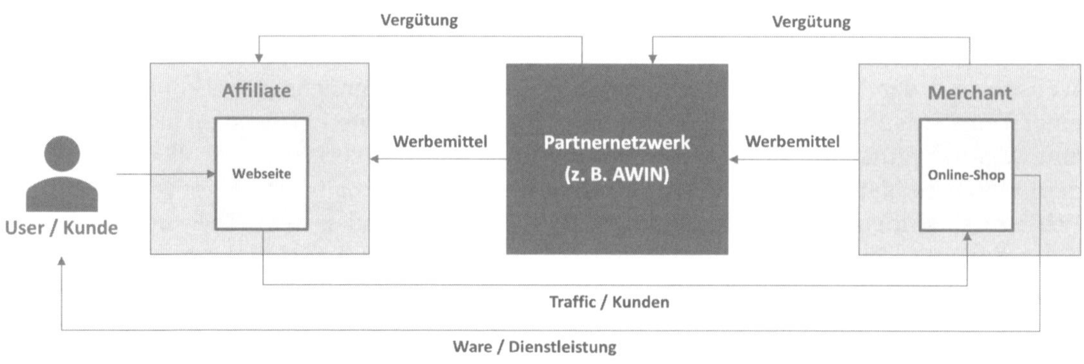

Abb. 8.1: Affiliate-Marketing über ein Partnernetzwerk

Das Affiliate-Netzwerk (z.B. Awin) fungiert als Schnittstelle zwischen dem Merchant und dem Affiliate. Beide Parteien sind auf der Plattform angemeldet und schließen hier die Transaktion von Vergütung und Traffic bzw. Kunden ab. Der Merchant legt auf der Plattform sein Werbematerial ab, das der Affiliate nutzen kann, um die Produkte zu bewerben. Vorteilhaft bei dieser Variante ist, dass die Plattform das Tracking und die Vergütung zwischen den beiden Akteuren abwickelt. Außerdem bietet das Netzwerk eine Ressource von vielen potenziellen Merchants und Affiliates, die sich ohne seine Programme vielleicht überhaupt nicht begegnen würden. Zudem klärt die Plattform alle rechtlichen Rahmenbedingungen. Der Nachteil an dieser Variation ist, dass die Plattform ebenso ihr Geld verdienen will und eine Provision verlangt. Für den Affiliate ist das kein Problem, da dieser in der Regel von Provisionszahlungen an das Netzwerk nicht betroffen ist. Der Advertiser hingegen muss dem Netzwerk einen Anteil der Vergütung für den Publisher zahlen.

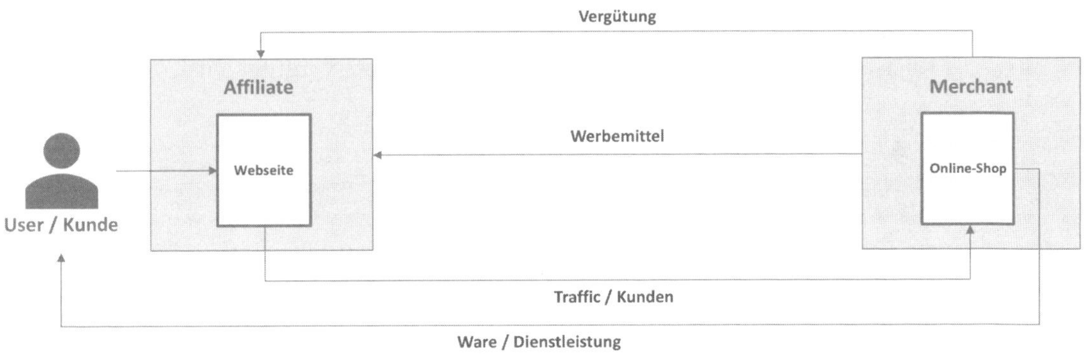

Abb. 8.2: Affiliate-Marketing in Eigenregie

Ohne ein Partnernetzwerk muss die Abwicklung in Eigenregie erfolgen. Das bedeutet, dass der Merchant (z.B. Amazon) seinem Affiliate das Werbematerial direkt bereitstellen muss. Der Affiliate kann nur die Produkte auf dem Webshop des Merchants bewerben und hat keine alternativen Möglichkeiten. Der Advertiser ist dafür verantwortlich, eine Tracking-Methode zu implementieren, die vertraglichen Rahmenbedingungen zu klären und die Partner selbstständig zu akquirieren. Dafür ist er nicht verpflichtet, eine zusätzliche Provision zu zahlen, und bekommt zusätzlich für jeden Affiliate grundsätzlich noch einen Backlink, der sich positiv auf die Suchmaschinenoptimierung auswirkt. Allerdings sind laut den Google-Richtlinien Werbelinks mit `nofollow` zu kennzeichnen (siehe Kapitel 5).

8.3 Provisionsmodelle

Die klassischste Form der Vergütung im Affiliate-Marketing ist die *Pay per Sale*-Vergütung. Bei diesem Modell wird der Affiliate nur bezahlt, wenn durch die Weiterleitung zum Online-Shop des Merchants ein Kauf erzielt wurde. Hier wird eine Provision anhand des Nettobestellwerts verrechnet. Der Nettobestellwert ist der um Retouren bereinigte Endbetrag, der dem Advertiser am Schluss übrig bleibt. Die Höhe der Provision kann von Kategorie zu Kategorie stark variieren. Software-Anbieter können beispielsweise eine bis zu 22-prozentige Provision zahlen, wohingegen Reiseanbieter nur bis zu fünf Prozent des Kaufpreises zahlen. Grundsätzlich sind aber auch Festbeträge oder Mischformen möglich.

Einige Merchants bezahlen auch eine Provision für Neukunden oder Interessenten, die meist auch aus einem festen Betrag besteht. Dieses Modell wird als *Pay per Lead* bezeichnet, wobei als Lead ein »qualifizierter Kundenkontakt«, also z.B. ein Interessent, bezeichnet wird, der sich für einen Newsletter anmeldet.

In seltenen Fällen ist auch eine *Pay per Click*-Vergütung möglich, bei der schon ein Klick auf ein Werbemittel reicht, damit der Affiliate vergütet wird.

8.4 Amazon Partnerprogramm

Das Amazon Partnerprogramm *(Amazon PartnerNet)* ist eines der größten Affiliate-Programme weltweit. Es ermöglicht Websitebetreibern, ihre Website mithilfe von Partnerlinks zu monetarisieren. Wird der Nutzer von der Affiliate-Website auf die Website von Amazon gelenkt und findet dort ein Verkauf innerhalb von 24 Stunden statt, erhält der Publisher eine Vergütung. Die Vergütung richtet sich nach der jeweiligen Produktkategorie und liegt normalerweise zwischen einem und zwölf Prozent.

Info-Box: Aktuelle Provisionssätze und Teilnahmebedingungen

Der aktuelle Vergütungskatalog des Amazon PartnerNet mit den Provisionssätzen lässt sich unter folgendem Link einsehen:

`https://partnernet.amazon.de/help/node/topic/GRXPHT8U84RAYDXZ`

Die Anforderungen zur Teilnahme am Amazon PartnerNet sind unter folgendem Link nachzulesen:

`https://partnernet.amazon.de/help/operating/participation`

Das Amazon Partnerprogramm bietet einige Vorteile gegenüber einer Kooperation über ein anderes Affiliate-Netzwerk. Dazu gehören folgende:

- Amazon ist ein Internetgigant, der sich schon längst auf dem Markt etabliert hat. Viele Internetnutzer dürften also bereits entweder schon Kunde bei Amazon sein oder haben schon mal von dem Online-Shop gehört. Dies sollte sich positiv auf die Conversion-Rate auswirken.
- Die Produktauswahl auf Amazon ist so riesig, dass ein passendes Produkt zum Bewerben mit Sicherheit vorhanden ist.
- Amazon vergütet stets den ganzen Warenkorb und auch themenfremde Produkte. Dadurch ist es möglich, auch Erlöse durch Cross-Selling-Produkte zu erzielen, die zusätzlich zu den beworbenen Produkten gekauft werden.
- Amazon bietet durch die Prime-Mitgliedschaften einen sehr schnellen Versand, der gut bei den Kunden ankommt und die Kaufwahrscheinlichkeit erhöht.
- Je nach Kategorie ist es möglich, eine Werbekostenerstattung von bis zu zwölf Prozent zu erzielen.
- Die Auswertungsmöglichkeiten im Amazon PartnerNet Dashboard sind übersichtlich und bieten umfangreiche Statistiken.
- Amazon garantiert eine pünktliche und zuverlässige Auszahlung der Werbekostenerstattung.

Neben den positiven Aspekten gibt es auch einige Faktoren, die als Nachteile des Amazon Partnerprogramms angesehen werden können:

- Immaterielle Produkte wie Reisen und Dienstleistungen, die sich für das Affiliate-Marketing gut eignen, fehlen im Sortiment und können nicht angeboten werden.
- Die Cookie-Laufzeit beträgt nur 24 Stunden. Das heißt, nach 24 Stunden wird ein Verkauf nicht mehr dem Affiliate zugerechnet. Dies ist dann von Bedeutung, wenn ein User nicht gleich nach dem Klick auf der Affiliate-Seite kauft, sondern erst später.
- Provisionen sind bei Amazon in der Regel eher schlechter als bei anderen Affiliate-Programmen bzw. -Netzwerken.
- Es kann zu einer großen Abhängigkeit von Amazon kommen. Empfehlenswert wäre es hier, eine Diversifizierung anzustreben, da Amazon grundsätzlich sehr einfach entscheiden kann, nicht mehr mit einem Affiliate zu kooperieren.

8.4.1 Anmeldung zum Amazon Partnerprogramm

Die Anmeldung zum Partnerprogramm (`https://partnernet.amazon.de`) erfolgt in vier Schritten:

- **Schritt 1:** Die Anmeldung für das Partnerprogramm benötigt ein aktives Amazon-Konto. Für Benutzer, die noch keine Amazon-Kunden sind, besteht hier die Möglichkeit, ein kostenloses Konto anzulegen. Bereits registrierte Nutzer können sich mit ihrem bestehenden Amazon-Konto einloggen. Bei der Anmeldung müssen detaillierte Angaben zum Zahlungsempfänger gemacht werden.

- **Schritt 2:** Im nachfolgenden Schritt muss die URL der eigenen Website angegeben werden. Hier empfiehlt Amazon, bereits etwas Content auf der Website zugänglich zu haben, andernfalls kann es theoretisch zur Ablehnung der Partnerschaft führen.
- **Schritt 3:** Im dritten Schritt muss der Anwender detaillierte Informationen zu seiner Website preisgeben. Hierzu zählen z.B. die Angaben zur Werbekategorie oder welche Produkte durch die Website beworben werden sollen. Außerdem müssen Angaben zum Traffic und zur Monetarisierung der Seite gemacht werden. Hierbei will Amazon wissen, wie die Seite Nutzer zu sich lotst und was die Haupteinnahmequelle der Website ist.
- **Schritt 4:** Im vierten Schritt können Zahlungsdaten hinterlegt werden, um eine Auszahlung per Überweisung möglich zu machen.

Info-Box: Detaillierte Anleitung

Eine detaillierte Anleitung für das Amazon PartnerNet ist auf der folgenden Website zu finden:

`https://amazon-affiliate.eu/de/neu-beginne-hier/`

8.4.2 Amazon Partnerprogramm Interface

Nach der Anmeldung ist es möglich, sich ins Amazon PartnerNet Interface einzuloggen. Das Dashboard gibt dort einen Überblick der Einnahmequellen und der Klicks der letzten 30 Tage (siehe Abbildung 8.3). Hier lässt sich gut erkennen, wie viele Nutzer auf die eingebundenen Affiliate-Links auf der Website des Affiliates geklickt und schlussendlich etwas bestellt haben. Außerdem bietet das Interface unter der Kategorie »Partnerlinks erstellen« die Möglichkeit, eigene Affiliate-Links zu konfigurieren. Unter dem Reiter »Berichte« ist es möglich, detaillierte Analysen zu betrachten, z.B. welche Produkte bestellt wurden, wie viel Provision erzielt wurde und wie die Kaufkraft der Besucher aussieht.

Ob das Partnerkonto akzeptiert wird, wird leider erst nach gewissen Voraussetzungen geprüft. Amazon behält sich vor, die Eignung erst nach drei qualifizierten Käufen zu prüfen. Diese drei Käufe müssen innerhalb von 180 Tage geschehen, sonst wird das Konto automatisch geschlossen. Wird das Konto aufgrund mangelnder Abverkäufe geschlossen, ist eine erneute Anmeldung allerdings möglich. Gibt es Verstöße gegen die Teilnahmebedingungen, kann Amazon jederzeit das Konto schließen. Bereits generierte Affiliate-Verkäufe werden mit der Schließung aber trotzdem noch ausbezahlt.

Abb. 8.3: Amazon PartnerNet Interface

Info-Box: Reduzierung der Wahrscheinlichkeit, durch Amazon abgelehnt zu werden

Es empfiehlt sich, nachdem drei Verkäufe generiert wurden, alle Produkte bzw. Affiliate-Links vollständig offline zu nehmen und nur den Seitencontent live zu lassen. Die Erfahrung hat gezeigt, dass Amazon bei ihrem automatisierten Überprüfungsverfahren Probleme mit den Affiliate-Links hatte und die Bewerbung deshalb abgelehnt hat. Kommt es zu einer Ablehnung, obwohl alle anderen Faktoren eingehalten werden, könnte dies der Grund dafür sein.

8.4.3 Nutzung des Amazon SiteStripe

Produkte können auf der eigenen Seite einfach durch den Amazon SiteStripe integriert werden (siehe Abbildung 8.4). Dazu ist es nötig, sich ins Amazon PartnerNet einzuloggen und den Online-Shop von Amazon im gleichen Browser aufzurufen. Im oberen Bereich der Seite erscheint jetzt zusätzlich ein kleiner Streifen, der HTML-Schnipsel zum jeweiligen Produkt enthält.

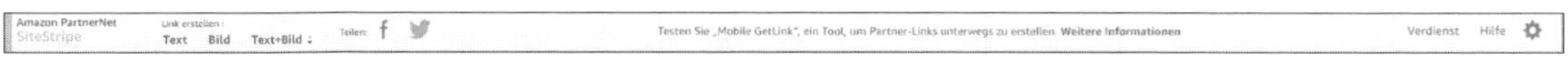

Abb. 8.4: Amazon SiteStripe

Abb. 8.5: Amazon SiteStripe HTML-Code

Auf einer Produktdetailseite bietet der Amazon SiteStripe drei Möglichkeiten, um sich einen HTML-Code zu dem entsprechenden Produkt erstellen zu lassen: als Text, als Bild oder als Bild und Text. Bei der jeweiligen Auswahl lässt sich der HTML-Code beliebig anpassen und anschließend aus einem kleinen Fenster rauskopieren. Dieser Code kann auf der eigenen Seite eingebettet werden und dient somit als Werbematerial (siehe Abbildung 8.5).

8.5 Awin-Partnerprogramm

Awin ist ein Affiliate-Netzwerk, das verschiedene Publisher und Advertiser aus verschiedenen Sparten zusammenbringt. Im Vergleich zum Amazon Partnerprogramm ist es hier möglich, mit verschiedenen Online-Shops zu kooperieren. Die Abwicklung und die technische Plattform werden hier von Awin zur Verfügung gestellt. Awin verdient bei jedem Verkauf einen kleinen Anteil mit, der aber vom Advertiser übernommen werden muss.

Das Awin-Netzwerk bietet einige Vorteile:

- Es besteht die Möglichkeit, zwischen verschiedenen Advertisern auszuwählen und dadurch verschiedene Produkte auf verschiedenen Online-Shops zu bewerben. Vor allem für Preisvergleiche ist das sehr sinnvoll.
- Durch unterschiedliche Partner lässt sich eine Abhängigkeit von nur einem Partner (wie Amazon) vermeiden.
- Die Cookie-Laufzeit (durchschnittlich ca. 30 Tage) der einzelnen Advertiser ist in den meisten Fällen länger als beim Amazon Partnerprogramm (24 Stunden). Dies führt dazu, dass Verkäufe auch noch nach dieser Zeit gutgeschrieben werden.
- Der Provisionssatz kann je nach Advertiser deutlich höher ausfallen als bei Amazon.
- Im Vergleich zu Amazon gibt es detailliertere Auswertungsmöglichkeiten.

Folgende Faktoren, die als Nachteile angesehen werden können, sollten ebenfalls beachtet werden:

- Gerade, wenn man sich beim Aufbau eines neuen Blogs oder allgemein einer neuen Website befindet, ist es nicht immer einfach, Partnerschaften über das Netzwerk einzugehen. In einer frühen Phase besteht die Gefahr, abgelehnt zu werden. Es ist daher von Vorteil, bereits eine gewisse Reichweite aufgebaut zu haben.
- Datenschutzrechtlich ist noch nicht geklärt, wie die Tracking-URL zukünftig bewertet wird. Das gilt natürlich auch für andere Affiliate-Programme, also z.B. auch für Amazon.

Im Interface von Awin (siehe Abbildung 8.6) ist ein Dashboard enthalten, das die Performance des aktuellen und vorherigen Monats gegenüberstellt. Es lassen sich außerdem dedizierte Reports für Werbemittel, Transaktionen und Publisher unter dem Reiter »Reports« aufrufen.

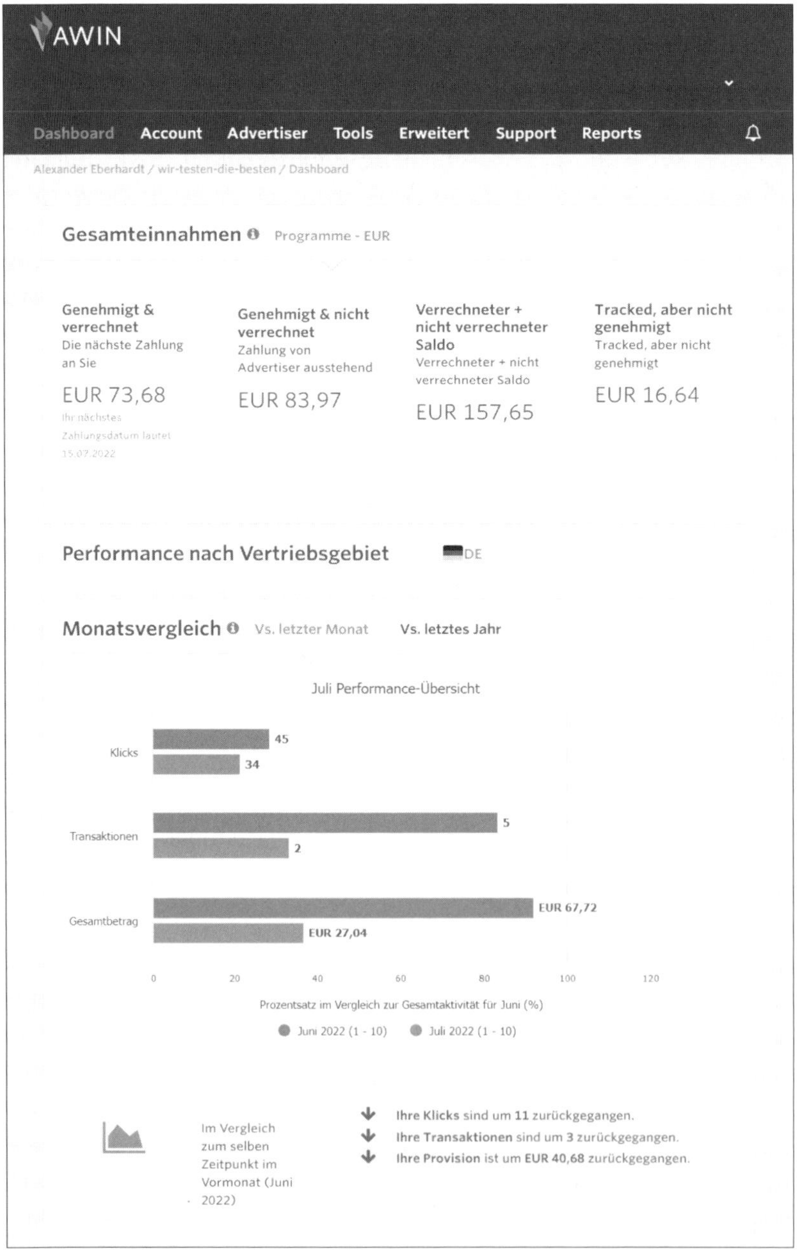

Abb. 8.6: Awin-Dashboard

Info-Box: Anmeldung bei Awin

Die Anmeldung für das Awin-Partnerprogramm erfolgt über diesen Link:

`https://ui.awin.com/publisher-signup/de/awin/step1`

Für die Registrierung und die Verifizierung ist eine Kreditkarte erforderlich.

Es gibt eine Suche, um sich für das Affiliate-Programm der unterschiedlichen Advertiser zu bewerben. Unter »Tools« lassen sich für jeden Advertiser verschiedene Werbelinks erstellen oder Banner über HTML einbinden.

Info-Box: Weitere Affiliate-Netzwerke

Diese Alternativen können auch anstelle von Awin genutzt werden:

- CJ
- ADCELL
- Webgains
- Tradedoubler
- Belboon
- Mylead
- Lead Alliance

8.6 Checkliste

Es ist wichtig, dass Sie sich Gedanken dazu machen, wie Sie Ihre Website monetarisieren möchten. Affiliate-Marketing bietet hier eine gute Möglichkeit. Als wesentlicher Punkt gilt es zu entscheiden, welche Kooperationen infrage kommen oder ob sogar parallel verschiedene Kooperationen eingegangen werden.

Checkliste/Fragen

- Ist mein Content schon aussagekräftig genug, bevor ich mich bei einem Partnerprogramm bewerbe?
- Habe ich an alles gedacht, um die Wahrscheinlichkeit zu minimieren, vom Amazon PartnerNet abgelehnt zu werden?
- Welches Partnerprogramm kommt für mich infrage? Direkte Kooperation (z.B. Amazon) oder über ein Netzwerk (z.B. Awin)?

Kapitel 9

Nischenthemen wählen und analysieren

Der Aufbau einer Ratgeber-Website ist auch in dem Projekt, das das Buch im Detail beschreibt, ein wesentlicher Bestandteil. Da es wichtig ist, sich bei dem Projekt auf ein *Nischenthema* zu spezialisieren, werden zusätzlich Anregungen gegeben, wie entsprechende Themen identifiziert werden können. Die Suche nach der richtigen Nische kann meist mühsam und anstrengend sein, aber zu einem essenziellen Faktor des Erfolgs werden. Produkte, die für eine breite Masse an Menschen attraktiv sind, wie z.B. Unterhaltungselektronik, sind hart umkämpft und deshalb für eine kleinere Affiliate-Seite nicht zu empfehlen.

9.1 Monetarisierung von Themen

9.1.1 Systematik und Vorgehensweise

Um Inhalte bzw. Themen auf Websites zu monetarisieren, bedarf es einer Systematik. Am einfachsten funktioniert dies über Affiliate-Marketing (siehe Kapitel 8). Der Affiliate bewirbt die Produkte eines Online-Shops (Merchant) und bekommt für jeden erfolgreichen Verkauf einen Anteil am Erlös. Grundsätzlich gilt dieses Vorgehen nicht nur für Käufe in einem Online-Shop, sondern ebenfalls für andere Conversion-Handlungen, wie z.B. die Anmeldung für einen Newsletter oder der Download einer Produktbroschüre. Bei diesen Handlungen spricht man davon, dass sogenannte *Leads* entstehen, also qualifizierte Kundenkontakte.

Im E-Commerce wird dieser Vorgang als *Conversion-Generierung* bezeichnet. Der Nutzer, der zuerst als reiner Besucher auf die Website gekommen ist, wird zu einem Kunden (oder zum Lead) konvertiert, der am Ende beispielsweise ein Produkt bestellt hat. Eine *Conversion*, also der Abschluss eines definierten Zielvorhabens, kann demnach ein Kauf, eine Anmeldung zu einem Newsletter oder eine ähnliche Aktion sein.

In der Praxis ist Affiliate-Marketing sehr beliebt. Das hat zwei einfache Gründe: Zum einen zahlen die Unternehmen, deren Produkte beworben werden, nur eine Provision an den Werbetreibenden für die tatsächlich verkauften Produkte bzw. für eine tatsächlich durchgeführte Aktion (z.B. Newsletter-Anmeldung). Zum anderen konstruieren die Werbetreibenden, die die Produkte bewerben, im Normalfall sowohl die Seite als auch den Content, um die User »anzulocken«, nur einmal und können dadurch über einen längeren Zeitraum passiv Geld verdienen.

Dieses beliebte Geschäftsmodell lockt natürlich sehr viele Wettbewerber an, wodurch es im Normalfall eher problematisch wird, beliebte und absatzstarke Produkte zu bewerben. Für eine Affiliate-Website ist es wichtig, zu dem entsprechenden Thema im Web auch gefunden zu werden. Viele Affiliates holen ihre User in der Praxis über eine Suchmaschine und schalten zu den themenrelevanten Schlüsselwörtern Werbung oder optimieren ihre Seite darauf. Viel nachgefragte Themen und Keywords sind bei Google stark umkämpft, hier ist mit sehr starker Konkurrenz zu rechnen. Deshalb ist es für kleinere Seitenbetreiber ratsam, sich auf ein Nischenprodukt zu konzentrieren und dieses zu bewerben.

Nichtsdestotrotz empfiehlt es sich, vor dem Start große Affiliate-Seiten unter die Lupe zu nehmen, um möglicherweise Ideen für die eigene Website zu übernehmen. Die beliebtesten Affiliate-Seiten haben meist sehr unterschiedliche Geschäftsmodelle. Zum einen gibt es Websites wie mydealz, die Gutschein-Codes bzw. besondere Angebote für Online-Shops publik machen und damit ihr Geld verdienen. Zum anderen gibt es auch »Cashbacker« wie Payback, die für den Kauf in einem anderen Online-Shop eine Rückvergütung in Form von virtueller Währung oder echtem Geld zahlen.

Die gewählte Contentstrategie im Praxisbeispiel gitarrenberater.de ist jedoch das Bewerben eines Produkts in Form eines Ratgebers bzw. Testberichts.

9.1.2 Beispiel

Ein namhafter Publizist für den Bereich Ratgeber bzw. Testbericht ist `stern.de`, der mit seiner Rubrik »Vergleiche« Produkte testet und den Nutzer vor dem Kauf beraten will. Der *Stern* genießt durch seinen Status als renommiertes Nachrichtenportal einen vertrauenswürdigen und glaubhaften Ruf, der sich dementsprechend positiv auf die Nachfrage der Testberichte auswirkt.

Der *Stern* ist in seinem Testprozess sehr transparent und hat alle Schritte auf seiner Website veröffentlicht. Die Herangehensweise eines jeden Produkttests ist im Aufbau immer gleich und unterteilt sich in fünf grobe Bereiche:

1. **Einleitung:** Allgemeine Vorstellung der getesteten Produkte.
2. **Vergleichstabelle:** Darstellung der vier besten Produkte.
3. **Produktvergleiche mit FAQ:** Alle Produkttests werden mit den relevantesten Fragen zu jedem Artikel aufgezeigt.
4. **Kaufratgeber:** Beinhaltet wichtige Aspekte in Bezug auf die Produktgruppe wie Kaufkriterien, Vor-/Nachteile, wichtige Hersteller etc.
5. **Weiterführende Tests:** Hinweise auf Verbrauchertests, z.B. von *Öko-Test* oder *Stiftung Warentest.*

Die Produktrecherche und die Auswahl der getesteten Produkte erfolgen durch mehrere Quellen:

- **Amazon:** Bestseller-Kategorien zeigen die Nachfrage eines Produkts und geben somit Rückschluss auf die Beliebtheit.
- **Kundenbewertungen:** Kundenrezensionen zeigen, welche Meinungen und Bedürfnisse die Kunden an das Produkt haben.
- **Marktpräsenz des Herstellers:** Ein hohes Werbeaufkommen der Produkte sorgt für vermehrte Bekanntheit und Nachfrage des Produkts.
- **Unabhängige Testportale:** Objektive Testportale schaffen eine vertrauenswürdige Informationsbeschaffungsquelle.
- **Herstellerinfos:** Produktvorstellungen auf Videoplattformen wie YouTube, Presseberichte oder Informationen auf der Hersteller-Website dienen als gute Basis für einen Testbericht.
- **Aktuelle Modelle:** Die Aktualität des Tests und der Produkte ist für den Nutzer von großer Wichtigkeit.
- **Internetforen:** Fachspezifische Foren zeigen die Meinungen und Einschätzungen von Nutzern und klären ungewisse Fragen.

Für den Vergleich der Produkte benutzt der *Stern* verschiedene Maßstäbe. Den Lieferumfang, technische Daten, Kundenrezensionen, Preisinformationen, Qualität (Material/Verarbeitung), Ausstattung (weitere Features) und das Preis-Leistungs-Verhältnis. Mehr Informationen über das Portal sind unter `www.stern.de/vergleich/ueber-uns/` zu finden.

Vor dem Aufbau einer Website sollte das zu bewerbende Produkt deutlich in einer Nischenstrategie geplant und ein klares Konzept für die eigene Seite ausgearbeitet sein. Hierfür empfiehlt es sich, bereits bestehende, renommierte Affiliate-Seiten zu analysieren und deren Geschäftsmodell herauszuarbeiten, um dadurch vorteilhafte Ideen für die eigene Website nachbilden zu können.

9.2 Suche nach Nischenthemen

9.2.1 Anregungen für ein Produkt finden

Ein *Nischenprodukt* in der heutigen Zeit zu finden ist sehr schwierig. Bei der Produktrecherche wird schnell klar, dass es eigentlich keine Nische gibt, in der nicht schon Affiliates angesiedelt sind. Hat man sich im Vorhinein noch nicht auf ein bestimmtes Produkt festgelegt, gibt es gewisse Möglichkeiten, um lukrative Affiliate-Produkte zu finden. Dazu gehören unter anderem die Folgenden:

- **Bestseller-Kategorien**

Große Marktplätze wie Ebay (`https://www.ebay.de/deals/trending/all`) und Amazon (`https://www.amazon.de/gp/bestsellers/`) bieten die Möglichkeit, in einer »Bestseller«-Kategorie zu stöbern. In diesen Kategorien befinden sich die beliebtesten Produkte, basierend auf Verkaufszahlen der Plattformen. Diese Produktliste ist in der Regel tagesaktuell und somit sehr relevant für die Produktrecherche. Für gewöhnlich finden sich in diesen Kategorien eher physische Produkte, aber wie bei Amazon zu sehen ist, gibt es beispielsweise auch eine Bestseller-Kategorie für Apps/Spiele und Musik-Downloads. Vor allem der Kategorie-Pfad bei Amazon eignet sich besonders, um auf Nischenartikel zu stoßen. Hier ist es möglich, von eher allgemeinen Produktkategorien zu »nischigen« Teilkategorien zu springen. Ein Beispiel hierfür ist dieser Pfad:

Alle Kategorien

> Musikinstrumente & DJ-Equipment

> Gitarren, Bässe & Equipment

> Zubehör

> Verstärker-Zubehör

> Fußschalter & Regler

Die Zielgruppe wird mit jedem Klick auf eine Unterkategorie etwas kleiner und spezifischer. So ist es möglich, einen wettbewerbsstarken Gesamtmarkt in kleinere Teilmärkte zu segmentieren.

- **Amazon Neuerscheinungen & Aufsteiger des Tages**

Diese Reiter »Neuerscheinungen« und »Aufsteiger des Tages« im Menüpunkt »Bestseller« sind brandaktuell und liefern einen guten Überblick, welche Artikel gerade beliebt sind und gekauft werden. Besonders im Affiliate-Marketing lohnt es sich, schnell auf einen Zug aufzuspringen und von der aufsteigenden Beliebtheit eines Produkts zu profitieren.

Warum sind »neue« Produkte so attraktiv? Nicht nur, dass bei solchen Produkten die Nachfrage der Konsumenten – durch den Schneeball-Effekt – hoch ist, sondern auch, weil durch den kurzfristigen Aufstieg solcher Trendartikel die Affiliate-Konkurrenz geringer sein dürfte als bei alteingesessenen Produkten. Hinter solchen Artikeln verbirgt sich natürlich auch ein gewisses Risiko: Genau so schnell, wie sie an Beliebtheit gewonnen haben, können sie diese auch wieder verlieren. Deshalb ist es auch wichtig, dass solche Artikel Potenzial haben, sich auch längerfristig im Markt zu integrieren, und dieses Potenzial dadurch auf lange Sicht auch abgeschöpft werden kann.

- **Sternebewertungen**

Die meisten Händler benutzen heutzutage ein Feature, mit dem sie Kunden die Möglichkeit geben, ihre gekauften Produkte zu bewerten. Am häufigsten ist diese Funktion als *Sternebewertung* – gekoppelt mit einer Rezension – zu sehen. Diese Sternebewertungen sind ein gutes Indiz für die Beliebtheit und Kauffrequenz eines Artikels. Im besten Fall entscheidet man sich also für ein Produkt, das sowohl viele als auch gute Bewertungen erhalten hat. Amazon, so wie auch die meisten anderen Händler, bietet zudem eine Funktion, mit der es möglich ist, nach Kundenbewertungen absteigend zu sortieren.

- **Google-Trends**

Google-Trends (`https://trends.google.de/`) ist ein Dienst von Google, der die Anzahl von Suchanfragen in einem zeitlichen Horizont darstellt und in Relation zu dem gesamten Suchvolumen stellt. Daraus entwickeln sich Trendverläufe, die das Interesse der Nutzer widerspiegeln und Marktprognosen ermöglichen. Dieser Service macht es möglich, kostenlos nach Trendverläufen von gewissen Themen bzw. Produkten zu suchen oder sich Eindrücke zu gerade beliebten Suchanfragen zu holen. Für die Produktrecherche ist es nützlich, da es aktuelle Themen – vielleicht sogar Produkte – aufzeigt und diese in einen saisonalen Verlauf einordnet. Ist die Nachfrage eines Produkts sehr stark saisonal gebunden, kann das Bewerben dieser Produktart unter Umständen wenig lukrativ sein, da der Umsatz nur auf einen Teil des Jahres zurückfällt.

9.2.2 Persönliches Interesse am Produkt

In den meisten Fällen ist die Suche nach einem Produkt eher irrelevant, da schon ein Produkt aus persönlicher Präferenz ausgewählt wurde. Das ist auch gut so: Persönliches Interesse an dem Affiliate-Produkt bzw. -Thema ist wichtig. Als Affiliate ist es die Aufgabe, den Kunden ein Produkt schmackhaft zu machen und sie über gewisse Themen zu informieren. Wenn selbst kein Interesse an dem Thema besteht, gestaltet sich diese Aufgabe eher schwierig. Im Endeffekt muss dem Kunden ein *Mehrwert* durch die Seite geboten werden, damit er sich letztendlich für einen Kauf entscheidet. Besonders bei der Erstellung der Seiteninhalte wirkt sich persönliches Interesse deutlich positiv aus. Allein das persönliche Interesse an einem Thema reicht aber nicht aus. Die Kombination ist entscheidend: Ein lukratives und nachgefragtes Produkt, gepaart mit persönlichem Interesse und am besten mit schwacher Konkurrenz.

9.3 Checkliste

In diesem Kapitel werden Möglichkeiten zur Monetarisierung von Websites und zur Auswahl von entsprechenden Nischenthemen für Affiliate-Seiten beschrieben.

Die folgenden Fragen fassen noch mal einige dafür nötige Überlegungen zusammen.

Checkliste/Fragen

- Welche Nischenthemen kommen für mich infrage? Was sind die Vor- und Nachteile der jeweiligen Themen? Will ich mich in der Tiefe mit dem gewählten Thema beschäftigen?
- Lässt sich mein (gewähltes) Produkt überhaupt für andere Online-Shops bewerben? Lässt es sich z.B. bei Amazon kaufen oder nur über andere Anbieter, die vielleicht gar kein Affiliate-Programm haben?
- Ist hinter meinem Nischenthema digitale Nachfrage (Suchvolumen)? Ist das Thema nur temporär relevant oder ein »Dauerthema«?
- Wie groß ist die Konkurrenz bei diesen Suchanfragen?

Teil III

Website aufbauen und Nutzung analysieren – Schritt für Schritt

In diesem Teil:

- **Kapitel 10**
  Aufbau der Website mit einem Content-Management-System 245
- **Kapitel 11**
  Nutzung von WordPress zum Aufbau der Website 255
- **Kapitel 12**
  Rechtliche Grundlagen zum Betrieb von Websites 277
- **Kapitel 13**
  Web-Controlling: Google Analytics und Search Console Monitoring einrichten 293
- **Kapitel 14**
  Zusammenfassung und Ausblick 315

Kapitel 10

Aufbau der Website mit einem Content-Management-System

In diesem Teil des Buches geht es um den Aufbau einer Website. Er spricht also vor allem jene Leser an, die noch keine Website betreiben, oder diejenigen, die neben einer bestehenden eine neue Website erstellen und direkt für die Suchmaschinen optimieren wollen. Der Aufbau einer neuen Site hat den Vorteil, dass diese von vornherein auf die Anforderungen von Suchmaschinen wie Google ausgerichtet werden kann.

Neben den grundlegenden Kenntnissen, die für den Website-Aufbau notwendig sind, wird in diesem Abschnitt das Vorgehen dafür anhand des Content-Management-Systems *WordPress* am konkreten Beispiel erläutert. Darüber hinaus wird mithilfe der Website gitarrenberater.de anschaulich beschrieben, wie die Nutzung der Website analysiert werden kann und welche rechtlichen Themen beim Betrieb einer Website beachtet werden müssen.

Ausgangspunkt einer Website-Erstellung ist die grundlegende Seitenstrategie bzw. das Keyword-Mapping, das in dem Webprojekt umgesetzt werden soll (siehe Kapitel 2). Technisch betrachtet gibt es für die Umsetzung zwei Optionen: entweder – wie eben beschrieben – die Erstellung der Site mit einem Content-Management-System (CMS) oder der Eigenbau mit vertieften Programmierkenntnissen. Für dieses Projekt ist die Lösung mit CMS die einfachere. Zwar bietet eine selbst programmierte Site den Spielraum für Individuallösungen, bei einem CMS gibt es aber die Möglichkeit, auf bereits vorinstallierte Plugins und Themes zuzugreifen, die einen großen Mehrwert darstellen und vor allem sehr viel Zeit ersparen. Die Software WordPress ist eines der bekanntesten CMS, die aktuell auf dem Markt sind. Es ist aber natürlich auch möglich, auf ein anderes Content-Management-System zurückzugreifen. Bekannte und kostenfreie Alternativen sind beispielsweise Typo3, Joomla und Drupal.

10.1 Funktionsweise und Nutzen eines Content-Management-Systems

Ein Content-Management-System ist ein Software-Baukastensystem, das in der Regel kostenlos ist. Mit diesem System lassen sich vollwertige und individuelle Webseiten erstellen und konfigurieren. Für die Nutzung eines CMS sind keine großen Programmierkenntnisse notwendig. Trotzdem ist es von Vorteil, ein grundlegendes Verständnis dafür mitzubringen. Grundsätzlich wird ein CMS für die Erstellung und Verwaltung von Inhalten genutzt. Diese Inhalte können Texte, Bilder, Videos, Dateien und vieles mehr sein. Die Software nimmt alle Inhalte und fügt sie am Ende zu einer fertigen Website zusammen. Content-Management-Systeme werden als Baukastensysteme bezeichnet, weil es nicht notwendig ist, jeden Block selbst zu »schnitzen«, sondern auf bereits fertige »Bauklötzchen« zugegriffen werden kann, die sich beliebig zusammenfügen lassen.

Der größte Vorteil von Content-Management-Systemen sind Plugins, die nach Belieben und Notwendigkeit auf der Seite installiert werden können. Plugins sind bereits vorprogrammierte Erweiterungen, die simpel in der Benutzung und Einrichtung sind und einen enormen Mehrwert für den Anwender bringen. Dadurch ist es möglich, ein CMS beliebig auszubauen.

Bei einem CMS ist es meist möglich, dass mehrere Benutzer zeitgleich an Inhalten sowie an deren Verwaltung arbeiten können. Die Anwender haben in der Regel verschiedene Aufgabenbereiche und Rollen innerhalb des Systems. Genau diese Rollenverteilung macht diese Software so attraktiv, denn damit lässt sich genau festlegen, welcher Nutzer welche Zugriffsrechte bekommt. So ist es möglich, z.B. für redaktionelle Zwecke andere Zugriffsrechte zu erteilen als für einen Administrator, der grundlegende Einstellungen an der Website vornehmen kann.

10.2 Grundgerüst der Webseiten: HTML, CSS, PHP

Der Besucher sieht beim Aufruf einer Webseite nur die ansprechende Benutzeroberfläche. Dahinter verbirgt sich aber meist ein komplexer Code, der anhand verschiedener Skript- und Auszeichnungssprachen generiert wird.

Eine Internetseite wird durch die *Hypertext Markup Language (HTML)* und *Cascading Style Sheets (CSS)* definiert. Darüber hinaus können mithilfe von Skriptsprachen wie JavaScript Verhaltensänderungen an HTML-Elementen erreicht werden. JavaScript-Effekte werden beispielsweise für Animationen, Veränderung von Inhalten oder Reaktion auf Anwenderaktionen verwendet werden. Im Unterschied zu Programmiersprachen wie beispielsweise PHP wird JavaScript erst im Browser des Anwenders ausgeführt, was von Usern bewusst verhindert werden kann.

Wird eine Website mit einem CMS erstellt, ist es nicht wichtig, diese Sprachen im Detail zu beherrschen, allerdings ist ein Grundverständnis von Vorteil. Vor allem die HTML-Grundelemente und strukturierte Daten sind bei der Suchmaschinenoptimierung nicht zu vernachlässigen.

10.2.1 HTML

HTML ist eine Auszeichnungssprache, die festlegt, was sich auf der Webseite befindet und ihr eine Grundformatierung in Bezug auf Aussehen und Strukturierung mitgibt. Ein HTML-Dokument ist grundsätzlich nur ein Text-Dokument, das vom Internetbrowser von oben nach unten abgearbeitet und interpretiert wird. In ein HTML-Dokument können andere Skriptsprachen wie CSS integriert werden oder es wird eine spezielle separate CSS-Datei mit einem Befehl verknüpft.

Eine einfache HTML-Struktur ist in den Head-Bereich (Seiteninformationen) und Body-Bereich (Seiteninhalt) unterteilt. Im Head-Bereich befinden sich Informationen über die Seite, die von Programmen wie z.B. Suchmaschinen oder Browsern ausgewertet werden. Im Body-Bereich werden die eigentlichen, vom Browser darzustellenden, sichtbaren Informationen aufgeführt.

Eine HTML-Datei kann beispielsweise folgendermaßen aussehen:

```
<html>
<head>
<title>Seitentitel</title>
</head>

<body>
<h1>Das ist eine Überschrift</h1>
<p>Das ist einfacher Fließtext.</p>
<p>Hier steht auch nur Fließtext mit einem Link
<a href="https://gitarrenberater.de/">Hinter diesem
Text steckt ein Link</a></p>
</body>
</html>
```

Wie im Beispiel dargestellt, erfolgt die Auszeichnung der einzelnen Bestandteile der HTML-Datei über Tags, die in spitze Klammern eingebettet sind (z.B. `<p>...</p>`). Abbildung 10.1 zeigt, wie diese HTML-Datei in einem Browser dargestellt wird. Die Inhalte des Head-Bereichs sind für den Nutzer nicht sichtbar, lediglich die des Body-Bereichs. Im Body-Bereich sind eine Hauptüberschrift (`<h1>...</h1>`) und zwei Paragrafen bzw. Absätze (`<p>...</p>`) enthalten. Die Überschrift hebt sich hier deutlich von den beiden Fließtexten ab. In einem der beiden Paragrafen ist ein Ankertext enthalten, der wiederum einen Link enthält (`<a href="zieldatei.html">Ankertext<a>`). Beim Klicken wird der Nutzer auf die Zielseite weitergeleitet.

Abb. 10.1: HTML-Beispielcode – Darstellung im Browser

10.2.2 CSS

Mithilfe von *Cascading Style Sheets (CSS)* werden Websites speziell formatiert. Werden Elemente per HTML ausgezeichnet, erscheinen diese in der Browser-Darstellung schon entsprechend ihrer Bedeutung. Browser-Stylesheets sorgen dafür, dass HTML-Elemente eine Art Grundformatierung haben. In einer CSS-Datei lassen sich die HTML-Elemente dann mit eigenen Stylesheet-Anweisungen so formatieren, dass sie dem gewünschten Aussehen entsprechen. Das Design der Seite wird also in eine eigene Datei geschrieben, die CSS-Datei. Dadurch werden Quellcodes übersichtlicher und optische Anpassungen lassen sich seitenübergreifend einfacher und schneller durchführen. Es erfolgt also eine klare *Trennung von Inhalt und Layout*, was die Qualität und Wartbarkeit der Website enorm steigern kann.

10.2.3 PHP

Hypertext Preprocessor (PHP) ist eine *Skriptsprache* zur Erstellung dynamischer Webseiten bzw. Webanwendungen. PHP ist im Kern für serverseitige Web-Programmierungen gedacht und kann auch in HTML-Dateien eingebettet werden. Bei der Programmiersprache PHP wird der Code auf dem Server ausgeführt. Dort wird eine HTML-Ausgabe generiert, die dem Besucher zugesendet wird. Viele Content-Management-Systeme, wie z.B. WordPress, nutzen diese Skriptsprache, um dadurch dynamische Webseiten zu generieren.

10.3 Anforderungen für die Erstellung

Bei der Erstellung einer Website wird ein Speicherort gebraucht, an dem alle benötigten Dateien abgelegt sind. Zusätzlich ist eine Domain – eine Internetadresse wie z.B. gitarrenberater.de – nötig, unter der der Speicherort und die darauf enthaltenen Webseiteninformationen abgerufen werden können. Für diesen Bereich gibt es *Website-Hoster* bzw. sogenannte *Webhoster*. Das sind Betreiber, die für ein gewisses Entgelt einen Online-Speicher (Webspace) zur Verfügung stellen und dazu meistens eine Domain anbieten.

10.3.1 Der richtige Webhosting-Tarif

Theoretisch ist es möglich, seinen eigenen Server und Speicherplatz in seinem eigenen Umfeld zu errichten. Dafür fallen aber meist hohe Anschaffungskosten für den Server an und die Wartung der Technik muss in Eigenregie erfolgen. Außerdem muss für ausreichend Sicherheit auf dem Server gegenüber Angriffen aus dem Internet gesorgt werden, was ein Webhoster automatisch in seinem Tarif integriert hat. Zusätzlich muss eine Domain manuell reserviert und mit der Server-IP verknüpft werden. Wenn dieser Server offline geht, z.B. durch Stromausfälle oder Verbindungsprobleme, ist die Website nicht mehr erreichbar.

Einfacher ist daher die Variante eines Webhosters: Dieser Anbieter (*Internet Service Provider* oder einfach *Provider*) bietet einen Teil seines Speicherplatzes an und stellt diesen für eine monatliche Gebühr zur Verfügung. Von Vorteil ist, dass sich der Provider um alle technischen Hintergründe kümmert, in den meisten Fällen eine Art Komplett-Service anbietet und im Nachgang Support bereitstellt.

Bei den Angeboten von Providern lohnt sich ein Vergleich des Leistungsumfangs. Neben den grundsätzlichen Eckdaten wie Vertragslaufzeit und Kosten sollte der Tarifumfang verglichen werden. Wichtige Anhaltspunkte sind folgende:

- **Speicherplatz:** Die meisten Webhoster bieten mittlerweile mehrere Gigabytes an Speicherplatz an. Für eine Site, die viele Bilder, Videos oder sonstige Medien benötigt, ist ein größerer Speicherplatz sehr wichtig. SSD-Festplatten sollten heutzutage zum Standard gehören.
- **Datenbanken:** Ein CMS wie WordPress benötigt für seine Struktur eine Datenbank. Diese Datenbank stellt das Grundgerüst für die Websoftware dar. Wird nur ein CMS betrieben, ist eine Datenbank völlig ausreichend. Ist es aber gewünscht, mehrere CMS nebeneinander laufen zu lassen, werden mehrere Datenbanken benötigt. Viele Anbieter variieren hier bei der Bereitstellung von Datenbanken. MySQL und MariaDB sind weitverbreitete Open-Source-Datenbanken.
- **Domains:** Websites benötigen eigene Adressen in Form von Domains. Jeder Online-Speicher hat zwar eine eindeutige Nummer, die sogenannte IP-Adresse, aber diese Adresse besteht aus mehreren Zahlen, die schwer zu merken sind. Auch hier bieten Webhoster Domains zum Mieten an, die mit dem Onlinespeicher und somit der Website verknüpft werden.
- **E-Mails:** Viele Webhoster stellen neben der Domain noch ein eigenes Postfach für E-Mail-Adressen zur Verfügung. Eine E-Mail-Adresse mit der Domain im Namen wirkt oft professioneller. Auch hier variieren die Anbieter wieder hinsichtlich der Anzahl bereitgestellten E-Mail-Adressen.
- **CMS-Installierung:** Einige Webhoster bieten bereits bei der Buchung des Tarifs an, dass ein CMS automatisch auf dem Online-Speicher vorinstalliert ist. Dadurch muss der Anwender keine manuelle und zeitintensive Installation durchführen.

- **SSL-Zertifikat:** Das SSL-Zertifikat garantiert eine sichere Verschlüsselung zwischen dem Server und dem Nutzer. Im Browser ist dies anhand eines kleinen Schlosses vor der Domain und dem Protokoll »HTTPS« (Hypertext Transfer Protocol Secure) anstelle von »HTTP« gekennzeichnet. Ein SSL-Zertifikat zählt als positiver Ranking-Faktor für Google und sollte demnach ebenfalls im Tarif enthalten sein.

Weitere Kriterien, die einen optimalen Server ausmachen:

- Serverstandort in der Region der Zielgruppe
- Anzahl der Kunden pro CPU-Kern
- Höhe des garantierten RAM-Speichers
- Unterstützung von HTTP/2
- Unterstützung von GZIP-Komprimierung

Für die Installation eines CMS, speziell WordPress, muss der Online-Speicher des Webhosters folgende Kriterien erfüllen, um die Software erfolgreich zu betreiben:

- PHP ab der Version 7.4
- Datenverwaltungssystem MySQL 5.7 oder MariaDB ab Version 10.2
- Unterstützung der Webserver-Software Apache oder Ngnix durch den Anbieter

Es gibt auch Webspace-Anbieter, die den Webspace kostenlos anbieten, um damit ihr eigenes CMS zu bewerben. Grundsätzlich ist dies natürlich die kostengünstigste Variante. Es bringt aber auch viele Nachteile mit sich. Der größte Nachteil ist dabei, dass der Name der Website, also die Domain, nicht selbst bestimmbar ist und der Name des Hosters in der Endung der Domain enthalten ist. Meist handelt es sich hierbei um eine kostenlose Subdomain. Das wirkt für eine seriöse Seite eher unprofessionell. Außerdem ist die Anwendung nur auf das eigene CMS beschränkt. So lässt sich beispielsweise WordPress bei manchen Anbietern nicht installieren. Zudem schaltet der Betreiber oft Werbung auf der Seite, ohne dass der Seiteninhaber dies beeinflussen kann. Der Leistungsumfang der jeweiligen Content-Management-Systeme ist in der Regel eingeschränkter als bei einem kostenpflichtigen Website-Hoster.

10.3.2 Einrichtung eines Webhostings

Als Webhoster kann jeder Anbieter ausgewählt werden, der die geforderten Kriterien erfüllt – hier lohnt es sich oft zu vergleichen. Was jedoch nicht auf den ersten Blick sichtbar ist, ist die Performance des Servers in Anbetracht der Kapazitäten und Ladezeiten. Deshalb ist es wichtig, bei vermeintlich günstigen Webhostings näher über die Seriosität nachzuforschen. Bei unserem Beispiel gitarrenberater.de haben wir uns für ein Hosting von Domain Factory (`df.eu`) entschieden. Auch der Aspekt, dass Domain Factory eine One-Click-Installation für WordPress anbietet, spricht für diesen Webhoster. Für ein kleines Webprojekt wie eine Nischenseite reicht das Basic Hosting des Anbieters aus. Es kann aber natürlich auch jeder beliebige andere Hoster verwendet werden, der die entsprechenden Spezifikationen erfüllt. Andere Webhoster sind beispielsweise 1&1, All-Inkl oder Strato.

Der Basic-Tarif von Domain Factory enthält sowohl 25 GB Webspace, der für die Website nötig ist, als auch 25 GB Mailspace, der für E-Mail-Adressen eingerichtet werden kann (siehe Abbildung 10.2). Für ein kleines Webprojekt sollte der Speicherplatz von 25 Gigabyte auf jeden Fall ausreichen.

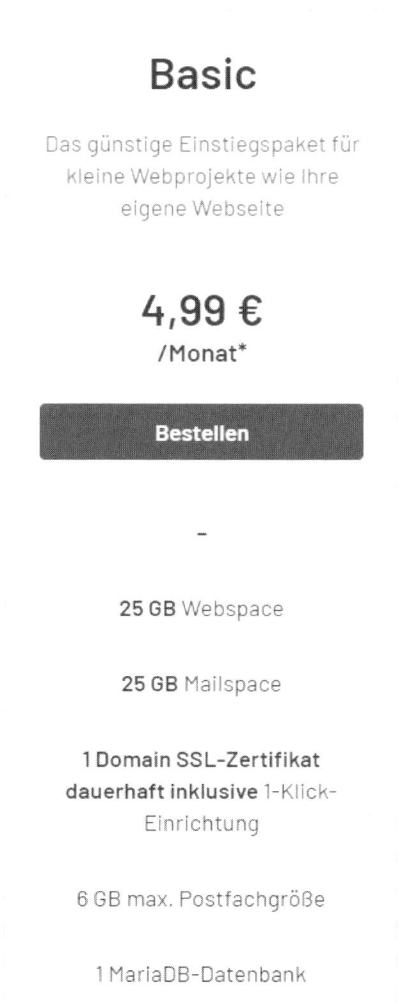

Abb. 10.2: »Basic«-Tarif domainfactory (Stand: 10.01.2022)

Tipp Webhosting: Anpassbarkeit

Bei fast jedem Webhoster ist es im Nachhinein möglich, den Tarif entweder nach oben zu stufen oder auf einen günstigeren Tarif zu wechseln. Fällt die Entscheidung, ein zusätzliches Webprojekt durchzuführen, oder wird bemerkt, dass Speicherplatz oder Performance nicht ausreicht, ist ein einfacher Wechsel jederzeit möglich.

Mittlerweile bietet Domainfactory einen spezifischen Tarif für WordPress an, dieser ist aber in den Standardtarifen immer nur für eine Website ausgelegt.

Bei den unterschiedlichen Basic-Tarifen ist eine Datenbank (je nach Tarif MySQL oder MariaDB) mit inbegriffen, die für die Installation von WordPress notwendig ist. Zusätzlich ist im Basic-Tarif ein SSL-Zertifikat vorhanden. Die teureren Tarife unterscheiden sich vor allem im Hinblick auf die Anzahl der Kapazitäten – beispielsweise mehr Webspace oder mehrere Datenbanken. Der Performance-Aspekt eines höherwertigen Pakets (der sich z.B. anhand schnellerer Ladezeit äußert) wäre für die zu erstellende Website grundsätzlich interessant, allerdings scheint der höhere Preis nicht gerechtfertigt, da schließlich jeder Euro auch wieder durch die Website erwirtschaftet werden muss.

Zusätzlich zu dem Web-Speicherplatz muss der Nutzer noch eine Domain kaufen, die in dem vorgestellten Tarif nicht inbegriffen ist. Die Kosten für eine Domain belaufen sich im Normallfall auf ca. 1 € im Monat. Somit betragen die Gesamtkosten einer Website ca. 6 € monatlich.

10.3.3 Wahl der Domain

Sobald das Hosting-Paket ausgewählt wurde, ist es möglich, im nächsten Schritt eine Domain hinzuzufügen. Eine *Domain* ist eine Internetadresse, mit der sich der Speicherplatz des Webhosters, auf dem die Website liegt, abrufen lässt. Dieser Webspeicher ist eigentlich durch eine genaue numerische Adresse (IP-Adresse) gekennzeichnet. Da es aber leichter fällt, eine Internetadresse wie `gitarrenberater.de` einzutippen, als z.B. `134.119.45.177` und sich diese zu merken, ist es möglich, Domains zu erwerben und diese mit dem Webspace zu verknüpfen.

Bei der Wahl der Domain sollte sich das Thema der Seite widerspiegeln. Für den Nutzer der Suchmaschine hat es den Effekt, dass er die Seite als relevant empfindet. Bevor die meisten Nutzer auf ein Ergebnis einer Suchergebnisseite klicken, lesen sie meist die nötigen Informationen des Snippets. Spiegelt die besuchte Domain die Suchanfrage in gewisser Art wider, erscheint dieses für den Nutzer relevanter. Laut Google hat ein Keywordfokus, also die Verwendung des Keywords in der Domain, keinen Einfluss auf das Ranking. Aber der Vorteil für den Nutzer, der sich thematisch besser abgeholt fühlt, sollte hier im Vordergrund stehen. Ein

Bezug zwischen Domain und Themenrelevanz ist wichtig: Durch die Themenrelevanz könnte die Click-Through-Rate auf das Suchergebnis ansteigen.

Im Beispiel des Gitarren-Ratgebers, bei dem es thematisch um Gitarrenzubehör geht, ist es von Vorteil, wenn der User in der Domain »Gitarrenberater« liest.

10.4 Checkliste

Wenn Sie eine Website neu aufbauen, müssen Sie sich mit den Grundlagen auseinandersetzen, die in diesem Kapitel beschrieben werden. Vor dem Aufbau der Website ist es wichtig, dass Sie sich Gedanken zu wesentlichen Fragen machen, die im Folgenden zusammenfassend dargestellt werden.

Checkliste/Fragen

- Ist WordPress für mein Projekt die beste Lösung oder kommt ein anderes CMS infrage?
- Erfüllt mein Webhosting-Tarif alle relevanten Mindestanforderungen? (Speicherplatz, PHP-Version, Webserver-Software, Datenbanken etc.)
- Spiegelt sich das Thema der Website im Domain-Namen wider?

Kapitel 11

Nutzung von WordPress zum Aufbau der Website

Das Content-Management-System (CMS) WordPress erschien 2003 auf dem Markt, um das Verfassen von Artikeln einfacher zu gestalten und Websites leichter zu erstellen. Der Funktionsumfang war zu dieser Zeit noch stark eingeschränkt. Von Version zu Version wurde WordPress immer umfangreicher und mittlerweile gehört es zu einem der größten CMS weltweit. Vor allem im Bereich Blogging zählt WordPress zu den Spitzenreitern auf dem Markt. Der Erfolg dieser Software hängt nicht nur mit dem Leistungsumfang zusammen, sondern auch mit der Benutzerfreundlichkeit, die stark ausgeprägt ist. Unzählige Plugins und Themes, die von Anwendern frei programmiert und zur Verfügung gestellt werden können, erweitern dieses CMS in erheblichem Umfang. Erfahrungen im Bereich Programmierung sind nicht notwendig, lediglich ein Grundverständnis ist von Vorteil. Das Blogging-System mit Kommentarfunktion und Multi-Autoren-Fähigkeit gestaltet die Bearbeitung interaktiv und sorgt für lebendige Webauftritte. Auch beim Web-Design bietet WordPress mit seinen Plugins eine Möglichkeit, die eigene Seite ohne viel Eigenaufwand visuell attraktiv zu gestalten.

11.1 Installation

Die Installation von WordPress erfolgt im besten Fall bereits beim Abschluss des Webhosting-Tarifs. Das heißt, der Webhoster installiert WordPress automatisch auf dem Webspace, sodass dies nicht vom Betreiber selbst gemacht werden muss. Ist dies nicht der Fall, muss WordPress manuell auf dem Server installiert werden. Zu empfehlen ist dabei die One-Click-Installation, da dabei einige Schritte wegfallen. Die beiden Installationsarten werden im Folgenden kurz beschrieben:

11.1.1 Manuelle Installation

WordPress selbst verspricht, dass die Installation in fünf Minuten abgeschlossen ist und nicht mehr als fünf Schritte benötigt werden:

1. Download der WordPress-Datei von `de.WordPress.org` und Datei entpacken
2. Datenbank auf dem Server erstellen (meist schon vom Hoster erstellt)
3. `wp-config.php` in den Dateien bearbeiten und Datenbankinfos ergänzen
4. Dateien mittels FTP direkt in das Datenbankverzeichnis auf den Server laden
5. WordPress im Browser fertig installieren (Domain aufrufen)

11.1.2 One-Click-Installation des Hosters

Viele Hoster werben direkt mit einer One-Click-Installation von gewissen Content-Management-Systemen. Mit wenig Aufwand lässt sich so die neueste Version des gewünschten Systems, wie z.B. WordPress, auf dem Webspace installieren. Im Vergleich zur manuellen Installation fallen hier einige Schritte weg, weswegen zu dieser Variante (wenn vorhanden) geraten wird. Diese Installation hat natürlich nur Sinn, wenn eine komplett neue Site angelegt wird und keine bestehende Website von einem anderen Webspace übertragen wird. Wie für die manuelle Installation muss auch für die One-Click-Installation eine Datenbank angelegt werden, da WordPress ein auf Datenbanken basierendes System ist. Diese Schritte führen zur einfachen One-Click-Installation von WordPress auf dem Webspace:

1. Login im Kundenbereich des Webhosters
2. In der »Auftragsübersicht« den gewünschten Auftrag auswählen und auf »Auftrag verwalten« klicken
3. In der Menü-Leiste befindet sich der Punkt »SQL-Datenbanken«, in dem sich neue Datenbanken erstellen und bereits vorhandene bearbeiten lassen.
4. Mit dem Button »Neue Datenbank erstellen« lässt sich unter Vergabe eines Kennworts eine neue Datenbank anlegen.
5. Unter »Produkte & Software > Applikationen« lässt sich die Blog-Software WordPress vorgefertigt mit einem Klick auf dem Webspace installieren.
6. Für die Installation unter »WordPress installieren« müssen noch die bereits erstellte Datenbank und das zugehörige Kennwort eingegeben werden. Zusätzlich muss bestimmt werden, welche Domain mit WordPress verknüpft werden soll.
7. Unter »Angaben zur Installation von WordPress« sind Informationen zu hinterlegen, die die Website beschreiben. Um sich in das Backend der Website einzuloggen, müssen ein Benutzer (Admin) und ein dazugehöriges Passwort angelegt werden.
8. Wenn WordPress installiert ist und die eigene Domain aufgerufen wird, erscheint das standardmäßige Frontend von WordPress. Mit `domain.de/wp-admin` ist es möglich, sich mit dem zuvor angelegten Adminkonto in das Backend der eigenen Seite einzuloggen.

Heutzutage gibt es kaum noch einen Hoster, der keine One-Click-Installation anbietet. Der Pfad zur Installation kann sich leicht unterscheiden, aber im Grunde ist die Vorgehensweise überall ähnlich.

11.2 WordPress-Aufbau (Backend)

Der Aufbau von WordPress unterteilt sich wie bei jedem Content-Management-System grundsätzlich in zwei Bereiche: das Frontend und das Backend. Im *Frontend* ist für den Besucher nur die fertige Website zu sehen. Es ist direkt über die

Domain im Browser abrufbar. Das *Backend* (siehe Abbildung 11.1) ist der Bereich, wo Änderungen an der Seite vorgenommen werden können. Dieser Bereich ist für den normalen Benutzer nicht sichtbar und lässt sich über die Adresse `https://domain.de/wp-admin` abrufen. Um Änderungen an der Seite vorzunehmen, ist der Zugriff mithilfe von Benutzername und Passwort möglich. Diese Daten müssen bei der Installation festgelegt werden, können aber im Nachhinein noch verändert werden.

Das Backend ist das Herzstück der Seite. Hier lassen sich diverse Einstellungen bezüglich des Inhalts und des Aufbaus vornehmen. Es gliedert sich grob in die einzelnen Navigationspunkte: Dashboard, Beiträge, Medien, Seiten, Kommentare, Design, Plugins, Benutzer und Einstellungen.

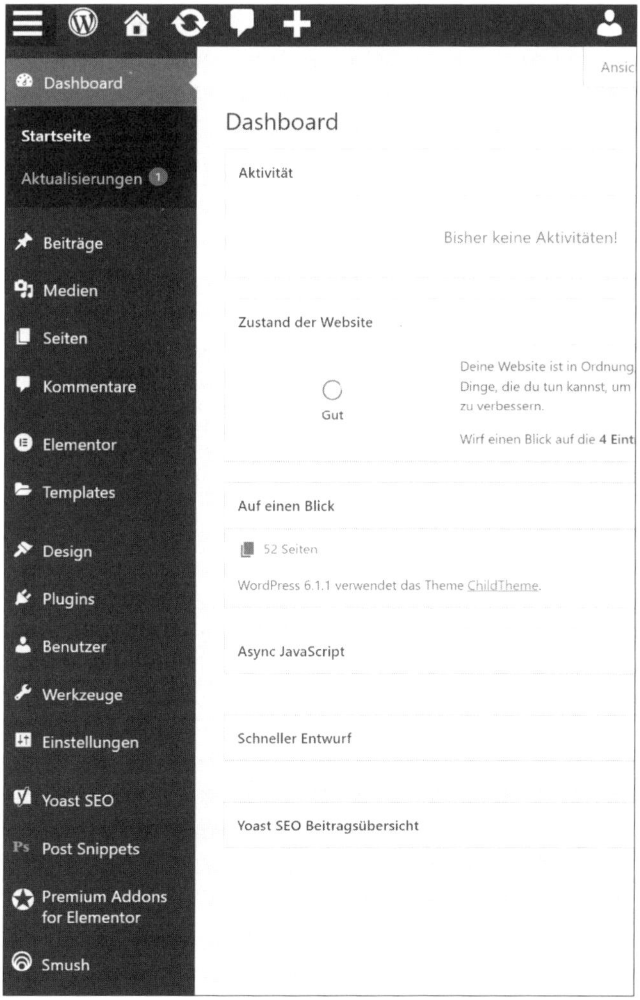

Abb. 11.1: WordPress-Backend

11.2.1 Dashboard

Das Dashboard bildet im Backend die Startseite und Schaltzentrale. Es soll gleich zu Beginn über alle aktuellen Geschehnisse wie Kommentare und Neuigkeiten aus dem WordPress-Kosmos hinweisen. Im Dashboard sind viele Daten übersichtlich und auf einem Blick zu sehen und es kann individuell gestaltet bzw. angepasst werden. Unter dem Punkt »Aktivität« ist schnell zu sehen, welche Beiträge kürzlich veröffentlicht wurden. Um nichts zu vergessen, können auch To-do-Listen im Dashboard angelegt werden.

11.2.2 Beiträge

WordPress unterscheidet bei der Erstellung von Inhalten zwei Kategorien: Beiträge und Seiten. Bei Beiträgen handelt es sich um Blogartikel, die im Aufbau eher lebendiger gestaltet sind als statische Seiten. Hinter Beiträgen stehen ein fester Autor des Themas, ein konkretes Datum sowie Schlagwörter. Vor allem die Kommentarfunktion ist für Beiträge charakteristisch, kann aber auch bei statischen Seiten hinzugefügt werden. Beiträge lassen sich außerdem in verschiedene Überkategorien einordnen. Die Interaktion mit dem Besucher gestaltet sich auch gegenüber der statischen Seite persönlicher.

11.2.3 Seiten

Seiten bilden das Grundgerüst der Website und ergänzen hierbei die Beiträge. Vor allem Inhalte, die statisch dargestellt werden sollen und keine Interaktion erfordern, werden mit dem Typ »Seiten« dargestellt. Hierzu zählen die Startseite und auch rechtliche Notwendigkeiten wie das Impressum oder die Datenschutzerklärung. Seiten sind im Vergleich zu Beiträgen im Umfang etwas abgespeckt. Funktionen wie Kategorien, Trackbacks oder Schlagwörter sind hier nicht verfügbar.

11.2.4 Medien

Im Bereich »Medien« sind alle hochgeladenen Mediendateien zu finden. Bilder müssen, bevor sie auf einer Seite oder einem Beitrag eingebunden werden können, erst in die Mediathek hochgeladen werden. In der Mediathek selbst lassen sich die Bilder anschließend nach Belieben bearbeiten. Hier kann z.B. die Größe eines Bildes bearbeitet oder eine Bildbeschriftung (Alt-Attribut) eingefügt werden. Die Bildgröße hat einen starken Einfluss auf die Ladezeit einer Seite. Ist eine Website mit vielen und vor allem großen Bildern bestückt, leidet die Ladezeit enorm darunter. Medien lassen sich einfach per Drag&Drop vom Rechner in die Mediathek ziehen.

11.2.5 Kommentare

In der Rubrik »Kommentare« lässt sich der Umgang mit Besuchernachrichten steuern. Die Kommentarfunktion kann unter jedem Beitrag ein- und ausgeschaltet werden. Ist die Kommentarfunktion eingeschaltet, können Besucher der Website unter den Inhalten kommentieren. Oftmals sind diese Kommentare nicht für die Veröffentlichung unter dem Beitrag geeignet, deshalb gibt es die Möglichkeit, sie vor der Veröffentlichung im Bereich »Kommentare« zu lesen und freizuschalten. Hierfür gibt es auch Plugins, die ungewollte Kommentare bereits im Vorfeld herausfiltern.

11.2.6 Designs

Der Punkt »Design« beinhaltet die Gestaltung der Site. Mit vielen unterschiedlichen Themes ist es möglich, das visuelle Grundgerüst der Site zu bauen. Sie werden in der Regel auf *Freemium-Basis* angeboten. Das bedeutet, dass das grundlegende Theme kostenlos ist, aber weitere Funktionen kostenpflichtig sind. Themes können einfach im Backend hinzugefügt werden, aber auch manuell aus dem Internet heruntergeladen und eingepflegt werden.

Themes sind das optische Grundgerüst der Site und bestimmen Bereiche wie den Header oder den Footer. WordPress liefert zahlreiche Themes von unterschiedlichen Entwicklern, die im Bereich »Themes« gesucht und installiert werden können (siehe Abbildung 11.2). Der Unterschied zwischen den Themes besteht aber nicht nur in der Optik, sondern auch im Funktionsumfang. Bei manchen können in der kostenlosen Version viele Eigenschaften verändert werden, bei manchen ist der Änderungsumfang eher gering. Es gibt sogar vorgefertigte Affiliate-Themes, die schon die grundlegenden Elemente für das Marketing enthalten. Diese Themes verursachen aber in der Regel Zusatzkosten und müssten beim Kauf in die Umsatzkalkulation eingerechnet werden.

Das ausgewählte Theme sollte auf jeden Fall *responsive* sein. Das bedeutet, dass es sich an jedes Endgerät, mit dem die Website betrachtet wird (z.B. Smartphone, Desktop-Rechner), optisch anpasst. Dies hat den Vorteil, dass keine gesonderten Landingpages für verschiedene Varianten erstellt werden müssen. Die meisten Themes sind heutzutage schon responsive programmiert.

Info-Box: Tipps zu Themes

Wird man beim Stöbern im Theme-Bereich nicht fündig, gibt es auch die Möglichkeit, ein Theme manuell durch einen Upload in WordPress hochzuladen. Nachfolgende Quellen eignen sich beispielsweise dafür, um nach Themes zu suchen:

- `https://justfreethemes.com`
- `https://themeisle.com/themes/neve/`
- `https://generatepress.com`
- `https://wp-Pagebuilderframework.com`
- `https://wpastra.com`

Kostenlose Affiliate-Themes bieten z.B. folgende Websites:

- `https://affiliates.templatemonster.com/affiliates/`
- `https://prosociate.com/themes%20plugins%20saas/`

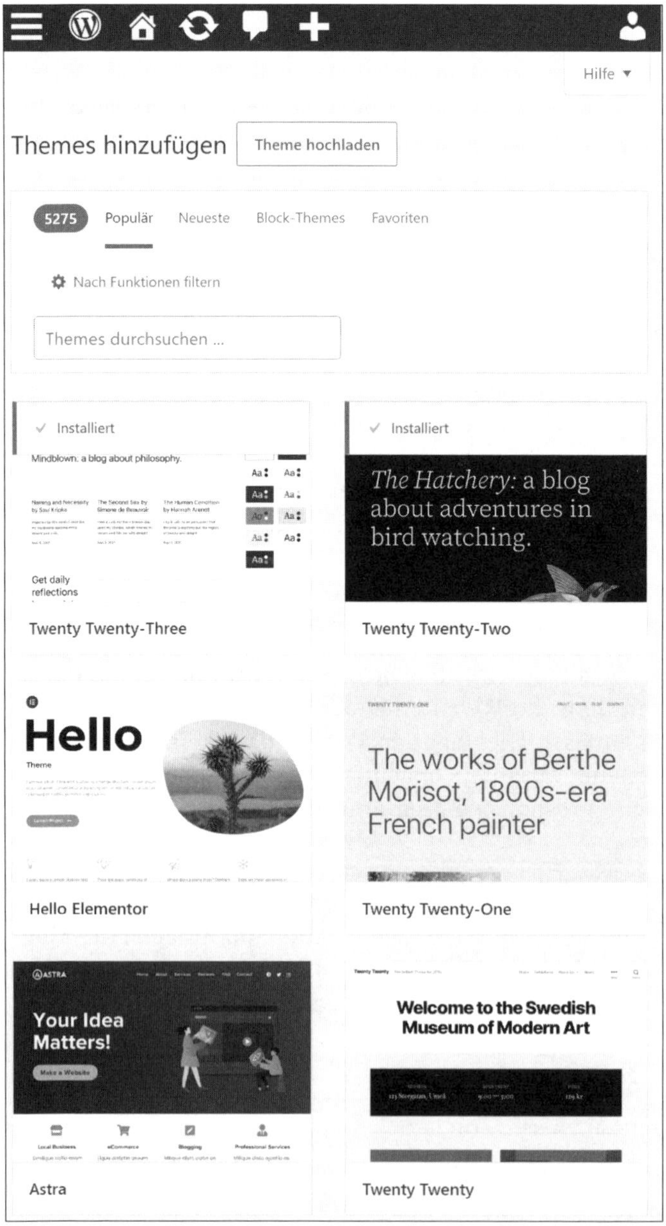

Abb. 11.2: WordPress-Theme-Bereich

Im »Customizer« (siehe Abbildung 11.3) lassen sich Inhalte wie z.B. Menüs, übergreifende Schriftarten, Titelbilder, Widgets oder Design-Farben auswählen. Der Customizer lässt sich in der Navigation unter dem Punkt »Design« abrufen.

Dieser Bereich unterscheidet sich von Theme zu Theme und kann gegebenenfalls einen größeren oder kleineren Funktionsumfang enthalten. Generell ist es ratsam, ein Theme zu verwenden, das in der kostenlosen Version einen größeren Funktionsumfang bietet. Von einer kostenpflichtigen Version ist abzuraten, da es sich für eine Affiliate-Seite aus Kostengründen oftmals nicht lohnen würde.

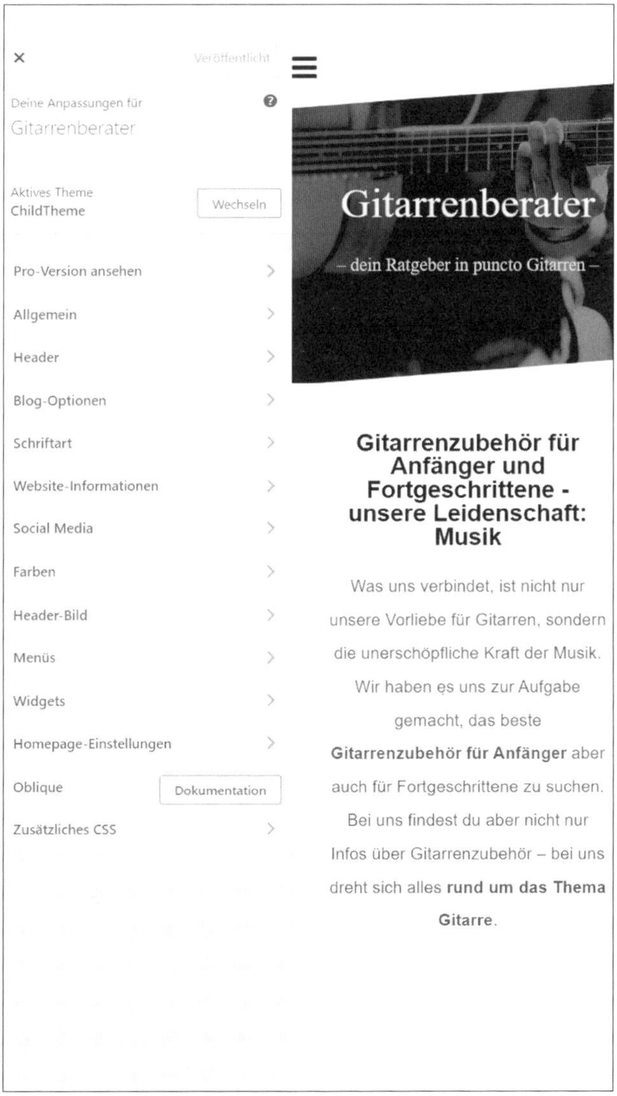

Abb. 11.3: WordPress-Backend »Customizer«-Bereich

11.2.7 Plugins

Plugins haben einen entscheidenden Anteil an dem großen Erfolg von WordPress. Mithilfe von Plugins ist das Content-Management-System im Funktionsumfang erweiterbar. Diese Erweiterungen sind größtenteils kostenlos und können einfach über den Plugin-Bereich ausgesucht und eingebunden werden.

Durch Plugins lassen sich z.B. Erweiterungen wie Formulare, ein Shopsystem oder andere hilfreiche Tools – ohne den sonst gegebenen Programmieraufwand – auf der Seite integrieren.

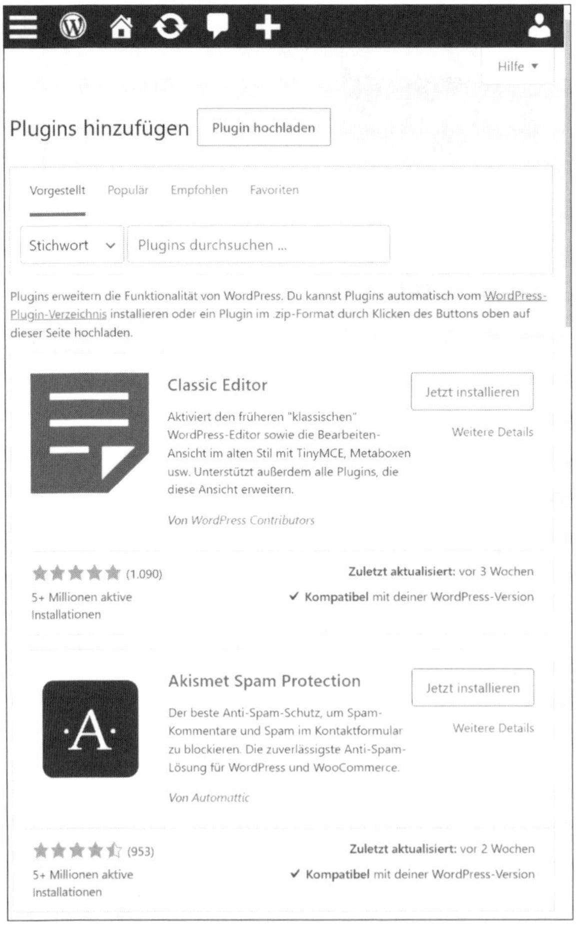

Abb. 11.4: Plugin-Installation

Der Plugin-Bereich »Installieren« (siehe Abbildung 11.4) ist ähnlich wie ein App-Store aufgebaut. Es kann nach Plugins gesucht werden, die sich dann kostenlos installieren lassen. Die meisten Plugins basieren auch auf einem Freemium-

Modell. Grundfunktionen stehen kostenlos zur Verfügung und weiterführende Funktionen sind nur durch eine kostenpflichtige Premium-Version freizuschalten. Plugins lassen sich beliebig hinzufügen oder entfernen. Manchmal kommt es dazu, dass Plugins untereinander Fehler verursachen und es zu Fehlfunktionen bei der Seitendarstellung kommt.

Info-Box: Tipp zu Plugins

Wenn Plugins nicht mehr oder nur temporär verwendet werden, dann sollten sie nach Deaktivierung oder Nutzung wieder aus dem System gelöscht werden. Sie verursachen nicht nur Datenmüll, sondern sind auch Sicherheitslücken, wenn sie nicht mehr aktualisiert werden. Bei den aktiven Plugins ist es möglich, die Option zur automatischen Aktualisierung zu aktivieren.

11.2.8 Benutzer

Im Benutzer-Bereich ist es möglich, verschiedene Nutzer anzulegen und deren Zugriffsrechte zu bestimmen. Administratoren brauchen beispielsweise einen größeren Zugriffsumfang als Autoren, die keine grundlegenden Änderungen an den Einstellungen vornehmen sollen. Durch unterschiedliche Benutzer ist es auch möglich, gleichzeitig an der Seite zu arbeiten und Änderungen vorzunehmen. Bietet man seinen Nutzern die Möglichkeit einer Anmeldung, wird diese Funktion auch über diesen Bereich gesteuert.

11.2.9 Einstellungen

Der Bereich »Einstellungen« bietet grundlegende Konfigurationsmöglichkeiten für die Seite. Hier lassen sich unter anderem essenzielle Einstellungen tätigen, wie z.B. der Seitentitel, der Untertitel und die Adresse, über die die Seite abgerufen werden soll.

Abbildung 11.5 zeigt den Reiter im WordPress-Backend, in dem sich die Einstellungen vornehmen lassen. Der »Titel der Website« stellt vereinfacht ausgedrückt den Namen der Site dar – in diesem Fall »Gitarrenberater«. Der Untertitel ist die kurze Beschreibung der Site in einem Satz. Diese beiden Attribute werden normalerweise im Head-Bereich ausgespielt und springen dem Nutzer sofort ins Auge. Aus diesem Grund sollten sie aussagekräftig sein und den Site-Inhalt prägnant zusammenfassen.

Bei der WordPress- und der Website-Adresse stehen im Normallfall die gleichen URLs, es sei denn, die Startseite soll von dem Installationsverzeichnis abweichen. Bei der URL ist es wichtig, die genaue Schreibweise zu verwenden (»http« oder »https«; Verwendung von »www« oder nicht), da sonst möglicherweise Fehler beim Abrufen der Site auftreten können.

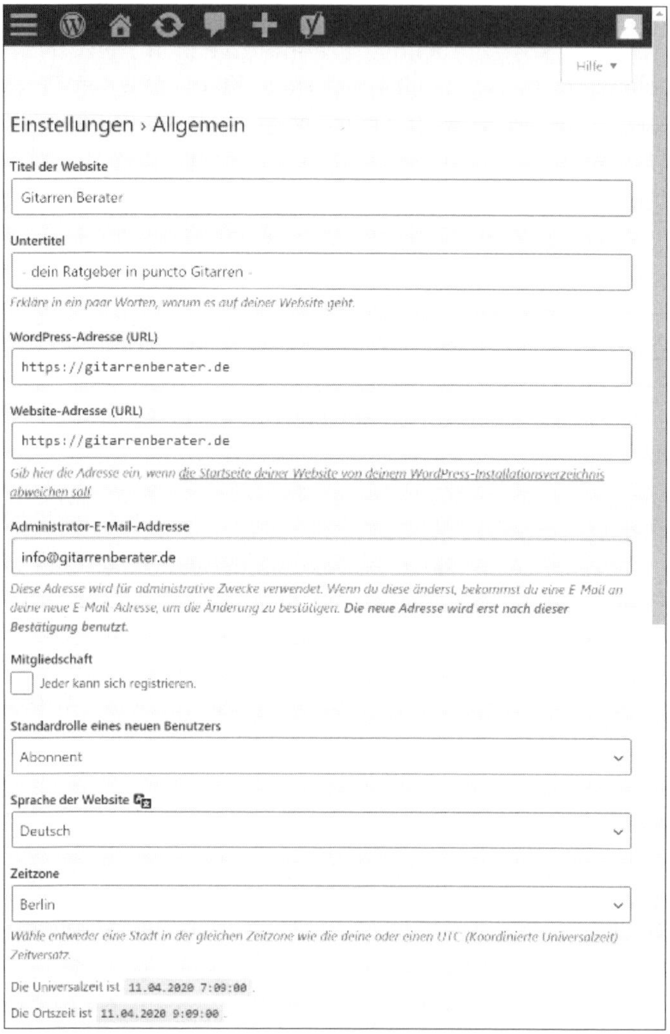

Abb. 11.5: WordPress – Allgemeine Einstellungen

11.3 Hilfreiche allgemeine Plugins

Das Plugin *Hide my Site* verhindert den Zugriff auf die Website, solange sie noch im Rohbau ist. Einem Nutzer ist es nur möglich, auf das Frontend (also die Website) zu gelangen, wenn er das richtige Passwort eingibt, das im Plugin konfiguriert werden kann. Dadurch ist es Suchmaschinen nicht möglich, die unfertige Website bereits zu crawlen und eventuell schlecht zu bewerten. Nach dem Installieren und dem Aktivieren lässt sich im Plugin der Seitenschutz anschalten und ein Passwort vergeben. Beim Aufrufen des Frontends ist die Ansicht nur noch mit der Eingabe des Kennworts möglich.

Durch das Plugin *Post Snippets* lassen sich auf der Seite Shortcodes einbauen. *Shortcodes* sind Variablen, die in diesem Plugin befüllt werden und auf der Seite platziert werden können. Damit ist es z.B. möglich, einen Gutscheincode oder ein anderes Werbemittel zentral zu pflegen und global auf der ganzen Website auszuspielen. Mit dem *Yoast SEO*-Plugin (siehe Abschnitte 3.5.4, 4.1, 4.4.6 und 5.1) können Seiten und Blogbeiträge für Suchmaschinen wie Google optimiert werden. Es bietet die Möglichkeit, ein Fokus-Keyword zu definieren und den Content anhand dieses Suchbegriffs analysieren zu lassen. Außerdem lassen sich hier der Titel und die Description der Seite pflegen.

11.4 Seitenerstellung mit dem Gutenberg-Editor (Standard-Pagebuilder)

Beim Aufbau der Seite muss zunächst gewählt werden, ob man bei der Erstellung auf »Beiträge«, »Seiten« oder eine Mischung aus beidem zurückgreift. Soll die Website einen interaktiven und eher persönlichen Charakter haben, bietet sich der Aufbau eines Blogs an. Ein Blog enthält in der Regel eine statische Seite, auf der verschiedene Beiträge zu sehen sind. Bei gitarrenberater.de handelt es sich um rein statische Seiten und keine Beiträge. Theoretisch ist es im Nachhinein immer noch möglich, einen Blog mit verschiedenen Testberichten, Erfahrungen etc. anzulegen.

Der Gutenberg-Pagebuilder (siehe Abbildung 11.6) bietet eine einfache Möglichkeit, eine Seite zu erstellen. Eine Seite lässt sich im Navigationsbereich unter »Seiten« und »Erstellen« neu hinzufügen.

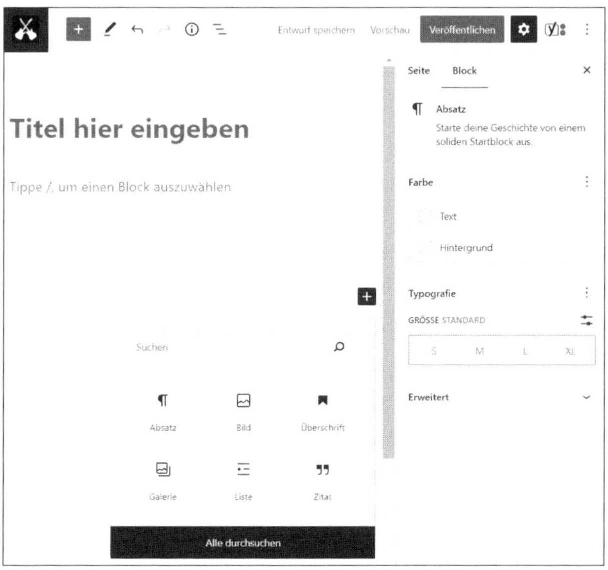

Abb. 11.6: WordPress-Pagebuilder Gutenberg

Wird eine neue Seite erstellt, so landet man standardgemäß im Gutenberg-WordPress-Editor. Hier lässt sich ohne eigene HTML- oder CSS-Kenntnisse eine Seite designen und aufbauen. Viele Seitenbetreiber entscheiden sich allerdings dazu, ein zusätzliches Pagebuilder-Plugin zu nutzen, da die Nutzungsmöglichkeiten des Standard-Pagebuilders Gutenberg eingeschränkt sind.

Nichtsdestotrotz lässt sich die positive Entwicklung des eigenen Pagebuilders nicht leugnen. Derzeit steckt WordPress sehr viel Energie und Zeit in die Weiterentwicklung. Aus diesem Grund könnte der Gutenberg-Pagebuilder für die Zukunft von WordPress eine bedeutende Rolle spielen. Er funktioniert, wie viele andere Tools zur Seitenerstellung, wie ein Baukastensystem.

Durch das kleine »+« am rechten Ende einer Spalte lassen sich verschiedene Blöcke wie beispielsweise Texte, Bilder oder andere Medien untereinanderreihen und somit zu einer Seitenstruktur formen.

Info-Box: Tipp zu Gutenberg-Pagebuilder

Der Gutenberg-Pagebuilder lässt sich in seiner Standardversion durch verschiedene Plugins erweitern. Durch diese Erweiterungen können neben den bereits vorhandenen Blöcken zusätzliche Blöcke integriert werden. Nachfolgende Erweiterungen lassen sich über den Link oder im Plugin-Bereich installieren:

- `https://WordPress.org/plugins/ultimate-addons-for-gutenberg/`
- `https://WordPress.org/plugins/coblocks/`
- `https://WordPress.org/plugins/otter-blocks/`
- `https://WordPress.org/plugins/atomic-blocks/`
- `https://WordPress.org/plugins/getwid/`
- `https://WordPress.org/plugins/ultimate-blocks/`
- `https://WordPress.org/plugins/stackable-ultimate-gutenberg-blocks/`
- `https://WordPress.org/plugins/editor-blocks/`
- `https://WordPress.org/plugins/advanced-gutenberg-blocks/`
- `https://WordPress.org/plugins/kadence-blocks/`
- `https://WordPress.org/plugins/design/`

11.5 Seitenerstellung mit dem Elementor-Pagebuilder

Da die Standardfunktionen der Seitenerstellung oft eher eingeschränkt sind und in Sachen Gestaltung nicht wirklich punkten können, empfiehlt es sich, mit einem Pagebuilder wie Elementor (siehe Abschnitt 4.4.2) zu arbeiten. Elementor lässt sich ganz einfach über den Plugin-Bereich installieren und auf die Seite setzen.

Wenn Elementor installiert ist, kann die erste eigene Seite unter »Seiten > Erstellen« angelegt werden (siehe Abbildung 11.7). WordPress liefert standardmäßig schon eine Beispielseite mit, die auch als Startseite ausgewählt ist. Welche Seite als Startseite beim Abrufen der Domain ausgewählt ist, kann im »Customizer« unter »Designs« eingestellt werden.

Nachdem ein Titel für die Seite gewählt wurde, ist im oberen Bereich ein Button mit der Aufschrift »Mit Elementor bearbeiten« zu sehen. Beim Klicken wechselt WordPress automatisch den Standard-Pagebuilder in Elementor und das Elementor-Backend wird geöffnet. In manchen Fällen ist es sinnvoll, das »Standard Template« mit dem »Elementor Canvas« oder dem »Elementor volle Breite« auszutauschen, je nachdem, wie das Layout der Seite gestaltet werden soll.

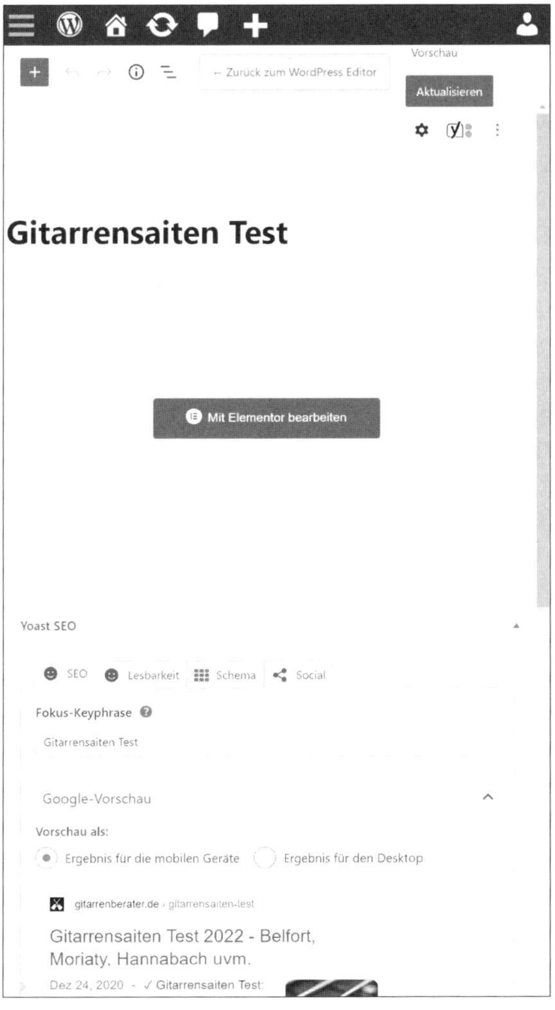

Abb. 11.7: Seitenerstellung

Der Elementor-Pagebuilder (siehe Abbildung 11.8) ist wie ein Baukastensystem gestaltet, in dem sich verschiedene Blöcke aneinanderreihen lassen und so durch verschiedene Inhalte eine Website erstellt werden kann. Im linken Bereich von Elementor befinden sich die einzelnen Module wie z.B. Überschriften, Bilder, Trennlinien und Buttons. Der rechte Bereich ist die Arbeitsfläche, in die die verschiedenen Elemente per Drag&Drop gezogen werden können. Der Pagebuilder ist so aufgebaut, dass die grundlegende Struktur verschiedene »Abschnitte« enthält. In diese Abschnitte können verschachtelte »innere Abschnitte« gelegt oder andere Elemente eingefügt werden.

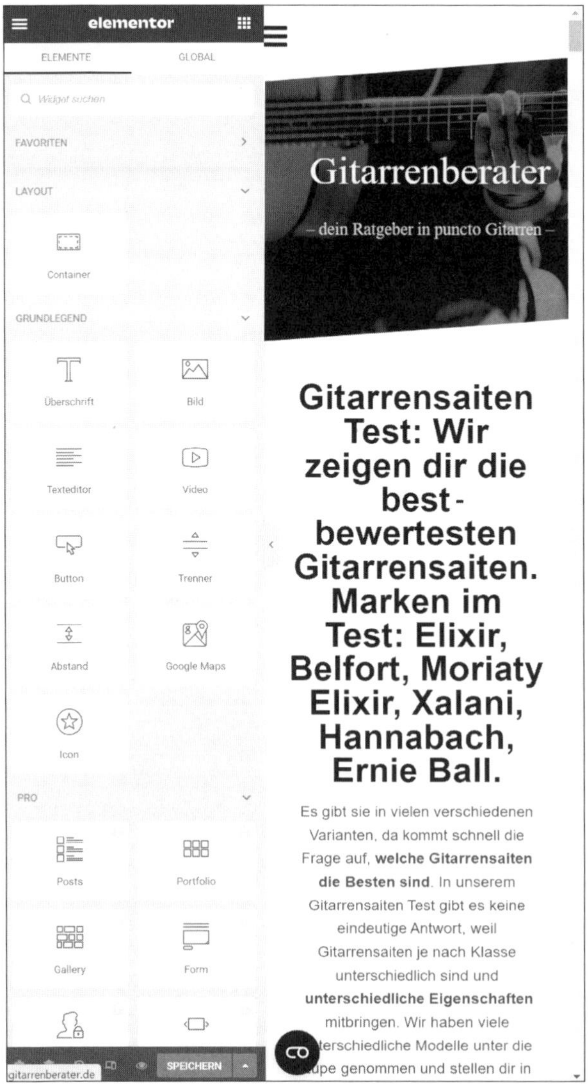

Abb. 11.8: Aufbau des Elementor-Pagebuilders

Das Einfügen eines Abschnitts in die Struktur geschieht über das »+«-Symbol am oberen Rand eines anderen Abschnitts. Beim Klicken besteht die Möglichkeit, das Layout des Abschnitts zu bestimmen oder sogar ein vorgefertigtes Template in die Site zu laden. Dies bietet den Vorteil, gewisse Inhalte, wie z.B. eine Testbewertung, nur einmal zu erstellen und in alle anderen Seiten einfügen zu können.

Im linken unteren Bereich gibt es die Möglichkeit, den Navigator einzuschalten. Der Navigator (siehe Abbildung 11.9) bietet eine übersichtliche Struktur des Seitenaufbaus und der darin enthaltenen Elemente. Mit dem Navigator lassen sich außerdem Abschnitte oder vereinzelte Elemente der Seite mit einem Klick ein- oder ausblenden. Diese Funktion unterstützt die Übersichtlichkeit vor allem bei großen Seiten.

Der Navigator macht es auch möglich, verschiedene Interaktionen durch Rechtsklick eines Abschnitts oder einzelnen Elements zu starten. Dadurch lassen sich Abschnitte ganzheitlich duplizieren, löschen oder als Template speichern.

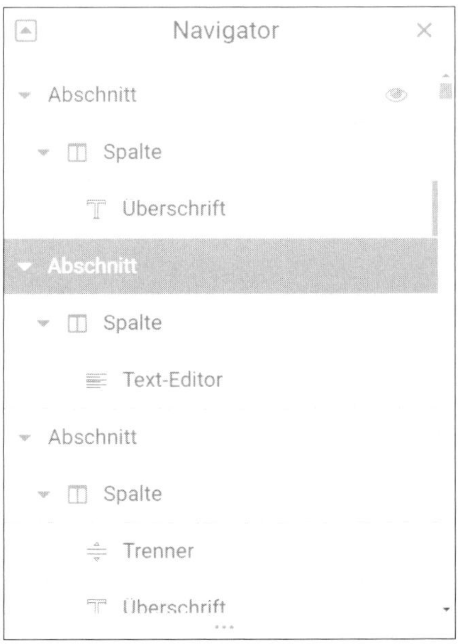

Abb. 11.9: Elementor-Navigator

Der Widget-Bereich auf der linken Seite ist das Herzstück von Elementor (siehe Abbildung 11.10). Hier lassen sich beliebig viele Elemente per Drag&Drop in die Seitenstruktur einfügen. Wertvolle Widgets, die wichtige Grundlagen abbilden oder den Seiteninhalt aufwerten, sind z.B. Überschrift, Texteditor, Button, Trenner, Icon, Sternebewertungen, Zähler oder Fortschrittsbalken. Premium-Widgets stehen hierbei nur kostenpflichtig zur Verfügung und sind mit einem Schloss in der rechten oberen Ecke gekennzeichnet.

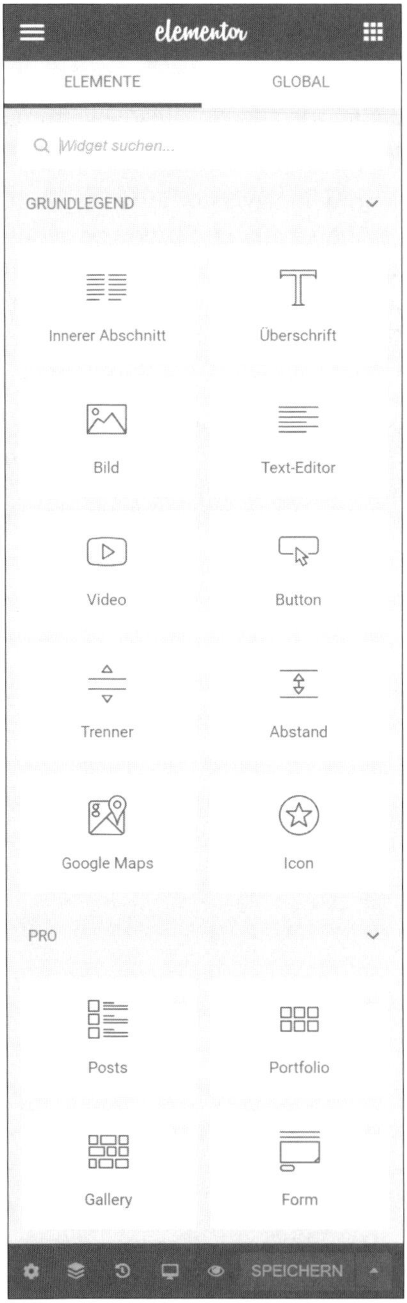

Abb. 11.10: Elementor-Widget-Bereich

Es gibt theoretisch noch weitere Plugins, die zusätzliche Widget-Add-Ons für Elementor bereitstellen. Diese Plugins lassen sich einfach über den Plugin-Bereich installieren und tauchen danach direkt in Elementor auf. Elementor bietet außerdem die Möglichkeit, auf die grundlegenden Widgets des Standard-WordPress-Pagebuilders zurückzugreifen. Darunter befinden sich Widgets wie *Neueste Beiträge*, eine Suchfunktion, ein RSS-Feed, eine Galerie und viele weitere. Bei diesen Widgets können aber keine Änderungen am Design vorgenommen werden. Grundsätzlich ist diese Pro-Version von Elementor nicht erforderlich, da die Basis-Version bereits alle Erfordernisse abdeckt.

Wird ein Widget in die Seitenstruktur gezogen, öffnet sich beim Klicken darauf ein Eigenschaftenfenster auf der linken Seite. In diesem Fenster lässt sich nicht nur der Inhalt anpassen, auch das Design und erweiterte Eigenschaften können individuell für jedes Element konfiguriert werden. Die Struktur jedes Widgets ist grundlegend gleich und in »Inhalt«, »Stil« und »Erweitert« eingeteilt. Die Einstellungen variieren jedoch je nach Element und unterscheiden sich in der Art der Einstellung. Bei vielen Feldern ist der Inhalt auf »Vorgabe« gesetzt. Das bedeutet, dass die Standard-Eigenschaften aus dem Theme geladen sind und einheitlich verwendet werden. Da das Theme übergeordnet vor Elementor steht, lassen sich bei manchen Feldern die Attribute nicht verändern.

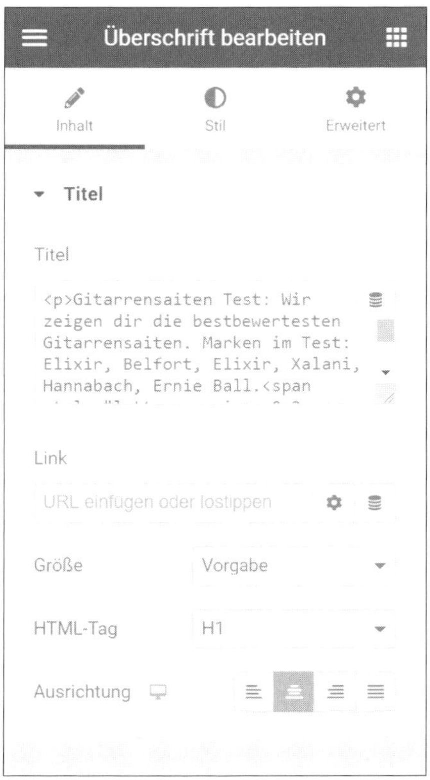

Abb. 11.11: Elementor-Widget-Einstellungen »Inhalt«

Am Beispiel einer Überschrift ist zu sehen, dass sich unter »Inhalt« der Überschriftentext eingeben lässt (hier muss kein HTML-Code verwendet werden). Außerdem lässt sich ein Link hinter die Überschrift legen, die Ausrichtung bearbeiten und das HTML-Tag vergeben (siehe Abbildung 11.11).

Die Vergabe der Überschriften-Tags hat aus Suchmaschinensicht große Relevanz und sollte demnach nicht vernachlässigt werden.

Unter »Stil« lässt sich das Design der Überschrift bzw. des Elements konfigurieren (siehe Abbildung 11.12). Das Attribut »Textfarbe« steht für die Farbe des Elements. Eine gute Site ist mit einem einheitlichen Farbschema aufgebaut. Dabei ist es ratsam, sparsam mit unterschiedlichen Farben umzugehen.

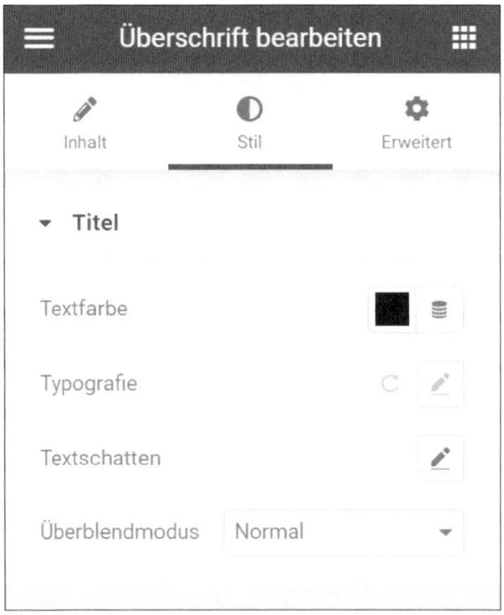

Abb. 11.12: Elementor-Widget-Einstellungen »Stil«

Im Unterpunkt »Typografie« können Detaileinstellungen im Hinblick auf die Schriften vorgenommen werden. Hier lassen sich Attribute wie Schriftgröße, Schriftschnitt, Zeilenhöhe, Zeilenabstand oder Groß- und Kleinschreibung verändern. Im Standard-Layout werden die grundsätzlichen Eigenschaften des Themes verwendet.

Außerdem ist es in diesem Reiter möglich, einen Textschatten zu aktivieren und diesen zu konfigurieren.

Im Bereich »Erweitert« lässt sich die Positionierung unter »Margin« und »Padding« individualisieren (siehe Abbildung 11.13). »Margin« gibt hierbei die Abstände zu anderen Elementen an und »Padding« die Position innerhalb eines Abschnitts.

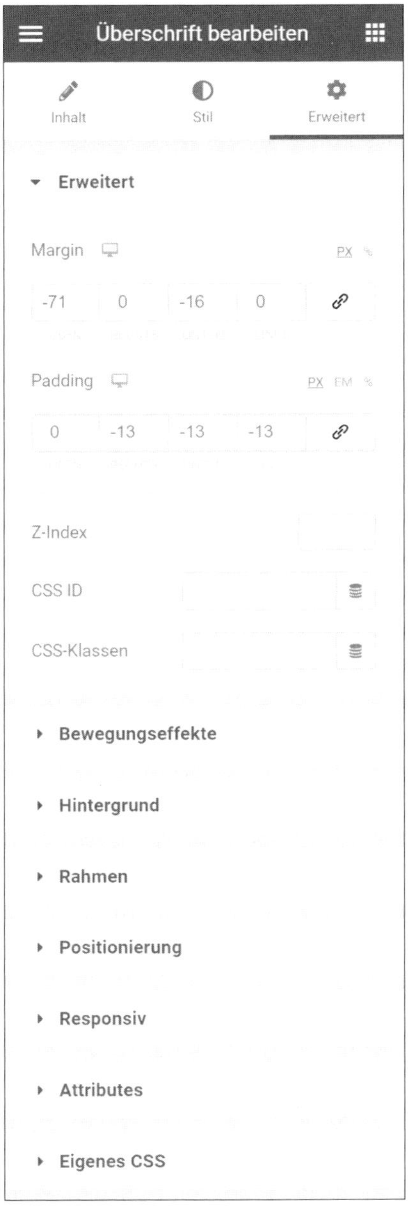

Abb. 11.13: Elementor-Widget-Einstellungen »Erweitert«

Außerdem lassen sich in diesem Reiter auch noch andere erweiterte Design-Einstellungen auswählen. Beispielsweise kann ein Bewegungseffekt des Elements erzeugt werden, um dem Nutzer eine besondere Botschaft zu signalisieren. Bewegungseffekte sollten aber sparsam verwendet werden, da sie bei häufigem Einsatz eine eher unprofessionelle Seite suggerieren und auch schlecht für die Ladezeit sind.

Durch Hintergründe lassen sich Abschnitte von der Grundoberfläche hervorheben. Diese Hintergründe können mit Rahmen versehen und in ihrer Form angepasst werden.

In der kostenpflichtigen Premiumversion von Elementor lassen sich noch mehr Designeigenschaften verändern. Beispielsweise ist es in der kostenlosen Version nicht möglich, seinen eigenen CSS-Code für Abschnitte einzufügen.

Info-Box: Tipp zum Elementor-Pagebuilder

Auch der Elementor-Pagebuilder lässt sich mit zahlreichen Plugins erweitern. Diese können einfach im Plugin-Bereich installiert werden. Empfehlenswert sind beispielsweise *Essential Addons for Elementor* und *Premium Addons for Elementor*. Nach der Installation sind die zusätzlichen Blöcke in der linken Spalte des Widget-Bereichs sichtbar und können einfach in die Seite integriert werden.

11.6 SSL-Zertifikat

Ein SSL-(Secure-Sockets-Layer-)Zertifikat bestätigt die verschlüsselte und sichere Verbindung zwischen einem Server und einem Browser, also dem Besucher und der Website. Diese *SSL-Verschlüsselung* überträgt alle Daten in einem geschützten Protokoll. Fände ein unbefugter Zugriff auf den Datenverkehr statt, würde der Angreifer lediglich verschlüsselte Informationen bekommen und keine sensiblen Daten wie Passwörter oder Ähnliches abgreifen können.

Die SSL-Verschlüsselung wird durch das Schloss neben der Domain visualisiert. Ist dieses geschlossen und damit die SSL-Verschlüsselung aktiviert, symbolisiert es eine sichere Verbindung. Auch am Protokoll der Website, das im Browser vor der Domain angezeigt wird, lässt sich erkennen, ob die Website ein SSL-Zertifikat benutzt oder nicht. Ist ein SSL-Zertifikat in Verwendung, so wird die Seite nicht über »HTTP« (Hypertext Transfer Protocol), sondern über »HTTPS« abgerufen. Diese Bezeichnung steht ausgeschrieben für *Hypertext Transfer Protocol Secure.*

Aus Kundensicht stärken Websites, die auf SSL-Zertifizierung setzen, das Vertrauen in die Seite – vor allem dann, wenn sensible Daten verarbeitet werden. Ist keine SSL-Verschlüsselung vorhanden, so ist im Browser neben der Domain »nicht sicher« zu lesen. Diese Botschaft nimmt der Websitebesucher eher negativ wahr. Auch für die Suchmaschinenoptimierung spielt das SSL-Zertifikat eine positive Rolle.

Viele Webhoster bieten dieses Zertifikat bereits für eine Domain kostenlos in ihrem Tarif an. Dieses Kriterium ist auf jeden Fall bei der Wahl des Hosters zu beachten. Bei dem Hoster *domainfactory* lässt sich das SSL-Zertifikat einfach im Kundeninterface (`admin.df.eu`) unter dem Menüpunkt »Domain > SSL-Zertifikate« erstellen (siehe Abbildung 11.14).

Hier muss lediglich angegeben werden, für welche Domain das Zertifikat ausgestellt werden soll, und nach spätestens 24 Stunden ist die Gültigkeit validiert. Ist die SSL-Verschlüsselung bestätigt, so muss noch im Content-Management-System WordPress das Standard-Protokoll HTTP auf HTTPS abgeändert werden. Diese Änderung kann einfach unter den »Allgemeinen Einstellungen« erfolgen, indem die WordPress-Adresse (URL) dementsprechend angepasst wird. Das SSL-Zertifikat hat eine Laufzeit von einem Jahr und muss danach manuell erneuert werden.

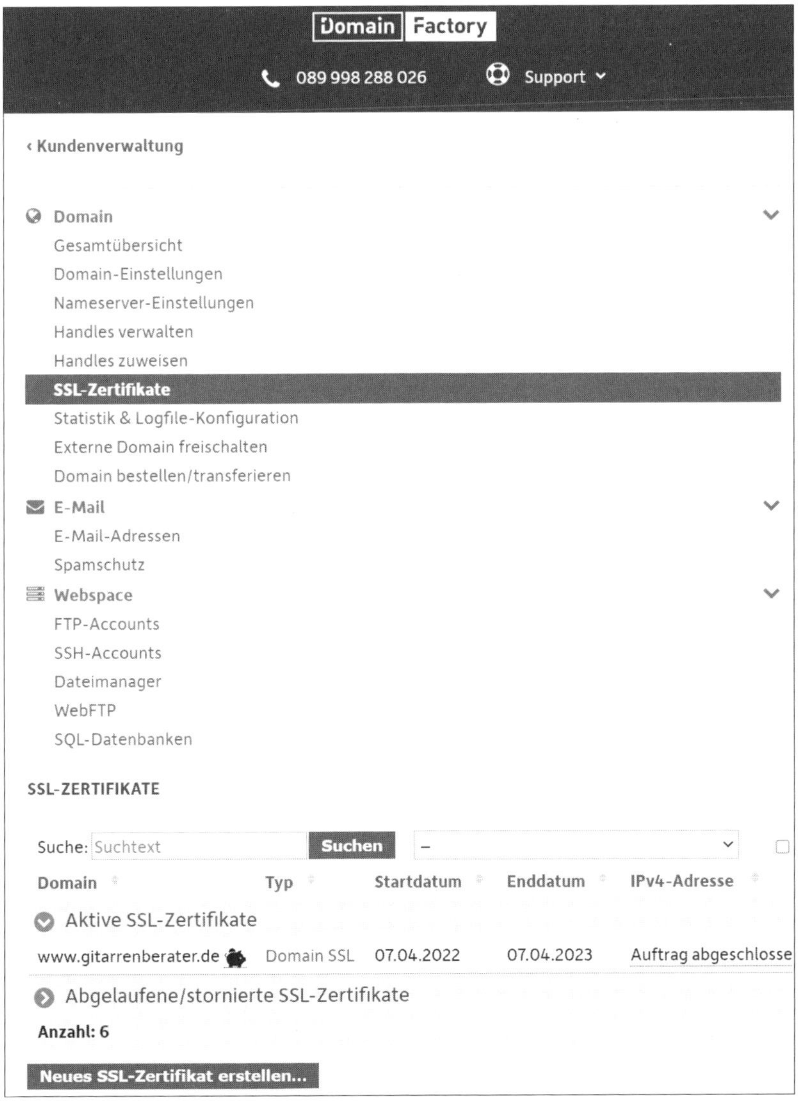

Abb. 11.14: SSL-Zertifikat-Erstellung bei Domain Factory

Info-Box: Tipp »https erzwingen«

Manchmal leitet WordPress trotz der veränderten Einstellung nicht automatisch auf die »HTTPS«-Version um. Hier können mehrere Fehler vorliegen. Oftmals liegt es an Bildern, die auf der Seite noch über das »HTTP«-Protokoll erreichbar sind. Diese sollten alle auf »HTTPS« umgezogen werden.

Hierfür gibt es das Plugin *Search and Replace*: Damit kann in den Datenbanken nach »HTTP« gesucht werden und dies gegen »HTTPS« ausgetauscht werden. Es ist auch möglich, einen Codeschnipsel in die `.htaccess`-Datei einzubauen, um die »HTTPS«-Version zu erzwingen. Bei dieser Datei handelt es sich um eine Textdatei, die meist für Weiterleitungen verwendet wird. Sie liegt im root-Verzeichnis des Servers und muss hier mit einem Code erweitert werden.

11.7 Checkliste

In diesem Kapitel wurde ein Überblick vermittelt, welche Entscheidungen im Hinblick auf die Website-Erstellung mit WordPress zu treffen sind und wie Sie eine Website dann konkret aufbauen und gestalten können. Die folgenden Fragen zielen zusammenfassend auf die wichtigsten Punkte dabei ab.

Checkliste/Fragen

- Habe ich meine Seitenstruktur durchdacht: Will ich eher eine blogartige Website oder mehr statische Seiten verwenden?
- Habe ich ein Theme gewählt, das mein Thema widerspiegelt?
- Mit welchem Pagebuilder will ich meine Seite aufbauen?
- Ist das SSL-Zertifikat fehlerfrei eingerichtet und läuft der Abruf der Seite in der »https«-Variante reibungslos?

Kapitel 12

Rechtliche Grundlagen zum Betrieb von Websites

Die Entwicklungen im Zusammenhang mit den neuen Geschäftsmodellen im World Wide Web haben auch zu zahlreichen Neuerungen bei rechtlichen Rahmenbedingungen geführt. Grundsätzlich steht bei diesen Neuerungen eines im Fokus: Der Verbraucher soll geschützt und aufgeklärt werden. Hierzu zählen die besonderen Informationspflichten eines Websitebetreibers nach § 5 Telemediengesetz (TMG) und die Aufklärung zum Datenschutz. Zudem ist es essenziell, ein Auge auf das Urheberrecht im Internet zu werfen. Bei Online-Rechtsverletzungen, wie etwa durch eine Urheberrechtsverletzung oder dem Nichteinhalten von Informationspflichten, drohen Abmahnungen und hohe Strafen (Eichhorn, Heinze, Tamm & Schuhmann, 2016).

12.1 Impressumspflicht

Das *Telemediengesetz* erlegt bestimmten Websitebetreibern Kennzeichnungspflichten auf, die im Endeffekt den Verbraucher schützen sollen. Diese Anbieterkennzeichnungspflicht wird häufig unter dem Namen *Impressum* erfüllt. Mit dieser Kennzeichnung soll es Verbrauchern möglich sein, Diensteanbieter auf ihre Seriosität prüfen zu können. Die *Anbieterkennzeichnungspflicht* ist im Telemediengesetz unter § 5 geregelt und besagt, dass Diensteanbieter, die geschäftsmäßige Absichten verfolgen, in der Regel gegen Entgelt verpflichtet sind, eine eindeutige Kennzeichnung auf der Website zu tätigen. Der Begriff *Telemedien* ist in diesem Fall sehr weit gegriffen und umfasst alle Informationen und Informationsdienste. Diese Regelung macht praktisch jeden Onlineauftritt zu einem Telemedium und zwingt somit zu einer Kennzeichnungspflicht (Bundesministerium der Justiz und Verbraucherschutz, Allgemeine Hinweise zur Anbieterkennzeichnungspflicht im Internet, 2022).

In § 5 TMG wird geregelt, wer grundsätzlich zur Angabe eines Impressums verpflichtet ist. Diese Pflicht gilt für die Anbieter einer Internetseite, wenn sie geschäftlichen Zwecken dient. Nicht unter die Impressumspflicht fallen damit i.d.R. privat genutzte Seiten. Ist allerdings z.B. Werbung auf privat genutzten Seiten geschaltet, mit der Geld verdient wird, ist ein Impressum Pflicht. Es genügt sogar, wenn mit einer auf einer Seite angebotenen Leistung Geld verdient werden könnte.

Grundsätzlich sind v. a. Verkaufsplattformen wie Online-Shops und Suchmaschinen zur Führung eines Impressums verpflichtet. Auch für Social-Media-Accounts, z.B. bei Facebook, wird ein Impressum benötigt, wenn das Konto auch gewerblich genutzt wird, z.B. für Stellenanzeigen (Bundesministerium der Justiz und Verbraucherschutz, Allgemeine Hinweise zur Anbieterkennzeichnungspflicht im Internet, 2022).

Ein Impressum unterliegt gewissen Mindestanforderungen. Die anzugebenden Informationen müssen leicht erkennbar, unmittelbar erreichbar und ständig zur Verfügung stehen. Dies wird i.d.R. gewährleistet, wenn das Impressum über einen gut erkennbaren Link (z.B. im Footer) von jeder Seite aus erreichbar ist. Folgende Inhalte sind nach § 5 TMG von dem Websitebetreiber offenzulegen (Eichhorn, Heinze, Tamm & Schuhmann, 2016).

1. Den **Namen** und die **Anschrift** des Unternehmens / der Niederlassung – bei juristischen Personen muss zusätzlich die Rechtsform ergänzt werden – sowie die Vertretungsberechtigten und Angaben über das Stamm- und Grundkapital.
2. Möglichkeiten der **Kontaktaufnahme**, die eine schnelle und unmittelbare Kommunikation ermöglichen. Hierfür muss die E-Mail-Adresse angegeben werden.
3. Falls es einer behördlichen Zulassung bedarf, muss die zuständige **Aufsichtsbehörde** angegeben werden.
4. Das **Register** (z.B. Handels- oder Vereinsregister), in das das Unternehmen eingetragen ist, sowie die Registernummer.
5. Angaben über die **Berufskammer**, **gesetzliche Berufsbezeichnung** und **berufsrechtliche Regelungen**.
6. Eine **Umsatzsteuer-Identifikationsnummer**, in den Fällen nach § 27a des Umsatzsteuergesetzes oder eine **Wirtschafts-Identifikationsnummer** nach § 139c der Abgabenordnung.
7. Angaben über die **Gesellschaftsform**, wenn es sich um eine Aktiengesellschaft, Kommanditgesellschaft auf Aktien und Gesellschaften mit beschränkter Haftung handelt.

Für ein abmahnsicheres Impressum kann z.B. der kostenlose Impressumgenerator auf `www.e-recht24.de/impressum-generator.html` genutzt werden (siehe Abbildung 12.1).

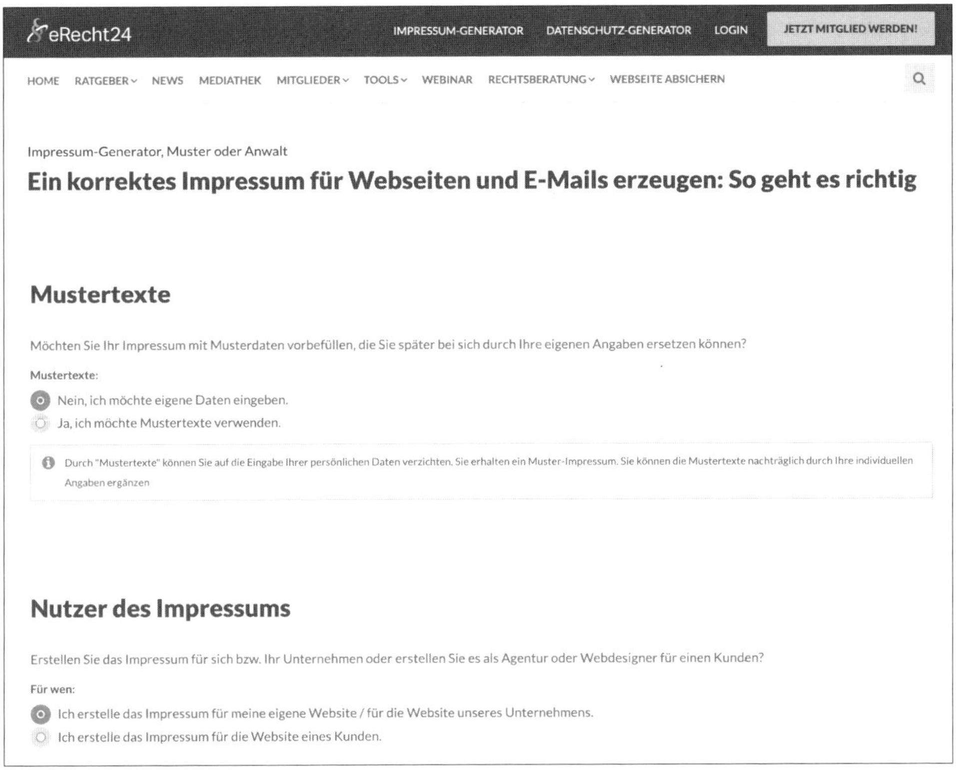

Abb. 12.1: Impressumsgenerator auf `eRecht24.de`

Info-Box: Muster-Impressum für Einzelunternehmer mit dem Impressumsgenerator von eRecht24 (`https://www.e-recht24.de/impressum-generator.html`)

Impressum

Angaben gemäß § 5 TMG

Max Mustermann

Musterladen (Einzelunternehmer)

Musterstraße 111

Gebäude 44

90210 Musterstadt

Kontakt

Telefon: +49 (0) 123 44 55 66

Telefax: +49 (0) 123 44 55 99

E-Mail: mustermann@musterfirma.de

Umsatzsteuer-ID

Umsatzsteuer-Identifikationsnummer gemäß § 27 a Umsatzsteuergesetz:

DE999999999

Redaktionell verantwortlich

Beate Beispielhaft

Musterstraße 110

90210 Musterstadt

Verbraucherstreitbeilegung/Universalschlichtungsstelle

Wir sind nicht bereit oder verpflichtet, an Streitbeilegungsverfahren vor einer Verbraucherschlichtungsstelle teilzunehmen.

Quelle: https://www.e-recht24.de

12.2 Datenschutzpflichten

Das deutsche Datenschutzrecht ist in eine Vielzahl von bundes- und landesrechtlichen Gesetzen aufgesplittet. Das primäre Regelungswerk ist jedoch das *Bundesdatenschutzgesetz (BDSG)*.

Seit dem 25. Mai 2018 gilt die *Datenschutzgrundverordnung (DSGVO)*, die eine einheitliche Regelung für den Umgang mit personenbezogenen Daten in der Europäischen Union beinhaltet. Diese Verordnung enthält Vorschriften zum Schutz natürlicher Personen, die durch die Verarbeitung von personenbezogenen Daten betroffen sind. Außerdem sollen diese natürlichen Personen in ihren Grundfreiheiten und Grundrechten geschützt werden. Der freie Verkehr von personenbezogenen Daten darf bei der Verarbeitung nicht eingeschränkt und verboten werden (siehe DSGVO, Kapitel 1, Art. 1).

Ein Website-Betreiber muss sich in einer Datenschutzerklärung dazu verpflichten, den Besucher über die Datenerhebung zu informieren. Wenn eine Website personenbezogene Daten[1] erhebt, übermittelt oder verarbeitet, muss eine Datenschutz-

1 Personenbezogene Daten sind Daten, bei denen ein Website-Betreiber einer Person Daten zuordnet. Typischerweise handelt es sich dabei z.B. um die E-Mail-Adresse, die Standortdaten, den Namen oder das Alter einer Person bzw. die IP-Adresse des Geräts der Person.

erklärung angegeben werden. Es muss außerdem eine Möglichkeit geschaffen werden, Widerspruch gegen die Datenerhebung einzulegen (Siebert, 2022).

Für die Erstellung einer Datenschutzerklärung können, wie für die Generierung eines Impressums, kostenlose Online-Generatoren verwendet werden, die den Anwender durch einen Leitfaden lotsen und alle relevanten Rechtsaspekte für die Gegebenheiten der Seite abdecken. Der Datenschutzgenerator von `datenschutz-generator.de` hilft beispielsweise kostenlos bei der Generierung einer Datenschutzerklärung (siehe Abbildung 12.2).

Weitere Datenschutz-Generatoren sind z.B. unter folgenden Links zu finden:

- `https://dsgvo-muster-datenschutzerklaerung.dg-datenschutz.de`
- `www.e-recht24.de/muster-datenschutzerklaerung.html`

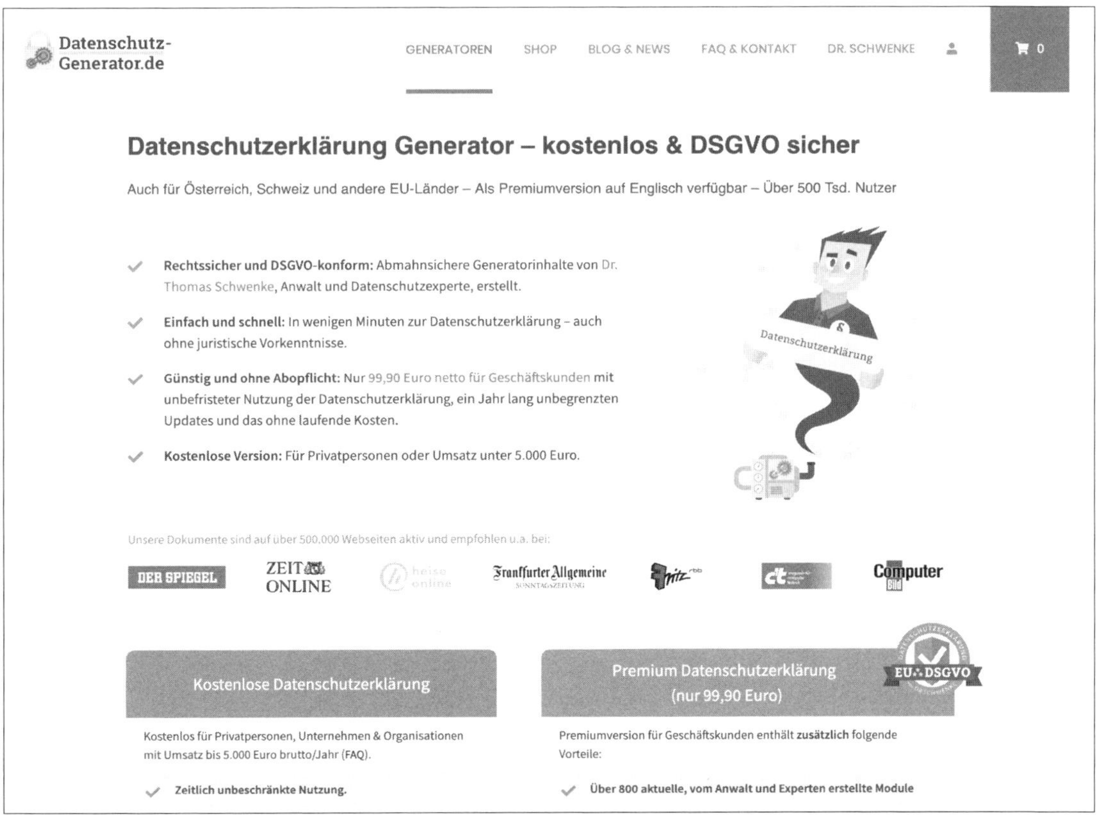

Abb. 12.2: Website von `datenschutz-generator.de`

Wichtige Angaben in der Datenschutzerklärung selbst sind unter anderem:

- Einsatz von Cookies
- Einsatz von Cookie-Bannern
- Aufzeichnung von Server-Logfiles
- Integration des Google Tag Managers
- Einsatz von Google Analytics
- Teilnahme an Affiliate-Programmen
- Verwendung von Google Fonts

12.3 Urheberrecht

Das Urheberrecht ist vor allem bei der Nutzung von Texten, Videos, Musik und Bildern im Internet relevant. Der Urheber hat das Recht, zu entscheiden, ob sein Werk genutzt werden darf, von wem und in welcher Art und Weise.

Geschützte Werke sind gem. § 2 (1) Nr. 1–7 UrhG: Sprachwerke, Musikwerke, pantomimische Werke, Werke der bildenden Künste, Lichtbildwerke, Filmwerke und Darstellungen wissenschaftlicher oder technischer Art.

Bei der Erstellung einer Website muss das Urheberrecht vor allem in Anbetracht des Contents eingehalten werden. Das Kopieren von Text anderer Websites verstößt gegen das Urheberrecht. Außerdem straft Google solche Texte als *Duplicate Content* ab. Das Umformulieren eines fremden Textes stellt ebenfalls eine Urheberrechtsverletzung dar. Wenn fremde Texte als Quelle genutzt werden, dann sollte darauf geachtet werden, dass keine auffälligen Formulierungen und/oder die Struktur übernommen werden.

Für die Bildbeschaffung gibt es unterschiedliche Möglichkeiten. Grundsätzlich müssen natürlich auch beim Kauf eines Bildes vertraglich geregelte *Lizenzvereinbarungen* eingehalten werden. Deshalb sollten die Lizenzvereinbarungen sorgfältig gelesen werden. Der Urheber eines Bildes muss – soweit nicht explizit anders vereinbart – immer gekennzeichnet werden (z.B. © Urheber/Portal), entweder direkt am Bild oder im Impressum. Oft ist es verboten, Dritten die Nutzungsrechte an einem Bild einzuräumen. Das ist vor allem bei der Verwendung von Bildern auf Facebook problematisch. Teilt man dort ein Bild, räumt man Facebook die Nutzungsrechte an diesem Bild ein.[2]

Die Verwendung von Stockfotos für Facebook wird z.B. von Fotolia (maximale Auflösung 1000 × 1000 Pixel) erlaubt. Weitere Infos zum Einsatz von Stockfotos gibt folgende Seite: `www.reachgroup.com/stock-foto-bildercheck/`.

2 Weitere Infos dazu gibt Schwenke (2010).

Auch Bilder aus kostenlosen oder lizenzfreien Quellen sind oft mit Einschränkungen verbunden. Viele kostenlose Bilder dürfen nur für nicht kommerzielle Zwecke eingesetzt werden. Auch hier gilt die gesetzliche Pflicht zur Kennzeichnung des Urhebers. Ein kostenloses Bild von Pixelio oder Pixabay kann trotzdem abgemahnt werden, wenn der Urheber angibt, dass er nie das Nutzungsrecht für sein Bild freigegeben hat. Im deutschen Urheberrecht gibt es keinen gutgläubigen Erwerb.

Info-Box: Bilddatenbanken

- `https://pixabay.com`
- `https://www.pexels.com/de-de/`
- `https://unsplash.com`
- `https://www.pixelio.de`
- `https://stocksnap.io`

Bilder auf Wikipedia-Seiten unterliegen überwiegend der Creative-Commons-Lizenz (`https://creativecommons.org`). Bilder, die unter dieser Lizenz stehen, werden rechtlich als Gemeinschaftsgut betrachtet und können kostenlos verwendet werden. Jedoch existieren verschiedene Creative-Commons-Lizenzen. Manche davon schränken die kommerzielle Nutzung ein oder schließen diese ganz aus. Auf Wikipedia kann man für jedes Bild nachprüfen, wer der Urheber ist und unter welcher Lizenz das Bild verwendet werden darf. Dazu kann einfach das Bildersymbol unterhalb des Bildes angeklickt werden. Wenn man dort auf »Weitere Einzelheiten« klickt und dann »Use this file on the web« auswählt, kann man die rechtliche Kennzeichnung des Werkes einfach kopieren.

Die Einbindung eines Videos durch Verweis auf die URL, auf der das Video gehostet wird, ohne sich das Video zu eigen zu machen und auf den eigenen Server hochzuladen, wird wie ein normaler Link bewertet, sodass hier das Urheberrecht nicht greift (Bundesgerichtshof, 2015). Jedoch ist zu beachten, dass eine Zustimmung zum Upload des Videos durch den Rechteinhaber gegeben sein muss. Die Einbettung eines illegal hochgeladenen Videos wäre demnach nicht rechtens.

Beim Einbau von Werbemitteln ist ebenfalls große Vorsicht geboten. Laut Amazon dürfen zwar alle Bilder verwendet werden, problematisch ist jedoch, wenn ein Händler Bilder hochlädt, an denen er selbst keine Bildrechte besitzt. Ist dies der Fall, verletzt der Website-Inhaber selbst das Urheberrecht, da keine Erlaubnis zur Verwendung vorliegt.

Als relativ sichere Bildquellen nennt Amazon eigene Bilder, selbst erstellte Grafiken, Screenshots, erworbene Stockfotos und Herstellerfotos. Keinesfalls sollten Bilder aus der Google-Suche kopiert und auf der eigenen Website eingebunden werden. Gerade bei diesen Fotos ist das Abmahnrisiko enorm (Amazon, 2016).

12.4 Datenschutzkonforme Nutzung von Google Analytics

Die DSGVO regelt die Verarbeitung personenbezogener Daten. Dies betrifft demnach auch Tracking- und Werbe-Cookies. Einem EuGH-Urteil vom 01.10.2019 zufolge erfordern Cookies, die nicht grundlegend für die Funktion der Website erforderlich sind und personenbezogene Daten erheben, eine aktive Einwilligung des Nutzers. Ein berechtigtes Interesse des Websitebetreibers oder die Einwilligung durch Nutzung der Website wird damit verneint.

Als rechtlich problematisch werden der Datentransfer in die USA, die Reichweite der Analyse[3] und Cookies angesehen. Bahr (2022) nimmt dazu eine rechtliche Bewertung vor und stellt Folgendes fest:

- **Datentransfer in die USA:** Der Google-Analytics-Vertrag wird mit Google Ireland geschlossen. Somit erfolgt grundsätzlich kein Datentransfer in die USA. Jedoch ist unklar, inwieweit Daten dann doch an Google USA übermittelt werden.
- **Reichweite der Analyse:** Hier mangelt es an einer höchstrichterlichen Rechtsprechung, inwieweit die Analyse des Userverhaltens durch ein berechtigtes Interesse abgedeckt ist.
- **Cookies:** Die Cookie-Setzung bedarf grundsätzlich einer Einwilligung.

Es gibt aktuell keine eindeutige Antwort auf die rechtssichere Verwendung von Google Analytics[4]. Verwendet man Google Analytics ohne Cookies und ohne weitreichende Analysemöglichkeiten (u.a. ohne Personenbezug), findet die DSGVO keine Anwendung. Empfohlen wird daher der Einsatz eines Cookie-Banners mit Einholung einer Einwilligung zum Tracking.

Wenn Google Analytics datenschutzkonform eingesetzt werden soll, sollten einige Punkte zum Zwecke einer Risikominimierung berücksichtigt werden (siehe `Datenschutzbeauftragter-Info.de`, 2022):

- **Vertrag zur Auftragsverarbeitung abschließen:** Bei Einsatz von Google Analytics muss mit Google ein Vertrag zur Auftragsverarbeitung geschlossen werden. Dies ist in Google Analytics direkt möglich (siehe dazu Info-Box auf Seite 287). Falls bereits ein Vertrag mit Google geschlossen wurde, dies aber vor September 2016 passiert ist, muss ein neuer Vertrag abgeschlossen werden.

---

3 Werden die gespeicherten Daten nur für den Betrieb bzw. die Gestaltung der Website verwendet, kann dies i.d.R. als berechtigtes Interesse des Websitebetreibers angesehen werden. Wenn allerdings die Daten für andere Bereiche verwendet und an Dritte weitergegeben werden, wie z.B. zum Retargeting, sind deutsche Datenschutzbehörden der Meinung, dass dies nur mit Einwilligung der User erlaubt ist.

4 Die aktuelle Version des Trackingtools heißt Google Analytics 4 (GA4). GA4 ist der Nachfolger von Universal Analytics, das ab 2023 nicht mehr unterstützt wird. Google Analytics verändert mit der Einführung von GA4 die Trackingtechnologie hin zu nutzer- bzw. eventbasierten und weg von sitzungsbasierten Auswertungen. GA4 kann für eine Website, eine App oder beides gleichzeitig verwendet werden.

- **Aufbewahrungsdauer der Daten festlegen:** Seit Inkrafttreten der DSGVO bietet Google erweiterte Möglichkeiten beim Umgang mit via Google Analytics erhobenen Daten, die in dem Tool eingestellt werden können. Aufgrund der Bestimmungen in Art. 25 DSGVO (»Datenschutz durch Technikgestaltung und datenschutzfreundliche Voreinstellungen«) sollte eine möglichst kurze Aufbewahrungsdauer gewählt werden. Voreingestellt ist, dass Nutzer- und Ereignisdaten zwei Monate gespeichert werden. Maximal kann die Aufbewahrungsdauer auf 14 Monate ausgeweitet werden. Zusätzlich kann eingestellt werden, ob User-Daten bei neuer Aktivität zurückgesetzt werden sollen: Wenn diese Option aktiviert ist, wird die Aufbewahrungsdauer der User-ID bei jedem neuen Ereignis zurückgesetzt. Unter Berücksichtigung des Art. 25 DSGVO sollte der Button deaktiviert werden.
- **Empfohlene Standardeinstellungen anpassen:** Entsprechend dem Grundsatz der Datenminimierung sollten bei den Datenfreigabeeinstellungen so wenige Freigaben wie möglich erteilt werden. Der Grund ist, dass je weniger Freigaben erteilt werden, desto weniger besteht auch Anlass, Google und den Websitebetreiber als gemeinsam Verantwortliche i.S.d. Art. 26 DSGVO anzusehen.
- **Einwilligung einholen**: In einem Positionspapier der »Konferenz der unabhängigen Datenschutzbehörden des Bundes und der Länder (DSK)« heißt es, dass ab dem 25.05.2018 rechtskonformes Webtracking nur dann möglich ist, wenn der Nutzer vorher darüber informiert wird und dem Tracking zustimmt. Falls Websitebetreiber keine Einwilligung einholen, riskieren sie ein Bußgeld durch eine Aufsichtsbehörde oder eine Abmahnung. Grundsätzlich ist es wichtig, dass das Tracking nicht vor der Einwilligung des Nutzers aktiviert wird, sondern erst danach (siehe auch folgende Auflistung zu Anforderungen). Wird eine Website aufgerufen, kann die Einwilligung beispielsweise durch ein »Cookie-Consent-Tool« eingeholt werden. Eine Einwilligung in die Nutzung von Google Analytics muss folgende Angaben enthalten:
  - Eine eindeutige Überschrift, z.B. »Datenverarbeitung Ihrer Nutzerdaten durch Google«
  - Information, dass personenbezogene Daten zum Nutzungsverhalten an Google übermittelt werden
  - Information, um welche Daten es sich dabei genau handelt
  - Information, dass die Verarbeitung im Wesentlichen durch Google erfolgt, und – bei Nutzung mit den von Google empfohlenen Standardeinstellungen – zu eigenen Zwecken wie Profilbildung (und ohne Einflussmöglichkeiten des Websitebetreibers) durchgeführt wird
  - Information, ob die Daten mit Informationen aus anderen Quellen verknüpft werden können
  - Information, ob die Daten in den USA gespeichert werden und ob staatliche Behörden Zugriff auf diese Daten haben können

Die Einwilligung muss außerdem folgende Anforderungen erfüllen:

- keine allumfassende Einwilligung in die Nutzung von Cookies
- aktive Handlung, keine vorangekreuzten Checkboxen
- freiwillig, mit der Möglichkeit, die Einwilligung zu verweigern
- dem Nutzer dürfen keine Nachteile bei Nicht-Einwilligung entstehen
- einfache, nutzerfreundliche technische Lösung für den Widerruf (z.B. per Consent-Tool)
- Tracking darf erst aktiviert werden, nachdem der Nutzer eingewilligt hat und nicht vorher

- **IP-Anonymisierung und ggf. Löschung von Altdaten**: Brauchte man bei Universal Analytics (dem Vorgänger von Google Analytics 4) noch die Code-Erweiterung `anonymizeIp`, ist die Anonymisierung von IP-Adressen in Google Analytics 4 standardmäßig aktiviert[5]. Es ist dadurch zwar weiterhin eine grobe Lokalisierung des Users möglich, allerdings wird dies von den deutschen Datenschutzbehörden akzeptiert. Falls in der Vergangenheit via Google Analytics Nutzerprofile ohne eine IP-Anonymisierung erstellt wurden, so ist dies rechtswidrig erfolgt und die zugrunde liegenden Daten müssen gelöscht werden. In den Analytics-Einstellungen kann dafür auf die Möglichkeit zurückgegriffen werden, sog. »Properties« und »Datenansichten« zu löschen. Die Löschung erfolgt nach 35 Tagen.
- **Datenschutzerklärung anpassen:** In der Datenschutzerklärung einer Website muss der Hinweis, dass Google Analytics eingesetzt wird, angegeben werden. Google stellt dafür allerdings seit einiger Zeit keinen standardisierten Textbaustein mehr zur Verfügung. Man kann allerdings die bisherigen Formulierungen von Google übernehmen und sie um einige zusätzliche Informationen erweitern. Zu ergänzen ist Folgendes:
  - Umfang der Datenerhebung, Art. 12 und 13 DSGVO
  - Rechtsgrundlage, Art. 13 DSGVO
  - Speicherdauer bzw. Kriterien für Festlegung der Dauer, Art. 13 Abs. 2 lit. a DSGVO
  - Widerrufsrecht, Art. 7 Abs. 3 DSGVO
  - Hinweis zum Deaktivierungs-Add-on und Opt-Out-Cookie
  - Hinweis zu `anonymizeIp`

An dieser Stelle sei nochmals auf Websites verwiesen, die Muster für Datenschutzerklärungen anbieten bzw. bei der Erstellung individueller Datenschutzerklärungen helfen.

---

5 Bei IPv4-Adressen werden die letzten 8 Bits und bei IPv6-Adressen die letzten 80 Bits im Speicher auf null gesetzt und somit »anonymisiert«.

Info-Box: Umsetzung in Google Analytics

Für die vorgestellten Schritte zum datenschutzkonformen Einsatz von Google Analytics werden im Folgenden die konkreten Navigationspfade dargestellt, mit denen die entsprechenden Punkte in dem Tool umgesetzt werden:

- Vertrag zur Auftragsverarbeitung abschließen:
»Verwaltung« → »Kontoeinstellungen« → Rubrik »Zusatz zur Datenverarbeitung« → »Zusatz anzeigen« → Auftragsverarbeitungsvertrag bestätigen
- Aufbewahrungsdauer der Daten festlegen:
»Verwaltung« → zu bearbeitende Property auswählen → in Spalte »Property«: »Dateneinstellungen« → »Datenaufbewahrung«
- Empfohlene Standardeinstellungen anpassen:
»Verwaltung« → zu bearbeitendes Konto[6] auswählen → in Spalte »Konto«: »Kontoeinstellungen« → Haken in den Checkboxen »Google-Produkte & -Dienste«, »Account Specialists« und (um ganz sicherzugehen) »Benchmarking« und »Technischer Support« entfernen → »Speichern«
- IP-Anonymisierung und ggf. Löschung von Altdaten:
»Verwaltung« → in Spalte »Property«: »Property-Einstellungen« → »in Papierkorb verschieben«

12.5 Cookie-Richtlinie

Cookies sind kleine Textdateien, die verschiedene Informationen zur Erkennung von Nutzern auf deren Computer speichern. Cookies können in verschiedene Kategorien eingeordnet werden. Rechtlich wird beispielsweise in *notwendige* und *nicht notwendige* Cookies unterschieden.

Bei notwendigen Cookies handelt es sich beispielsweise um solche, die für den Betrieb einer Website bzw. deren Funktionalitäten erforderlich sind. Dazu gehören auch Cookies, die im Interesse der Nutzer liegen, wie z.B. Cookies, die wegen eines Online-Warenkorbs oder der Spracheinstellungen für die Website von Bedeutung sind, und Cookies, die den Login-Status oder die Cookie-Einstellungen an sich speichern.

Eine genaue Abgrenzung der notwendigen von den nicht notwendigen Cookies ist nicht exakt gezogen. Grundsätzlich werden von Experten aber meist Cookies als nicht notwendig betrachtet, die zur Bildung von Nutzerprofilen eingesetzt werden, die das Nutzerverhalten über verschiedene Websites hinweg speichern und die für

6 Jedes Konto kann dabei mehrere Properties und jede Property wiederum viele Datenansichten umfassen.

Marketingzwecke eingesetzt werden. Dabei handelt es sich unter anderem um Cookies, die für Google- oder Facebook-Dienste gesetzt werden.

Der Meinung des Europäischen Gerichtshofs (EuGH) vom Oktober 2019 zum Umgang mit Cookies[7] hat sich im Mai 2020 auch der Bundesgerichtshof (BGH) angeschlossen und für Deutschland bestätigt, dass Nutzer dem Setzen von Cookies zur Erstellung von Nutzerprofilen im Hinblick auf Werbung und Marktforschung zustimmen müssen. Es ist also ein sogenanntes *Opt-In* nötig. Gleiches gilt für Cookies, die der bedarfsgerechten Gestaltung von Telemedien, also Websites oder Apps, dienen (Schwenke, 2020).

Konkret bedeutet das für Websites, dass Formulierungen in einem Einwilligungsbanner wie »Wir nutzen Cookies – wenn Sie unsere Website weiterhin nutzen, erklären Sie sich mit der Cookie-Nutzung einverstanden« nicht ausreichend sind, da eine reine »Weiternutzung« keine Einwilligung für die Nutzung von Cookies darstellt. Daher dürfen Cookies erst nach einer ausdrücklichen und informierten Einwilligung auf dem jeweiligen Gerät eines Nutzers verarbeitet werden. Eine Ausnahme stellen unbedingt erforderliche (also notwendige) Cookies dar (Schwenke, 2020).

Die Einwilligung zum Setzen von Cookies kann in der Praxis mit »Cookie-Opt-In-Bannern« eingeholt werden. Diese werden unter anderem auch *Einwilligungs- bzw. Consent-Banner* oder *Cookie Management Tools* genannt. Dabei muss die Einwilligung per Klick auf einen Button oder eine Checkbox gegeben werden. Nicht erlaubt sind *Opt-Out-Lösungen*, mit denen bereits aktivierte Cookies bei Betreten der Website nachträglich deaktiviert werden (Schwenke, 2020).

Um eine Einwilligung transparent zu gestalten, müssen laut BGH- und EuGH-Urteil Nutzer über die folgenden Punkte informiert werden (Schwenke, 2020):

- **Art und Funktionsweise:** Nutzer müssen wissen, welche Art von Daten mit welchen Zielen erhoben und verarbeitet werden (z.B. interessensbezogene Daten, die eingesetzt werden, um personalisierte Onlinemarketingaktivitäten durchzuführen).
- **Lebensdauer von Cookies:** In vielen Marketingdiensten haben Cookies eine Lebensdauer von 24 Monaten. Allerdings sollte dies für die tatsächlich eingesetzten Dienste geprüft werden. Für die häufigsten Dienste haben Cookie-Opt-In-Tools die Lebensdauer schon standardisiert eingetragen.

---

7 Nach Meinung von Experten reicht das Urteil noch weiter und betrifft grundsätzlich alle Technologien zur Speicherung und zum Auslesen von Daten auf Nutzergeräten. Darunter fallen dann z.B. auch sogenannte Fingerprints, Web-Beacons, Tags oder Pixels. Der Einfachheit halber wird allerdings zusammenfassend von Cookies gesprochen. Ob diese Ansicht letztendlich zutreffend ist, lässt sich derzeit allerdings nicht zweifelsfrei sagen (Schwenke, 2020).

- **Identität der Cookie-verarbeitenden Dienstleister:** Idealerweise müssen die eingesetzten Dienstleister im Cookie-Banner benannt und mit einem Link zu deren Datenschutzerklärung gelistet werden.

Abbildung 12.3 zeigt den Ablauf einer transparenten Information des Nutzers mit Detailhinweisen, die bereits im Cookie-Opt-In-Banner gegeben werden. Dabei wird der Nutzer zunächst vor die Wahl gestellt, ob er alle Cookies akzeptieren möchte, nur die notwendigen Cookies oder seine Einstellungen individuell erledigen möchte. Im Rahmen der individuellen Einstellung kann er sich über jedes einzelne Cookie informieren und es zulassen oder ablehnen.

Abb. 12.3: Cookie-Banner und Auswahlmöglichkeiten am Beispiel von `datenschutz-generator.de`

Es sei noch erwähnt, dass im Fall der alleinigen Nutzung notwendiger Cookies kein Cookie-Opt-In-Banner erforderlich ist. In diesem Fall reicht es aus, in der Datenschutzerklärung einen Hinweis auf den Einsatz von Cookies zu geben (Schwenke, 2020).

12.6 Rechtliche Aspekte zum Affiliate-Marketing

Beim Affiliate-Marketing ist die Kennzeichnung von Werbung und Links von großer Bedeutung. § 6 Abs. 1 Nr. 1 TMG legt fest, dass kommerzielle Kommunikation klar als solche gekennzeichnet werden muss. Daneben greift § 5a Abs. 6 UWG, nach dem die Kennzeichnung nur erforderlich ist, sofern sich der kommerzielle Charakter nicht aus den Umständen ergibt. Das heißt, dass Affiliate-Links immer dann einer Werbekennzeichnung bedürfen, wenn der kommerzielle Charakter des Links anders nicht eindeutig erkennbar ist.

Eine *Werbekennzeichnung* ist demnach erforderlich, wenn Affiliate-Produktlinks in überwiegend redaktionellen Beiträgen platziert werden und wenn Produktvergleiche nach scheinbar homogenen Kriterien angestellt und Verlinkungen gesetzt werden, die erfolgsbasiert gesponsert werden.

Affiliate-Links müssen demnach immer dann gekennzeichnet werden, wenn sich ihr werblicher Charakter nicht eindeutig aus den Umständen des Seitenauftritts ergibt (z.B. bei Preissuchmaschinen). (Salewski, 2020)

Info-Box: Beispiel für einen »Affiliate-Hinweis« in den AGB

Affiliate-Programme und Affiliate-Links

In unser Onlineangebot binden wir sogenannte Affiliate-Links oder andere Verweise (zu denen z.B. Suchmasken, Widgets oder Rabatt-Codes gehören können) auf die Angebote und Leistungen von Drittanbietern ein (zusammenfassend bezeichnet als »Affiliate-Links«). Wenn Nutzer den Affiliate-Links folgen bzw. anschließend die Angebote wahrnehmen, können wir von diesen Drittanbietern eine Provision oder sonstige Vorteile erhalten (zusammenfassend bezeichnet als »Provision«).

Um nachverfolgen zu können, ob die Nutzer die Angebote eines von uns eingesetzten Affiliate-Links wahrgenommen haben, ist es notwendig, dass die jeweiligen Drittanbieter erfahren, dass die Nutzer einem innerhalb unseres Onlineangebotes eingesetzten Affiliate-Link gefolgt sind. Die Zuordnung der Affiliate-Links zu den jeweiligen Geschäftsabschlüssen oder zu sonstigen Aktionen (z.B. Käufen) dient allein dem Zweck der Provisionsabrechnung und wird aufgehoben, sobald sie für den Zweck nicht mehr erforderlich ist.

Für die Zwecke der vorgenannten Zuordnung der Affiliate-Links können die Affiliate-Links um bestimmte Werte ergänzt werden, die ein Bestandteil des Links sind oder anderweitig, z.B. in einem Cookie, gespeichert werden können. Zu den Werten können insbesondere die Ausgangswebseite (Referrer), der Zeitpunkt, eine Online-Kennung der Betreiber der Website, auf der sich der Affiliate-Link befand, eine Online-Kennung des jeweiligen Angebotes, die Art des verwendeten Links, die Art des Angebotes und eine Online-Kennung des Nutzers gehören.

Hinweise zu Rechtsgrundlagen: Sofern wir die Nutzer um deren Einwilligung in den Einsatz der Drittanbieter bitten, ist die Rechtsgrundlage der Verarbeitung von Daten die Einwilligung. Ferner kann deren Einsatz ein Bestandteil unserer (vor)vertraglichen Leistungen sein, sofern der Einsatz der Drittanbieter in diesem Rahmen vereinbart wurde. Ansonsten werden die Daten der Nutzer auf Grundlage unserer berechtigten Interessen (d.h. Interesse an effizienten, wirtschaftlichen und empfängerfreundlichen Leistungen) verarbeitet. In diesem Zusammenhang möchten wir Sie auch auf die Informationen zur Verwendung von Cookies in dieser Datenschutzerklärung hinweisen.

Verarbeitete Datenarten: Vertragsdaten (z.B. Vertragsgegenstand, Laufzeit, Kundenkategorie); Nutzungsdaten (z.B. besuchte Webseiten, Interesse an Inhalten, Zugriffszeiten); Meta-/Kommunikationsdaten (z.B. Geräte-Informationen, IP-Adressen).

Betroffene Personen: Nutzer (z.B. Webseitenbesucher, Nutzer von Onlinediensten).

Zwecke der Verarbeitung: Affiliate-Nachverfolgung.

Rechtsgrundlagen: Einwilligung (Art. 6 Abs. 1 S. 1 lit. a. DSGVO); Vertragserfüllung und vorvertragliche Anfragen (Art. 6 Abs. 1 S. 1 lit. b. DSGVO); Berechtigte Interessen (Art. 6 Abs. 1 S. 1 lit. f. DSGVO).

Weitere Hinweise zu Verarbeitungsprozessen, Verfahren und Diensten:

- Amazon Partnerprogramm: Affiliate-Partnerprogramm (Amazon und das Amazon Logo sind Warenzeichen von Amazon.com, Inc. oder eines seiner verbundenen Unternehmen); Dienstanbieter: Amazon Europe Core S.→.r.l., die Amazon EU S.→.r.l, die Amazon Services Europe S.→.r.l. und die Amazon Media EU S.→.r.l., alle vier ansässig in 38, avenue John F. Kennedy, L-1855 Luxemburg, sowie Amazon Instant Video Germany GmbH, Domagkstr. 28, 80807 München (zusammen »Amazon Europe«), Mutterunternehmen: Amazon.com, Inc., 2021 Seventh Ave, Seattle, Washington 98121, USA; Website: `https://www.amazon.de`; Datenschutzerklärung: `https://www.amazon.de/gp/help/customer/display.html?nodeId=201909010`.

Quelle: `www.datenschutz-generator.de`

Ist für den Kunden nicht klar erkennbar, dass er den Hauptvertrag nicht mit dem Publisher, also dem Betreiber einer Website, sondern mit dem Advertiser, also dem Werbetreibenden, abschließt, so haftet auch der Publisher für die Erfüllung des Hauptvertrags. Deshalb sollte die Website so gestaltet werden, dass die Vermittlerrolle für Dritte klar ersichtlich ist, z.B. durch die Verwendung von AGB (Nagel, 2019).

Info-Box: Hinweise zur Kennzeichnung von Affiliate-Links

- BGH-Urteil vom 06.02.2014 - I ZR 2/11: Die Benennung als »Affiliate-Link«, »sponsored by«, »unterstützt von« oder »gesponsert« ist nicht ausreichend.
- Affiliate-Links sollten durch die unmittelbare und gut erkennbare Beistellung des Wortes **»Anzeige«** oder **»Werbung«** zum jeweiligen Link gekennzeichnet werden. Es kann auch der gesamte Artikel bzw. einzelne Textblöcke als Werbung gekennzeichnet werden.

- Bei begrenzten Darstellungsmöglichkeiten ist es ausnahmsweise möglich, am Link einen **Sternchenhinweis (»*«)** anzubringen, der **auf derselben Seite** mit einer eindeutigen Formulierung **aufgelöst** wird.
  ** Bei den mit Sternchen * gekennzeichneten Links handelt es sich um sogenannte Affiliate-Links. Bei Klick auf einen solchen Link gelangen Sie zu einem Online-Shop, über den Sie Produkte einkaufen können. Für den Einkauf wird eine Provision an uns vergütet.*
- **Banner** müssen eigentlich nicht als Werbung gekennzeichnet werden. Jedoch ist es besser, einen **Hinweis ober- oder unterhalb des Banners** anzubringen.

12.7 Checkliste

Rechtliche Themen werden oftmals nicht in den Fokus von Web-Projekten gerückt, obwohl gerade diese einen Website-Betreiber vor erhebliche Herausforderungen stellen können. Rechtliche Anforderungen müssen auf jeden Fall erfüllt werden. Folgende Fragen fassen die wesentlichen Themen dabei noch mal zusammen.

Checkliste/Fragen

- Habe ich beim Impressum meiner Seite alle Anforderungen erfüllt?
- Habe ich eine Datenschutzerklärung, die alle wesentlichen Themen abdeckt?
- Bin ich sicher, dass durch eingebundene Medien bzw. Inhalte keine Urheberrechtsverletzungen entstehen?
- Erfülle ich alle Anforderungen zum datenschutzkonformen Einsatz von Google Analytics?
- Entspricht der Cookie-Opt-In-Banner den gesetzlichen Anforderungen?
- Ist ein Hinweis auf Affiliate-Marketing in den AGB eingebaut und werden Affiliate-Links richtig gekennzeichnet?

Kapitel 13

Web-Controlling: Google Analytics und Search Console Monitoring einrichten

Websites und andere Online-Medien haben viele entscheidende Vorteile gegenüber Offline-Medien. Einer besteht darin, dass sich relativ genau analysieren lässt, wer die Seite aufgerufen hat, welche Interaktionen durchgeführt wurden und wie lange eine Person eine Seite besucht hat. Diese Informationen sagen viel über eine Seite und deren Nutzer aus.

Es geht darum, das Besucherverhalten zu analysieren und deren Aktivitäten zu interpretieren. Aus diesen Informationen müssen für die Seite Ableitungen getroffen und dadurch das bestmögliche Optimierungspotenzial erarbeitet werden. Für die *Webanalyse* gibt es verschiedene Tools, teilweise kostenpflichtig, aber auch kostenlos. Das wohl berühmteste und am weitesten verbreitete Tool ist Google Analytics (siehe Abschnitt 7.2). Diese kostenlose Software muss nicht extra auf dem eigenen Server installiert werden, da es sich bei Google Analytics um einen Webdienst handelt, der sich einfach über `analytics.google.com` abrufen lässt. Vor allem für Einsteiger eignet sich Google Analytics, da es durch die benutzerfreundliche und schlichte Struktur leicht zu bedienen ist.

Google Analytics wurde ursprünglich von der Firma Urchin entwickelt. Nach der Übernahme durch Google wurde diese Web-Controlling-Lösung stark weiterentwickelt und ausgebaut.

Ab dem 1. Juli 2023 können Daten nur noch über Google Analytics 4 (GA4) erhoben werden. Diese Generation wird das bekannte Universal Analytics ablösen. Nach diesem Stichtag können die Daten in Universal Analytics zwar noch eingesehen werden, aber es kommen keine neuen mehr hinzu.

GA4 orientiert sich laut Google an Machine Learning sowie am Customer Lifecycle und soll eine zukunftssichere Lösung für das Tracking in Anbetracht des Datenschutzes sein.

Mit Google Analytics ist es möglich, die Gesamtübersicht über die Website zu behalten, aber auch detaillierte Informationen abzufragen. Funktionen wie der Analytics-Radar, Berichte, die sich bis ins kleinste Detail konfigurieren lassen, und weitere Tools machen die Analyse des Benutzerstroms möglich. Ein weiterer Vorteil, den Google mitliefert, ist die Schnittstellenlösung zu anderen Produkten.

Über eine Produktverknüpfung lassen sich andere Anwendungen, wie beispielsweise die Google Search Console, mit Analytics verbinden.

Grundsätzlich wird im Online-Controlling zwischen zwei Begriffen unterschieden, die sich in der Praxis oft vermischen: *Marketing-Controlling*, das die Performance von Marketing-Kampagnen messen soll, und *Web-Controlling*, das die Erfolgskontrolle und Steuerung von Webauftritten beschreibt. Management-Entscheidungen – im Hinblick auf den Webauftritt – werden häufig intuitiv und nach Gefühl getroffen. Erfahrungen werden als Entscheidungsindikatoren verwendet, ohne einen Blick in die Kennzahlen zu werfen. Gerade im Online-Marketing ist diese Herangehensweise nicht zu empfehlen, da alles mit harten Fakten belegt werden kann und diese eine exakte Effizienzmessung bieten.

13.1 Google Analytics aktivieren

Die Anmeldung zu Google Analytics ist kostenlos. Für die Anmeldung wird ein Google-Konto vorausgesetzt, das sich ebenfalls kostenlos erstellen lässt. Unter `https://analytics.google.com` ist es möglich, mit einem Klick auf »Konto erstellen« einen neuen Zugang anzulegen. Im ersten Schritt werden Informationen wie Kontoname, Website-URL und Typ der Anbindung abgefragt. Ist das Konto erstellt, benötigt Google Analytics eine Verifizierung, die die Inhaberschaft der Website bestätigt. Hierzu gibt es zwei Möglichkeiten:

- Manuelle Einbettung des Tracking-Codes, der durch Google automatisch generiert wird und der in Analytics abgerufen werden kann, in den Websitecode
- Alternativ: Einbinden von Google Analytics über ein Tag-Management-System, das auf der Website integriert wird

Bei der Nutzung von Google Analytics ist natürlich grundsätzlich der Datenschutz zu beachten. Technisch gesehen sieht es so aus, dass die Seite erst dann nutzerbasierte Daten durch ein Webanalysetool erfassen darf, wenn eine explizite Zustimmung erfolgt ist. Um diese Zustimmung einzuholen, haben sich in der Online-Welt sogenannte *Cookie-Banner* etabliert, die beim Öffnen einer Website in Form eines Pop-ups integriert sind (siehe Abbildung 13.1). Dies bedeutet, dass der Tracking-Code für Google Analytics nicht vorher auf der Seite aktiv sein darf, sondern erst funktionieren darf, wenn eine Zustimmung erfolgt.

Abb. 13.1: Beispiel Cookie-Banner

Bei gitarrenberater.de ist eine Lösung über *Cookiebot* implementiert. Die Nutzung ist für eine Domain mit 100 Unterseiten kostenlos.

Dieser Banner basiert auf einem Codeschnipsel, der für zwei mögliche Szenarien gewappnet ist:

- **Szenario 1:** Der Nutzer klickt auf »Ablehnen«. Hier passiert nichts, da der Nutzer seine Zustimmung verweigert. Durch die Ablehnung wird kein Tracking-Code ausgespielt, sodass es zu keiner Datenerfassung kommt.
- **Szenario 2:** Der Nutzer ist mit der Erfassung einverstanden und klickt auf »Alle zulassen«. Nun wird durch ein JavaScript das Tracking aktiviert und die Webdaten des Nutzers werden somit in Analytics gespeichert.

Hinter diesem Cookie-Banner von dem Anbieter Usermetrics steckt in WordPress ein Code, der in Verbindung mit dem Tag Manager integriert wird. Der Code für das Cookie-Banner wird ebenfalls über den Tag Manager ausgespielt, sodass nur der Code des Tag Managers selbst in die Website integriert werden muss.

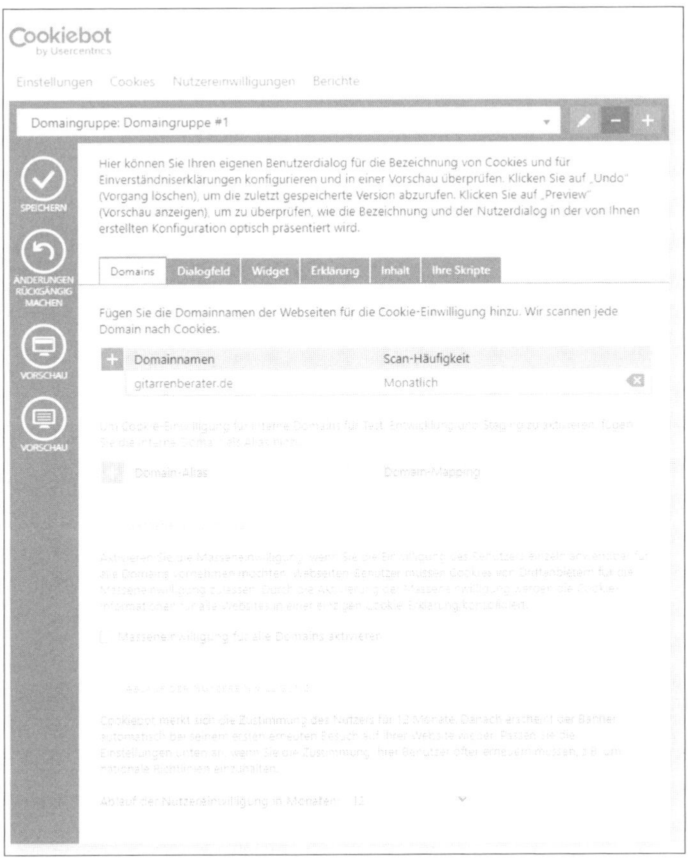

Abb. 13.2: Cookiebot

Die kostenlose Registrierung für *Cookiebot* – so der Name des Dienstes – ist unter `https://manage.cookiebot.com/de/signup` möglich. Nach erfolgreicher Anmeldung kann die Konfiguration im Webinterface von Cookiebot (siehe Abbildung 13.2) vorgenommen werden. Nachfolgend wird die Konfiguration Schritt für Schritt beschrieben.

Info-Box: Konfiguration Cookiebot

Jeder Schritt sollte immer mit »Speichern« bestätigt werden.

- **Schritt 1:** Nach erfolgreichem Login können die Einstellungen vorgenommen werden. Im ersten Schritt muss im Tab »Domains« eine Domain hinterlegt werden, auf der Cookiebot eingebaut werden soll.
- **Schritt 2:** Über den Tab »Dialogfeld« können der Inhalt und die Optik des Consent-Banners definiert werden. Am besten sollte man hier die Standardeinstellungen zunächst beibehalten.
- **Schritt 3:** Im Tab »Inhalt« muss die Sprache auf »Deutsch« geändert werden. Jetzt sollte sich der Text auf den deutschen Standard ändern. Anpassungen am Text können auch in diesem Reiter vorgenommen werden.
- **Schritt 4:** Im Reiter »Ihre Skripte« lassen sich Einstellungen zum Code vornehmen. Die Cookie-Blockierung sollte auf »automatisch« eingestellt werden. Andernfalls müssen viele Schritte manuell vorgenommen werden. In Sonderfällen kann dies durchaus erforderlich sein.

Die Cookiebot-ID wird später im Google Tag Manager benötigt und sollte notiert werden. Das zweite Skript muss in das HTML auf der Seite mit der Datenschutzerklärung eingefügt werden.

13.2 Google Analytics Property erstellen

Nach Anmeldung bei Google Analytics ist es notwendig, eine neue Property für die Seite anzulegen. In Google Analytics ist es möglich, durch den Klick auf das Zahnrad in den Verwaltungsbereich zu gelangen. Im Verwaltungsbereich kann mit dem Button »Property erstellen« eine neue Inhaberschaft angelegt werden. Die Erstellung erfolgt in drei Schritten:

- **Schritt 1: Property-Einrichtung**
  Der Nutzer muss hier einen Property-Namen vergeben, die Zeitzone auswählen und die Währung festlegen (siehe Abbildung 13.3).

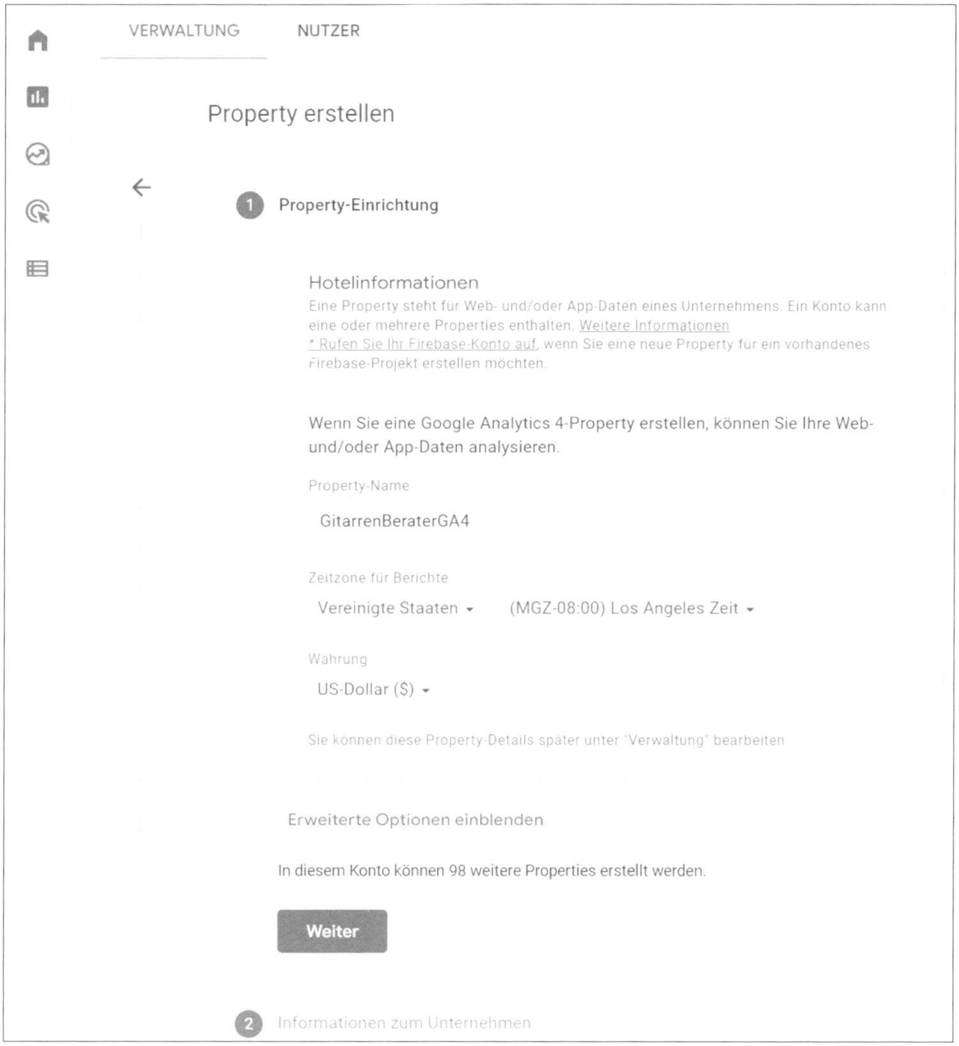

Abb. 13.3: Property-Einrichtung

- **Schritt 2: Auswahl der Property-Details**
  In diesem Schritt müssen detaillierte Angaben zur Property getätigt werden. Anschließend wird die Property mit »Erstellen« eröffnet (siehe Abbildung 13.4).

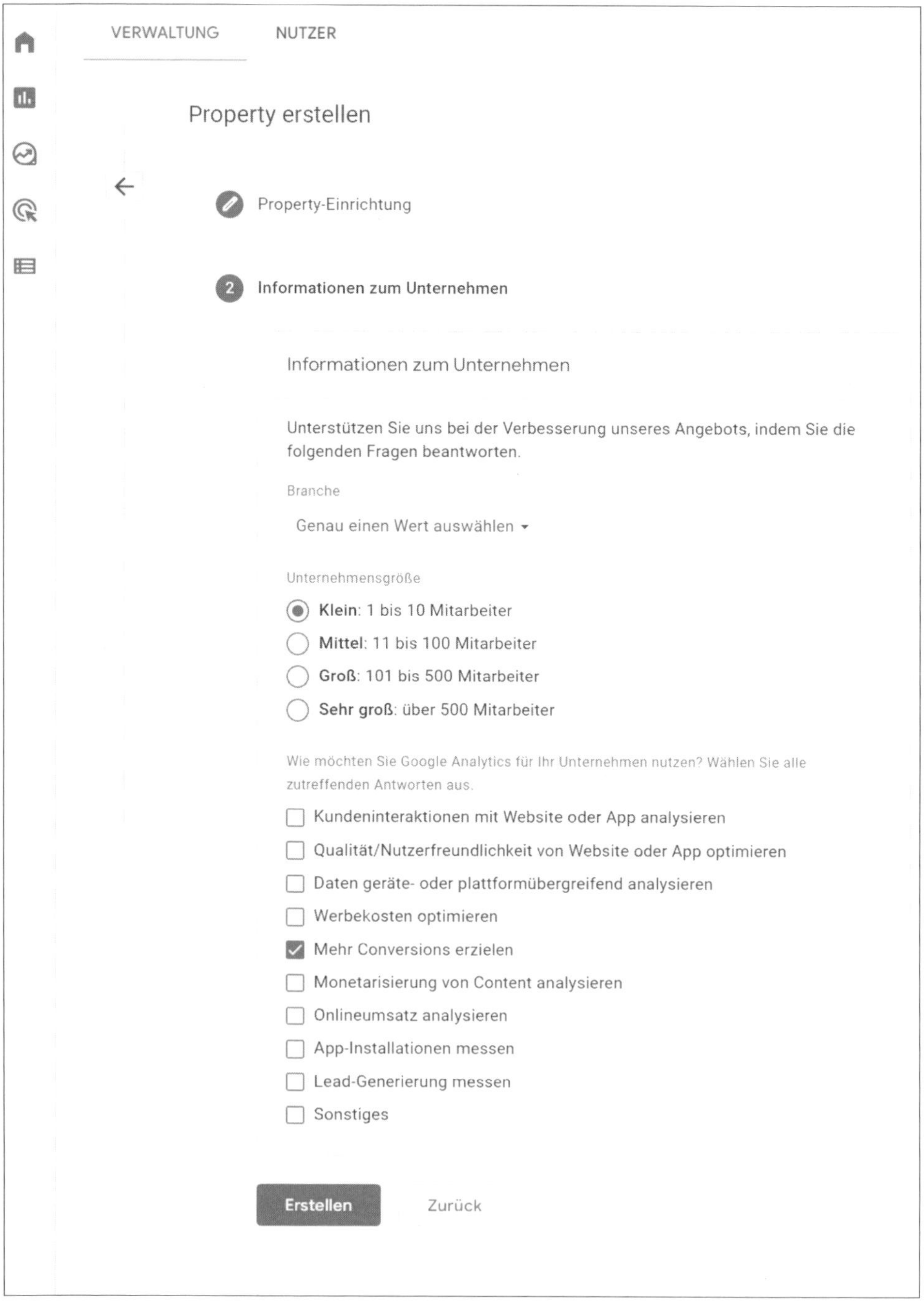

Abb. 13.4: Property-Details

- **Schritt 3: Datenstream erstellen**
  Im letzten Schritt muss ein Datenstream erstellt werden und die Verbindung zur Website angegeben werden. Bei einer Website handelt es sich um die Plattform »Web« (siehe Abbildung 13.5).

Abb. 13.5: Datenstream erstellen

Nach dem Anlegen wird speziell für diese Property eine Mess-ID (siehe Abbildung 13.6) generiert. Die Mess-ID wird später für die Ausspielung über den Google Tag Manager benötigt und sollte daher notiert werden. Der Tracking-Code muss auf der Seite implementiert werden, damit Google Analytics die Daten erfassen kann. Dieser Code darf datenschutzkonform erst ausgelöst werden, wenn der Besucher seine aktive Zustimmung im Consent-Banner gibt. Google Analytics wird in diesem Beispiel in Verbindung mit dem Google Tag Manager auf der Seite integriert. Wenn ein Nutzer nun auf die Seite kommt und die Cookies zulässt, dann wird die Datenerfassung aktiviert und Google Analytics live geschaltet.

Abb. 13.6: Stream-Details (Mess-ID)

13.3 Tracking-Code über Google Tag Manager einbinden

Der Google Tag Manager zählt zu den bekanntesten Tag-Management-Systemen der Welt und ist wie Google Analytics kostenlos nutzbar. Mit dem Google Tag Manager lassen sich Code-Snippets wie z.B. Tracking-Codes, die für ein Conversion-Tracking notwendig sind, auf Websites einbauen, ohne direkt den Quellcode zu bearbeiten. Der Tag-Manager-Code ist mit einem leeren Container zu vergleichen. Dieser Platzhalter-Code wird in der Website eingebunden. Über die Tag-Manager-Verwaltungsseite, die online im Browser verwaltet werden kann, kann dieser Container dann mit verschiedenen Tracking-Codes und beispielsweise dem Cookiebot-Code befüllt werden. Diese Tracking-Codes werden als *Tags* bezeichnet, was Code-Schnipsel wie z.B. der Google-Analytics-Tracking-Code sein können.

Dazu können noch Trigger eingestellt werden. Darunter sind Regeln zu verstehen, die entscheiden, wann ein Tag ausgespielt werden soll. Mit einem Trigger lassen sich bestimmte Bedingungen einstellen wie zum Beispiel, wann Daten ausgeliefert werden sollen. Neben Tags und Triggern lassen sich auch Variablen konfigurieren, die benutzerdefinierte Werte aus einem Website-Besuch ausgeben können. Hierzu zählt z.B. der Wert eines Warenkorbs.

Das Tracking-Skript direkt aus Google Analytics in die Seite einzufügen, ist zwar die simplere Methode, ist aber ohne Cookie-Banner nicht rechtskonform. Hier wird der Datenschutz außer Acht gelassen, da Analytics bei jedem Nutzer standardgemäß Daten erfassen würde.

Für den Google Tag Manager ist es notwendig, ein neues Konto anzulegen (unter `https://tagmanager.google.com`). Hierfür wird lediglich wieder ein Google-Konto benötigt. Bei der Kontoerstellung müssen ein Kontoname, das Land und ein Containername (z.B. Domain-Name) vergeben werden. Außerdem muss für eine Website die Zielplattform »Web« ausgewählt werden.

Auf der eigenen Seite kann der Google Tag Manager wieder manuell durch ein Skript eingefügt werden. Hierzu muss im Bereich »Verwaltung« auf »Google Tag Manager installieren« der vorgesehene Tracking-Code im WordPress-Template implementiert werden. Dieser Schritt kann aber auch durch ein Plugin gelöst werden.

Das erste Code-Schnipsel muss in den Head-Bereich der Seite eingefügt werden, der zweite Code ist für den Body-Bereich gedacht (siehe Abbildung 13.7). Wie der Code auf der Seite implementiert wird, wird im späteren Verlauf beschrieben.

Abb. 13.7: Google-Tag-Manager-Skript

13.3.1 Cookiebot im Tag Manager implementieren

- **Schritt 1: Vorlage Cookiebot zum Arbeitsbereich hinzufügen**
  Wenn die Anmeldung zum Tag Manager erfolgreich war, kann die Einrichtung des Cookiebots im Tag Manager beginnen. Es gibt bereits ein vordefiniertes Tag, das in der Navigation unter »Vorlagen > Tag Vorlagen > In Galerie suchen > Cookiebot CMP« auffindbar ist. Diese Vorlage (siehe Abbildung 13.8) muss zum Arbeitsbereich hinzugefügt werden.

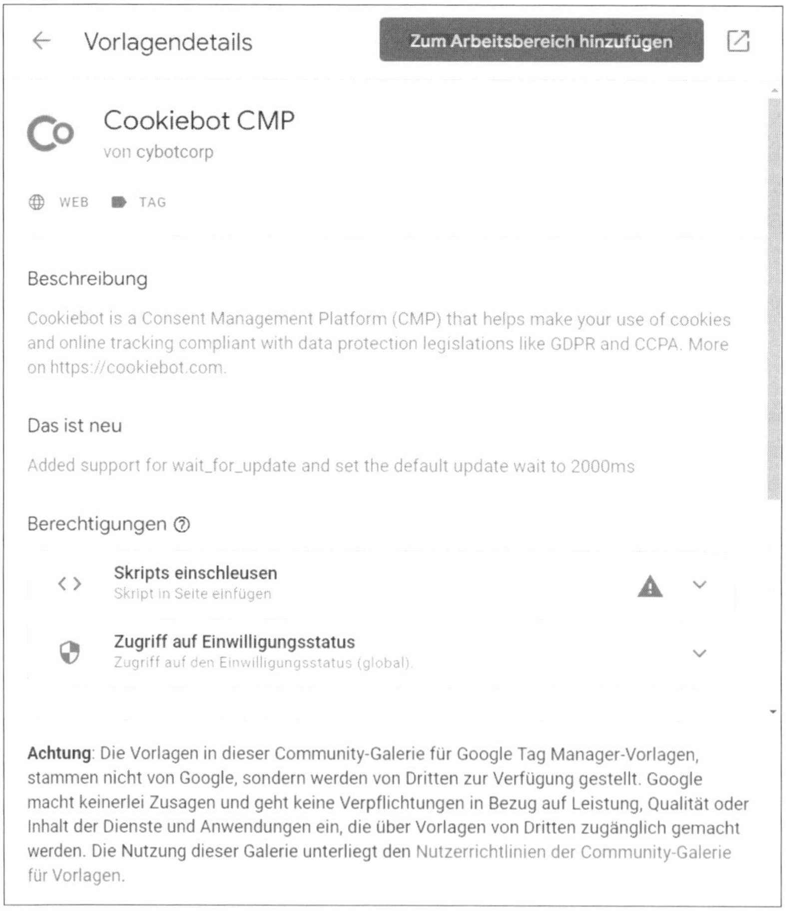

Abb. 13.8: Cookiebot-Vorlage

- **Schritt 2: Cookiebot-Tag einrichten**
  In der Navigation unter »Tags > Neu > Tag-Typ auswählen« lassen sich ein neues Tag anlegen und die Cookiebot-CMP-Vorlage in der Liste unter »Benutzerdefiniert« auswählen. Jetzt kann das Tag konfiguriert werden: Im Feld »Coo-

kiebot-ID« muss die ID aus Cookiebot eingefügt werden, die im Cookiebot-Interface unter »Ihre Skripte« auffindbar ist. Als Trigger muss »Consent Initialization – All Pages« ausgewählt werden (siehe Abbildung 13.9).

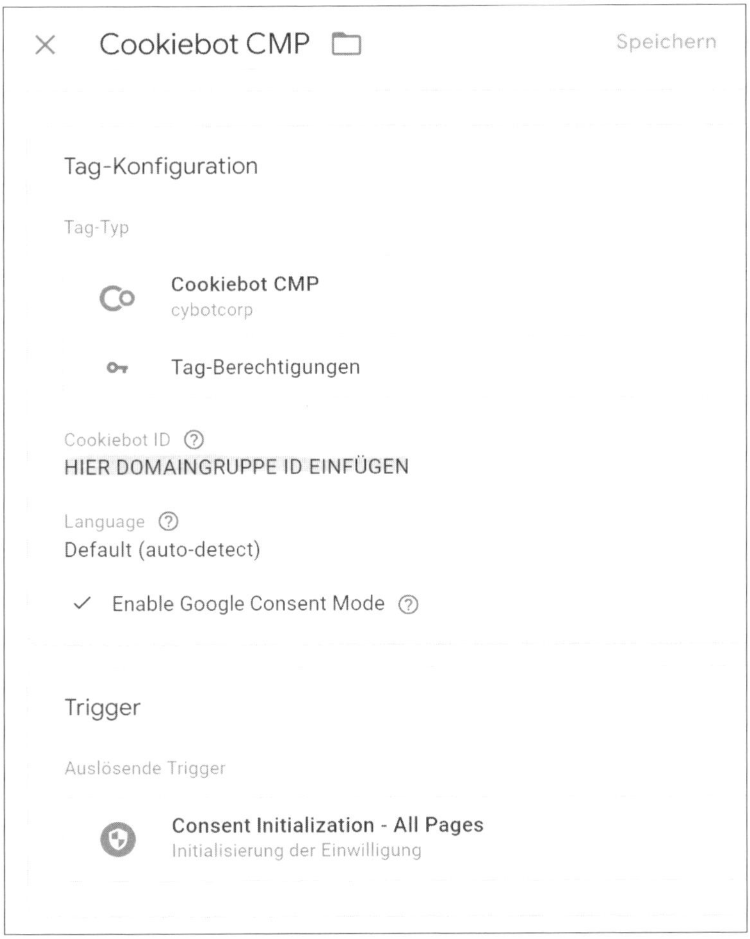

Abb. 13.9: Cookiebot-Tag einrichten

13.3.2 Google Analytics implementieren

- **Schritt 1: Triggerkonfiguration**
  Im ersten Schritt muss ein Trigger (siehe Abbildung 13.10) angelegt werden unter »Trigger > Neu > Typ: Benutzerdefiniertes Ereignis«. Als Ereignisname muss `cookie_consent_update` hinterlegt werden, da nur dieser Name von Cookiebot akzeptiert wird.

Abb. 13.10: Cookiebot-Trigger einrichten

- **Schritt 2: Google-Analytics-4-Tag anlegen**
  Im nächsten Schritt muss ein Google-Analytics-4-Tag unter »Tags > Neu« angelegt werden (siehe Abbildung 13.11). Als Tag-Typ muss »Google Analytics: GA4-Konfiguration« ausgewählt werden. Die Mess-ID muss aus dem Analytics-Interface kopiert werden, die bei der Kontoerstellung generiert wurde.

Abb. 13.11: Cookiebot-Tag einrichten

Bei der Tag-Konfiguration unter »Erweiterte Einstellung > Einstellungen zur Nutzereinwilligung« (siehe Abbildung 13.12) muss die zusätzliche Einwilligung zur Auslösung des Tags aktiviert werden und `analytics_storage` hinzugefügt werden.

Abb. 13.12: Einstellungen zur Nutzereinwilligung

Der letzte Part der Tag-Konfiguration ist die Auswahl des Triggers. Hier muss der in Schritt 1 angelegte Trigger `Cookiebot_cookie_consent_update` (siehe Abbildung 13.13) hinterlegt werden. Anschließend kann das Tag gespeichert werden.

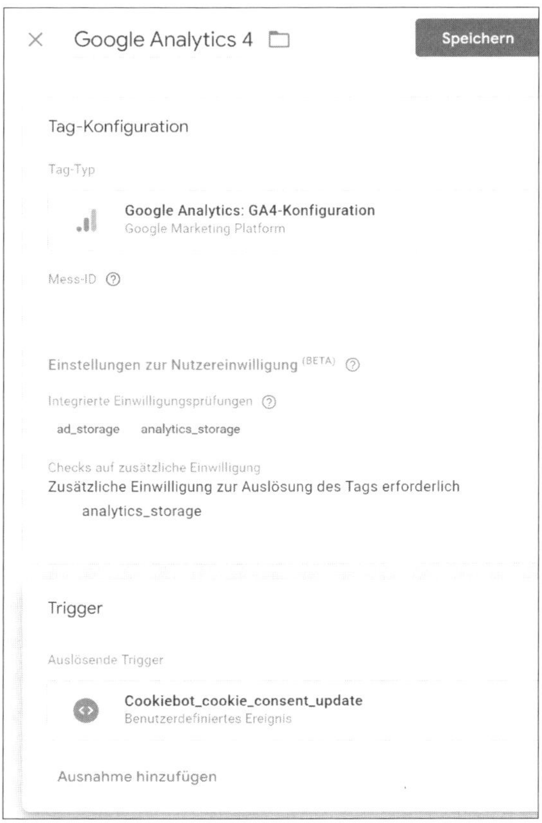

Abb. 13.13: GA4-Tag mit Trigger

- **Schritt 3: Tag Manager Container veröffentlichen**
  Ist die Konfiguration nach den vorherigen Schritten abgeschlossen, kann der GTM-Container veröffentlicht werden (siehe Abbildung 13.14). Dies geschieht im Tab »Übersicht«. Hier lässt sich der Container unter »Senden« (rechts oben in der Ecke) veröffentlichen.

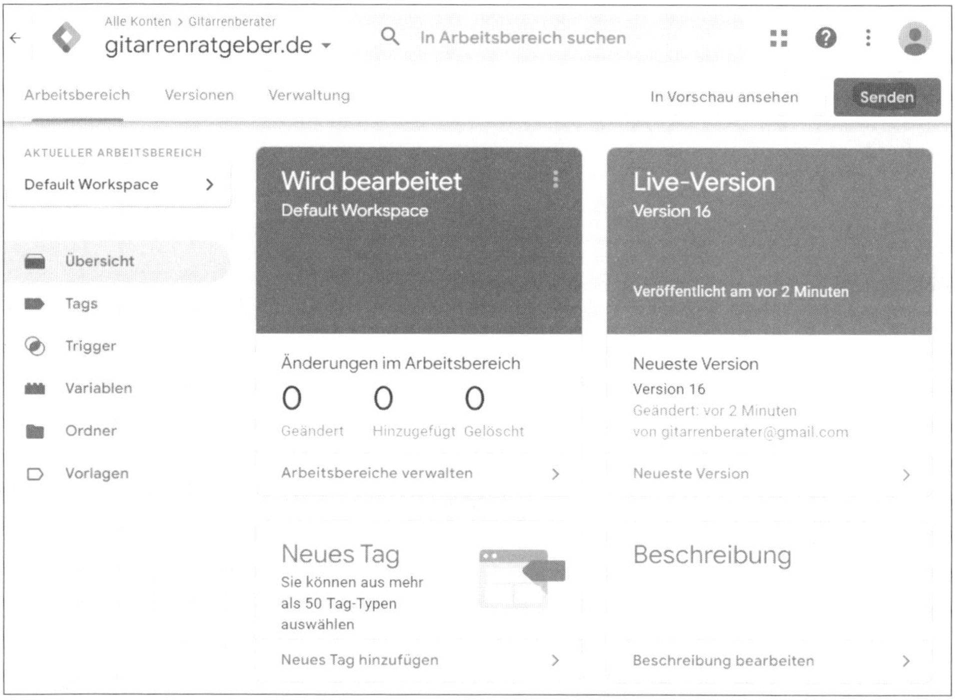

Abb. 13.14: GA4-Tag veröffentlichen

13.4 Google Tag Manager auf Website einbinden

Damit das Cookie Consent Tool und, bei Zustimmung, der Tracking-Code von Google Analytics ausgespielt werden, muss der Google Tag Manager auf der Seite implementiert werden. Dies kann in zwei Varianten erfolgen:

- Variante 1: Implementierung des Codes manuell (hier muss im Head- und Body-Bereich des Templates der Code von Abbildung 13.7 eingefügt werden). Achtung, hier muss das Template manuell bearbeitet werden.
- Variante 2: Implementierung über ein Plugin (empfohlene Konfiguration: Der Code wird automatisch über eine Plugin-Lösung auf der Seite eingebettet.)

Im Plugin-Bereich sind verschiedene Lösungen zu finden, um den Google Tag Manager auf der Seite einzubauen. Eine Variante wäre über das GTM4WP-Plugin (siehe Abbildung 13.15). Nach Installation müssen lediglich die Google Tag Manager ID eingefügt und der Container-Code auf »On« gestellt werden.

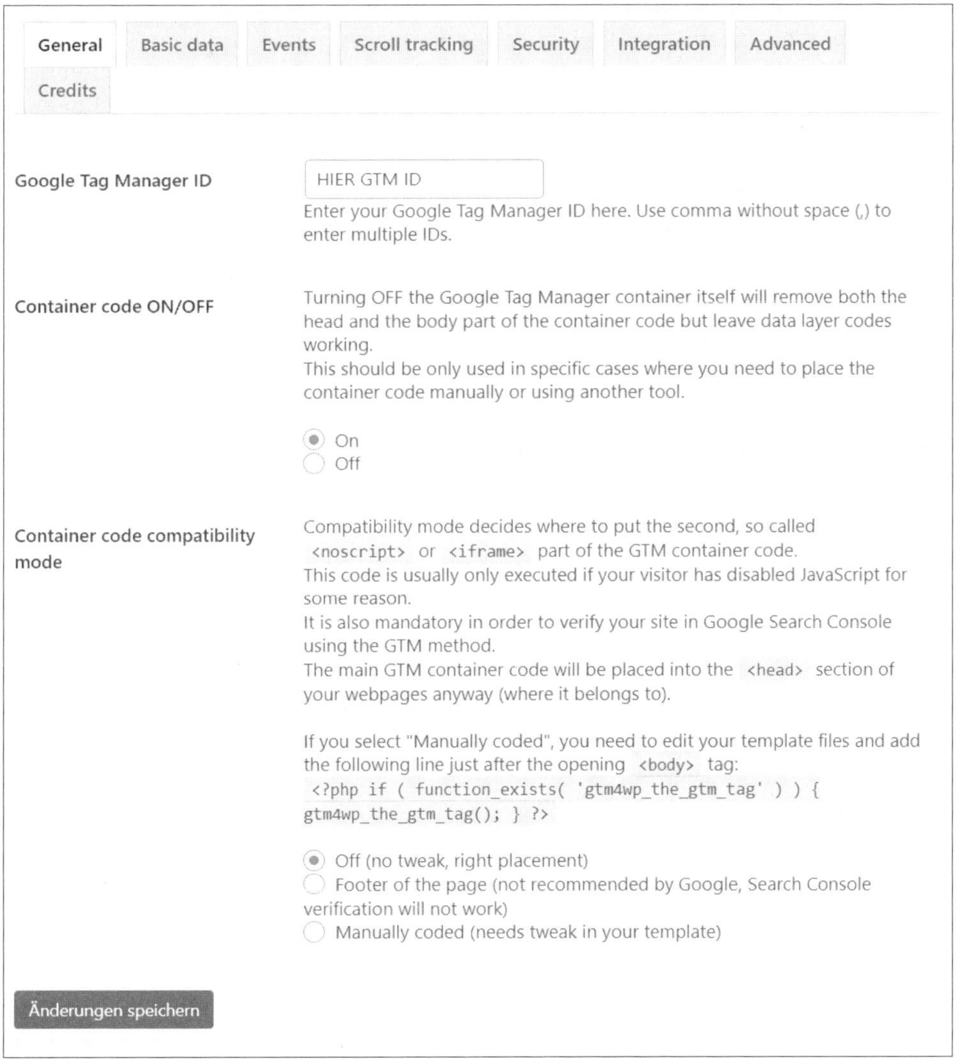

Abb. 13.15: GA4-Tag mit Trigger

Info-Box: Alternative Einbindung Google Tag Manager

Alternativ könnte der Code auch über ein Plugin von WPCode (`https://de.WordPress.org/plugins/insert-headers-and-footers/#description`) eingebunden werden, was ein direktes Hineinkopieren des Codes in den Header und Footer ermöglicht.

13.5 Eigenen Traffic ausschließen

Gerade wenn die Website im Aufbau ist, wird die Seite oft durch den Seiteninhaber aufgerufen. Diese Aufrufe laufen standardmäßig auch in Google Analytics auf und verfälschen die Gesamtstatistik. Um dieser Verfälschung zu entgehen, bietet Analytics die Möglichkeit, den eigenen Traffic mittels IP-Erkennung auszuschließen. Google Analytics 4 lässt den eigenen Traffic über einen IP-Filter ausschließen. Hierzu müssen die Tagging-Einstellungen innerhalb des Datenstreams und der Datenfilter angepasst werden.

Info-Box: IP-Ausschluss

Diese Option funktioniert nur in Unternehmen bei einer statischen/festen IP-Adresse. Ansonsten ist die IP immer dynamisch. Ein Ausschluss ist deshalb über die Ablehnung des Trackings durch den Cookie-Consent-Banner die beste Option.

Schritt 1: Tagging-Einstellungen anpassen

1. In die Verwaltungsansicht wechseln
2. »Datenstream« wählen
3. Den beliebigen Datenstream für den Filter auswählen
4. »Weitere Tagging-Einstellungen« wählen
5. »Internen Traffic definieren« auswählen

Anschließend lässt sich eine neue Regel für den internen Traffic erstellen (siehe Abbildung 13.16). Hierzu müssen ein Regelname vergeben werden und die jeweilige IP-Adresse angegeben werden. Unter »Welche IP-Adresse habe ich?« lässt sich die eigene IP-Adresse ermitteln.

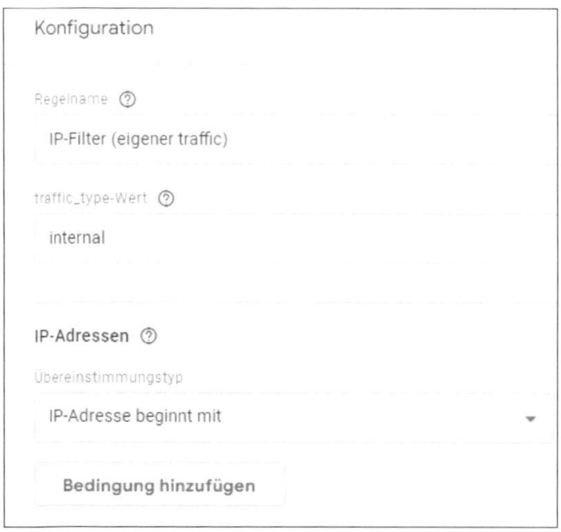

Abb. 13.16: Internen Traffic ausschließen

Schritt 2: Datenfilter aktivieren

1. Zu »Dateneinstellung« im Verwaltungsmodus navigieren
2. »Datenfilter« wählen
3. Standardfilter von Google Analytics ist schon vorhanden, steht aber auf »Test: Internal Traffic«.
4. Auf »Filter« klicken und »Filterstatus« auf »Aktiv« setzen (siehe Abbildung 13.17)

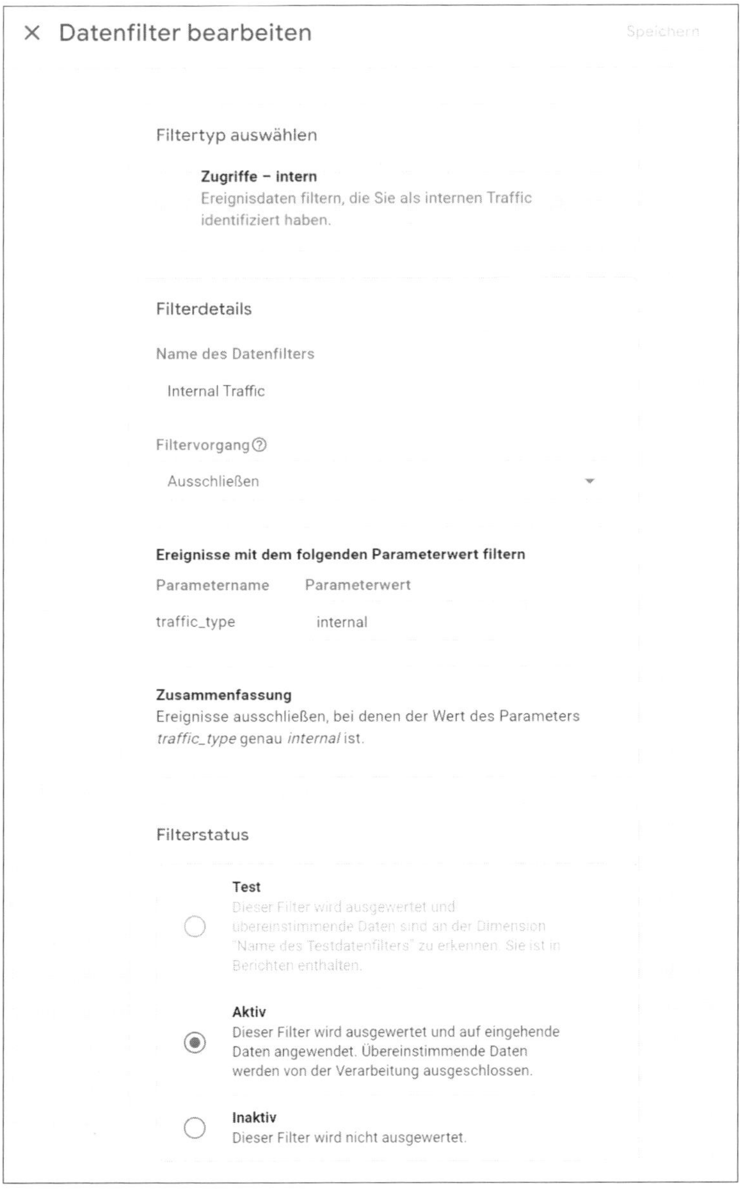

Abb. 13.17: Filter aktivieren

Die beste Variante ist natürlich, den Consent-Banner nicht zu akzeptieren, denn dann sollte auch keine Messung stattfinden.

13.6 Opt-Out-Möglichkeit schaffen

Da das Webtracking seit neuesten Datenschutz-Verordnungen nur noch geschehen darf, wenn der Nutzer seine explizite Zustimmung gibt, ist es fraglich, ob eine Opt-Out-Möglichkeit überhaupt noch notwendig ist. Im Bereich Datenschutz ist es aber empfehlenswert, lieber mehr Möglichkeiten zu schaffen, als das Risiko einzugehen, abgemahnt zu werden.

Am einfachsten ist es, dem Besucher eine spezielle Browsererweiterung anzubieten, die kostenlos installiert werden kann. Da sich diese Add-ons aber nicht in jedem Browser und vor allem nicht auf allen Geräten installieren lassen, sollte ein zusätzlicher Weg angeboten werden. Als Alternative kann ein anklickbarer Link in die Datenschutzerklärung eingebunden werden, der den Besucher aus der Datenerhebung ausschließt. Damit der Link das Opt-Out durchführt, muss ein spezieller Code im Header der Website platziert werden. Hiermit kann der User seine Zustimmung zu den Cookies im Nachhinein widerrufen.

Das *Cookiebot Plugin* bietet Ihnen ebenfalls die Möglichkeit, mit dem Button in der unteren linken Ecke die Datenschutzeinstellungen auch noch im Nachgang zu verändern.

Der Code muss bei WordPress im Editor direkt vor dem ersten Skript platziert werden. Hierzu muss in der Datenschutzerklärung folgendes Skript implementiert werden:

```
<script id="CookieDeclaration" src="https://consent.
cookiebot.com/HIER-COOKIEBOT-ID-AUS-INTERFACE-EINFÜGEN/
cd.js" type="text/javascript" async></script>
```

Durch Klick auf den Link »Einwilligung ändern« (siehe Abbildung 13.18) können einzelne Tracking-Codes abgelehnt werden.

Ihr aktueller Zustand: Ablehnen.
Ihre Einwilligungs-ID: IagpMvTr9TSwQIlgQcjUZ3AeGJIhL+M+PehmE8Yy2ErC45N4vwy6OQ==
Einwilligungsdatum: Donnerstag, 28. Juli 2022 um 18:22:09 MESZ
Einwilligung ändern

Abb. 13.18: Auszug Datenschutzerklärung

13.7 Google Search Console

Die Google Search Console liefert Daten zu Crawl- und Indexierungsproblemen der eigenen Website sowie Einblicke, zu welchen Suchbegriffen die eigene Website in der Google-Suche von Nutzern gefunden und angeklickt wird. Die Search Console dient hierbei als Anreicherung und kann mit Google Analytics verknüpft werden. Die Anwendung ist kostenlos und erfordert lediglich, wie auch die anderen Tools, ein bestehendes Google-Konto. Mit der Search Console können tiefer gehende Daten, wie z.B. die Keywords, mit denen Nutzer auf die Seite gelangt sind, oder eingehende Backlinks erfasst werden. In Google Analytics können auch Keywords eingesehen werden, aber der Großteil wird hier als »not provided« aufgeführt und gibt somit wenig Auskunft.

Die Google Search Console ist ein wichtiges Instrument für das spätere Monitoring und wird deshalb zur Implementation empfohlen. Sie bietet die Möglichkeit, den Erfolg der Optimierungen und der eigenen Seite zu überwachen. Es lässt sich dadurch nachvollziehen, zu welchen Suchbegriffen die Website Impressionen erzielt und wie viele Nutzer letztendlich durch Google auf die eigene Seite kommen. Spannend ist es, diese Fakten im Verlauf der Zeit zu betrachten, um Veränderungen nach gewissen Optimierungsmaßnahmen zu beobachten.

Bei der Anmeldung in der Google Search Console muss direkt eine Property für die Website erstellt werden. Hier bietet Google zwei unterschiedliche Property-Typen an:

- die *Domain Property*, die eine DNS-Bestätigung erfordert, die für einen technischen Laien jedoch schwieriger einzurichten ist
- eine *URL-Präfix-Property*, die mehrere Validierungsmethoden zulässt

Bei der URL-Methode wird jedoch nur die URL berücksichtigt, wie sie in der Search Console hinterlegt ist. Für die Verknüpfung der Search Console mit der Seite gibt es für die URL-Property mehrere Alternativen:

- HTML-Tag in die Startseite einfügen
- Domain-Namen-Anbieter-Anmeldung
- Google Analytics-Bestätigung
- Google Tag Manager-Kontoverknüpfung

Ist die Überprüfung erfolgreich gewesen, kann die Search Console in Google Analytics über »Alle Produkte« verknüpft werden.

HTML-Methode zur Bestätigung

Die HTML-Methode ist eine einfache Möglichkeit, um die Inhaberschaft der eigenen Seite bei Google zu bestätigen. Hierfür muss lediglich ein von Google bereitgestellter HTML-Code auf den FTP-Server der Seite geladen werden. Geht man auf die Google Search Console und auf »neue Property hinzufügen«, lässt Google zwischen zwei Varianten unterscheiden (siehe Abbildung 13.19). Mit der URL-Präfix-Methode kann man im nächsten Schritt zwischen mehreren Bestätigungsmöglichkeiten auswählen.

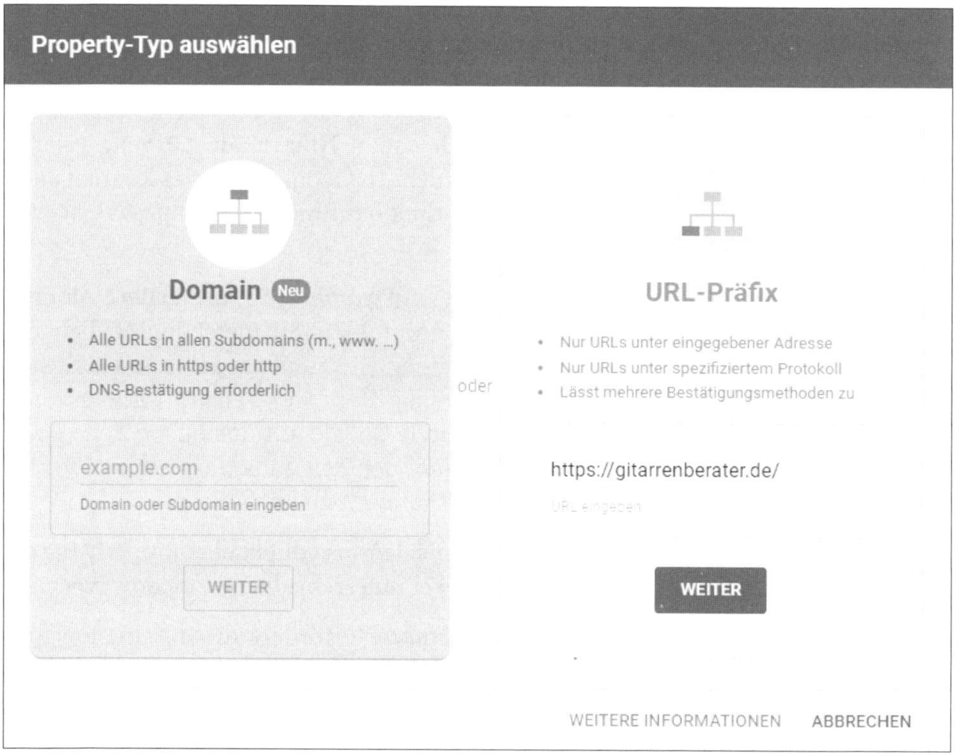

Abb. 13.19: Search Console-Bestätigung-Typ

Im nächsten Schritt lässt sich die HTML-Datei herunterladen und auf dem PC abspeichern (siehe Abbildung 13.20). Danach muss diese Datei in das Webverzeichnis geladen werden, in dem die Website abgespeichert ist. Hierfür eignet sich entweder ein FTP-Programm wie Filezilla oder der Web-FTP-Service des Hosters. Auf dem Server muss die Datei in dem Verzeichnis abgelegt werden, in dem WordPress installiert ist. Nach erfolgreichem Upload kann die Inhaberschaft bestätigt werden.

Info-Box: Alternative Validierung Google Search Console

Alternativ ist es möglich, die Search Console über die HTML-Tag-Methode und das Yoast-SEO-Plugin mit der Seite zu verknüpfen. Eine detaillierte Anleitung ist auf der Yoast-Website zu finden (`https://yoast.com/add-website-to-google-search-console/`). Es wäre außerdem möglich, das Header- und Footer-Plugin von WPCode zu verwenden und hier das HTML-Tag einzubauen.

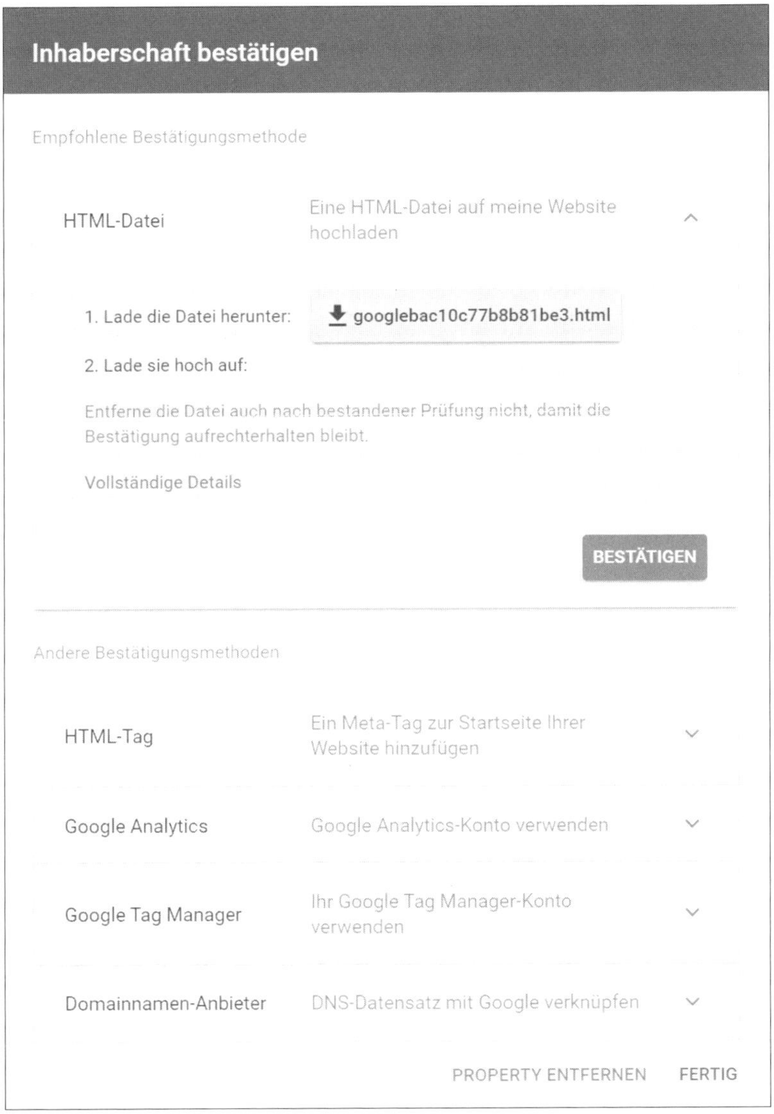

Abb. 13.20: HTML-Methode Bestätigung

Nachdem die Inhaberschaft der Website in der Search Console bestätigt wurde, wird Google die Datenerfassung starten. Klicks, die bereits im Vorfeld auf die Seite durch Google eingegangen sind, werden aber nicht rückwirkend aufgeführt. Nach der Installation der Search Console kann diese zusätzlich mit dem Analytics-Konto verknüpft werden, um die Klickdaten mit Performance-Werten zu verheiraten. Ein Analytics-Account kann nur mit einer Search Console verknüpft sein und umgekehrt.

In der Search Console werden Daten der letzten 16 Monate gespeichert und stehen deshalb nur begrenzt zur Verfügung. Aus diesem Grund ist es in gewissen Zeitabständen sinnvoll, ein Backup zu machen und sich die Daten in Form eines Berichts herunterzuladen. Die Daten sind generell erst 48 Stunden nach der Erfassung im Search-Console-Interface zu betrachten.

Die Search-Console-Datenfreigabe erfolgt in sechs Schritten im Analytics-Account:

1. Anmeldung im Analytics-Konto
2. Im Verwaltungsbereich muss die Property ausgewählt sein, die mit der Search Console verknüpft werden soll.
3. Wechseln zu den Property-Einstellungen im Verwaltungsbereich
4. Bei Produktverknüpfungen »Search Console Verknüpfungen« wählen
5. Verknüpfung der Search Console mit Analytics
6. Speichern der Einstellungen

13.8 Checkliste

Erkenntnisse über Besucher, deren Verhalten und Interessen sind von größter Bedeutung für Websites. Dadurch können zahlreiche Rückschlüsse gezogen werden. Wie die Messinstrumente eingeführt werden können und was dabei zu beachten ist, wurde in diesem Kapitel beschrieben. Die folgende Checkliste führt noch mal die wichtigsten Punkte dazu auf.

Checkliste/Fragen

- Habe ich Google Analytics und den Google Tag Manager auf meiner Seite eingebunden?
- Habe ich ein Cookie-Banner eingebaut und funktioniert die Datenerfassung erst, wenn eine Zustimmung erfolgt ist?
- Habe ich dem Cookie-Banner nicht zugestimmt, damit der eigene Traffic nicht analysiert wird und die Erfolgsmessung verzerrt?
- Habe ich eine Opt-Out-Möglichkeit für das Tracking geschaffen?
- Habe ich die Search Console implementiert und so die Möglichkeit zur Erfolgsmessung der Optimierungen geschaffen?

Kapitel 14

Zusammenfassung und Ausblick

In den einzelnen Kapiteln dieses Buches wurden zahlreiche Themen aufgegriffen und am konkreten Beispiel erläutert. Für Ihr eigenes Projekt – wie immer dieses genau aussehen mag – haben Sie hoffentlich zahlreiche Anregungen mitnehmen können, sei es für die konkrete Suchmaschinenoptimierung (Teil I), für die Monetarisierung Ihrer Website (Teil II) oder den Aufbau und die Analyse Ihrer Website (Teil III).

Grundsätzlich soll dieses Buch zwar viele Methoden und Vorgehensweisen aufzeigen und bei den Themen auch in die Tiefe gehen, aber eigentlich soll es vor allem Denkanstöße liefern. Das Ziel dabei ist es, dass Sie sich selbst tief in das Thema Suchmaschinenoptimierung einarbeiten können und mit der Zeit zum Experten werden bzw. Ihren Expertenstatus weiter ausbauen. Es ist für Ihren weiteren Umgang mit dem Thema Suchmaschinenoptimierung von großer Bedeutung, alle Themen bzw. Vorgehensweisen immer auch kritisch zu hinterfragen. Nicht alles, was z.B. in Blogs geschrieben wird, die Sie vielleicht lesen, ist auch immer vollständig richtig.

Suchmaschinenoptimierung bringt in der Regel keine schnellen Erfolge. Es handelt sich vielmehr um eine langwierige Aufgabe, bei der man Geduld mitbringen muss. Gleichzeitig gilt für die Optimierung immer: Dranbleiben! Zwar kann man mit einem SEO-Projekt viel erreichen, aber der Wettbewerb bleibt nicht stehen. Und so ist es wichtig, dass Sie sich selbst bzw. Ihre Website auch weiterentwickelt. Dazu gehört, dass Sie immer ein Auge auf Google haben sollten, um zu sehen, was die Suchmaschine verändert, welche neuen Algorithmen eingeführt werden und wie sich die SEO-Brache dadurch vielleicht verändert. Sie können durchaus auch in diesem Bereich davon sprechen, dass Sie sich auf einen Prozess des »lebenslangen Lernens« einstellen müssen. Damit verbunden ist, dass es bei der Suchmaschinenoptimierung oft nicht den Königsweg der Optimierung gibt, sondern diese viel darauf ausgelegt ist, ständig zu testen, auszuprobieren und wieder zu testen. Oftmals ist es am besten, sich an eine Optimierungs-Möglichkeit im Kleinen heranzutasten und diese zu testen. Wenn etwas dann gut klappt, lohnt es sich, in diesen Bereich mehr Energie zu stecken.

Auch inhaltlich gilt es, mit Ihrer Website nicht stehen zu bleiben. Bei der Content-Erstellung ist es ein wesentlicher Faktor, die Nutzer-Perspektive einzunehmen und sich immer zu fragen, was für die Nutzer einen Mehrwert bringt – welcher Inhalt, welche Art der Inhaltsaufbereitung usw. Vor allem ist es wichtig, ein

Thema immer selbst in der Tiefe zu recherchieren und nicht nur den Wettbewerb zu beachten. Ein Wiederkauen der Inhalte der Wettbewerber ist meist nicht zielführend. Stattdessen ist Kreativität gefragt. Nehmen Sie keine »Abkürzung«.

Anhang A

Literaturverzeichnis

Advanced Web Ranking (01.12.2021). Google Organic CTR History. Abgerufen am 02.02.2022 von https://www.advancedwebranking.com/ctrstudy/.

Amazon (03. Juli 2016). Nutzung von Bildern: Wie vermeide ich Probleme mit dem Urheberrecht? Abgerufen am 13. Juni 2019 von https://amazon-affiliate.eu/de/welche-bilder-benutzen/.

Bahr, M. (2022). Was denn nun? Ist Google Analytics nun rechtswidrig oder nicht? In: Website Boosting, Ausgabe 73, S. 93–95.

Beus, J. (13.07.2020). Wieso (fast) alles was du bislang über die Google CTR wusstest nicht mehr stimmt. Abgerufen am 06.04.2021 von https://www.sistrix.de/news/wieso-fast-alles-was-du-bislang-ueber-die-google-ctr-wusstest-nicht-mehr-stimmt/.

Bundesgerichtshof (2015). Pressemitteilung des Bundesgerichtshofs zur urheberrechtlichen Zulässigkeit des »Framing«, Urteil vom 9. Juli 2015 – I ZR 46/12. Abgerufen am 29. Juni 2022 von http://juris.bundesgerichtshof.de/cgi-bin/rechtsprechung/document.py?Gericht=bgh&Art=pm&Datum=2015&Sort=3&nr=71618&pos=0&anz=115

Bundesministerium der Justiz und Verbraucherschutz (2022). Allgemeine Hinweise zur Anbieterkennzeichnungspflicht im Internet. Abgerufen am 29. Juni 2022 von https://www.bmjv.de/DE/Verbraucherportal/Digitales Telekommunikation/Impressumspflicht/Impressumspflicht_node.html.

Datenschutzbeauftragter-Info.de (Februar 2022). Google Analytics datenschutzkonform einsetzen. Abgerufen am 29. Juni 2022 von https://www.datenschutzbeauftragter-info.de/fachbeitraege/google-analytics-datenschutzkonform-einsetzen/.

Dean, B. (27.08.2019). We analyzed 5 million Google Search Results: Here's What We Learned About Organic Click Through Rate. Abgerufen am 02.02.2022 von https://backlinko.com/google-ctr-stats.

Eichhorn, B., Heinze, B., Tamm, G., & Schuhmann, R. (2016). Internetrecht im E-Commerce. Heidelberg: Springer Vieweg.

Google (19.10.2021). General Guidelines. Abgerufen am 26.04.2022 von `https://static.googleusercontent.com/media/guidelines.raterhub.com/de//searchqualityevaluatorguidelines.pdf`.

Jansen, B. J., Booth, D. L. & Spink, A. (2008). Determining the informational, navigational, and transactional intent of Web queries. In: Information Processing and Management 44 (2008), S. 1251–1266.

Knoden, D. (2018). Ladezeit Extrem! – Das SEO-Buch für WordPress-Webseiten - Perfekt für Online Marketer für Suchmaschinenoptimierung und Conversion-Optimierung Taschenbuch. Düsseldorf: Daniel Knoden.

Nagel, A. J. (22.01.2019). Rechtliche Fallstricke beim Betrieb einer Affiliate-Website. Abgerufen am 30.06.2022 von `https://www.it-recht-kanzlei.de/betrieb-affiliate-website-rechtliche-fallstricke.html`.

Petrescu, P. (01.10.2014). Google Organic Click-Through Rates in 2014. Abgerufen am 02.02.2022 von `https://moz.com/blog/google-organic-click-through-rates-in-2014`.

Salewski, P. (18.08.2020). (Wie) müssen Affiliate-Links gekennzeichnet werden?. Abgerufen am 30.06.2022 von `https://www.it-recht-kanzlei.de/affiliate-links-korrekte-kennzeichnung.html`.

Siebert, S. (23. Juni 2022). DSGVO-konforme Datenschutzerklärung jetzt kostenlos erstellen. Abgerufen am 29.06.2022 von `https://www.e-recht24.de/muster-datenschutzerklaerung.html`.

Schulz, M., Froschmeier, J. & Rothhaar, M. (2017). Shopsiegel Monitor 2017/2018. Gütesiegel in deutschen Onlineshops: Bekanntheit, Vertrauen und Benchmarking. Elaboratum-Studie. München.

Schwenke, T. (01.11.2010). Urheberrechtsverletzung durch Verwendung von Stock-Fotos auf Facebook. Abgerufen am 29.06.2022 von `https://drschwenke.de/urheberrechtsverletzung-durch-verwendung-von-stock-fotos-auf-facebook/`.

Schwenke, T. (28.05.2020). BGH-Urteil: Opt-In-Pflicht für Werbe- und Marketing-Cookies. Abgerufen am 29.06.2022 unter `https://datenschutz-generator.de/bgh-cookies-opt-in-faq-checkliste`.

Stichwortverzeichnis

.htaccess 157, 159, 176, 276

A

Abmahnung 277, 285
above the fold 167
Absatzpotenzial 109
Absatzprognosen 111
Abstrafung 34, 115, 190
Advertisement 92
Affiliate 225
  Cookie 76
  Hinweis 290
  Link 75, 93, 206, 220, 222, 230, 232, 289
  Marketing 68, 157, 225, 235, 240, 289
  Netzwerk 225, 226, 228, 233, 235
  Partner 75
  Produkt 232, 239
  Programm 34, 228, 233, 282
  Website 56, 76, 111, 197, 199, 228, 237, 261
AGB 131, 290, 291
Aktualität 88, 129, 200, 239
Algorithmus 24, 41, 69, 95, 181, 207
Alt-Attribut 123, 258
Amazon 23, 37, 46, 69, 75, 94, 110, 144, 152, 197, 200, 203, 222, 225, 227, 228, 230, 233, 239, 240, 283, 291
  Bestseller-Rang 110
  Keyword-Tools 49
  PartnerNet 124, 207, 219, 228, 230, 232
  Partnerprogramm 197, 228, 233, 291
  SiteStripe 232
Ankertext 79, 106, 183, 187, 247
Apache 144, 157, 163, 176, 250
Assoziation 48
async-Attribut 174
Ausgangs-Keyword 45, 46
Ausgangsthema 73, 102
Ausgangswörter 50
Auswahlfaktoren 64, 65
Authority Score 71
Autorität 24, 31, 89, 187, 188
Awareness 43, 68
Awin 225, 233
  Partnerprogramm 235

B

Backend 158, 256, 258, 259
Backlink 24, 31, 33, 69, 79, 89, 133, 181, 186, 191, 193, 207, 227, 311
  Profil 181, 187, 188, 191
  Screening 190
  Tool 71
Backlinkstärke 71
Bericht 107, 128, 131, 153, 158, 188, 207, 214, 219, 230, 293, 314
BERT-Methode 31, 106
Bigrams 62
Bildauszeichnung 123
Bilddatenbank 283
Bildgröße 152
Bildkomprimierung 155
Bildoptimierung 152
Bildskalierung 152, 156
Bild-URL 123
Bounce-Rate 195
Brainstorming 46
Brand-Keyword 69
Breadcrumb 184
Broad-Non-Brand-Keyword 44
Browser-Cache 141, 163
Browser-Caching 179

C

Call to Action (CTA) 199, 205
Canonical-Tag 132
Cascading Style Sheets (CSS) 160, 246, 248, 266
Checkliste 12, 35, 77, 124, 179, 187, 194, 206, 222, 235, 241, 253, 276, 292, 314
Child Theme 150
Click Through Rate (CTR) 27, 205, 208, 209
Clustering 52
  Keyword-Clustering 52

Combine CSS/JavaScript 178
Consent 98, 140, 285, 288, 296, 299, 306, 308
Consideration-Phase 44
Container 151, 300, 307
Content
Analyse 81, 89
Arten 80
Breite 89, 204
Erstellung 58, 80
Fokus 80, 87, 104, 113
Format 80, 81, 87, 108, 113
holistischer 99
Lücken 89, 90, 93
Optimierung 79, 96
produktbezogener 69
Score 107
Strategie 37, 80, 89, 98, 108
Tiefe 89
Typ 80, 81, 87, 89, 108
Content Delivery Network (CDN) 157
Content-Management-System (CMS) 127, 137, 152, 245, 250, 255, 256, 262, 275
Controlling 294
Conversion 26, 42, 74, 75, 195, 198, 200, 207, 214, 237, 300
Funnel 74, 195
Optimierung 195
Rate 43, 75, 109, 197, 201, 205, 220, 229
Conversion-Potenzial 68
Conversion-Stufen 74
Cookie
Banner 140, 215, 282, 284, 289, 294, 301
Consent-Banner 310
Consent-Tool 286
Management Tool 288
Richtlinie 287
Core Update 32
Core Web Vitals 138
Crawlbarkeit 130
Crawler 29, 127, 140, 181
Crawling 127
Budget 129
Creative-Commons-Lizenz 283
CTA-Button 199
Cumulative Layout Shift (CLS) 138
Customer Journey 38, 43, 65, 87, 199, 201
Customer-Journey-Phase 64, 76, 93, 112

D

Dashboard 214, 219, 229, 230, 234, 257, 258
Dateikomprimierung 13, 157
Datenbankoptimierung 177
Datenschutz 277, 284, 293, 294, 301, 310
-erklärung 182, 258, 280, 286, 289, 290, 296, 310
-generator 281
-pflichten 280
Datenschutzgrundverordnung (DSGVO) 280
Datenstream 144, 299, 308
Decision-Phase 43, 69
Deep Learning 95
defer-Attribut 174
Deindexierung 34
Description 117, 200, 265
Disallow 130
Disavow 189
DNS-Abfrage 136
DNS-Lookup 142
DNS-Server 136, 142
dofollow 188
Dokumentenindex 29, 128
Domain
Auflösung 175
Authority 188
Popularity 188
Rating (DR) 71
Duplicate Content 30, 114, 116, 129, 282

E

Ein-Wort-Terme
Unigrams 62
Entität 31, 95, 101, 106, 107, 113, 121
Entitäten-Analyse 105
Entitätstyp 104
Erfolgskontrolle 135, 207
Erfolgsmessung 205
Erfolgspotenzial 69, 76

F

Featured Snippet 26, 41, 81
Felddaten 138
First Contentful Paint (FCP) 137
First Input Delay (FID) 138
Fokus-Keyword 46, 73, 74, 81, 115, 116, 185, 211, 265
Folgesuchanfragen 56
Footer 92, 121, 169, 182, 259, 278, 307, 312
Freshness 129
FTP 255, 311
functions.php 150
Funnel-Stufe 74

G

Geo-Lokalisierung 41
Geschäftsmodell 225, 238, 277
Geschwindigkeit 140, 144, 146, 187
Gewichtungsfaktor 96
Gitarrenberater 90, 107, 138, 146, 149, 157, 177, 190, 192, 200, 207, 238, 245, 248, 263, 295
Google 205
  Ads 28
  Ads-Keyword-Planer 47
  Algorithmus 33, 41, 121, 207
  Analytics 4 (GA4) 212, 286, 293, 308
  Bildersuche 26, 102
  Chrome-Entwicklertools 140, 144, 153, 158, 176
  Fonts 148, 175, 282
  Maps 41, 135
  PageSpeed Insights 140, 170
  Quality Rater Guidelines 40, 92
  Search Console 127, 184, 190, 207, 210, 216, 294, 311
  Shopping 41
  Suggest 94
  Suggest Keyword-Tools 48
  Suggest-Daten 53
  Tag Manager 282, 296, 299, 300, 306, 311
  Trends 48, 69, 241
  Update 32
  Webmaster-Richtlinien 34, 130
Googlebot 130
Grobgliederung 114
Gutenberg-Editor 154, 265
GZIP-Komprimierung 144, 157, 178, 179, 250

H

H1-Überschrift (H1-Tag) 115, 121
H2-Überschrift (H2-Tag) 121
Haupt-Keyword 47, 80, 81, 93, 94, 98, 113, 115, 118, 121, 123, 183
Hauptthema 89, 96
Head-Bereich 115, 131, 247, 263, 301
Header 92, 144, 158, 164, 169, 176, 259, 307, 310, 312
Hervorhebung 105, 198
H-Tags 121
HTML 29, 116, 121, 123, 130, 136, 140, 142, 151, 153, 157, 160, 164, 169, 173, 176, 178, 189, 192, 233, 235, 246, 266, 272, 296, 311
HTML-Datei 137, 164, 247, 312
HTTP 176, 250, 263, 274
HTTP/1 142, 144, 163
HTTP/2 144, 163, 250
HTTP/3 144
HTTPS 143, 250, 263, 274, 276
Hummingbird Update 31, 33, 61, 101

I

Impression 205, 207, 311
Impressum 182, 258, 277, 282
Impressumsgenerator 279
Impressumspflicht 277
Indexierbarkeit 127
Indexierung 127, 140, 311
Information Retrieval 96
Informationspflichten 277
inhaltliche Gliederung 80, 114
inhaltliche Relevanz 89
inhaltlicher Fokus 87, 113
Initial connection 143
Intent-Phase 44, 87
Interface 230, 234, 274, 296, 314
Inverse Dokumentenhäufigkeit (IDF) 97
IP-Adresse 136, 142, 249, 252, 286, 291, 308
IP-Anonymisierung 286

J

JavaScript 128, 137, 140, 147, 157, 160, 170, 178, 246, 295
  Kritisches 174

K

Kaufentscheidung 37, 87, 93
Kaufentscheidungsphase 65, 112
Kaufentscheidungsprozesses 76
Kaufinteresse 43, 60, 68
Kennzahl 69, 137, 205, 214, 294
Keyword
  Abfrage 54
  Analyse 45, 49, 65, 77, 94, 200
  Attribut 47
  Bewertung 77
  Cluster 61, 63, 65, 72, 74, 80, 107
  Clustering-Tool 61
  Dichte 96, 105, 115
  Gruppierung 52
  Häufigkeit 64, 95, 96
  Ideen 45, 47, 66
  irrelevantes 34, 45
  Klassifizierung 38, 41, 43, 65
  Kombinationen 53, 108
  Liste 53
  Longlist 45, 55, 64, 112

Map 46, 73
Mapping 72, 245
Position 105
Prominence 105
Qualifikatoren 47
Ranking 55, 74, 109, 209
Recherche 37, 45, 46, 101, 102
Shortlist 59, 64
Strategie 37, 46, 68, 72, 81, 107, 112
Stuffing 115
Tools 45, 47
transaktional 49, 69
Verwendung 114
Klickpreis 72
Klickrate 27, 74, 116, 205, 211
Knowledge Graph 26, 41, 95, 101
Knowledge Panel 81
Kontext
textbasierter 95
User-basierter 95
Kookkurrenzen 96, 104
Kritischer Rendering-Pfad 170
Kritisches CSS 171
Künstliche Intelligenz 33

L

Labdaten 138
Ladegeschwindigkeit 129, 137, 146, 148, 151, 157, 177
Laden
asynchrones 174
Ladezeitoptimierung 136
Landingpage 47, 93, 114, 116, 195, 197, 200, 259
Largest Contentful Paint (LCP) 138
Lazy Loading 167, 178
Lesbarkeit 32, 115, 198
Lighthouse 142
Linkaufbau 187, 216
Linkbuilding 190, 193
Linkgeber 181, 193
Linkjuice 182, 186, 212
Linkpower 133, 181
Linkprofil 129, 187, 190
Linkstruktur 181, 184, 188, 212
Long-Tail 41
Suchbegriff 42, 44, 48, 53

M

Machine Learning 293
Markenpositionierung 46
Marketingziele 74
mediale Inhalte 80
Mehrwort-Suchanfrage 31
Mehrwort-Suchbegriff 53
Mentions 24
Merchant 199, 206, 225, 226, 228, 237
Meta Description 116
Meta-Robots-Tag 131
Meta-Tag 118
Mid Tail 42, 44, 66
Mindestsuchvolumen 66
Mindmap 50, 57
Mindmapping 49
Minifizierung 160
Minify CSS/ JavaScript 178
Mobile First 136, 217
mod_deflate 157
Monetarisierung 40, 230, 237
Monitoring 74, 184, 212, 293, 311
Multitask Unified Model (MUM) 33

N

Natural Language Processing (NLP) 95, 101
N-Gram-Analyse 62
Nische 190, 194, 239
Nischenstrategie 239
Nischenthema 182, 237, 239
Nischen-Webseite 251
NLP-Analyse 105
nofollow 182, 185, 188, 192, 193, 227
noindex 131, 210
Nullmessung 138, 157, 178
Nutzerfragen 57, 80, 90, 94, 112, 119
Nutzerintention 80, 120

O

Offpage-Optimierung 24, 181
Offpage-Signale 69
Offpage-Stärke 69
Onpage-Faktoren 13
Onpage-Optimierung 24, 79, 181, 182
Opt-In 288
Opt-Out 286, 288, 310
organische Suchtreffer 25, 72

P

Page Authority 188
Pagebuilder 146, 265, 266
PageRank 34, 69, 129, 181, 186
PageSpeed 138, 151, 157, 170, 177, 178
Panda Update 32, 114
Partnerprogramm 14
Penguin Update 32
Pivot-Tabelle 66

Plugin 164, 245, 255
Popularität 30, 69
Potenzialanalyse 37, 77
Preconnect 175
Preload 166, 176, 179
Produktdetailseite 184, 200, 233
Property 214, 287, 296, 311
Provision 225, 227, 229, 237, 290
Provisionserlöse 75
Provisionsmodelle 228
Provisionssätze 76, 228
Pull-Marketing 23
Push-Marketing 24

Q

Query Deserves Diversity 41
Query Deserves Freshness (QDF) 41
Queuing 142

R

RAM-Speicher 144, 250
Randspalte 92, 121
RankBrain 31, 95
  Update 33
Ranking 24, 31, 34, 66, 73, 74, 79, 81, 89, 90, 95, 96, 105, 107, 109, 115, 116, 128, 138, 139, 182, 189, 201, 209, 216, 252
  Algorithmus 69
  Faktor 31, 69, 79, 89, 116, 135, 138, 212, 250
  Historie 88
Referral 215
Relevanz 29, 59, 73, 79, 81, 89, 95, 96, 102, 106, 112, 183, 187, 192, 199, 200, 272
  thematische 73
Relevanzfaktor 65, 79
Render-blockierendes CSS 173
Rendering 130, 137, 170
Reporting 220
Request 136, 140, 142, 147, 160, 168, 176
responsives Webdesign 146
robots.txt 129

S

Saisonalität 48, 69
Salience 104
Schlüsselwort 31, 79, 96
Schriftgröße 31, 105, 205, 272
Search Console 205
Search Engine Result Page (SERP) 24, 26, 71, 81, 116, 195, 200
Search Intent 80, 81, 112
Seed Keyword 45, 46
Seitenaufbau 89, 137, 138, 142, 163, 171, 173, 269
Seitenstruktur 46, 107, 181, 185, 211, 266, 269
Seitentitel 30, 71, 107, 247, 263
Semantische Analyse 95
semantische Datenbank 101
semantische Nähe 104
semantische Suche 101
semantische Textoptimierung 96
semantischer Term 114
Semantisches SEO 95
SEO Suites 48
SEO-Strategie 107
SEO-Tool 60, 71, 74, 88, 104, 105, 135
SERP Overlap Score 72, 108
SERP-Analyse 80, 81
SERP-Features 81
Server-Caching 163, 179
Serverstandort 144, 250
Shared Hosting 144
Short-Tail-Suchbegriff 42
Sichtbarkeit 25, 32, 135, 186
Sitelink 28, 81
Sitemap 127, 210
Social Proof 199, 203
Spamsignale 99, 100
Speed Index 137
SSD-Speicher 144, 249
Stalled 142
Status-Code 129, 130
Stockfotos 282
Suchintention
  gemischte 67
  informationsorientierte 39, 58, 65, 67, 69, 81, 112
  navigationsorientierte 65
  transaktionsorientierte 39, 65, 67, 81

T

Telemediengesetz (TMG) 277
Template 146, 153, 267, 269, 301, 306
Termfrequenz (WDF) 96, 105
Texterstellung 57, 80, 98, 114
Textlänge 93, 107, 113, 117
thematische Länge 107
thematische Tiefe 107
Theme 137, 146, 148, 160, 164, 245, 255, 259, 271
Themencluster 54, 66, 81, 107
Themendefinition 80
Themenrecherche 93, 96, 101, 114

Themenrelevanz 33, 74, 100, 253
Thin Content 129, 134
Time to First Byte (TTFB) 137, 142
Time to Interactive (TTI) 137, 139
Title-Attribut 123
Title-Tag 116, 121, 200
Top of page bid 72
Topic Modeling 96
Topical Relevance 188
Topic-Cluster 66, 68
Total Blocking Time (TBT) 137
Tracking 133, 214, 215, 227, 233, 284, 293, 300, 308, 310
Tracking-Code 294, 299, 300, 306, 310
Traffic 24, 37, 56, 64, 74, 109, 144, 157, 207, 215, 227, 230, 308
 potenzieller 74
Trafficpotenzial 66, 73, 74
Trendverlauf 66
Trichtermodell 74
Typografie 205, 272

U

Überschrift 73, 105, 115, 116, 198, 200, 247, 268, 285
Umsatzpotenzial 75
Unigrams 62
Unterthema 46, 72, 89, 93, 95, 97, 102, 107, 111, 121
Urheberrecht 277, 282
URL 34, 47, 71, 73, 90, 97, 116, 122, 127, 137, 140, 187, 200, 219, 230, 263, 275, 283, 294, 311
 kanonische 132
URL-Rating (UR) 71
Usability 204
User Experience 96
User Intent 80, 89, 113

V

Verlinkung 24, 30, 32, 80, 90, 127, 181, 189, 212, 290
 externe 69, 181, 186, 190, 212
 interne 134, 181, 182, 187
Verwandte Suchanfragen 57

W

Warenkorbwert 75, 76
Wasserfall-Diagramm 140, 142, 147, 153
WDF*IDF-Analyse 96, 102, 105
WDF*IDF-Tool 96
Web Analytics 15
Web-Controlling 293
Webfont 137, 147, 148
Webhosting 249, 250, 252, 255
Website
 verlinkende 71, 187
Website-Besuch 74, 75, 301
Website-Besucher 75
Website-Traffic
 Traffic 74
Werbekennzeichnung 289
Werbelink 75, 76, 189, 227, 235
Werbemittel 75, 111, 124, 144, 228, 234, 265, 283
Wettbewerb
 organischer 66
Wettbewerber
 Content 88
 Domain 56
 Keyword 54
Wettbewerbertexte 89, 97, 102, 106, 112
Wettbewerbsanalyse 89, 102
Wettbewerbsintensität 42, 66
Wettbewerbskennzahlen 71
Wettbewerbsrecherche 96
Wettbewerbsstärke 71
W-Fragen Tools 48, 94
Widget 152, 168, 184, 261, 269, 290
Wikipedia-Artikel 94, 102
Wortanzahl 90
wp-config.php 255

X

XML-Sitemap 127, 135

Z

Zielgruppe 37, 46, 65, 88, 89, 93, 101, 112, 144, 214, 240, 250
Zwei-Wort-Terme
 Bigrams 62
Zwischenüberschrift 94, 116, 121

Marco Hassler

Digital und Web Analytics

Metriken auswerten, Besucherverhalten verstehen, Website optimieren

5., aktualisierte Auflage

Metriken analysieren und interpretieren

Besucherverhalten verstehen und auswerten

Digital-Ziele definieren, Webauftritt optimieren und den Erfolg steigern

Digital Analytics bezeichnet die Sammlung, Analyse und Auswertung von Daten der Nutzung aller digitalen Kanäle. Das Ziel dabei ist, diese Informationen zum besseren Verständnis des Besucherverhaltens sowie zur Optimierung der gesamten digitalen Internetpräsenz zu nutzen. Je nach Ausrichtung des jeweiligen Digitalkanals – z.B. für die Steigerung der Anzahl von Kontaktanfragen, Leads oder Bestellungen auf einer Website oder auch für die Vermittlung eines Markenwerts – können Sie anhand von Analytics herausfinden, wo sich Schwachstellen befinden und wie Sie Ihre eigenen Ziele durch entsprechende Optimierungen besser erreichen.

Marco Hassler gibt Ihnen sowohl eine schrittweise Einführung als auch einen umfassenden Einblick in die Tiefe der Analytics-Metriken. Mit diesem Buch finden Sie z.B. heraus, welche Traffic-Quelle die wertvollsten Besucher bringt oder welche Bereiche der Website besonders verkaufsfördernd sind. Auf diese Weise werden Sie Ihre Besucher sowie deren Verhalten und Motivation besser kennenlernen, Ihre Digitalkanäle darauf abstimmen und somit Ihren digitalen Erfolg steigern.

Darüber hinaus schlägt das Buch auch die Brücke zu angrenzenden Themenbereichen wie Usability, User Centered Design, Customer Journey, Online Branding, Social Media, Digital Marketing und Suchmaschinenoptimierung.

Ziel dieses Buches ist es, einen schnellen Einstieg in dieses umfassende Thema zu geben und konkrete Digital-Analytics-Kenntnisse zu vermitteln. Marco Hassler erklärt technische Hintergründe einfach und verständlich, gibt Ihnen klare Ratschläge und Anleitungen, wie Sie Ihre Ziele erreichen, sowie wertvolle praxisorientierte Tipps.

ISBN 978-3-7475-0045-3

Probekapitel und Infos erhalten Sie unter:
www.mitp.de/0045